Informationstechnik

P. Pirsch
Architekturen der
digitalen Signalverarbeitung

Informationstechnik

Herausgegeben von

Prof. Dr.-Ing. Norbert Fliege, Hamburg-Harburg

In der Informationstechnik wurden in den letzten Jahrzehnten klassische Bereiche wie lineare Systeme, Nachrichtenübertragung oder analoge Signalverarbeitung ständig weiterentwickelt. Hinzu kam eine Vielzahl neuer Anwendungsbereiche wie etwa digitale Kommunikation, digitale Signalverarbeitung oder Sprach- und Bildverarbeitung. Zu dieser Entwicklung haben insbesondere die steigende Komplexität der integrierten Halbleiterschaltungen und die Fortschritte in der Computertechnik beigetragen. Die heutige Informationstechnik ist durch hochkomplexe digitale Realisierungen gekennzeichnet.

In der Buchreihe „Informationstechnik" soll der internationale Stand der Methoden und Prinzipien der modernen Informationstechnik festgehalten, algorithmisch aufgearbeitet und einer breiten Schicht von Ingenieuren, Physikern und Informatikern in Universität und Industrie zugänglich gemacht werden. Unter Berücksichtigung der aktuellen Themen der Informationstechnik will die Buchreihe auch die neuesten und damit zukünftigen Entwicklungen auf diesem Gebiet reflektieren.

Architekturen der digitalen Signalverarbeitung

Von Dr.-Ing. Peter Pirsch
Professor an der Universität Hannover

Mit 207 Bildern

B. G. Teubner Stuttgart 1996

Die Deutsche Bibliothek – CIP-Einheitsaufnahme

Pirsch, Peter :
Architekturen der digitalen Signalverarbeitung / Peter Pirsch. –
Stuttgart : Teubner, 1996
  (Informationstechnik)

ISBN 978-3-322-96724-4   ISBN 978-3-322-96723-7 (eBook)

DOI 10.1007/978-3-322-96723-7

Vorwort

Die digitale Signalverarbeitung ist ein rapide wachsendes Gebiet. Sie umfaßt die Darstellung, Auswertung, Transformation und Manipulation von Signalen. Diese signalverarbeitenden Maßnahmen können beispielsweise der effizienten Speicherung und Übertragung von Signalen dienen. Andere Anwendungen sind die Steuerung und Qualitätssicherung von Herstellungsprozessen, der Einsatz in autonomen mobilen Systemen, die Analyse biomedizinischer Prozesse oder die Untersuchung seismischer Daten.

Besondere zeitliche Bearbeitungsbedingungen führen zu hohen Anforderungen der digitalen Signalverarbeitung bezüglich Rechenleistung und Zugriffsrate. Diese hohen Anforderungen sind häufig Ursache für Realisierungsprobleme. Programmierbare Standardprozessoren können vielfach nicht die erforderliche Signalverarbeitungsleistung bereitstellen. Als Lösung dieses Problems bieten sich hierzu anwendungsspezifische Schaltungen an. Diese dedizierte Hardware hat allerdings den Nachteil mangelnder Flexibilität, so daß eine nachträgliche Modifikation von Algorithmen erschwert ist und auch ein Einsatz der gleichen Hardware für verschiedene Anwendungen nicht möglich ist. Daher wurden seit 1979 spezielle programmierbare Signalverarbeitungsprozessoren (DSP-Prozessoren) entwickelt. Durch eine Trennung von Programm und Daten, eine Anpassung des Rechenwerks an die typischen Signalverarbeitungsoperationen sowie eine Verbesserung des Datenzugriffs mit Hilfe lokaler Speicher und mehrerer Bussysteme wurde die Signalverarbeitungsleistung gegenüber den Mikroprozessoren erheblich gesteigert.

Die gegenwärtig verfügbaren DSP-Prozessoren erfüllen Anforderungen für die Auswertung von Meßwertsignalen sowie der Sprach- und Tonsignalverarbeitungsalgorithmen. Jedoch benötigen Anwendungen mit Echtzeitanforderungen, wie die Auswertung von Bildsequenzen oder von Radarsignalen eine Signalverarbeitungsleistung, die nicht von heutigen DSP-Prozessoren bereitgestellt wird. Solche Anwendungen sind daher entweder mit programmierbaren Multiprozessorsystemen oder aber mit an das Problem angepaßten Schaltungen zu realisieren. Dies kann auf der Basis von am Markt erhältlichen Standardbausteinen als auch anwendungsspezifischen integrierter Schaltungen (ASICs) erfolgen.

Es existieren in großer Zahl Lehrbücher über Algorithmen der Signalverarbeitung und über Realisierung und Entwurf mikroelektronischer Schaltungen. Dieses Buch soll eine Lücke zwischen den beiden genannten Gebieten schließen. Es wird gezeigt, daß durch genaue Analyse der zu implementierenden Algorithmen an das Problem angepaßte Schaltungsstrukturen und Architekturen gewonnen werden können, die eine effiziente Realisierung von signalverarbeitenden Systemen hoher Rechenleistung ermöglichen.

Das Buch beginnt mit Schaltungstechniken und Architekturen zur Realisierung von Basisoperationen der Signalverarbeitung. Danach folgen generelle Konzepte der Parallelverarbeitung und des Pipelinings zur Erhöhung der Durchsatzrate bzw. der Signalverarbeitungsleistung. Darüber hinaus werden Methoden zur Abbildung von Algorithmen auf anwendungsspezifische Arrayprozessoren erläutert. Alternative Strukturen zur Realisierung von Filtern und Transformationen zwischen Zeit- und Frequenzbereich schließen sich an. Die charakteristischen Daten gegenwärtig verfügbarer DSP–Prozessoren werden vorgestellt und die angewandten Architekturmaßnahmen zur Erhöhung der Durchsatzrate für Algorithmen der Signalverarbeitung erklärt. Abschließend werden Architekturen programmierbarer Multiprozessorsysteme zur kompakten Realisierung signalverarbeitender Systeme mit hoher Durchsatzrate vorgestellt.

Dieses Buch ist aus einer Vorlesung des Autors an der Universität Hannover entstanden. Es wendet sich an Studenten höherer Semester der Elektrotechnik und Informatik. Grundkenntnisse über Algorithmen der Signalverarbeitung und Realisierungen digitaler Schaltungen werden vorausgesetzt. Für Ingenieure, die bereits im Berufsleben stehen, soll das Buch der Weiterbildung und zusätzlich als Nachschlagewerk dienen.

Das Buch dient in erster Linie als Lehrbuch und dann als Nachschlagewerk. Es werden daher nicht immer die Originalveröffentlichungen angegeben, sondern häufig einfacher zugängliche Standardwerke und Lehrbücher. Zur Vertiefung des Stoffes sind im Anschluß an die einzelnen Kapitel Aufgaben aufgelistet. In Anlehnung an amerikanische Lehrbücher sind jedoch keine Lösungen angegeben. Eine Zusammenstellung der Lösungen kann vom Autor angefordert werden.

Ich danke allen, die am Entstehungsprozeß dieses Buches wesentlich beteiligt waren. Mein besonderer Dank gilt meinen Sekretärinnen Frau Ingrid Havermann und Frau Regina Nowakowski sowie meinen Mitarbeitern Klaus Grüger, Martin Ohmacht, Winfried Gehrke, Marco Winzker, Klaus Gaedke und Achim Freimann. Mein Dank gilt auch Herrn Dr. Schlembach vom Teubner Verlag für seine Geduld während der Erstellung dieses Buches.

Hannover, im November 1995   Peter Pirsch

Inhaltsverzeichnis

1 Einführung

Signale sind Mittel für die Kommunikation zwischen Menschen, zwischen Mensch und Maschine und zwischen Maschinen. Entsprechend sind Signale sowohl Sprach–, Ton– und Bildsignale als auch Meßwert–, Sonar– und Radarsignale. Die Signalverarbeitung beinhaltet Verfahren der Signalakquisition, Signalaufbereitung, Signalanalyse und Signalsynthese. Anfänglich war die Signalverarbeitung ausschließlich analog. Durch die Fortschritte der Digitalrechner und der Mikroelektronik wurde der wirtschaftliche Einsatz der digitalen Signalverarbeitung möglich. Unter digitaler Signalverarbeitung sei hier die Manipulation zeit– und amplitudendiskreter Signale verstanden. Ein besonderer Vorteil der Digitaltechnik ist die weitgehende Elimination des Einflusses von Fertigungstoleranzen, Alterung und von Zufallsprozessen wie Rauschen. Die digitale Signalverarbeitung ist entsprechend weitgehend determiniert, so daß eine reproduzierbare Implementierung erreicht wird. Dies ermöglicht, daß Algorithmen vor der Implementierung auf einer Zielhardware auf einem Digitalrechner simuliert werden können. Die Simulation auf einem Digitalrechner unterstützt die Optimierung von signalverarbeitenden Systemen durch ausgiebige Untersuchung mit realen Repräsentanten der Signale.

1.1 Algorithmen der Signalverarbeitung

Das theoretische Fundament für die Umsetzung von analogen in zeitdiskrete Signale und umgekehrt ist das Abtasttheorem [1], [2], [3], [4]. Für die technische Realisierung der Diskretisierung werden Analog/Digital–Umsetzer eingesetzt. Die Umkehrung, die Erzeugung analoger Signale aus digitalen, erfolgt mit Digital/Analog–Umsetzern. Bei nicht ausreichend bandbegrenzten Signalen werden zur Vermeidung von Störungen durch Frequenzbandüberlagerungen (Aliasing) bei der Diskretisierung angepaßte analoge Bandbegrenzungsfilter eingesetzt. Für die Verbesserung des Interpolationsprozesses bei der Rekonstruktion analoger Signale aus digitalen werden wiederum analoge Bandbegrenzungsfilter verwendet. Alle nachfolgend behandelten Signalverarbeitungsverfahren sowie deren Architekturen und Schaltungstechniken zur Realisierung beschränken sich auf digitale Signalrepräsentationen. Die Umsetzung in analoge Signale wird nicht behandelt.

Den ersten Schritt der Signalverarbeitung stellt häufig eine Vorverarbeitung dar. Hierbei wird beispielsweise eine Signalverbesserung durch Störsignal– und Rauschreduktion erzielt. Dies kann sowohl durch lineare als auch adaptive nichtlineare Filterung erreicht werden. Eine andere Form der Vorverarbeitung ist die Hervorhebung von Charakteristiken. Ein typischer Vertreter ist hier die Kantenhervorhebung in Bildsignalen mit Hilfe von Laplace–Filtern, Gradientenfiltern und anderen.

Ein wichtiges Gebiet der Signalverarbeitung ist die Signalinterpretation. In diesem Fall sollen aus einem Signal besondere Charakteristiken extrahiert werden. Beispielsweise sollen in einem Spracherkennungssystem aus einem Sprachsignal phonetische Basismuster zur Beschreibung der Sprache ermittelt werden. Ein anderes Beispiel ist die Gewinnung von geometrischen Basismustern wie Geradensegmenten aus Bildsignalen. Diese Basismuster werden in der Signalverarbeitung als Symbole bezeichnet. Eine weitere relativ neue Form der Signalverarbeitung ist die Manipulation der Symbole. Hierbei werden aus den Symbolen abstrakte Datenobjekte als Verknüpfung aus einer Liste von Symbolen gewonnen. Das eigentliche Ergebnis der Signalverarbeitung wird dann durch eine objektorientierte Verarbeitung mit Programmiersprachen wie LISP ermittelt.

Aus dem vorstehenden kann abgeleitet werden, daß die digitale Signalverarbeitung auf unterschiedlichen Abstraktionsebenen, vielfach auch als Levels bezeichnet, erfolgt. Als Low–Level werden die klassischen Verfahren der Manipulation von Signalfolgen bezeichnet. Eine Eingangsfolge wird einem Verarbeitungsprozeß, wie z.B. einer Filterung unterworfen und das Ergebnis ist eine Signalfolge mit veränderten Eigenschaften. Eine häufige Eigenschaft dieser Low–Level–Algorithmen ist, daß der Operationsablauf im voraus determiniert ist und nicht von den Amplitudenwerten der Eingangsfolge abhängt. Als Medium–Level wird die Gewinnung von Symbolen aus einer durch eine Vorverarbeitung modifizierte Eingangsfolge bezeichnet. Symbole werden im allgemeinen durch Abstandsbestimmung zu Referenzmustern, im einfachsten Falle durch Transformationen mit nachfolgenden Schwellenwertoperationen, ermittelt. Der Operationsablauf zur Gewinnung der Symbole hängt von den Daten ab und entsprechend ist insbesondere die Anzahl der Operationen nicht vollständig im voraus determiniert. Die High–Level–Verarbeitung umfaßt die Bestimmung von Datenobjekten anhand der Symbole und die Ermittlung der endgültigen Aussagen durch Relationen zwischen den Datenobjekten. Die High–Level–Verarbeitung wird fast ausschließlich auf allgemein programmierbaren Prozessoren implementiert und in höheren Programmiersprachen formuliert.

Die Low–Level–Algorithmen bestehen aus einfachen Beziehungen und wenigen Operationstypen. Demgegenüber sind Medium– und High–Level–Operationen aus komplexen Operationsfolgen zusammengesetzt. Für die Ermittlung der erforderlichen Signalverarbeitungsleistung muß das zu verarbeitende Datenvolumen berücksichtigt werden. Hier ist es so, daß das zugehörige Datenvolumen (Abtastwerte, Symbole, Datenobjekte) in Richtung höherer Signalverarbeitung abnimmt. Bei den meisten Signalverarbeitungsaufgaben benötigt die Low–Level–Verarbeitung den wesentlichen Anteil der Signalverarbeitungsleistung. In diesem Buch werden insbesondere Schaltungstechniken und Architekturen zur Realisierung von Algorithmen der fundamentalen Signalverarbeitung behandelt, die im allgemeinen in die Klasse

der Low–Level–Algorithmen fallen. Im folgenden werden einige typische Signalverarbeitungsalgorithmen vorgestellt.

Anhand dieser Algorithmen sollen erforderliche Operationen und spezielle
Operationsfolgen aufgezeigt werden. Diese Algorithmen werden nur als Ergebnis
mit wesentlichen Rechenvorschriften präsentiert. Zur Herleitung und Begründung
dieser Verfahren sei auf Standardwerke zur digitalen Signalverarbeitung verwiesen
[1], [2], [3]. Als deutschsprachige Literatur sind in den Referenzen die Übersetzung
des Buches von Oppenheim und Schafer [4] sowie zwei weitere Bücher [5], [6] stellvertretend für eine größere Zahl verfügbarer Bücher aufgelistet.

Ein klassisches Verfahren der Signalverarbeitung stellt die lineare, zeitinvariante Filterung dar. Hierbei wird zwischen Filtern mit endlicher Impulsantwort (finite impulse response = FIR) und unendlicher Impulsantwort (infinite impulse response = IIR) unterschieden.

Ein FIR–Filteralgorithmus wird durch die Beziehung

$$y(i) = \sum_{k=0}^{N-1} h(k)\, x(i-k) \tag{1.1.1}$$

beschrieben. Hierbei ist $x(\cdot)$ die Eingangsfolge, $y(\cdot)$ die Ausgangsfolge und $h(\cdot)$
die Impulsantwort der Länge N. Die Ergebnisfolge einer FIR–Filterung hängt nur
von der Eingangsfolge ab. Demgegenüber wird die Ergebnisfolge einer IIR–Filterung auch von früheren Ergebniswerten beeinflußt. Für die IIR–Filterung gilt der Algorithmus

$$y(i) = \sum_{k=1}^{M-1} a(k)\, y(i-k) + \sum_{k=0}^{N-1} b(k)\, x(i-k) \tag{1.1.2}$$

Ein wichtiges Analyseverfahren der Signalverarbeitung ist die Spektralanalyse
mit diskreten Transformationen [1], [7]. Eine diskrete Transformation von N Eingangswerten $x(n)$ in N Ausgangswerte ist gegeben durch

$$y(k) = \sum_{n=0}^{N-1} c(k,n)\, x(n) \qquad 0 \le k \le N-1 \tag{1.1.3}$$

Als Matrix–Vektor–Produkt geschrieben gilt

$$\mathbf{y} = \mathbf{C}\, \mathbf{x} \tag{1.1.4}$$

Bei der diskreten Fourier–Transformation (DFT) gilt für die Elemente der Matrix $\mathbf{C}$

$$c(k,n) = W_N^{nk} \quad mit \quad W_N = e^{-j2\pi/N}, \quad j = \sqrt{-1} \tag{1.1.5}$$

Neben der DFT existieren weitere diskrete Transformationen. So hat bei der Quellencodierung die diskrete Cosinus–Transformation (DCT) besondere Bedeutung erlangt [3], [8].

Neben der DFT existieren weitere diskrete Transformationen. So hat bei der Quellencodierung die diskrete Cosinus–Transformation (DCT) besondere Bedeutung erlangt [3], [8].

Im Bereich der Mustererkennung und der Codierung besteht vielfach die Aufgabe, einen Ausschnitt einer Signalfolge durch einen Repräsentanten darzustellen [8], [9]. Aus einem Satz von K Repräsentanten $r_k \in R$ ist derjenige Repräsentant r_k gesucht, der den geringsten Abstand zu dem Eingangsvektor x hat.

$$r_i = \min_{r_k \in R}{}^{-1} \| x - r_k \| \qquad (1.1.6)$$

Die Schreibweise ist so gewählt, daß min $\| \cdot \|$ den minimalen Abstand und min $^{-1} \| \cdot \|$ den Repräsentanten angibt, der auf den minimalen Abstand führt. Als Abstandsmaße werde im Sinne der L_1 –Norm

$$\frac{1}{N} \sum_{i=0}^{N-1} | x(i) - r_k(i) | \qquad (1.1.7)$$

und im Sinne der L_2 –Norm

$$\frac{1}{N} \sum_{i=0}^{N-1} \left[x(i) - r_k(i) \right]^2 \qquad (1.1.8)$$

verwendet.

Für Verfahren der Signalmodellierung ist es erforderlich, Parameter zu schätzen. Einige Schätzverfahren erfordern die Ermittlung der optimalen Parameter durch Lösung von Gleichungssystemen oder die Ermittlung der Inversen einer Matrix [10]. Solche Verfahren werden auch im Bereich der Parameteroptimierung von Systemen benötigt [11]. Ein mögliches Verfahren zur Lösung von Gleichungssystemen ist der Gauß–Jordan–Algorithmus, der eine Matrix A auf Dreiecksform überführt [12]. Er hat im verfügbaren Indexbereich die Operationen

$$a'_{ik} = a_{ik} - \frac{a_{ij}\, a_{nk}}{a_{nj}} \qquad \forall k, \forall i \;\; mit \;\; i \neq n$$

$$a'_{nk} = \frac{a_{nk}}{a_{nj}} \qquad\qquad \forall k \qquad\qquad (1.1.9)$$

wobei a_{ik} das alte Element, a'_{ik} das neue Element und a_{nj} das Pivotelement (maximales verfügbares Element) ist. Die Überführung auf Dreiecksform kann auch durch eine Sequenz von numerisch stabilen Rotationen (Givens Rotation) durchgeführt werden [12].

$$a'_{ik} = a_{ik} \cos \Theta - a_{jk} \sin \Theta$$

$$a'_{jk} = a_{ik} \sin \Theta + a_{jk} \cos \Theta \qquad \Theta = \arctan \frac{a_{ij}}{a_{jj}} \qquad (1.1.10)$$

Andere Matrizenalgorithmen, wie Matrixinvertierung, Eigenwerttransformation u.a. haben ähnliche Operationsabläufe wie die vorher genannten.

Aus den vorgestellten Algorithmen können folgende Kernoperationen abgeleitet werden. Für Filterungen, Transformationen und Matrixmultiplikationen sind Skalarprodukte in der Form

$$\sum Op_1 \cdot Op_2 \qquad (1.1.11)$$

durchzuführen. Es ist eine Folge von Produkten zweier Operanden Op_1 und Op_2 zu akkumulieren. Hierfür wurde auch der Begriff MAC–Operation geprägt (MAC = Multiply ACcumulate). Für die Matchingverfahren sind Kernoperationen zur Abstandsbestimmung erforderlich wie

$$\sum |Op_1 - Op_2| \qquad (1.1.12)$$

bzw.

$$\sum (Op_1 - Op_2)^2 \qquad (1.1.13)$$

Die Lösung von Gleichungssystemen und die Matrixinvertierung basieren auf Kernoperationen der Form

$$Op_1 - Op_2 \cdot Op_3 / Op_4 \qquad (1.1.14)$$

Die alternative Implementation auf der Basis von Rotationen führt auf

$$\pm Op_1 \cos \Theta \pm Op_2 \sin \Theta \qquad (1.1.15)$$

Für die wirtschaftliche Realisierung der Signalverarbeitung sind aufwandsgünstige Implementierungen der Basisoperationen Addition, Subtraktion, Multiplikation und Division erforderlich. Darüber hinaus sind häufig benutzte Funktionen wie beispielsweise trigonometrische Funktionen effizient zu realisieren. Hohe Durchsatzraten lassen sich erzielen, wenn die Basisoperationen und andere häufig benutzte Funktionen durch Schaltungen mit geringen Verzögerungen realisiert werden.

1.2 Implementierungsaspekte

Von besonderem Interesse für die Realisierung von Signalverarbeitungsalgorithmen sind die erforderlichen Hardware–Ressourcen für eine Implementierung. Unter

Hardware–Ressourcen ist hierbei die Anzahl von logischen Gattern, Speicherzellen und Verbindungsleitungen zwischen den Modulen zu verstehen. Gesucht werden charakteristische Kenndaten der Algorithmen, die einen Bezug zu den erforderlichen Hardware–Aufwendungen liefern. Für eine äußerst einfache Abschätzung soll ein stark vereinfachtes Prozessormodell verwendet werden. Es sei angenommen, daß jede Operation den gleichen Aufwand an Logik und Verarbeitungszeit benötigt. In einem solchen Fall ist die Rechenleistung, welche als Anzahl erforderlicher Operationen je Zeiteinheit definiert ist, ein Maß für den Aufwand des operativen Teils des Prozessors. Die Rechenleistung R_C ist proportional zur Abtastrate R_S. Es gilt

$$R_C = R_S \, n_{OP} \qquad\qquad (1.2.1)$$

mit n_{OP} als mittlere Anzahl der Operationen je Abtastwert.

Das angenommene Prozessormodell wird näherungsweise von programmierbaren Prozessoren mit einer ALU (arithmethic–logic–unit) im operativen Pfad erfüllt. Eine ALU kann praktisch alle Operationen durchführen und benötigt für viele Operationen gerade einen Taktzyklus. Beispiele solcher Operationen sind Addition, Subtraktion, Compare, Increment, Decrement, Negation und bitweise logische Operationen. Operationen wie Multiplikation, Division und allgemeiner Shift benötigen allerdings mehrere Taktzyklen.

Für das Beispiel der Filterung soll die Rechenleistung bei Anwendung auf verschiedene Signale verglichen werden. Ein FIR–Filter mit einer Impulsantwort der Länge N erfordert nach (1.1.1) N Multiplikationen und N Additionen. Somit gilt für 1D (eindimensionale) FIR–Filter

$$n_{OP} = 2N \qquad\qquad (1.2.2)$$

und für 2D (zweidimensionale) FIR–Filter mit gleich langer Impulsantwort in beiden Dimensionen

$$n_{OP} = 2N^2 \qquad\qquad (1.2.3)$$

Anhand typischer Abtastraten und Längen von Impulsantworten für Sprach–, Ton– und Videosignale ist in Tabelle 1.2.1 die Rechenleistung in MOPS (Mega Operations per Second) aufgelistet. Für einen Vergleich mit verfügbaren Rechnern und Prozessoren sind zugehörige Rechenleistungen in Tabelle 1.2.2 aufgelistet. Es ist erkennbar, daß Sprach– und Tonsignale auf Standard–Signalprozessoren verarbeitet werden können. Für die Echtzeitverarbeitung von Videosignalen reichen jedoch verfügbare Standard–Signalprozessoren und selbst viele Großrechner nicht aus. Dies bedeutet, daß spezielle an das Problem angepaßte Hardware–Strukturen erforderlich sind. Diese können sowohl durch Kombination mehrerer am Markt erhältlicher Bausteine als auch durch ASICs (anwendungsspezifische integrierte

Schaltungen) realisiert werden. Als ASIC werden im Kundenauftrag hergestellte integrierte Schaltungen bezeichnet, die für eine spezifische Aufgabe entwickelt sind. ASICs werden meist in semikundenspezifischen Technologien wie Gate–Array– und Standard–Zell–Implementierungen realisiert. Für viele Aufgaben der Signalverarbeitung sind am Markt anwendungsspezifische Standardprodukte (ASSP) verfügbar. Beispiele solcher ASSPs sind Filterbausteine.

Tabelle 1.2.1: Erforderliche Rechenleistung für FIR–Filter

Signaltyp	Abtast–frequenz	Länge der Impulsantwort	Rechenleistung
Sprachsignale	8 kHz	$N\ =128$	2 MOPS
Tonsignale	48 kHz	$N\ =256$	24 MOPS
Bildtelefonsignale	6,75 MHz	$N^2 =\ 81$	1090 MOPS
Fernsehsignale	27 MHz	$N^2 =\ 81$	4370 MOPS
HDTV–Signale	144 MHz	$N^2 =\ 81$	23300 MOPS

Tabelle 1.2.2: Rechenleistung verfügbarer Rechner und Prozessoren

Prozessor	Typ	Rechenleistung
CISC Prozessoren	MC 68040	1,5 MOPS
RISC Prozessoren	i 860	80 MFLOPS
Signalprozessoren	MC 56100	80 MOPS
Superrechner	CRAY 2	1200 MFLOPS

Aus den Ergebnissen der Tabelle 1.2.1 und Tabelle 1.2.2 folgt, daß für Systeme mit besonders hohen Anforderungen, beispielsweise bezüglich der Rechenleistung, spezielle Hardware–Strukturen (Architekturen) zu entwickeln sind. Der Entwicklungsablauf mit seinen möglichen Alternativen wird nachfolgend kurz diskutiert.

Die Komplexität signalverarbeitender Systeme erfordert eine Beschreibung und zugehörig eine Realisierung in mehreren Hierarchieebenen. Eine mögliche Implementierungshierarchie enthält entsprechend Bild 1.2.1 die Ebenen

Verfahren
Algorithmen
Architektur
Schaltung.

Unter Verfahren wird hier die allgemeine Beschreibung der Signalverarbeitungsaufgabe verstanden, während der Algorithmus die genaue Rechenvorschrift und funktionale Beziehungen wiedergibt. Die Architektur beschreibt eine Realisierung als Zusammensetzung von Blöcken für einheitliche Teilaufgaben der Signalverarbeitung, Operationen und Speicherung von Daten sowie die Verbindungen zwischen diesen Blöcken. Auf der Schaltungsebene werden Basismodule als Zusammenschaltung von Grundelementen wie Gattern und Transistoren beschrieben.

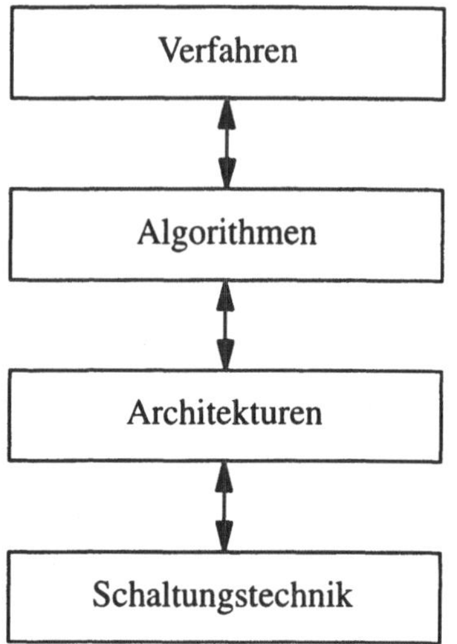

Bild 1.2.1: Realisierungshierarchie

Problem eines Entwurfs komplexer Systeme ist die Anzahl von Alternativen auf jeder Ebene. Vielfach kann ein Verfahren aufgrund algebraischer Beziehungen durch verschiedene Algorithmen beschrieben werden. Dies sei für eine lineare Funktion dargestellt, die mit $f(\cdot)$ bezeichnet sei. Dann gilt

$$f(x_1 + x_2) = f(x_2 + x_1) \qquad (1.2.4)$$

$$f(ax) = a\,f(x) \qquad (1.2.5)$$

Es können somit Operanden in unterschiedlicher Folge verarbeitet bzw. die Reihenfolge von Operationen ausgetauscht werden. Dies hat Konsequenzen für die zugehörige Hardwarestruktur als auch für das numerische Verhalten im Falle einer endlichen Genauigkeit der Operanden und Ergebnisse.

Die Abbildung der Algorithmen auf Architekturen kann als direkte Umsetzung der Operationen unter Berücksichtigung der Datenabhängigkeiten erfolgen. Alternative Implementierungen ergeben sich durch den Einsatz von flexiblen Modulen, deren Funktionen über Parameterleitungen geändert werden können.

Auf der Ebene der Schaltungen ergeben sich Alternativen durch unterschiedliche Technologien wie Bipolar–, NMOS–, und CMOS–Technik. Für eine gegebene

Technologie sind wiederum unterschiedliche Schaltungstechniken möglich. So ist bei einer CMOS–Technik eine Realisierung von Basismodulen in statischer Gatterlogik, dynamischer Gatterlogik, Schalterlogik, programmierbaren Funktionsblöcken usw. möglich.

Die oben angedeutete Entwurfsvielfalt führt zu dem Problem, für gegebene Randbedingungen die beste Lösung zu ermitteln. Als Optimierungskriterien werden Maße für Leistungsfähigkeit und Kosten herangezogen, wobei die Leistungsfähigkeit vereinfacht durch die Durchsatzrate und Kosten durch die Siliziumfläche einer IC–Realisierung modelliert werden.

1.3 Inhaltsübersicht

Dieses Buch behandelt Schaltungstechniken und Architekturen zur Realisierung fundamentaler Signalverarbeitungsalgorithmen. Zum Verständnis der Schaltungstechniken sind Grundkenntnisse der Realisierung digitaler Basisschaltungen in einer vorgegebenen Halbleitertechnologie erforderlich. Ein kurzer Abriß hierzu ist in Kapitel 2 dargestellt. Aufgrund der besonderen Bedeutung beschränkt sich dieses Kapitel auf die CMOS–Technologie. Zur Abschätzung der Leistungsfähigkeit von Schaltungen wird ein einfaches Modell zur Ermittlung der Verzögerung logischer Schaltungen eingeführt.

Das nachfolgende Kapitel 3 zeigt die Schaltungstechniken zur Realisierung der Basisoperationen wie Addition, Subtraktion, Multiplikation und Division. Ferner werden Realisierungen trigonometrischer und hyperbolischer Funktionen anhand der CORDIC–Struktur (CORDIC = Cordinate Rotation Digital Computer) vorgestellt. Ausgehend von den Definitionen der Operationen auf Bitebene werden erste Schaltungstechniken abgeleitet. Etliche Alternativen zu diesen Grundstrukturen werden erarbeitet. Eine der Grundlagen dieser Alternativen ist die Linearität in der Zahlendarstellung. Hieraus lassen sich sowohl hierarchische als auch rekursive Strukturen ableiten. Ein anderes Verfahren ist die parallele Berechnung alternativer möglicher Ergebnisse mit nachfolgender schneller Auswahl des korrekten Ergebnisses.

In Kapitel 4 werden generelle Maßnahmen zur Erhöhung der Leistungsfähigkeit signalverarbeitender Systeme durch Parallelverarbeitung und Pipelining vorgestellt. Zur Bewertung alternativer Strukturen mit hoher Leistungsfähigkeit wird ein Effizienzmaß eingeführt, das die Durchsatzraten und die zugehörigen Hardwareaufwendungen ins Verhältnis setzt.

Die Gewinnung anwendungsspezifischer Arrayprozessor–Architekturen wird in Kapitel 5 beschrieben. Reguläre und rekursive Algorithmen bieten eine Vielzahl von regulären Architekturen auf der Basis gleichartiger Prozessorelemente. Die Besonderheiten systolischer Arrays werden erläutert und ein Verfahren zur systematischen Abbildung von regulären Algorithmen auf Arrayprozessoren vorgestellt.

Die nachfolgenden Kapitel 6 und 7 zeigen für zwei besonders wichtige Verfahren der Signalverarbeitung zugehörige Architekturen. Es handelt sich um lineare zeitinvariante Filterung und die diskrete Fouriertransformation (DFT). Neben ein- und zweidimensionalen Filterstrukturen, die direkt aus dem Algorithmus abgeleitet werden können, werden spezielle Strukturen für Dezimations- und Interpolationsfilter erarbeitet. Für die DFT werden direkte Umsetzungen in Arrayprozessoren und aus der schnellen DFT (FFT) zu gewinnende Arrayprozessoren auf der Basis von Butterfly-Prozessoren gegenübergestellt.

Das Kapitel 8 behandelt Architekturen von programmierbaren Standardsignalprozessoren (DSP-Prozessoren). Es werden die besonderen Architekturmerkmale von DSP-Prozessoren, CISC- und RISC-Prozessoren verglichen. Anhand der Implementierungsbeispiele FIR-Filterung und DFT werden die Geschwindigkeitsgewinne von DSP-Prozessoren herausgestellt.

Signalverarbeitungsverfahren mit besonders hohen Anforderungen können nicht mit einzelnen programmierbaren DSP-Prozessoren realisiert werden, sondern benötigen Multiprozessorsysteme. In dem Kapitel 9 werden programmierbare Multiprozessorsysteme erläutert. Generelle Strategien zur Daten- und Aufgabenverteilung sowie verschiedene Strategien zur Steuerung werden diskutiert. Homogene als auch heterogene Multiprozessorsysteme mit ihren jeweiligen speziellen Vorzügen sind hierbei eingeschlossen.

In dem abschließenden 10. Kapitel werden Implementierungsstrategien für Algorithmen der Signalverarbeitung zusammengestellt. Es wird der Einfluß von alternativen Algorithmusbeschreibungen auf die zugehörigen Architekturen erläutert. Ferner werden Realisierungsalternativen und der Entwurfsablauf für anwendungsspezifische signalverarbeitende Systeme vorgestellt.

2 Grundschaltungen in CMOS–Technologie

Für die Realisierung digitaler Funktionen mit Hilfe integrierter Schaltungen gibt es etliche Alternativen. Diese Alternativen betreffen sowohl die Halbleitertechnologie als auch die Schaltungstechnik. Die meisten der heute gefertigten integrierten Schaltungen verwenden als Grundmaterial Silizium. Silizium ist das Basismaterial von Bipolar– als auch von Feldeffekt–Transistoren. In integrierten digitalen Schaltungen werden vor allem Feldeffekt–Transistoren mit isoliertem Gate verwendet, die im allgemeinen kurz als MOS–Transistoren bezeichnet werden. Die Bezeichnung MOS ergibt sich aus der ursprünglichen Herstellung mit den Schichten Metall für das Gate, Siliziumdioxid für die Gate–Isolation und Silizium für das Substrat. Heutige MOS–Transistoren verwenden polykristallines Silizium (kurz Polysilizium) für die Gate–Schicht. Von besonderer Bedeutung für die Realisierung hochkomplexer anwendungsspezifischer integrierter Schaltungen (ASICs) ist die CMOS–Technologie (CMOS = Complementary MOS). Daher sollen nachfolgend exemplarisch am Beispiel der CMOS–Technologie Grundkenntnisse der digitalen Schaltungstechnik erläutert werden. Genauere Einzelheiten über die Halbleitertechnologie, zugehörige Schaltungstechniken, Entwurfs– und Herstellungsaspekte können speziellen Lehrbüchern entnommen werden [13], [14], [15], [16], [17], [18], [19].

2.1 Transistor–Modellierung

Schaltungen in CMOS–Technologie setzen sich aus zwei Transistortypen zusammen, und zwar den n–Kanal–Transistoren und den p–Kanal–Transistoren. Die prinzipielle Funktionsweise der Transistoren sei anhand des n–Kanal–Transistors erläutert. Bild 2.1.1 zeigt einen Querschnitt durch einen n–Kanal–Transistor. Basis ist ein Siliziumträger mit hoher Löcherkonzentration (p–Material), welche durch Dotierung mit geeigneten Fremdatomen erzeugt wird. Transistoren werden durch ein aktives Gebiet mit dünnem Siliziumdioxid als Isolator zwischen einem Gate in Polysilizium und dem Substrat sowie zwei Diffussionszonen mit hoher Elektronenkonzentration (n–Zonen) gebildet. Der MOS–Transistor ist ein Bauelement mit 4 Anschlüssen. Diese sind das Gate (G) zur Steuerung des Stromflusses zwischen den beiden Anschlüssen Source (S) und Drain (D) der beiden Diffusionszonen und der Substratkontakt (B). Die Abkürzung B für Substrat ergibt sich aus der englischen Bezeichnung "body" oder "bulk". Die eigentlichen Schaltungen werden durch Vernetzung mehrerer Transistoren mit Hilfe von einer bzw. mehreren Metallebenen erzeugt.

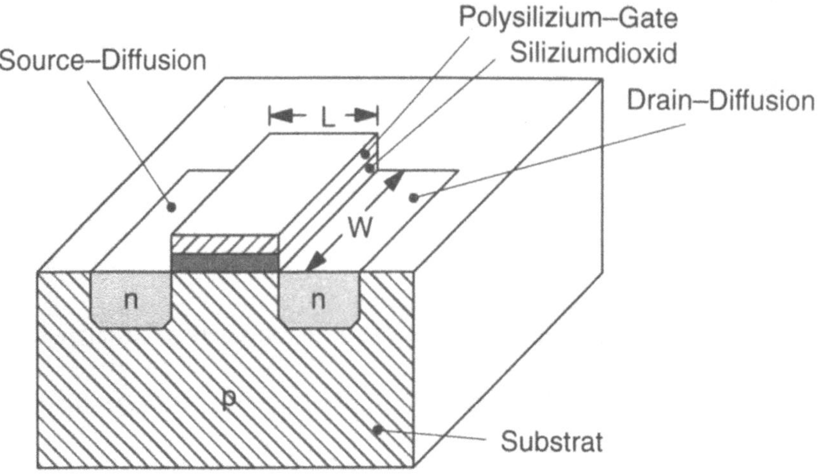

Bild 2.1.1: Geometrie eines n–Kanal–MOS–Transistors

Für die Erläuterung der Funktionsweise sei vorläufig angenommen, daß die Anschlüsse B und S verbunden sind (U_{SB} = 0 V). Durch eine negative Gate–Source–Spannung U_{GS} werden die Majoritätsträger (Löcher) zur Siliziumoberfläche unter dem Gate hingezogen, und es wird eine Anreicherungschicht (Akkumulation) mit Majoritätsträgern erzeugt. Die pn–Übergänge bilden Dioden in Sperrichtung, und es können nur vernachlässigbare Sperrströme zwischen Drain und Source fließen. Dagegen kommt es durch eine positive Gate–Source–Spannung infolge des elektrischen Feldes zu einer Verarmung (depletion) von Löchern an der Siliziumoberfläche unter dem Gate. Es wird eine Raumladungszone erzeugt, die einen Stromfluß zwischen Drain und Source verhindert. Nach Überschreiten einer kritischen positiven Spannung (Schwellenspannung U_T) bildet sich durch Injektion aus den Diffusionsgebieten ein leitender Kanal aus frei beweglichen Elektronen. Dieser Zustand wird mit Inversion bezeichnet, da in einer schmalen Zone unter dem Gate (Kanal) die Minoritätsträger des Subtrats (Elektronen) eine Konzentration erreichen, die in etwa jener der Majoritätsträger im Substrat entspricht.

Bildet sich aufgrund von $U_{GS} > U_T$ ein leitender Kanal unter dem Gate, tritt durch Anlegen einer Spannung U_{DS} ein Stromfluß zwischen Drain und Source auf. Der Drain–Source–Strom I_{DS} ist für kleine Spannungen direkt proportional zur Spannung U_{DS}. Für größere Spannungen U_{DS} verringert sich die Zunahme des Drain–Source–Stromes. Ursache ist die Spannungsänderung längs des Kanals, die auch die wirksame Spannung zur Erzeugung des Kanals beeinflußt. Erreicht die Spannung U_{DS} die Spannung $U_{GS} - U_T$, so ist im Draingebiet die Spannung nicht ausreichend zur Bildung eines Kanals (Sättigungspunkt). Eine weitere Erhöhung der Spannung U_{DS} vergrößert dieses Abschnürgebiet. Durch Injektion von frei beweglichen Elektronen aus dem verbleibenden Kanal bleibt der Stromfluß aufrechterhalten, und es kommt nur zu einer geringfügigen weiteren Erhöhung des Stromes (Sättigungsgebiet).

Das Verhalten des n–Kanal–Transistors kann durch Aufteilung in 3 Arbeitsbereiche einfach modelliert werden [15], [17], [19]. Diese Arbeitsbereiche sind der Sperrbereich, der lineare Bereich und der Sättigungsbereich. Die zugehörigen Stromgleichungen eines einfachen Transistormodells sind nachfolgend dargestellt.

Sperrbereich:

$$I_{DS} = 0 \qquad\qquad U_{GS} - U_T \leq 0 \tag{2.1.1}$$

Linearer Bereich:

$$I_{DS} = \beta_n \left[(U_{GS} - U_T)U_{DS} - \frac{U_{DS}^2}{2} \right] \quad 0 < U_{DS} \leq U_{GS} - U_T \tag{2.1.2}$$

Sättigungsbereich:

$$I_{DS} = \frac{\beta_n}{2}(U_{GS} - U_T)^2 \qquad 0 < U_{GS} - U_T \leq U_{DS} \tag{2.1.3}$$

Für den Verstärkungsfaktor gilt:

$$\beta_n = \mu_n \cdot \frac{\varepsilon_{ox}}{d_{ox}} \cdot \frac{W}{L} \tag{2.1.4}$$

In den obigen Gleichungen ist β_n der Verstärkungsfaktor, μ_n die Beweglichkeit der Elektronen, ε_{ox} die Dielektrizitätskonstante des Siliziumdioxids, d_{ox} die Oxiddicke, L die Kanallänge und W die Kanalbreite. Die Herleitung dieser Gleichungen kann in Lehrbüchern über MOS–Technologie nachgelesen werden [15], [17], [19]. Eine graphische Darstellung der Stromgleichungen kann Bild 2.1.2 entnommen werden. Ein Schaltbild des n–Kanal–Transistors ist in Bild 2.1.3a gezeigt. Der Pfeil gibt die Richtung des pn–Überganges zwischen Substrat und Diffussionsgebiet an. Die unterbrochene Verbindung zwischen Source und Drain soll kennzeichnen, daß es sich um einen Transistor handelt, der bei $U_{GS} = 0$ gesperrt ist (Anreicherungstyp). In diesem Buch wird ein vereinfachtes Schaltbild nach Bild 2.1.3b verwendet. Im Prinzip ist die Zuordnung Drain und Source beliebig. Wie im allgemeinen üblich wird beim n–Kanal–Transistor das Diffussionsgebiet mit der positiveren Spannung als Drain bezeichnet.

Die CMOS–Prozeßparameter werden im allgemeinen so gewählt, daß die Schwellenspannung U_T ungefähr 20% der Betriebsspannung U_{DD} beträgt.

$$U_T \approx 0,2\ U_{DD} \qquad\qquad \textit{für}\quad U_{SB} = 0V \tag{2.1.5}$$

Sofern Source und Substrat nicht auf dem gleichen Potential liegen, verändert sich die Schwellenspannung. Bei einer Substratvorspannung entsprechend der Betriebsssspannung gilt in etwa

$$U_T \approx 0,3\ U_{DD} \qquad\qquad \textit{für}\quad U_{SB} = U_{DD} \qquad\qquad (2.1.6)$$

Die Veränderung der Schwellenspannung als Folge einer Spannung zwischen Source und Substrat wird als Substrateffekt bezeichnet [15], [17].

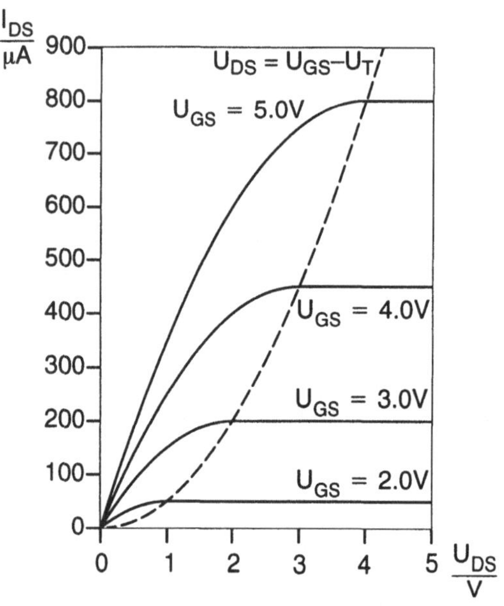

Bild 2.1.2: Transistorkennlinienfeld für ein Modell nach (2.1.1) bis (2.1.3) mit $\beta_n = 100\mu A/V^2$ und $U_{Tn} = 1V$

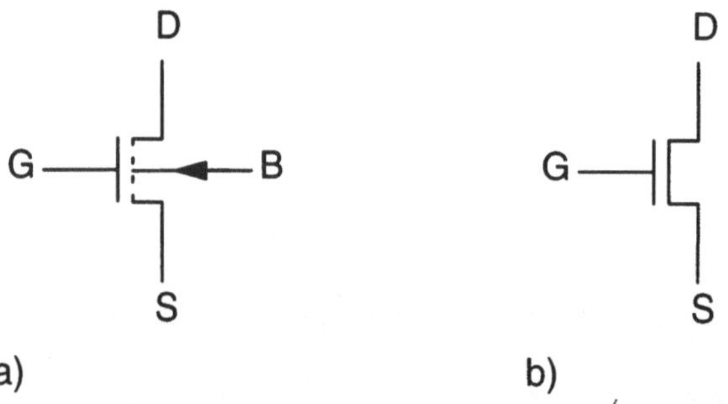

Bild 2.1.3: Schaltbilder des n–Kanal–MOS–Transistors (Anreicherungstyp)
a) nach DIN   b) in diesem Buch verwendetes Schaltbild

Die Modellierung entsprechend (2.1.1) bis (2.1.4) gibt das genaue Verhalten realer Transistoren nur näherungsweise wieder. So wird der Übergang vom Sperrbereich zum linearen Bereich nicht abrupt, sondern entsprechend einer Exponentialfunktion erfolgen. Auch im Sättigungsbereich ist der Strom nicht konstant, sondern nimmt durch die Kanallängenmodulation noch geringfügig zu. Zur Beschreibung von komplexen Schaltungen ist es allerdings nicht sinnvoll, die Transistorfunktionen noch exakter zu modellieren, sondern die Zusammenhänge sind im Gegenteil weiter zu vereinfachen.

Zur Vereinfachung der Beziehungen soll der Transistor als spannungsgesteuerter Widerstand modelliert werden. Aus (2.1.2) kann für den Kanalwiderstand im linearen Bereich folgende Beziehung abgeleitet werden.

$$R_n = \frac{1}{\beta_n[U_{GS} - U_T - U_{DS}/2]} \qquad 0 < U_{DS} \le U_{GS} - U_T \quad (2.1.7)$$

Der aktuelle Kanalwiderstand hängt folglich nicht nur von der Steuerspannung U_{GS}, sondern auch von dem Arbeitspunkt U_{DS} ab. Für digitale Schaltungen ist insbesondere das Verhalten bei den diskreten Pegeln LOW und HIGH von Interesse. Sofern nicht speziell darauf hingewiesen wird, gilt nachfolgend, daß diese beiden Pegel dem Massepegel U_{SS} bzw. der Betriebsspannung U_{DD} entsprechen.

$$\begin{aligned} LOW: \qquad & U_L = U_{SS} \\ HIGH: \qquad & U_H = U_{DD} \end{aligned} \qquad (2.1.8)$$

Sofern Zahlenwerte benutzt werden, wird von einer Betriebsspannung $U_{DD} - 5V$ und $U_{SS} = 0V$ ausgegangen. Es sei jedoch darauf hingewiesen, daß digitale integrierte Schaltungen bei Kanallängen unterhalb 0,8 µm zunehmend mit 3,3 V betrieben werden.

Für $U_{GS} = U_L$ ist der Transistor im Sperrbereich, und es gilt

$$R_{n,OFF} = \infty \qquad f\ddot{u}r \quad U_{GS} = U_L \qquad (2.1.9)$$

Für $U_{GS} = U_H$ ist der Transistor im linearen Bereich bzw. im Sättigungsbereich. Aus den Beziehungen (2.1.2) und (2.1.3) folgt für den Kanalwiderstand

$$R_{n,ON} = \frac{\alpha}{\beta_n(U_H - U_T)} \qquad f\ddot{u}r \quad U_{GS} = U_H \qquad (2.1.10)$$

mit

$$1 \le \alpha \le \frac{2U_H}{U_H - U_T} \qquad (2.1.11)$$

Die Werte von α hängen von der Drain–Source–Spannung ab. Der geringste Wert von α gilt im linearen Bereich bei $U_{DS} = 0V$ und der größte für $U_{DS} = U_H$. Es zeigt sich, daß der Kanalwiderstand im Sättigungszustand den ca. 2,5fachen Wert im Vergleich zum linearen Bereich hat. Hilfreich ist noch die Abhängigkeit des Kanalwiderstandes von den geometrischen Abmessungen des Gate–Bereiches, dem L/W–Verhältnis. Es gilt

$$R_{n,ON} = r_{S,n} \cdot \frac{L}{W} \tag{2.1.12}$$

mit

$$r_{S,n} = \frac{1}{\mu_n} \frac{d_{ox}}{\varepsilon_{ox}} \cdot \frac{a}{U_H - U_T} \tag{2.1.13}$$

als Schichtwiderstand des Kanals im durchgeschalteten Zustand. Als typischer Wert für einen 1 µm CMOS–Prozeß gilt:

$$r_{S,n} \approx 2,5 \ k\Omega \tag{2.1.14}$$

Logische Schaltungen bestehen aus einer Zusammenschaltung mehrerer MOS–Transistoren. Bei Modellierung durch spannungsgesteuerte Schalter ist es erforderlich, den Schalterzustand (ON oder OFF) erkennbar zu machen. In der MOS–Schaltungstechnik wird der Schalterzustand über den Spannungstransfer $u_{in} \rightarrow u_{out}$ abgefragt. Im Falle eines idealen Schalters gilt für einen geschlossenen Schalter $u_{in} = u_{out}$. Bild 2.1.4 zeigt eine Anordnung zur Abfrage des Schalterzustands eines n–Kanal-Transistors. Für diese Anordnung wird ein unterschiedliches Verhalten für Auf– und Entladen der Ausgangskapazität festgestellt. Im Falle des Entladens gilt vor dem Schaltzeitpunkt

$$u_{out} = U_H \, , \qquad u_{in} = U_L$$

Zum Schaltzeitpunkt wechselt u_G von U_L nach U_H. Der Transistor ist anfänglich im Sättigungszustand und die Kapazität wird mit einem Konstantstrom entladen. Nach Reduktion der Kapazitätsspannung um den Betrag der Schwellenspannung geht der Transistor in den linearen Bereich über. Endzustand der Kapazitätsspannung ist $u_{out} = U_L$. Im Falle des Aufladens der Kapazität gilt vor dem Schaltzeitpunkt

$$u_{out} = U_L \, , \qquad u_{in} = U_H$$

Zum Schaltzeitpunkt wechselt auch hier u_G von U_L nach U_H. Der Transistor befindet sich ständig im Sättigungszustand, da $u_D = u_G = U_H$. Allerdings verringert sich der Sättigungsstrom mit der Aufladung, da $u_{GS} = u_G - u_{out}$. Der Sättigungsstrom und damit auch der Aufladestrom wird Null, wenn $U_{GS} = U_T$, d.h. die Aufladung wird beendet, wenn die Ausgangsspannung $u_{out} = U_H - U_T$ ist. Beachtet man den Substrateffekt (2.1.6), so erreicht die Ausgangsspannung nur ca. $0,7 \ U_H$. Bei Reihenschaltung mehrerer Transistoren wird der gleiche Ausgangspegel auftreten, da nur der erste Transistor dieser Kette sich im Sättigungszustand befindet und den Strom festlegt.

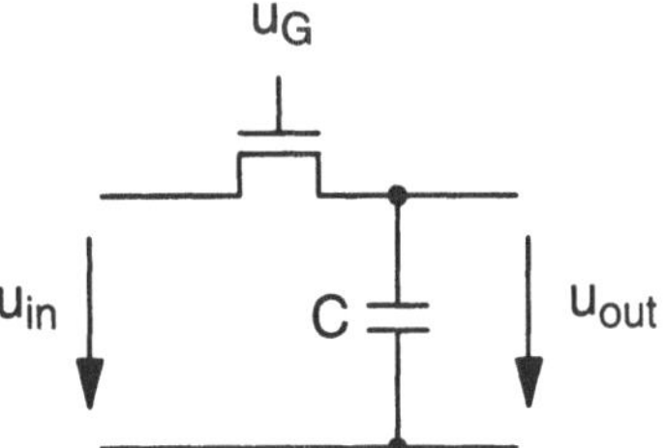

Bild 2.1.4:   Transfer logischer Pegel mit Hilfe von MOS–Transistoren

Für das Aufladen der Kapazität ergibt sich darüber hinaus ein ungünstigeres Zeitverhalten als für das Entladen. Der Transistor ist ständig im Sättigungszustand. Anfänglich wird entsprechend der Transistor durch einen Widerstand nach (2.1.10) mit größtem Wert a modelliert. Während des Aufladens der Kapazität verringert sich U_{GS}. Da der Strom vom Quadrat der Spannung $U_{GS} - U_T$ abhängt, vergrößert sich der zugehörige Widerstand. Eine genaue Analyse zeigt, daß für das Erreichen der halben Betriebsspannung das Aufladen in etwa die doppelte Zeit im Vergleich zum Entladen benötigt.

Bisher wurden nur n–Kanal–Transistoren betrachtet. Ein p–Kanal–Transistor ist auch entsprechend Bild 2.1.1 aufgebaut, jedoch ist das Substrat n–dotiert und die Diffussionszonen sind p–dotiert. Durch das Vertauschen der Dotierung wird beim p–Kanal–Transistor durch eine negative Gate–Source–Spannung ein Kanal frei beweglicher Löcher gebildet. Die Modellierung der Stromgleichung erfolgt entsprechend (2.1.1) bis (2.1.4), jedoch sind alle Spannungen und Ströme mit negativem Vorzeichen zu versehen, und das < Zeichen der Bereichsintervalle ist in ein > Zeichen umzuwandeln. Ferner erhalten die Symbole β und μ den Index p. Zur Unterscheidung der Schwellenspannung der beiden Transistortypen wird sofern erforderlich ein zusätzlicher Index verwendet, d.h. U_{Tn} bzw. U_{Tp}. Schaltbilder von p–Kanal–Transistoren sind in Bild 2.1.5 gezeigt. Der kleine Kreis am Gate beim Schaltbild Bild 2.1.5b soll das inverse Verhalten deutlich machen. Aus dem inversen Verhalten folgt auch, daß beim p–Kanal–Transistor das Diffusionsgebiet mit der negativeren Spannung als Drain bezeichnet wird.

Das inverse Verhalten von p–Kanal–Transistoren im Vergleich zu n–Kanal–Transistoren wird auch beim Transfer logischer Signale deutlich. Wird bei der Schaltung nach Bild 2.1.4 anstatt des n–Kanal–Transistors ein p–Kanal–Transistor verwendet, so tritt der ungünstige Fall beim Entladen der Kapazität und nicht beim Aufladen ein. Bei einem Transfer eines LOW–Pegels ist der p–Kanal–Transistor ständig in der Sättigung und die Spannung u_{out} wird nur bis zur Schwellenspannung $|U_{Tp}|$ entladen. Bezüglich des Zeitverhaltens ist allerdings die p–Kanal–Realisierung bei gleichen Transistorabmessungen generell etwas langsamer als die n–Kanal–Realisierung. Ursache ist die unterschiedliche Beweglichkeit von Elektronen und Löchern. Es gilt näherungsweise

$$\mu_n \approx 2,5\ \mu_p \qquad\qquad (2.1.15)$$

Aus (2.1.13) folgt, daß der Schichtwiderstand im durchgeschalteten Zustand genau um diesen Betrag größer ist.

$$r_{S,p} \approx 2,5\ r_{S,n} \qquad\qquad (2.1.16)$$

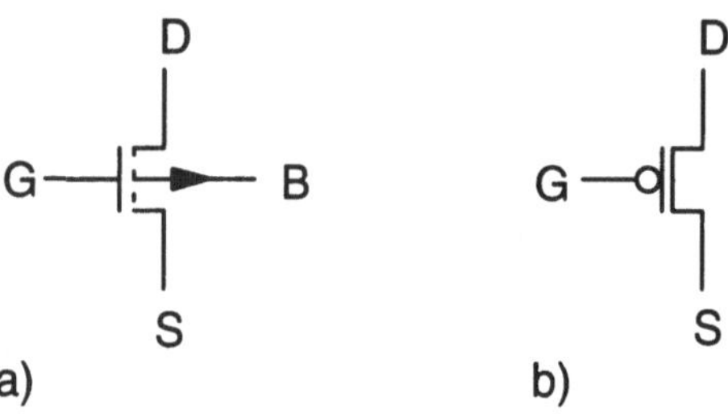

Bild 2.1.5:   Schaltbilder des p–Kanal–MOS–Transistors (Anreicherungstyp)
a) nach DIN   b) in diesem Buch verwendetes Schaltbild

Um das Zeitverhalten beider Transistortypen anzugleichen, ist es erforderlich, den Kanalwiderstand des p–Kanal–Transistors genau um den oben gezeigten Faktor niederohmiger zu machen. Nach (2.1.12) kann dies durch Veränderung des L/W–Verhältnisses geschehen. Da die minimale Kanallänge durch den Prozeß vorgegeben ist, muß die Kanalbreite der p–Kanal–Transistoren um einen Faktor von etwa 2,5 aufgeweitet werden. Transferanordnungen mit nur einem Transistor (n– oder p–Kanal–Transistor) sind ungünstig für einen der beiden logischen Pegel. Durch die Kombination eines n– und eines p–Kanaltransistors entsprechend Bild 2.1.6 wird für jeden Pegel das richtige Schaltelement bereitgestellt. Die Realisierung eines Transistorschalters durch Parallelschaltung eines n– und eines p–Kanal–Transistors wird als Transmission–Gate bezeichnet. Das Transferverhalten der möglichen Schalterrealisierungen ist in Tabelle 2.1.1 übersichtlich zusammengestellt.

Bei der Herstellung von integrierten Schaltungen in CMOS–Technologie müssen sowohl n– als auch p–Kanal–Transistoren auf einem Substrat (Träger) realisiert werden. Hierzu müssen besondere Bereiche, sog. Wannen (wells, tubs), mit einer zum Substrat entgegengesetzten Dotierung geschaffen werden. Im Bereich der Wanne werden dann auch die Transistoren mit entgegengesetzter Dotierung erzeugt. Es gibt sowohl Prozesse mit einer p–Wanne in einem n–Substrat als auch n–Wanne in einem p–Substrat. Darüber hinaus gibt es auch Zwei–Wannen–Prozesse.

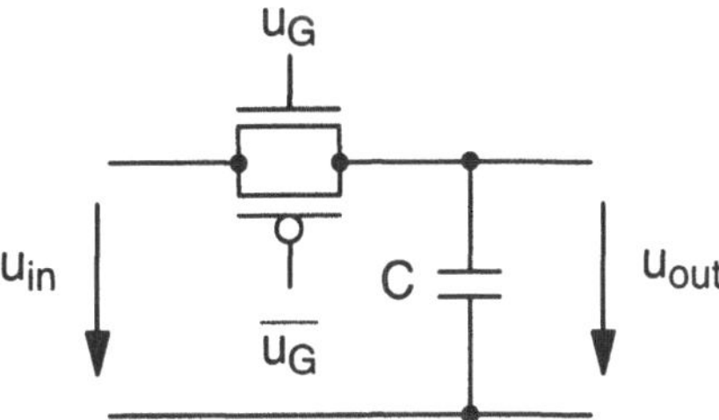

Bild 2.1.6:   Transfer logischer Signale mit Hilfe eines Transmission–Gates

Tabelle 2.1.1: Transferverhalten von MOS–Transistoren

Schalter	Transfer-pegel	Transferverhalten	
		Ausgangspegel	Transferzeit
n–Kanal–Transistor	LOW	U_L	gut
	HIGH	$U_H - U_{Tn}$	schlecht
p–Kanal–Transistor	LOW	$U_L + |U_{Tp}|$	schlecht
	HIGH	U_H	gut
Transmission–Gate	LOW	U_L	gut
	HIGH	U_H	gut

2.2   Grundschaltungen

Logische Werte 0 bzw. 1 können sowohl den Schalterzuständen (geöffnet/geschlossen) als auch den Spannungspegeln (LOW/HIGH) der steuernden und zu transferierenden Signale zugeordnet werden. Entsprechend können Netzwerke spannungsgesteuerter Schalter Logikfunktionen realisieren. Es sei folgende Zuordnung logischer Werte angenommen:

Schalterlogik:	*geöffnet*	0
	geschlossen	1
Spannungspegel:	*LOW*	0
	HIGH	1

Die Verwendung von MOS–Transistoren als spannungsgesteuerte Schalter wurde im vorherigen Abschnitt diskutiert. Eine vereinfachte Symbolik zur Beschreibung der Schalterlogik zeigt Bild 2.2.1. Sie bedeutet, daß der Pfad geschlossen ist (logisch 1), wenn die Steuergröße x logisch 1 ist.

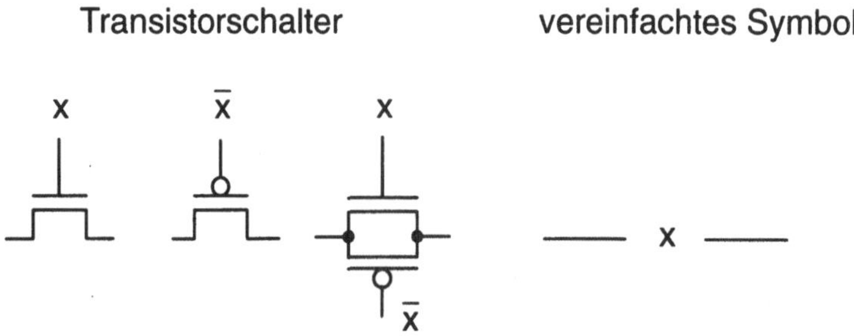

Bild 2.2.1: Vereinfachtes Schaltersymbol

Logische Basisstrukturen in Schalterlogik sind in Bild 2.2.2 gezeigt. Die Parallelschaltung zweier Schalter realisiert das logische ODER (∨), da bereits einer der beiden Schalter ausreicht, den Pfad zu schließen. Die Reihenschaltung zweier Schalter realisiert das logische UND (∧), da beide Schalter geschlossen sein müssen, um den Pfad durchzuschalten. Schließlich wird das Komplement durch einen Komplementärschalter realisiert, der bei Ansteuerung mit logisch 0 den Pfad schließt.

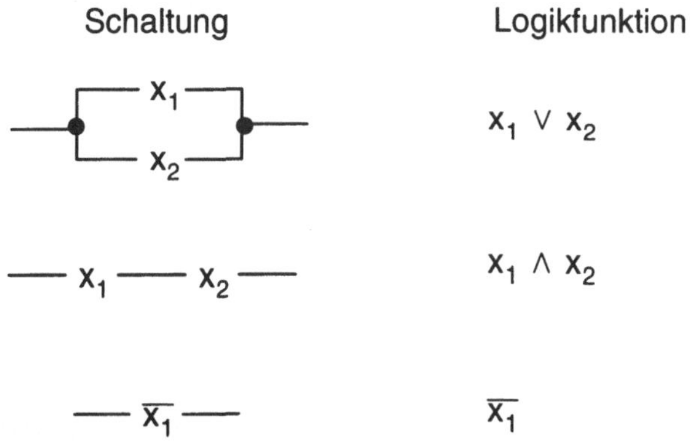

Bild 2.2.2: Einfache Schalternetzwerke

Die Logikfunktion einer Zusammenschaltung von Schaltern kann durch Kenntnis der Logikfunktion der Basisstrukturen leicht ermittelt werden. Bild 2.2.3 zeigt ein Beispiel. Aus den Grundfunktionen

Parallelschaltung   =   logisches ODER
Reihenschaltung   =   logisches UND

ist diese zusammengesetzte Funktion leicht abzuleiten.

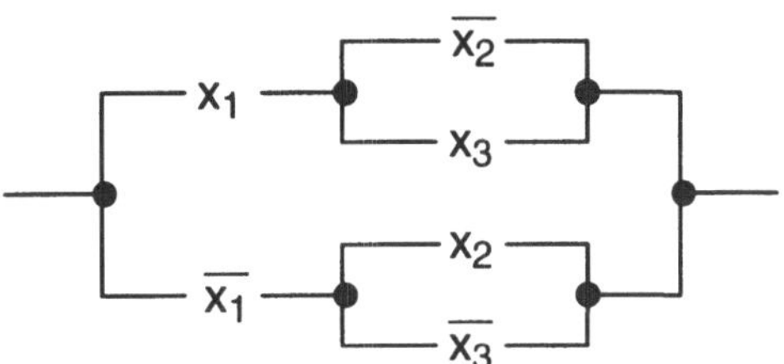

Bild 2.2.3: Schalterlogik der Funktion $x_1(\overline{x_2} \vee x_3) \vee \overline{x_1}(x_2 \vee \overline{x_3})$

Wichtig für die Realisierung komplexer Funktionen sind die Zusammenhänge zur Bildung komplementärer Logikfunktionen [20], [21]. Es sei

$$f(\,x,\,\wedge,\,\vee\,) \qquad x = (x_1, x_2, \dots x_n) \tag{2.2.1}$$

eine Logikfunktion. Dann wird eine Funktion

$$f_D(\,x,\,\vee,\,\wedge\,) \qquad x = (x_1, x_2, \dots x_n) \tag{2.2.2}$$

die durch Vertauschen der Operationen $\wedge$ und $\vee$ gewonnen wird, als die zu $f(\cdot)$ duale Funktion genannt. Aus dem Shannonschen Theorem als Verallgemeinerung des DeMorganschen Theorems [20] folgt, daß das Komplement $\overline{f}$ einer Funktion f gebildet wird, indem in der dualen Funktion alle Literale x_i komplementiert werden.

$$\overline{f} = f(\overline{x},\,\vee,\,\wedge\,) \qquad \overline{x} = (\overline{x_1}, \overline{x_2}, \dots \overline{x_n}) \tag{2.2.3}$$

Dieser Satz kann auch direkt zur Realisierung von Logikfunktionen benutzt werden. Ein Beispiel hierzu zeigt Bild 2.2.4. Das Vertauschen von $\wedge$ und $\vee$ bewirkt, daß aus der Reihenschaltung eine Parallelschaltung wird und umgekehrt. Die Komplementierung der Literale bedeutet, daß die Schalter durch Komplementärschalter zu ersetzen sind.

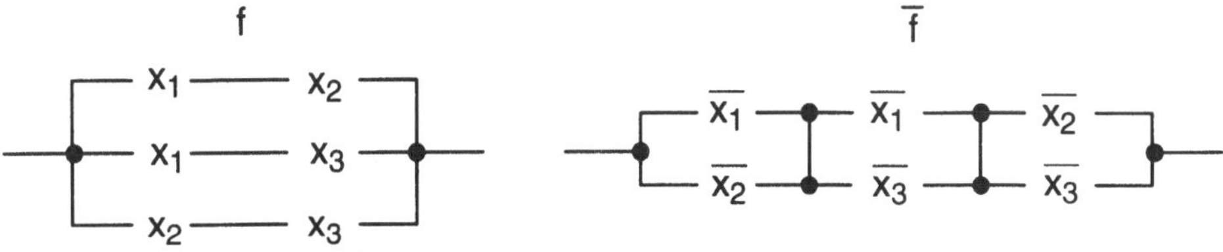

Bild 2.2.4:   Beispiel für die duale Struktur zwischen Schalterfunktionen f und $\overline{f}$

Die dargestellten Beziehungen sind ausreichend, um jede Form kombinatorischer Logik zu realisieren. Als ein weiteres Beispiel soll eine 4:1 Multiplexerfunktion betrachtet werden. Mit $x = (x_0, x_1, x_2, x_3)$ als Eingangsvariable und $s = (s_0, s_1)$ als Steuervariable gilt

$$f = x_0 \, \overline{s_1} \, \overline{s_0} \ \lor \ x_1 \, \overline{s_1} \, s_0 \ \lor \ x_2 \, s_1 \, \overline{s_0} \ \lor \ x_3 \, s_1 \, s_0 \qquad (2.2.4)$$

Die entsprechende Schalterlogik und die zugehörige technische Realisierung zeigt Bild 2.2.5. Da bei geschlossenem Pfad die Ausgangsfunktion f den Wert der Eingangsvariable annimmt, führt dies zu einer logischen UND–Verknüpfung mit der Schalterfunktion. Bei einer Realisierung einer Logikfunktion ist es erforderlich, daß mindestens ein Pfad geschaltet ist, damit ein definierter Ausgangspegel erzeugt wird. Sind alle Schalterpfade zu einem Ausgangsknoten gesperrt, so behält aufgrund kapazitiver Speicherung dieser Knoten den alten Funktionswert für eine gewisse Speicherzeit bei.

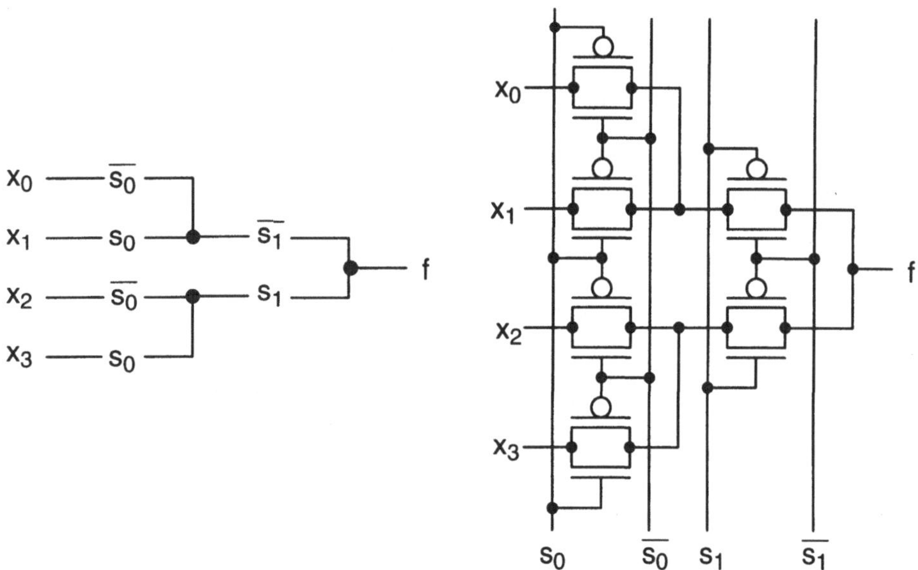

Bild 2.2.5: Schalterlogik zur Realisierung eines 4:1 Multiplexers

Eine besondere Form der Schalterlogik erhält man, wenn nur feste logische Pegel 0 und 1 und keine Variablen durchgeschaltet werden. Man spricht dann von statischer Gatterlogik; im allgemeinen nur kurz von Gatterlogik. Die prinzipielle Anordnung zeigt Bild 2.2.6. In der technischen Realisierung werden die logischen Pegel 0 bzw. 1 durch Verbindung mit der Masse (U_{SS}) bzw. mit der Betriebsspannung (U_{DD}) erzeugt. Die Bezeichnung p–Netz steht für ein Schalternetzwerk aus p–Kanal–Transistoren und n–Netz für ein Schalternetzwerk aus n–Kanal–Transistoren.

Die Vereinfachung der Netzwerke durch Verwendung nur eines Transistortyps
folgt aus Tabelle 2.1.1. Es sei $g(x)$ die Schaltfunktion des Netzwerkes der n–Kanal–
Transistoren und $h(x)$ die Schaltfunktion des Netzwerkes der p–Kanal–Transistoren.
Für eine Logikfunktion

$$f(x) \qquad x = (x_1, \dots x_n) \qquad\qquad (2.2.5)$$

gilt dann

$$g(x) = \bar{f}(x)$$
$$h(x) = f(x) \qquad\qquad (2.2.6)$$

Die einfachste Logikfunktion ist ein Inverter mit

$$f(x) = \bar{x}$$
$$g(x) = x \qquad\qquad (2.2.7)$$
$$h(x) = \bar{x}.$$

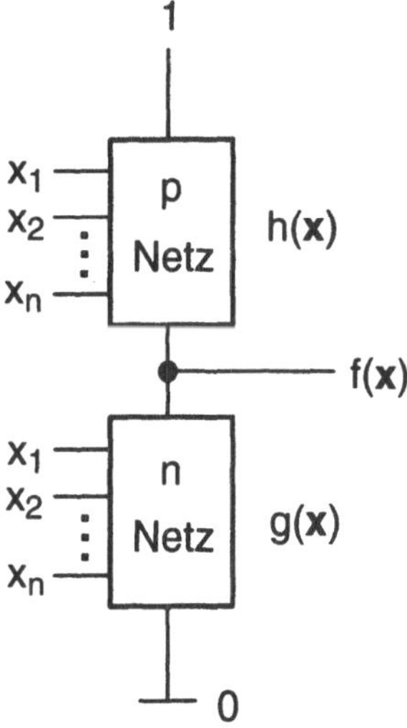

Bild 2.2.6: Prinzipbild einer Gatterlogik

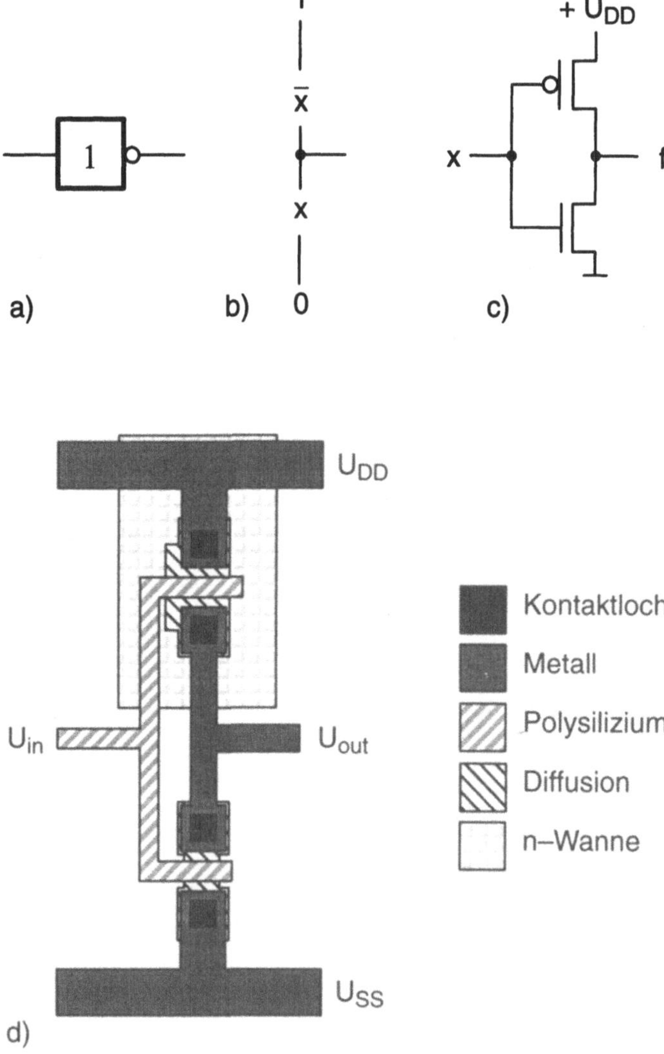

Bild 2.2.7:   Inverter: a) Symbol, b) Schalterdarstellung, c) CMOS Realisierung, d) Layout

Die Schalterdarstellung mit zugehöriger technischer Realisierung ist in Bild 2.2.7 dargestellt. Für die oben erläuterten Logikfunktionen wurde bisher nur das Verhalten bei den logischen Pegeln 0 bzw. 1 betrachtet. Zur genaueren Beschreibung ist in einigen Fällen das Verhalten für Spannungen zwischen den beiden Endzuständen U_{SS} und U_{DD} von Interesse. Bild 2.2.8 zeigt das Übertragungsverhalten $u_{out}(u_{in})$ für den Inverter. Für kleine Spannungen unterhalb U_{Tn} ist nur der p–Kanal–Transistor durchgeschaltet und die Ausgangsspannung hat konstant den Pegel U_{DD}.

Bei Vergrößerung der Eingangsspannung oberhalb der Schwellenspannung sind beide Transistoren aktiv, wobei für Spannungen unterhalb $U_{DD}/2$ der n–Kanal–Transistor in der Sättigung ist und oberhalb $U_{DD}/2$ der p–Kanal–Transistor in der Sättigung ist. In der Nähe von $U_{DD}/2$ sind beide Transistoren in der Sättigung, und dies verursacht den steilen Übergang. Für Eingangsspannungen oberhalb $U_{DD}-|U_{Tp}|$ ist der p–Kanal–Transistor gesperrt, und die Ausgangsspannung ist gleich dem LOW–Pegel U_{SS}.

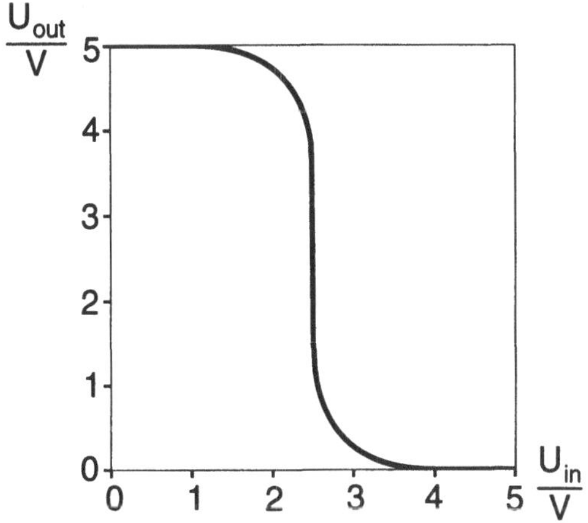

Bild 2.2.8: Ausgangskennlinienfeld des Inverters ($U_{DD} = 5V$)

Aus der Ausgangsübertragungsfunktion kann die geringe Störsignalempfindlichkeit der CMOS–Technik abgeleitet werden. Einem Eingangssignal können Störsignale mit erheblicher Amplitude ($< 0{,}3\ U_{DD}$) überlagert werden, ohne daß irgendwelche Auswirkungen am Ausgang bemerkbar sind. Damit die Inverterschwelle bei halber Betriebsspannung liegt, ist eine Symmetrie der Stromverstärkung von n– und p–Kanal–Transistor erforderlich. Nach (2.1.15) muß daher die Kanalweite W des p–Kanaltransistors um das Verhältnis der beiden Beweglichkeiten aufgeweitet werden.

In der Literatur zum Entwurf logischer Schaltungen ist gezeigt, daß sich alle Logikfunktionen durch zweistufige NAND– und NOR–Gatter realisieren lassen [20], [21]. Dies belegt die besondere Bedeutung dieser speziellen Logikfunktionen. Für ein NAND–Gatter mit n Eingängen gilt

$$f_{NAND} = \overline{x_1\ x_2\ \dots\ x_n} \qquad (2.2.8)$$

Mit (2.2.6) folgt

$$g_{NAND} = x_1 \, x_2 \, ... \, x_n$$

$$h_{NAND} = \overline{x_1} \vee \overline{x_2} \vee \, ... \, \vee \overline{x_n} \tag{2.2.9}$$

Für die NOR–Funktion gilt entsprechend

$$f_{NOR} = \overline{x_1 \vee x_2 \vee \, ... \, x_n} \tag{2.2.10}$$

Es folgt

$$g_{NOR} = x_1 \vee x_2 \vee \, ... \, x_n$$

$$h_{NOR} = \overline{x_1} \; \overline{x_2} \, ... \, \overline{x_n} \tag{2.2.11}$$

In Bild 2.2.9 sind für 2 Eingangssignale NAND– und NOR–Gatter dargestellt. Die Zuordnung der Reihenschaltung zur UND–Verknüpfung und die Parallelschaltung zur ODER–Verknüpfung ist deutlich zu erkennen.

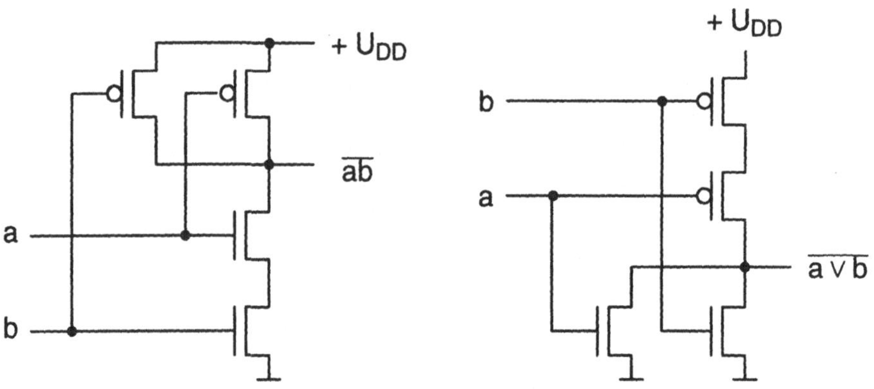

Bild 2.2.9: NAND– und NOR–Gatter mit zwei Eingängen

Beliebige Logikfunktionen lassen sich einerseits durch 2stufige NAND–NAND– und NOR–NOR–Anordnungen realisieren. Entsprechend Bild 2.2.6 ist auch eine einstufige Realisierung möglich, die für allgemeine Funktionen als Komplexgatter bezeichnet wird. Dies soll am Beispiel der Exklusiv–Oder–Funktion (XOR) dargestellt werden. Für die zu realisierende Funktion gilt:

$$f = a \oplus b$$

$$g = \bar{f} = a \odot b = a\,b \vee \bar{a}\,\bar{b} = (\bar{a} \vee b) \wedge (a \vee \bar{b})$$
$$h = f = a \oplus b = \bar{a}\,b \vee a\,\bar{b} = (a \vee b) \wedge (\bar{a} \vee \bar{b}) \tag{2.2.12}$$

Der Operator $\oplus$ steht für Exklusiv–Oder (Antivalenz). Der Operator $\odot$ steht für Äquivalenz. Bild 2.2.10 zeigt ein Beispiel der XOR–Realisierung.

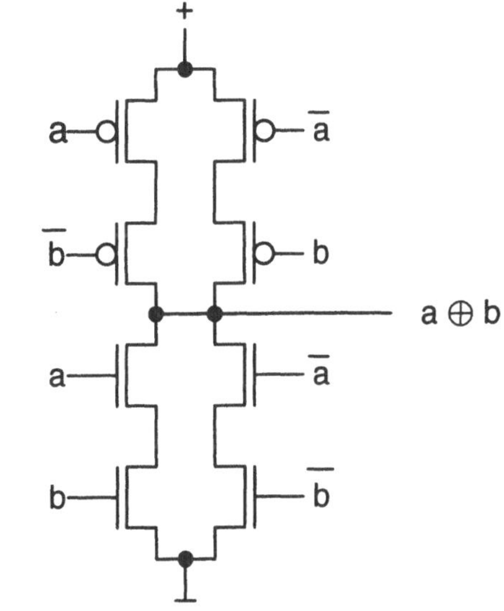

Bild 2.2.10: XOR– Realisierung als Komplexgatter

Neben Realisierungen in Schalterlogik und statischer Gatterlogik existieren spezielle Strukturen mit geringerer Transistorzahl. Eine dieser Strukturen ist Pseudo–NMOS nach Bild 2.2.11. Hierbei dient ein einziger p–Kanal–Transistor als Pull–Up–Pfad. Diese Form der Logik erfordert spezielle Transistordimensionierungen von Pull–Up– und Pull–Down–Pfad, damit im Falle des Durchschaltens des n–Netzes ein Ausgangspegel von ca. 0,1 U_{DD} erzielt wird. Pseudo–NMOS–Strukturen werden insbesondere für PLA–Realisierungen in ASICs wegen des geringeren Transistoraufwandes und des besseren Zeitverhaltens verwendet.

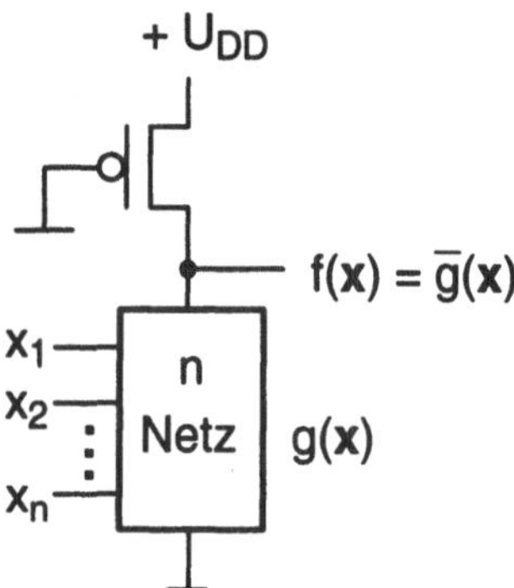

Bild 2.2.11: Pseudo–NMOS–Logik

Eine weitere Sonderform in getakteten Systemen stellt die dynamische Logik dar (Bild 2.2.12). Hierbei wird in einer Vorladephase (Takt Φ=LOW) über einen Pull–Up–Pfad (p–Kanal–Transistor) eine Ausgangskapazität auf den HIGH–Pegel vorgeladen. In der darauffolgenden Auswertephase (Takt Φ=HIGH) wird das Pull–Down–Netzwerk aktiviert. Sofern dieser Logikblock anhand der anliegenden Eingangssignale einen Pfad durchschaltet, wird die aufgeladene Kapazität entladen, ansonsten bleibt der High–Pegel bestehen.

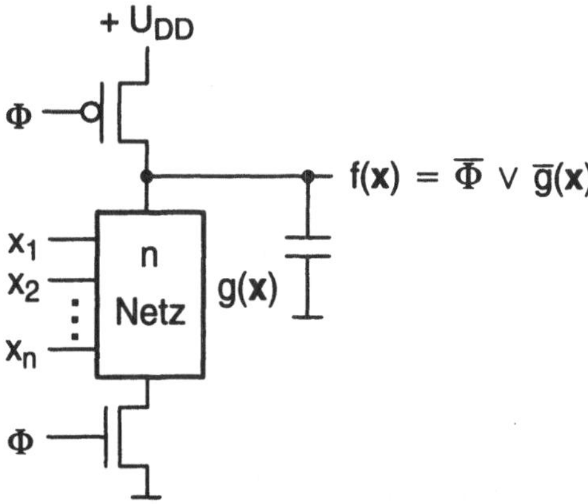

Bild 2.2.12: Dynamische CMOS Logik

Sequentielle Schaltungen benötigen neben einem Anteil kombinatorischer Logik Speicherelemente, wie z.B. Flip–Flops. Das Basiselement ist hier das Delay–Flip–Flop (D–FF). Bild 2.2.13 zeigt hierfür eine spezielle Struktur in einer CMOS–Technologie. Es handelt sich um eine Master–Slave–Realisierung auf der Basis von D–Latches.

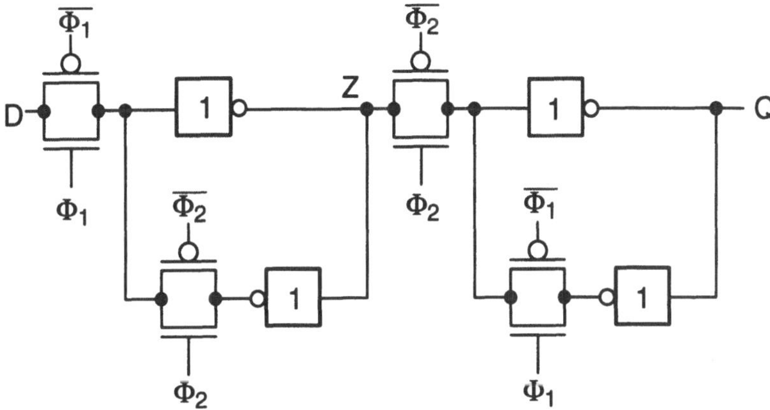

Bild 2.2.13: Delay Flip–Flop

Die Taktung soll mit nichtüberlappenden Zweiphasentakten erfolgen, d.h. zwischen den beiden Taktpulsen sind beide Takte kurzfristig auf LOW. Während der Taktphase Φ_1=HIGH wird der Eingang D zum Eingangsinverter durchgeschaltet. Das Zwischensignal Z entspricht $\overline{D}$. Während des kurzen Übergangs zwischen den Taktpulsen Φ_1 und Φ_2 wird der Eingangspegel in der Eingangskapazität des ersten Inverters gehalten. Während der Taktphase Φ_2 = HIGH wird $\overline{Z}$ und entsprechend der ursprüngliche Wert D zum Ausgang Q transferiert. Gleichzeitig wird über die Rückführung der ersten Stufen mit einem durch Φ_2 getakteten Transmission–Gate der Pegel gehalten. Während der Übernahme des Datums durch den Master in der Taktphase Φ_1 wird auch für den Slave eine entsprechende Rückführung geschaltet. Bei kontinuierlicher Taktung wird, wie das Zeitdiagramm in Bild 2.2.14 zeigt, der Ausgang Q das Eingangssignal D um eine Taktperiode verzögert annehmen. Die beiden Taktphasen Φ_1 und Φ_2 entsprechen logischen Signalen LOAD und HOLD.

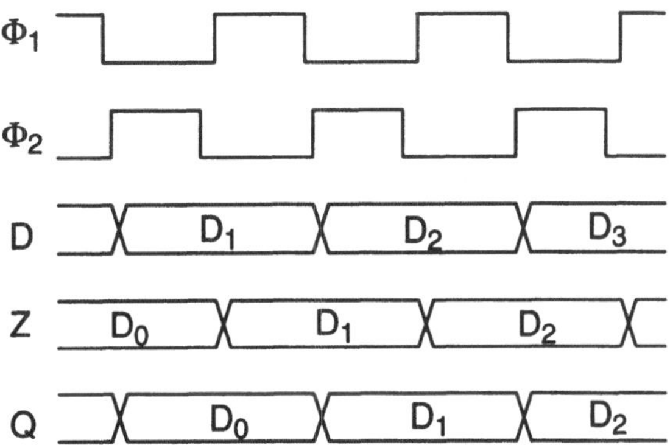

Bild 2.2.14: Zeitdiagramm des D–FFs

Bei kontinuierlicher Taktung mit relativ hohen Taktraten kann das quasistationäre D–FF nach Bild 2.2.13 weiter vereinfacht werden. In diesem Fall ist die Speicherung in den Gatekapazitäten der Inverter ausreichend, und die besonderen Rückführungsschleifen zum Halten der logischen Zustände können entfallen. Derartige dynamische D–FFs benötigen nur 8 Transistoren anstatt 16 für die quasistatische Realisierung.

2.3 Siliziumfläche

Die Herstellungskosten von integrierten Schaltungen sind beim Überschreiten einer gewissen Stückzahl im wesentlichen von der erforderlichen Siliziumfläche des Chips $A_{Si,Chip}$ und vom Gehäuse abhängig. Es kann gezeigt werden, daß die benötigte Siliziumfläche eines Logikmoduls in einem Chip (Zelle) in erster Näherung proportional zu der Anzahl der Transistoren ist, d.h.

$$A_{Si,Zelle} = a_{Tr}\, n_{Tr} \qquad (2.3.1)$$

Dies wurde für vollkundenspezifisch und semikundenspezifisch entworfene ICs untersucht. Für Beispiele vollkundenspezischer Entwürfe in einer 1 µm CMOS–Technologie wurde hierbei ein Bereich für den Faktor ermittelt

$$a_{Tr} = 100...400 \ \mu m^2 \qquad (2.3.2)$$

Das Verhältnis zwischen Siliziumfläche und Transistorfläche streut sehr stark für die einzelnen Zelltypen. Unterschiedliche Zelltypen mit gleicher Transistorzahl haben eine Spannweite der Siliziumfläche von 1:4. Jedoch hat sich trotzdem für eine erste Aufwandsabschätzung die Beziehung (2.3.1) als sehr hilfreich erwiesen.

Vollkundenspezifische Schaltungen werden nicht nur aus Transistoren mit gleichen Abmessungen zusammengesetzt. Insbesondere Treiberstufen haben erheblich vergrößerte Kanalweiten. In solchen Fällen ist die Proportionalität zwischen Siliziumfläche der Zelle und der Fläche der aktiven Transistorgebiete eine bessere Beziehung.

$$A_{Si,Zelle} = a_{akt} \cdot \sum_{i=1}^{n_{Tr}} L_i\, W_i \qquad (2.3.3)$$

Für einen vollkundenspezifischen Entwurf gilt annähernd

$$a_{akt} \approx 25 \qquad (2.3.4)$$

Der Summand $L_i\, W_i$ stellt das aktive Gebiet des Transistors i dar. Die Summation ist über alle Transistoren der Schaltung durchzuführen. Da die Kanallänge aller Transistoren im allgemeinen gleich der minimalen Länge L_0 ist, kann aus den beiden Beziehungen (2.3.1) und (2.3.3) folgende modifizierte Abschätzung der Siliziumfläche abgeleitet werden

$$A_{Si,Zelle} = a'_{Tr}\, n_{Tr}\, w_{av} \qquad (2.3.5)$$

mit w_{av} als mittlere relative Kanalbreite. Die mittlere relative Kanalbreite sei

$$w_{av} = \frac{1}{n_{Tr}} \sum_{i=1}^{n_{Tr}} \frac{W_i}{W_0} \qquad (2.3.6)$$

wobei W_0 die minimale Kanalbreite des jeweiligen Transistortyps sei. Auf diese Weise können die unterschiedlichen Kanalbreiten zwischen p– und n–Kanal–Transistoren berücksichtigt werden. Für einen vollkundenspezifischen Entwurf eines Filterbausteins in einer 1 µm CMOS–Technologie wurde ermittelt:

$$a'_{Tr} \approx 50\ (\mu m)^2 \qquad (2.3.7)$$

Die Gesamtfläche eines Chips setzt sich aus den Flächen für Logikzellen, Verdrahtung sowie Anschlußpads mit Ein– und Ausgangsschaltungen zusammen. Die Flächenanteile hängen von der Regularität der Gesamtschaltung, dem Entwurfsstil, der Anzahl der Metallagen und der Anzahl der Anschlußpads ab. Es sollen hier keine Beziehungen für spezielle Technologien und Entwurfsstile aufgezeigt werden. Als wesentliches Ergebnis soll festgehalten werden, daß in erster Näherung auch für den Gesamtchip eine Proportionalität zur Transistorzahl gilt. Die angegebenen Zahlenwerte sind für andere Technologien entsprechend der Geometrie zu modifizieren und für einen Gesamtchip angemessen zu vergrößern.

2.4 Verzögerungsverhalten

Die Bestimmung der Leistungsfähigkeit von digitalen Schaltungen erfordert die Untersuchung des Verzögerungsverhaltens der einzelnen Elemente. Die abstrakte Modellierung des Transistors als Schalter wie im Kapitel 2.2 erlaubt nur die Ermittlung des stationären Verhaltens. Für die Analyse des Übergangverhaltens müssen bessere Modelle benutzt werden. Problematisch ist dabei, daß Transistor– und Kapazitätsmodelle spannungsabhängige Parameter haben. Analytische Untersuchungen werden daher nur für einfache Anordnungen durchgeführt. Die Schaltungsanordnungen werden meist durch Randbedingungen so vereinfacht, daß nur eine nichtlineare Transistorfunktion verbleibt. Komplexere Anordnungen mit genauerer Berücksichtigung der Abhängigkeiten erfordern Simulationen mit Programmen wie z.B. SPICE [22].

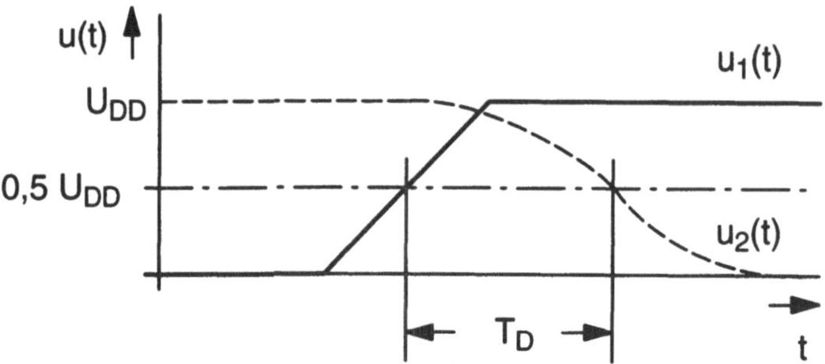

Bild 2.4.1: Definition der Verzögerungszeit

Aufgrund der schwellenartigen Eingangsabhängigkeiten digitaler Schaltungen ist die genaue Kenntnis des Übergangsverhaltens nicht erforderlich. Ausreichend ist vielfach die Kenntnis der Verzögerungszeit zu einem speziellen Bezugspunkt im Übergang. Der 50%–Pegel wird hierbei im allgemeinen als Bezugspunkt verwendet (Bild 2.4.1). Für eine Verzögerungszeitanalyse ohne Simulation mit Programmen wie SPICE können in diesem Fall Schaltungen vereinfacht durch geschaltete Widerstände und Kapazitäten modelliert werden. Dies soll für eine Inverterkette genauer dargestellt werden.

Anhand einer SPICE–Simulation mit genauen Transistormodellen wird das Übergangsverhalten bestimmt. Gesucht wird dann eine RC–Anordnung, die die gleiche Verzögerung für den 50%–Pegel liefert. Bild 2.4.2 zeigt eine solche Anordnung für Inverter. Die Widerstände R_p, R_n modellieren die Kanalwiderstände der Transistoren. C_I ist die vom Ausgang her gesehene innere Kapazität des Inverters. Sie besteht im wesentlichen aus den Sperrschichtkapazitäten der beiden Diffusionsgebiete und der Metalleitung bis zum Ausgang des Inverters. C_W ist die Kapazität der Verbindungsleitung und C_G die Lastkapazität des nachfolgenden Inverters. C_G besteht aus den Gatekapazitäten von n– und p–Kanal–Transistor und einem kurzen Stück Leitung. Mit

$$C = C_I + C_W + C_G \tag{2.4.1}$$

folgt für den Aufladevorgang

$$u_2(t) = U_{DD}(1 - e^{-t/R_p C}) \tag{2.4.2}$$

und für den Entladevorgang

$$u_2(t) = U_{DD}e^{-t/R_n C} \tag{2.4.3}$$

Für den 50%–Pegel als Verzögerungszeit T_D gilt dann

$$\begin{aligned} T_{D,LH} &= \ln 2\; R_p C \\ T_{D,HL} &= \ln 2\; R_n C \end{aligned} \tag{2.4.4}$$

Unter der Annahme symmetrischer Inverter (gleiche Auf– und Entladezeit) und durch Normierung auf einen Inverter mit Minimalabmessungen folgt aus (2.4.1) und (2.4.4) für die Verzögerungszeit

$$T_D = \tau_I + ZF\tau_L \qquad (2.4.5)$$

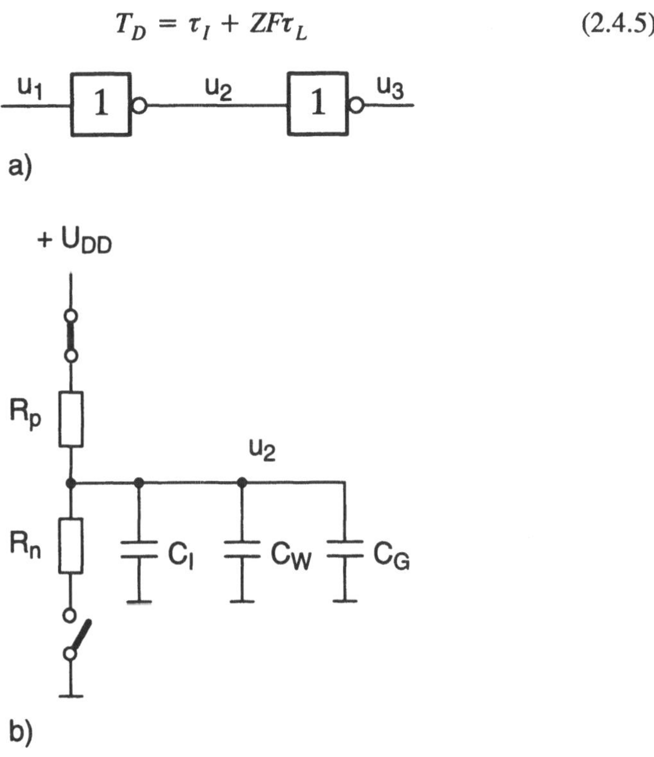

Bild 2.4.2: Modellierung eines Inverters zur Verzögerungszeitbestimmung.
a) Inverterkette b) Ersatzschaltbild für $u_1 \rightarrow U_L$

τ_I und τ_L sind Verzögerungen des normierten Inverters, die sich durch kapazitive Auf– bzw. Entladungen ergeben. τ_I repräsentiert die Verzögerungszeit, die von der inneren Kapazität $C_{I,0}$ des normierten Inverters abhängt und τ_L repräsentiert die Verzögerungszeit, die von der externen Bezugskapazität $C_{L,0}$ verursacht wird. Veränderungen der Verzögerungszeit durch Abweichungen von den Minimalabmessungen bzw. Vergrößerung der Lastkapazität werden durch den Widerstandsfaktor Z und den Fan–Out–Faktor F berücksichtigt. In dem Modell ist angenommen, daß eine Verringerung des Kanalwiderstandes durch Kanalverbreiterung im gleichen Maße zu einer Vergrößerung der Kapazität C_I führt, so daß das Produkt $R_0\,C_I$ konstant bleibt.

Zur Normierung dient die Bezugskapazität $C_{L,0}$ als Lastkapazität eines Inverters mit Minimalabmessungen ($L_{0,n}$, $W_{0,n}$, $L_{0,p}$, $W_{0,p}$) und der effektive Kanalwiderstand R_0 eines symmetrischen Inverters unter Verwendung von Transistoren mit Minimalabmessungen. Der effektive Kanalwiderstand wird über die Verzögerung eines Inverters mit Minimalabmessungen bei Ansteuerung mit realer Flankensteilheit ermittelt. Hierbei wird auch der Einfluß der spannungsabhängigen Änderung der Kanalwiderstände (Sättigungsbereich, linearer Bereich) und des kurzzeitigen Querstromes durch beide Transistoren während der Übergänge LH bzw. HL einbezogen. Ferner gilt für den Fan–Out–Faktor F und den Widerstandsfaktor Z

$$F = \frac{C_L}{C_{L,0}} \tag{2.4.6}$$

$$Z = \frac{R}{R_0} = \frac{L/W}{L_0/W_0} \tag{2.4.7}$$

Die Lastkapazität C_L ist die Summe von Verdrahtungskapazitäten und Eingangskapazitäten nachfolgender Gatter.

Als charakteristische Daten für einen 1 µm CMOS–Prozeß gelten in etwa:

$$
\begin{aligned}
C_{I,0} &= 12,7 \; fF & C_{L,0} &= 6,5 \; fF \\
R_0 &= 10,7 \; k\Omega & C_W &= 0,05 \; fF/\mu m \\
W_{0,n} &= 1 \; \mu m & W_{0,p} &= 2,6 \; \mu m \\
L_{0,n} &= 1 \; \mu m & L_{0,p} &= 1 \; \mu m \\
\tau_I &= 94 \; ps & \tau_L &= 48 \; ps
\end{aligned}
\tag{2.4.8}
$$

Es besteht der Wunsch, aus dem Verzögerungsverhalten des Inverters entsprechende Beziehungen für komplexere Gatter zu ermitteln. Nach Bild 2.2.6 ist der jeweilige Transistor des Inverters durch ein Netzwerk von Transistoren zu ersetzen. Geht man davon aus, daß die Netzwerke aus Transistoren mit gleichen Abmessungen aufgebaut werden, so wird ein Pfad mit Serienschaltung mehrerer Transistoren zu einer Widerstandserhöhung proportional zu der Anzahl der Transistoren führen. In erster Näherung wird entsprechend für das Verzögerungsverhalten von Gattern

$$T_D = m(\tau_I + ZF\tau_L) \tag{2.4.9}$$

abgeschätzt, wobei m die maximale Anzahl in Serie geschalteter Transistoren ist, die einen Pfad gegen Masse bzw. Betriebsspannung schalten. Da die n– und p–Netze in den meisten Fällen nicht auf gleiche Transistorzahlen in Serienschaltung führen (s. NAND– und NOR–Gatter), wird die Verzögerungszeit für LH– und HL–Übergänge unterschiedlich sein. Das Modell nach (2.4.9) wurde wegen seiner Einfachheit gewählt, für komplexe Gatteranordnungen kann es zu großen Fehlern führen, da der individuelle Einfluß der Kapazitäten innerhalb der n– und p–Netze nicht genügend berücksichtigt wird. Bei einer genaueren Modellierung müßten die Source– und

Drainkapazitäten aller aktiven wie auch nichtaktiven Schalterpfade einbezogen werden [23], [24].

Beispiel 2.4.1 Ein NAND–Gatter mit 3 Eingängen sei aus Transistoren eines symmetrischen Inverters mit Minimalabmessungen zusammengesetzt. Für den LH–Übergang wird im ungünstigen Fall über einen Transistor aufgeladen ($m = 1$). Somit gilt

$$T_{D,LH} = \tau_I + F\tau_L$$

Für den HL–Übergang wird über eine Serienschaltung von 3 Transistoren entladen ($m = 3$). Es folgt

$$T_{D,HL} = 3\tau_I + 3F\tau_L$$

Durch die Verringerung des Widerstandsfaktors Z um den Faktor 3 (Vergrößerung der Kanalbreite W) im Serienpfad wird zwar der Vorfaktor von τ_L kompensiert, nicht jedoch der Faktor von τ_I. Ursache ist, daß durch eine Vergrößerung der Kanalbreite die innere Kapazität in etwa um den gleichen Wert zunimmt wie der Widerstandsfaktor abnimmt.

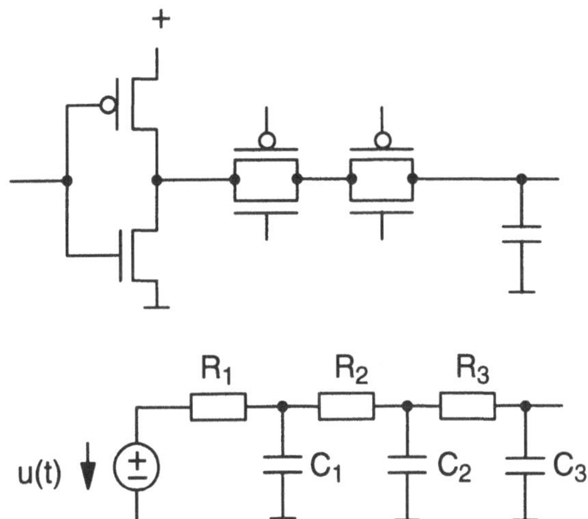

Bild 2.4.3: Modellierung von Transmission–Gates

Eine besondere Verzögerungsmodellierung ist für Schalterlogiken mit Transmission–Gates erforderlich. Bild 2.4.3 zeigt eine solche Anordnung mit zugehöriger RC–Ersatzschaltung. Es kann gezeigt werden, daß eine Kettenschaltung mehrerer RC–Glieder bezüglich des Verzögerungsverhaltens der Sprungantwort durch eine Ersatzschaltung mit den Elementen R_E, C_E ersetzt werden kann [25]. Es gilt dabei für 3 RC–Elemente

$$R_E C_E = R_1(C_1 + C_2 + C_3) + R_2(C_2 + C_3) + R_3 C_3 \qquad (2.4.10)$$

Für n Elemente lautet die allgemeine Lösung:

$$R_E C_E = \sum_{k=1}^{n} R_k \sum_{i=k}^{n} C_i \qquad (2.4.11)$$

Ein Transmission–Gate bestehend aus Transistoren eines Inverters mit Minimalabmessungen kann näherungsweise durch ein Π–Glied mit einer Kapazität C_I, Widerstand ηR_0 mit $\eta = 0{,}6$ und einer Kapazität C_I modelliert werden. Der Innenwiderstand des treibenden Inverters muß bei einer Transmission–Gate–Kette anders modelliert werden als bei rein kapazitiver Belastung. Die Ursache liegt in der zeitlichen Folge der Auf– bzw. Entladungen. Während der Ausgang des Treibers die wesentliche Spannungsänderung durchläuft, verändern die hinter dem ersten Transmission–Gate liegenden Kapazitäten ihre Spannungen nur geringfügig. Für die hauptsächliche Umladephase dieser Kapazitäten hat der treibende Inverter bereits den Sättigungspunkt der Transistoren (Mittenspannung) verlassen, und der aktive Transistor befindet sich im linearen Bereich. Für den aktiven Bereich ist ein niederohmiger Widerstand ηR_0 anzusetzen. Ein Wert von $\eta = 0{,}6$ hat sich für die Berechnung von Transmission–Gate–Anordnungen als zweckmäßig erwiesen. Die Auswirkung des nichtlinearen Innenwiderstandes des Treibers auf das Zeitverhalten kann so modelliert werden, daß für die erste Kapazität C_1 noch mit einem Innenwiderstand $R_1 = R_0$ und für alle nachfolgenden Kapazitäten C_2, ... usw. mit einem Innenwiderstand $R_1 = \eta R_0$ gerechnet wird. Dies kann so erfolgen, daß die Beziehungen (2.4.10) und (2.4.11) mit $R_1 = \eta R_0$ durchgeführt werden und dann noch ein Term $(1 - \eta) R_0 C_1$ addiert wird. Berücksichtigt man, daß sich die Verzögerungszeiten τ_I und τ_L aus RC–Anordnungen mit den Elementen R_0, $C_{I,0}$ und $C_{L,0}$ ergeben, ist es möglich, die Verzögerungszeit von Transmission–Gate–Anordnungen als Funktion von τ_I und τ_L anzugeben.

Beispiel 2.4.2 Ein symmetrischer Inverter mit Minimalabmessungen treibt über ein Transmission–Gate mit gleichen Abmessungen eine Lastkapazität C_L. Diese Anordnung kann durch eine RC–Kette mit zwei RC–Elementen modelliert werden. Es gilt

$$\begin{aligned}
R_1 &= R_0 \; bzw. \; 0{,}6\,R_0 & C_1 &= 2\,C_I \\
R_2 &= 0{,}6\,R_0 & C_2 &= C_I + C_L
\end{aligned}$$

Mit (2.4.11) wird eine Ersatzzeitkonstante

$$\begin{aligned}
R_E C_E &= R_1(C_1 + C_2) + R_2 C_2 \\
&= R_0 C_1 + 0{,}6 R_0 C_2 + 0{,}6 R_0 C_2 \\
&= 3{,}2\,R_0 C_I + 1{,}2\,R_0 C_L
\end{aligned}$$

ermittelt. Aufgrund der Definition von τ_I und τ_L folgt

$$\ln 2 \; R_0 C_I = \tau_I, \quad \ln 2 \; R_0 C_L = F\tau_L$$

und somit

$$T_D = 3,2\ \tau_I + 1,2\ F\tau_L$$

Für eine Anordnung mit zwei Transmission–Gates nach Bild 2.4.3 gilt entsprechend

$$T_D = 6,2\ \tau_I + 1,8\ F\tau_L$$

In den beiden vorstehenden Beziehungen ist angenommen, daß am Ausgang des Inverters und auch zwischen den Transmission–Gates keine zusätzlichen kapazitiven Lasten vorhanden sind.

Aus den Beziehungen (2.4.5) und (2.4.9) folgt, daß die Verzögerung eines Gatters direkt von der Lastkapazität abhängt. Durch Veränderung der Kanalbreiten der Transistoren kann auch die Verzögerung beeinflußt werden. Für große Lastkapazitäten muß durch entsprechende Verringerung des Widerstandsfaktors die Verzögerung begrenzt werden. Allerdings beeinflußt die zugehörige Vergrößerung der Gatekapazitäten die ansteuernden Gatter. Somit ist eine isolierte Optimierung der Verzögerung einzelner Gatterstufen nicht möglich. Bezüglich des Verzögerungsverhaltens sind folglich die Gatterstufen miteinander verkoppelt.

Es soll hier als spezielles Beispiel die Verzögerungsoptimierung einer Treiberschaltung gezeigt werden. Ein einzelner Inverter mit Minimalabmessungen und symmetrischem Schaltverhalten führt auf eine Verzögerung

$$T_D = \tau_I + F\tau_L \qquad (2.4.12)$$

Für große Fan–Out–Faktoren, z.B. 1000, bedeutet dies eine ca. 1000fache Vergrößerung der Verzögerung im Vergleich zu dem Fall einer Last durch einen Minimalinverter. Durch eine Treiberschaltung als Kette mehrerer Inverter mit ständig zunehmender Kanalbreite kann die Verzögerung verringert werden (Bild 2.4.4) [17]. Es kann gezeigt werden, daß für eine Optimierung die ursprüngliche Kanalweite W_0 von Stufe zu Stufe um den gleichen Faktor v zunehmen muß. Im Falle von N Inverterstufen gilt ein Faktor

$$v = F^{1/N} \qquad (2.4.13)$$

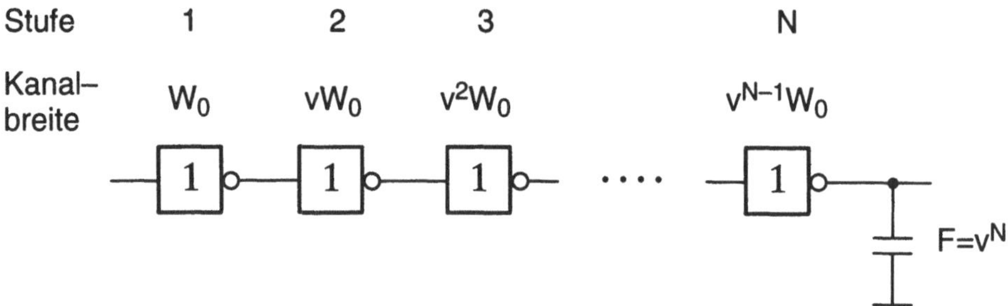

Bild 2.4.4: Treiberschaltung für einen Fan–Out–Faktor F

Bei jeder Inverterstufe ist der Fan–Out–Faktor um v größer als der Widerstandsfaktor. Die Verzögerung von N Stufen beträgt somit

$$T_{D,N} = N(\tau_I + v\tau_L)$$

$$= \frac{\ln F}{\ln v}(\tau_I + v\tau_L) \tag{2.4.14}$$

Ein optimales v zur Minimierung der Verzögerung $T_{D,N}$ wird über die Nullstelle der Ableitung nach v bestimmt. Es gilt die Bedingung

$$v(\ln v - 1) = \frac{\tau_I}{\tau_L} = \gamma \tag{2.4.15}$$

Für $\gamma = 0$ ist die Lösung $v = e$ mehrfach in der Literatur abgeleitet [17]. Für den realistischeren Wert $\gamma = 2$ gilt $v \approx 4{,}3$. Die Verzögerung der mehrstufigen Lösung hängt nur noch logarithmisch vom Fan–Out ab, während die einstufige direkt proportional zum Fan–Out ist. Allerdings muß die Verbesserung der Verzögerung mit einer erheblichen Vergrößerung der Siliziumfläche bezahlt werden. Nach (2.3.3) nimmt die Siliziumfläche jeder Stufe um den Faktor v zu. Die Gesamtsumme ist eine geometrische Reihe mit dem Ergebnis

$$\frac{A_{Si,N}}{A_{Si,1}} = \frac{v^N - 1}{v - 1} = \frac{F - 1}{v - 1} \tag{2.4.16}$$

Das hier verwendete Verzögerungsmodell macht es möglich, das Verzögerungsverhalten komplexer Schaltungen aus der Kenntnis des Verzögerungsverhaltens des Inverters zu beschreiben. Durch die aktuellen Verhältnisse zu den Bezugsgrößen des Inverters und der Zusammenschaltung der Transistoren kann jede Schaltung durch ein Verzögerungsverhalten entsprechend

$$T_D = T_0 + FT_1 \tag{2.4.17}$$

modelliert werden. T_0 und T_1 sind hierbei Funktionen der Bezugsgrößen τ_I und τ_L des Inverters. Diese Grundbeziehung kann wie vorher diskutiert auch an

Beispiel 2.4.1 und Beispiel 2.4.2 gezeigt werden. In den nachfolgenden Kapiteln werden Verzögerungszeiten mit einem fiktiven 1 μm CMOS–Prozeß berechnet. Es werden dabei besonders einfache Verhältnisse zwischen den Kenngrößen τ_I und τ_L angenommen, und zwar

$$\tau_I = 2\tau_L \qquad (2.4.18)$$

Somit ist es möglich, die Verzögerungszeiten nur in Abhängigkeit eines Parameters τ_L zu beschreiben. Es ist nicht die Intention, daß der Leser die in nachfolgenden Kapiteln beispielhaft genannten Verzögerungszeiten selber nachrechnet. Es handelt sich um Vergleichswerte unter Verwendung des hier eingeführten Verzögerungsmodells. Um Zahlenwerte zu erhalten, kann

$$\tau_L = 50\,\text{ps}$$

für einen 1 μm CMOS–Prozeß angenommen werden. Für eine Skalierung zu Prozessen mit kürzeren Kanallängen kann τ_L gemäß

$$\tau_L' = \tau_L \cdot \left(\frac{L_0'}{L_0}\right)^2 \cdot \frac{U_{DD}}{U_{DD}'} \qquad (2.4.19)$$

umgerechnet werden, wobei eine mögliche Änderung der Betriebsspannung für die Skalierung berücksichtigt wird.

2.5 Aufgaben

1. Es sind Realisierungen für die beiden Logikfunktionen $x = ab \lor ac \lor bc$ und $y = a\overline{b}\overline{c} \lor \overline{a}b\overline{c} \lor \overline{a}\overline{b}c \lor abc$ gesucht.

   a. Es ist eine Schalterlogik mit n–Kanal–Transistoren zu ermitteln, wenn 0 und 1 als Eingangssignale und $a, \overline{a}, b, \overline{b}, c, \overline{c}$ als steuernde Signale vorliegen. Es sind Anordnungen mit minimaler Transistorzahl gesucht. Hinweis: Gemeinsame Variable sind auszuklammern.

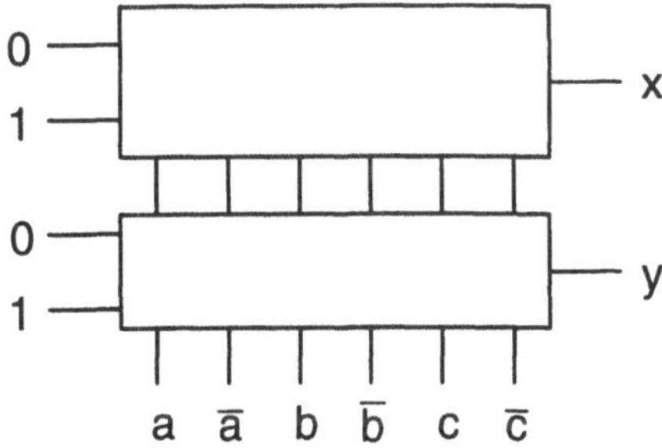

   b. Die Anordnung ist durch Verwendung von $c, \overline{c}, 0$ und 1 als Eingangssignale und $a, \overline{a}, b, \overline{b}$ als steuernde Signale zu vereinfachen.

c. Gesucht sind Komplexgatter in CMOS und Pseudo–NMOS zur Realisierung der Funktionen.

d. Der Aufwand der ermittelten Schaltungen ist zu vergleichen. Die Vor- und Nachteile sollen gegenübergestellt werden.

2. Die nachfolgende Schaltung soll zur Realisierung der UND–Verknüpfung $y=ab$ verwendet werden.

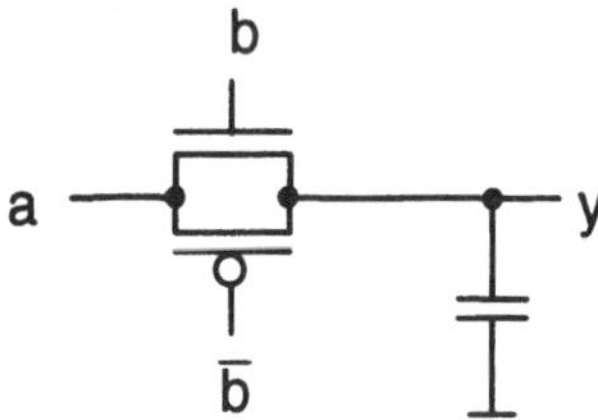

a. Es ist das Verhalten für alle möglichen Belegungen der Signale a und b zu untersuchen. Es ist anzugeben, für welche Eingangsbelegungen in Abhängigkeit des vorherigen Ausgangssignals ein Fehlverhalten festgestellt wird.

b. Durch eine schaltungstechnische Ergänzung (s. unten) wird das Fehlverhalten vermieden. Die Funktion des zusätzlichen Transistors ist zu erklären.

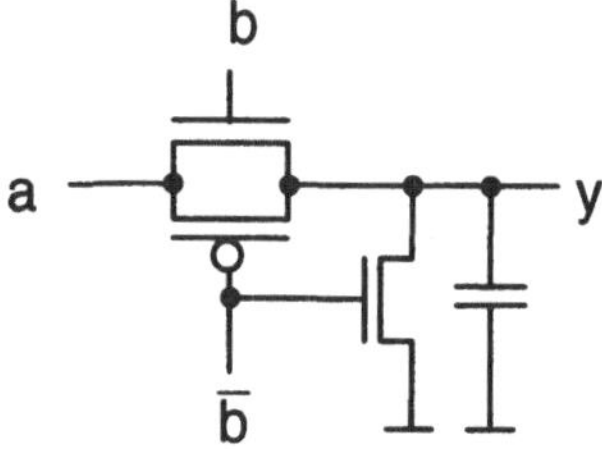

c. Es ist zu begründen, warum ein einzelnes Transmission–Gate die UND–Verknüpfung nicht realisiert, jedoch bei einem 2:1 Multiplexer zwei Transmission–Gates ohne zusätzliche Maßnahmen jeweils die UND–Verknüpfung realisieren.

3. Bei der nachfolgenden Anordnung soll das Aufladen der Ausgangskapazität untersucht werden. Zum Zeitpunkt $t=0$ sei $u_{out}=0$ und die Spannungen u_{in}, u_{G1}, u_{G2} springen kurzfristig auf die Betriebsspannung U_{DD}.

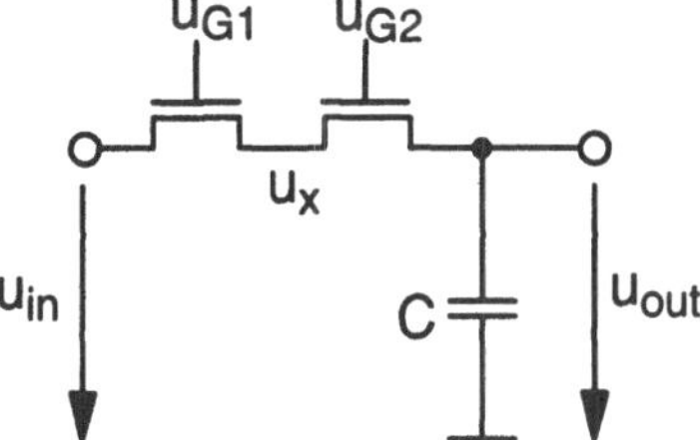

a.   Der jeweilige Betriebszustand (Sättigung oder Widerstandsbereich) der Transistoren T_1 und T_2 kurz nach $t = 0$ ist anzugeben und zu begründen.

b.   Die Stromgleichungen in Abhängigkeit der Spannungen sind für beide Transistoren anzugeben. In welchem Bereich muß u_x liegen, damit keiner der beiden Transistoren gesperrt ist. Die Spannung u_x ist für das Einschaltmoment zu berechnen. Der Wert von u_x ist zu ermitteln, damit beide Transistoren gesperrt sind ($I_{DS} = 0$). Welcher Endwert u_{out} stellt sich ein?

c.   Unter Kenntnis von *b.* ist der Endwert der Ausgangsspannung des Aufladevorganges der nachstehend skizzierten modifizierten Schaltung zu ermitteln. Welche allgemeine Schlußfolgerung kann für das Aufladen von Kapazitäten gezogen werden?

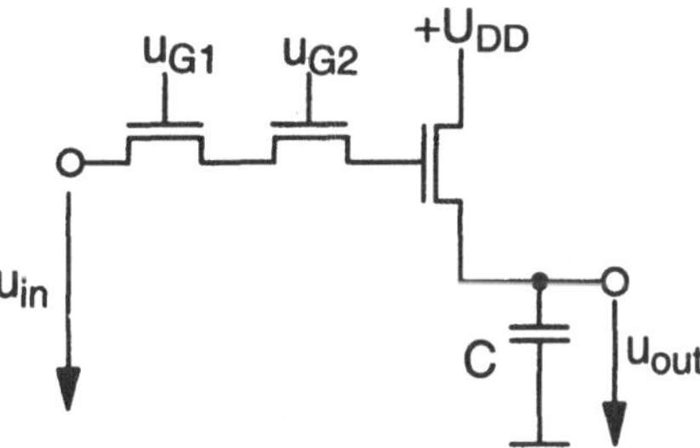

4.   Die Transistorstromgleichungen seien vereinfachend durch zwei Geradenstücke modelliert. Für einen n–Kanaltransistor gelte für $(U_{GS} - U_T) > 0$

$$I_{DS} = \begin{cases} \beta\,(U_{DS} - U_T)U_{DS} & U_{DS} \leq (U_{GS} - U_T)/2 \\ \beta/2\,(U_{GS} - U_T)^2 & U_{DS} > (U_{GS} - U_T)/2 \end{cases}$$

Die erste Beziehung repräsentiert eine Widerstandsgerade, die zweite einen Konstantstrom (Sättigungsstrom). Steuernde Größe ist U_{GS}. Für die Schwellenspannung gelte $U_T = 0{,}2\,U_{DD}$. Mit der angegebenen Transistorgleichung ist der Entladevorgang einer Kapazität C über einen symmetrischen Inverter zu berechnen.

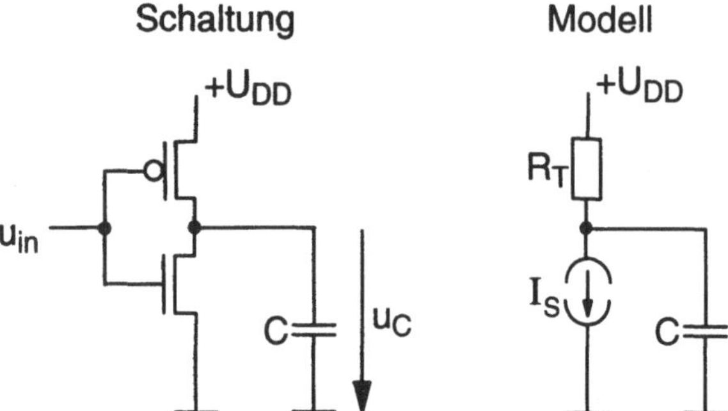

a. Welche Bedingung muß die Eingangsspannung u_{in} erfüllen, damit sich der n–Kanaltransistor in der Sättigung befindet? Wie groß ist der Sättigungsstrom als Funktion der Eingangsspannung?

b. Welche Bedingungen müssen die Eingangsspannung u_{in} und die Ausgangsspannung u_C erfüllen, damit der p–Kanaltransistor im Widerstandsbereich ist? Wie lautet die Beziehung für den Transistorwiderstand R_T in Abhängigkeit von u_{in}?

c. Die Kapazität sei auf die Betriebsspannung U_{DD} aufgeladen. Mit einer sprungartigen Änderung der Spannung u_{in} von 0V auf U_{DD} wird der Entladevorgang ausgelöst. Wie lautet die Zeitfunktion für die Kapazitätsspannung? Zu welchem Zeitpunkt ist die Spannung auf $U_{DD}/2$ entladen?

d. Es ist ein Ersatzwiderstand für eine RC–Schaltung zu bestimmen, der auf die gleiche Zeit zum Entladen auf $U_{DD}/2$ führt. Welches Verhältnis besteht zwischen R_E und dem Transistorwiderstand (Widerstandsbereich) für $U_{GS}=U_{DD}$?

e. Die Eingangsspannung zum Entladen habe nun einen linearen Übergang für die Zeitdauer T_R.

$$u_{in}(t) = \begin{cases} 0 & t \leq 0 \\ U_{DD}\dfrac{t}{T_R} & 0 < t \leq T_R \\ U_{DD} & t > T_R \end{cases}$$

Der Entladevorgang soll für die angegebene Eingangsspannung berechnet werden. Hierbei soll der Strom durch den p–Kanaltransistor vernachlässigt werden. Ferner sei die Zeitdauer T_R kleiner als die Zeit T zum Entladen der Kapazität auf $U_{DD}/2$. Für den Strom durch den n–Kanaltransistor sind drei Intervalle zu berücksichtigen: kein Strom, zeitlich sich ändernder Sättigungsstrom, konstanter Sättigungsstrom. Die Verzögerungszeit für $U_{DD}/2$ ist zu ermitteln und mit der Lösung aus c. zu vergleichen.

5. Es sind Treiberschaltungen zur Ansteuerung großer kapazitiver Lasten zu dimensionieren. Ein symmetrisch arbeitender CMOS–Inverter mit Minimalabmessungen sei modelliert durch eine Eingangskapazität C_L, eine Ausgangskapazität $C_I=2C_L$ und einen Kanalwiderstand R_0. Nachstehend sind die Verzögerungszeiten als Vielfache der Kenngröße $\tau_L = \ln 2\, R_0 C_L$ zu bestimmen. Zur Verringerung der Verzögerungszeit werden zusätzlich N Treiberinverter eingesetzt (s. Bild 2.4.4). Die Inverter haben eine Kanalaufweitung $w_i = k^i w_0$ mit i als Index für die Inverterposition. Es sei angenommen, daß die Kapazitäten proportional zur Kanalaufweitung mit k^i zunehmen und die Kanalwiderstände mit dem Kehrwert von k^i abnehmen.

   a. Die Verzögerungszeit ist zu ermitteln unter der Annahme, daß ein Inverter mit Minimalabmessungen eine Lastkapazität FC_L treiben muß.

   b. Welche Verzögerungszeit gilt für Treiberinverter mit N Stufen? Wie groß ist das optimale k für einen vorgegebenen festen Wert N? Wie groß sind die optimalen Werte von k für $N \in \{2, 4, 6\}$, wenn $F = 1000$ ist? Die zugehörigen Verzögerungswerte $T_{D,N}$, die Flächenaufwendungen $A_{Si,N}$ (s. (2.4.16)) und die Produkte $A_{Si,N} \cdot T_{D,N}$ sind zu vergleichen. Was kann aus den speziellen Werten allgemein für die Minimierung des Produktes $A_{Si,N} \cdot T_{D,N}$ geschlossen werden?

3 Realisierung der Basisoperationen

Die Zusammenstellung einiger Algorithmen der digitalen Signalverarbeitung in Kapitel 1 hat gezeigt, daß Addition und Multiplikation sehr häufig erforderliche Basisoperationen sind. Ferner sind die inversen Operationen wie Subtraktion und Division zu berücksichtigen. Darüber hinaus treten elementare Funktionen auf. Eine besondere Stellung haben hier die trigonometrischen Funktionen. In diesem Kapitel werden Schaltungstechniken und Architekturen zur Realisierung der Basisoperationen und einiger Elementarfunktionen vorgestellt. Die Schaltungstechniken beschränken sich auf die CMOS–Technologie. Es werden verschiedene Architekturkonzepte erläutert. Ziel ist einerseits die Gewinnung von Architekturen mit minimaler Verzögerungszeit und andererseits solcher mit minimaler Siliziumfläche. Da die Zahlendarstellung bei den Architekturkonzepten zu berücksichtigen ist, erfolgt als erstes eine Beschreibung hierzu.

3.1 Zahlendarstellung

Die Basis der meisten Zahlendarstellungen ist ein Stellenwertverfahren [26], [27]. Die Zahlen werden durch eine Anreihung von Ziffern dargestellt, und der Wert der Zahl ergibt sich als Summe des Produktes aus Zifferwert und Stellenwert. Dies bedeutet, daß der Wert der Zahl über die Positionen der Ziffern bestimmt wird. Bei einer polyadischen Zahlendarstellung wird der Stellenwert als Potenzfunktion aus Basis r und Position i bestimmt. Für natürliche Zahlen mit n Ziffern wird eine Darstellung

$$A = a_{n-1}\, a_{n-2} \cdots a_1\, a_0 \tag{3.1.1}$$

mit steigendem Stellenwert nach links gewählt, wobei für jede Ziffer gilt

$$a_i \in \{0, 1, \ldots r - 1\} \tag{3.1.2}$$

Der Wert der Zahl ist dann gegeben durch

$$V(A) = \sum_{i=0}^{n-1} a_i\, r^i \tag{3.1.3}$$

Die wichtigsten in arithmetischen Prozessoren verwendeten Zahlensysteme sind in Tabelle 3.1.1 aufgelistet. Die Zahlendarstellung kann auf gebrochene Zahlen erweitert werden. Zur Kennzeichnung der Bruchanteile dient ein Komma (englische Schreibweise: Punkt).

Für die Darstellung gebrochener Zahlen gilt entsprechend

$$A = a_{n-1} \; ... \; a_1 \; a_0 \; , a_{-1} \; a_{-2} \; ... \; a_{-m} \tag{3.1.4}$$

Der Wert der Zahl wird ermittelt durch

$$V(A) = \sum_{i=-m}^{n} a_i \, r^i \tag{3.1.5}$$

Tabelle 3.1.1: Beispiele für polyadische Zahlensysteme

Name	Basis	Ziffernvorrat
dual	2	$\{0,1\}$
oktal	8	$\{0,1, ... \, 7\}$
dezimal	10	$\{0,1, ... \, 9\}$
hexadezimal	16	$\{0,1, ... \, 9, A, ... \, F\}$

In den meisten Formulierungen arithmetischer Ausdrücke und Funktionen wird die Darstellung nach (3.1.1) und (3.1.4) gleichbedeutend mit dem Wert der Zahl benutzt. Auch hier wird die besondere Ermittlung des Zahlwertes durch eine Funktion $V(\cdot)$ nur dort verwendet, wo es zur Klarstellung des Sachverhaltes zwingend nötig ist.

Negative Zahlen werden durch ein Minuszeichen charakterisiert. Zwischen negativen und positiven Zahlen kann eine hilfreiche Beziehung abgeleitet werden. Es sei

$$A = a_{n-1} \; a_{n-2} \; ... \; a_1 \; a_0 \tag{3.1.6}$$

eine positive Zahl mit n Ziffern. Für die negative Zahl $-A$ gilt auch ein negativer Wert, d.h.

$$V(-A) = - \sum_{i=0}^{n-1} a_i \, r^i \tag{3.1.7}$$

Für die Summe der geometrischen Reihe mit den Elementen r^i gilt

$$\sum_{i=0}^{n-1} r^i = \frac{r^n - 1}{r - 1} \tag{3.1.8}$$

Eine Umformung führt auf

$$r^n = (r - 1) \sum_{i=0}^{n-1} r^i + 1 \tag{3.1.9}$$

Durch Einfügen von (3.1.9) in (3.1.7) folgt eine neue Beziehung

$$V(-A) = -r^n + \sum_{i=0}^{n-1} (r - 1 - a_i)\, r^i + 1 \qquad (3.1.10)$$

Mit $\overline{a}_i$ sei das Komplement von a_i bezüglich Radix r gekennzeichnet.

$$\overline{a}_i = r - 1 - a_i \qquad (3.1.11)$$

Unter Verwendung des Komplements gilt für den Wert der negativen Zahl

$$V(-A) = -r^n + \sum_{i=0}^{n-1} \overline{a}_i\, r^i + 1 \qquad (3.1.12)$$

In digitalen Prozessoren ist eine gemeinsame Behandlung positiver und negativer Zahlen gewünscht [27], [28]. Hierzu wird die erste Stelle der Zahlendarstellung als Vorzeichenindikator verwendet. Die Ziffer 0 wird als Indikator für positive Zahlen und die Ziffer $r-1$ für negative Zahlen verwendet. Für n–stellige ganze Zahlen wird die positive Zahl als

$$A = 0\, a_{n-2} \dots a_1\, a_0 \qquad (3.1.13)$$

mit

$$0 \le V(A) < r^{n-1} \qquad (3.1.14)$$

dargestellt. Für die Darstellung der negativen Zahl bestehen mehrere Möglichkeiten.

Bei der Vorzeichen–Betrag–Darstellung unterscheidet sich die negative Zahl von der positiven Zahl nur durch die Vorzeichenstelle.

$$\overline{A}_{SM} = (r-1)\, a_{n-2} \dots a_1\, a_0 \qquad (3.1.15)$$

Bei dem $(r-1)$–Komplement wird die negative Zahl durch das Stellenkomplement gebildet.

$$\overline{A}_{r-1} = (r-1)\, \overline{a}_{n-2} \dots \overline{a}_1\, \overline{a}_0 \qquad (3.1.16)$$

Aus (3.1.12) folgt für das $(r-1)$–Komplement

$$\overline{A}_{r-1} = r^n - 1 - A \qquad (3.1.17)$$

Eine Besonderheit der beiden vorher genannten Zahlendarstellungen ist die doppelte Repräsentation der Null. Es gibt eine positive und eine negative Null.

Die wichtigste Form der Zahlendarstellung ist das r–Komplement. Hierbei wird das Stellenkomplement gebildet und eine 1 addiert.

$$\overline{A}_r = (r-1)\, \overline{a}_{n-2} \, ... \, \overline{a}_1 \, \overline{a}_0 + 1 \qquad\qquad (3.1.18)$$

Mit (3.1.12) kann gezeigt werden, daß

$$\overline{A}_r = r^n - A \qquad\qquad (3.1.19)$$

gilt. Die positive Zahl A hat an der Stelle $n-1$ immer eine Ziffer 0, die negative immer eine Ziffer $r-1$. Die ersten zwei Terme der Summation in (3.1.12) können damit zusammengefaßt werden.

$$-r^n + (r-1)\, r^{n-1} = -r^{n-1} \qquad\qquad (3.1.20)$$

Das r–Komplement ist folglich eine Zahlendarstellung mit den Stellenwertigkeiten

Stelle	*Wert*		
$i = n-1$	$-r^i$	*Vorzeichenstelle*	(3.1.21)
$0 \le i \le n-2$	r^i	*sonst*	

Der besondere Vorteil des r–Komplements ist, daß positive und negative Zahlen ohne besondere Fallunterscheidungen addiert werden können. Eventuelle Überläufe in die Stelle mit der Wertigkeit r^n werden unterdrückt. Bei der Addition zweier vorzeichenbehafteter Zahlen A und B müssen drei Fälle unterschieden werden.

1. $\quad A + B \qquad\qquad$ Ergebnis korrekt solange $\quad A + B < r^{n-1}$
2. $\quad A + (-B) \qquad \rightarrow \quad A + (r^n - B)$
   $\quad B > A \qquad\qquad\quad r^n - (B - A) \quad$ r–Komplement von $B - A$
   $\quad B \le A \qquad\qquad\quad (r^n) + A - B \quad$ Unterdrückung des Überlaufs in Stelle r^n
3. $\quad (-A) + (-B) \quad \rightarrow \quad (r^n - A) + (r^n - B)$
   $\qquad\qquad\qquad\qquad\quad (r^n) + r^n - (A + B) \quad$ r–Komplement von $A + B$
   $\qquad\qquad\qquad\qquad$ Ergebnis korrekt solange $\quad A + B < r^{n-1}$

Für $r = 2$ wird das r–Komplement als Zweierkomplement bezeichnet. Da das Zweierkomplement über eine eindeutige Darstellung der Null verfügt, ist ein unsymmetrisches Intervall für positive und negative Zahlen möglich. Es gilt für Zweierkomplementzahlen A_2 mit n bit einschließlich Vorzeichen

$$-2^{n-1} \le V(A_2) < 2^{n-1} \qquad\qquad (3.1.22)$$

Nachfolgend werden Zweierkomplementzahlen nicht besonders gekennzeichnet. Sofern von einer Zweierkomplementzahl A gesprochen wird, wird davon ausgegangen, daß die erste Stelle der Zahlendarstellung eine Vorzeichenstelle mit negativem Gewicht $(-r^{n-1})$ ist. Eine positive n–stellige Zahl ohne Vorzeichenstelle wird als Dualzahl bezeichnet.

Neben der üblichen Zahlendarstellung mit positiven Ziffern sind auch Zahlendarstellungen mit vorzeichenbehafteten Ziffern (englisch: signed digits) möglich [29], [30]. Für den Ziffernvorrat gilt dann

$$a_i \in \{- \alpha, \dots -1, 0, 1, \dots \alpha\} \qquad (3.1.23)$$

wobei α mindestens das halbe Intervall von $r-1$ überdecken muß, d.h.

$$\left\lceil \frac{r-1}{2} \right\rceil \leq \alpha \leq r-1 \qquad (3.1.24)$$

Zahlen mit vorzeichenbehafteten Ziffern werden, abgeleitet aus dem Englischen, nachfolgend SD–Zahlen genannt. Der Wert einer n–stelligen SD–Zahl wird bei Beachtung des speziellen Bereichs für α entsprechend (3.1.3) bestimmt.

Die SD–Zahlendarstellung soll nur für die Basis $r=2$ weiter behandelt werden. Da jede Stelle einer SD–Zahl für $r=2$ drei Werte annehmen kann, existieren für eine n–stellige Zahl 3^n mögliche Zahlenrepräsentationen. Jedoch liefert die zugehörige Berechnung des Wertes nach (3.1.3) nur $2^{n+1}-1$ unterschiedliche Zahlenwerte. Dies bedeutet, daß es sich für $n>1$ um eine Zahlendarstellung handelt, die mehrere Repräsentationen für einen Zahlenwert zuläßt. Eine SD–Zahlendarstellung wird daher auch als redundant bezeichnet. Diese Redundanz soll für eine 5stellige Repräsentation der Zahl $(-9)_{10}$ gezeigt werden. Mit $\overline{1} = -1$ folgt

$$
\begin{aligned}
A &= 0\ \overline{1}\ 0\ 0\ \overline{1} &&= & -8 && -1 \\
&= 0\ \overline{1}\ 0\ \overline{1}\ 1 &&= & -8 && -2 && +1 \\
&= 0\ \overline{1}\ \overline{1}\ 1\ 1 &&= & -8 && -4 && +2 && +1 \\
&= \overline{1}\ 0\ 1\ 1\ 1 &&= & -16 && +4 && +2 && +1 \\
&= \overline{1}\ 1\ 0\ 0\ \overline{1} &&= & -16 && +8 && -1 \\
&= \overline{1}\ 1\ 0\ \overline{1}\ 1 &&= & -16 && +8 && -2 && +1 \\
&= \overline{1}\ 1\ \overline{1}\ 1\ 1 &&= & -16 && +8 && -4 && +2 && +1
\end{aligned}
$$

Der Vorteil der SD–Zahlen ist, daß für jede Zahl im Wertevorrat eine Repräsentation mit kleinster Anzahl von Stellen mit Ziffern ungleich Null (nonzero digits) existiert [30]. Für eine Konversion von Dualzahlen in eine SD–Zahl mit dieser Eigenschaft muß die Umwandlung von Eins–Ketten (englisch: string property) betrachtet werden. Eine Kette von k aufeinanderfolgenden Einsen innerhalb einer Dualzahl

$$\dots 0 \quad 0 \quad \underset{i+k}{1} \quad 1 \quad 1 \quad \dots \quad 1 \quad 1 \quad \underset{i}{0} \quad \dots$$

kann ersetzt werden durch

$$...0 \quad 1 \quad 0 \quad 0 \quad 0 \quad ... \quad 0 \quad \bar{1} \quad 0 \quad ...$$
$$\qquad i+k \qquad\qquad\qquad\qquad\quad i$$

Anschaulich kann dies so erklärt werden, daß eine 1 addiert an der Stelle i der Dualzahl einen Überlauf einer 1 in die Stelle $i+k$ erzeugt, alle Stellen zwischen i und $i+k-1$ werden 0. Um den ursprünglichen Wert zu erhalten, muß eine 1 an der Stelle i subtrahiert werden. Mathematisch stellt die Einskette eine geometrische Reihe mit dem Faktor 2 dar. Die Summe der Reihe liefert das Ergebnis

$$2^{i+k-1} + 2^{i+k-2} + \cdots + 2^{i+1} + 2^i = 2^{i+k} - 2^i \qquad (3.1.25)$$

Dies entspricht der vorher gemachten Aussage. Auf ähnliche Weise kann eine Einskette einer negativen Zahl im Zweierkomplement, die die Vorzeichenstelle einschließt, auch vereinfacht werden. Die Vorzeichenstelle einer Zweierkomplementzahl hat negatives Gewicht. Eine Einskette der Form

$$\bar{1} \quad 1 \quad 1 \quad ... \quad 1 \quad 1 \quad 0 \quad ...$$
$$n-1 \qquad\qquad\qquad\quad i$$

kann ersetzt werden durch

$$0 \quad 0 \quad 0 \quad ... \quad 0 \quad \bar{1} \quad 0 \quad ...$$
$$n-1 \qquad\qquad\qquad\quad i$$

Dieses Ergebnis kann wie zuvor anhand einer geometrischen Reihe gezeigt werden.

$$- 2^{n-1} + 2^{n-2} + \cdots + 2^{i+1} + 2^i = - 2^i \qquad (3.1.26)$$

Eine SD–Zahl mit minimaler Anzahl von "nonzeros" und der zusätzlichen Eigenschaft, daß keine zwei benachbarten Nonzero–Ziffern auftauchen, wird Canonical–Signed–Digit–Zahl (CSD–Zahl) genannt [29], [30]. Eine Dualzahl wird in eine CSD–Zahl konvertiert, indem jede Einskette (mehr als eine 1) fortlaufend von links nach rechts entsprechend der vorhergezeigten String–Eigenschaft umgewandelt wird. Bei diesem Prozeß neu gebildete Einsketten werden in den Konversionsprozeß mit einbezogen. Bei negativen Zahlen im Zweierkomplement wird die Vorzeichenstelle genau wie andere Stellen behandelt. Ein Überlauf einer 1 in die Stelle vor dem Vorzeichen wird unterdrückt.

Beispiel 3.1.1 Die beiden Zahlen 366 und –213 sind als 12stellige Dualzahlen darzustellen und in CSD–Zahlen zu konvertieren. Die Dualzahl wird durch fortlaufende Division durch 2 gewonnen, wobei die Reste in steigender Folge die Dualziffern angeben. Die Zweierkomplementdarstellung der negativen Zahl wird nach (3.1.18) ermittelt.

a) $(366)_{10}$

$$0001 \quad 0110 \quad 1110$$
$$0001 \quad 0111 \quad 00\bar{1}0$$
$$0001 \quad 100\bar{1} \quad 00\bar{1}0$$
$$0010 \quad \bar{1}00\bar{1} \quad 00\bar{1}0$$

b) $(-213)_{10}$

$$\bar{1}111 \quad 0010 \quad 1011$$
$$\bar{1}111 \quad 0010 \quad 110\bar{1}$$
$$\bar{1}111 \quad 0011 \quad 0\bar{1}0\bar{1}$$
$$\bar{1}111 \quad 010\bar{1} \quad 0\bar{1}0\bar{1}$$
$$000\bar{1} \quad 010\bar{1} \quad 0\bar{1}0\bar{1}$$

Der Algorithmus zur Konversion von Dualzahlen in CSD–Zahlen kann auch formal beschrieben werden.

CSD Konversionsalgorithmus

Es sei $A = a_{n-1}a_{n-2}...a_1a_0$ eine n–stellige Zweierkomplementzahl und $D = d_{n-1}d_{n-2}...d_1d_0$ die gesuchte n–stellige CSD–Zahl für Radix 2.

1. Startwerte: $i=0$; $c_0=0$; $a_n=a_{n-1}$
2. $c_{i+1} = a_{i+1}a_i \lor a_ic_i \lor a_{i+1}c_i$
3. $d_i = a_i + c_i - 2c_{i+1}$
4. $i = i+1$; IF $i < n$ GOTO 2.

In dem vorstehenden Algorithmus geben die c_i an, ob durch eine vorherige Einskette ein Überlauf einer 1 in die Stelle i vorliegt. Mit $a_n = a_{n-1}$ wird das Vorzeichen in eine fiktive Stelle n erweitert. Die Logikfunktion unter 2. erzeugt eine 1, wenn mindestens zwei der drei Argumente a_{i+1}, a_i, c_i gleich 1 sind. Dies ist die Bedingung für einen Überlauf. Die arithmetische Funktion unter 3. berücksichtigt:

1 wird erzeugt, wenn eine singuläre Eins auftaucht oder eine Einskette beendet wurde

0 wird innerhalb einer Einskette erzeugt, oder wenn keine Einskette vorliegt

$\bar{1}$ wird erzeugt, wenn eine Einskette beginnt.

Die Anwendung des Algorithmus auf die beiden Beispiele von Beispiel 3.1.1 liefert das gezeigte Ergebnis. Die Konversion einer SD–Zahl in eine Zweierkomplementzahl kann dadurch erfolgen, daß die SD–Zahl D in zwei Dualzahlen D^+ und D^- aufgespalten wird, wobei D^+ nur dort 1 ist, wo D positive Ziffern hat und D^- nur dort

1 ist, wo D negative Ziffern hat. Die Differenz von D^+ und D^- liefert die Zweierkomplementzahl A.

$$A = D^+ - D^- \qquad (3.1.27)$$

Beispiel 3.1.2 Es sei $D = 00\bar{1}0\ 010\bar{1}\ 0010$. Die Aufspaltung von D liefert $D^+ = 0000\ 0100\ 0010$ und $D^- = 0010\ 0001\ 0000$. Die Zweierkomplementzahl A beträgt dann

D^+		0	0	0	0	0	1	0	0	0	0	1	0
$- D^-$	$-$	0	0	1	0	0	0	0	1	0	0	0	0
A		1	1	1	0	0	0	1	1	0	0	1	0

CSD–Zahlen haben die besondere Eigenschaft, daß zwei benachbarte Ziffern nicht beide gleichzeitig ungleich Null sein können.

$$d_i \cdot d_{i-1} = 0 \qquad \forall i \qquad (3.1.28)$$

Dies bedeutet, daß von 8 möglichen Paaren $d_i d_{i-1}$ nur 5 auftreten.

$$d_i\, d_{i-1} \in \left\{ \bar{1}0, 0\bar{1}, 00, 01, 10 \right\} \qquad (3.1.29)$$

Durch Zusammenfassung von jeweils zwei aufeinanderfolgenden Ziffern einer CSD–Zahl kann eine Radix–4 SD–Zahl gewonnen werden mit dem Ziffernvorrat

$$\left\{ \bar{2}, \bar{1}, 0, 1, 2 \right\} \qquad (3.1.30)$$

Eine Konversion einer Dualzahl in eine Radix–4 SD–Zahl kann auch ohne den Umweg über eine CSD–Zahl direkt aus den Bitpaaren ermittelt werden. Mit dem modifizierten Booth–Algorithmus werden fortlaufend Ausschnitte von 3 Ziffern der Dualzahl untersucht und unter Berücksichtigung der Stringeigenschaft konvertiert [31], [32]. In Beispiel 3.1.3 ist die Konversion der Zahl $(366)_{10}$ gezeigt.

Beispiel 3.1.3 Eine Dualzahl $A = 0001\ 0110\ 1110$ liefert unter Anwendung des nachstehenden Booth–Algorithmus die Radix–2 SD–Zahl $D_2 = 0001\ 100\bar{1}\ 00\bar{1}0$ bzw. als Radix–4 SD–Zahl $D_4 = 01\ 2\bar{1}\ 0\bar{2}$.

Modifizierter Booth-Algorithmus

Dualzahl			SD – Zahl			Erläuterung
			r = 2		r = 4	
i+1	i	i–1	i+1	i		
0	0	0	0	0	0	keine Einskette
0	0	1	0	1	1	Ende einer Einskette
0	1	0	0	1	1	Einfache 1
0	1	1	1	0	2	Ende einer Einskette
1	0	0	$\bar{1}$	0	–2	Anfang einer Einskette
1	0	1	0	$\bar{1}$	–1	Ende/Anfang einer Einskette
1	1	0	0	$\bar{1}$	–1	Anfang einer Einskette
1	1	1	0	0	0	Einskette

3.2 Addierer und Subtrahierer

Basisoperation vieler Signalverarbeitungsaufgaben ist die Addition. Schaltungen zur Realiserung der Addition sind daher von besonderer Bedeutung. Es werden nachfolgend Grundschaltungen zur Addition abgeleitet. Für die Erzielung hoher Durchsatzraten sind Schaltungen mit geringer Verzögerung gesucht. Grundprinzipien und Schaltungen zur Addiererrealisierung mit der gewünschten geringen Verzögerung werden dann vorgestellt.

3.2.1 Addierergrundschaltungen

Eine mögliche Hardware–Realisierung ist die direkte Umsetzung des Additionsverfahrens wie es per Hand durchgeführt wird. Hierbei werden ausgehend von der niedrigsten Bitebene die Operanden nacheinander bitweise unter Berücksichtigung eines eventuellen Übertrags (carry) der vorangegangenen Bitebene addiert. Eine Schaltung, die 2 Operandenbits und ein Übertragsbit in ein Summenbit und ein Übertragsbit für die nächst höhere Bitebene überführt, wird als Volladdierer (VA) bezeichnet. Eine Addiererschaltung unter Verwendung von Volladdieren zur Addition zweier n-bit Zahlen A und B zeigt Bild 3.2.1. Bei der Addition zweier positiver Dualzahlen wird das Übertragsbit c_n mit zur Summendarstellung verwendet. Die vollständige

Funktionstabelle des Volladdierers zeigt Bild 3.2.2. Die Funktion des Volladdierers kann wie folgt beschrieben werden. Das Summenbit ist immer dann gleich 1, wenn die Anzahl der Einsen der drei Operanden a_i, b_i, c_i ungerade ist (1 bzw. 3). Das Übertragsbit ist immer dann gleich 1, wenn mindestens zwei der drei Operanden Eins sind. Die Logikfunktion des Volladdierers kann aus den Einsstellen der Funktion gewonnen werden. Ein Logikterm, der auf eine Einsstelle führt, ist ein Minterm [20], [21]. Die Oder–Verknüpfung aller Minterme ergibt die Funktion. Die Mintermdarstellung der Volladdierfunktion lautet:

$$\begin{aligned}
s_i &= a_i\overline{b}_i\overline{c}_i \vee \overline{a}_ib_i\overline{c}_i \vee \overline{a}_i\overline{b}_ic_i \vee a_ib_ic_i \\
c_{i+1} &= a_ib_i\overline{c}_i \vee \overline{a}_ib_ic_i \vee a_i\overline{b}_ic_i \vee a_ib_ic_i
\end{aligned} \qquad (3.2.1)$$

Die Terme können anschaulich interpretiert werden. Mit den ersten drei Termen von s_i wird überprüft, ob eine von drei Variablen 1 ist, mit dem letzten, ob alle drei Variablen 1 sind. Die ersten drei Terme von c_{i+1} prüfen, ob zwei von drei Variablen 1 sind, der letzte Term überprüft, ob alle drei Variablen 1 sind.

Mit Hilfe der Definition der XOR–Verknüpfung kann die Funktion für das Summenbit kürzer beschrieben werden.

$$s_i = a_i \oplus b_i \oplus c_i \qquad (3.2.2)$$

Durch Minimierung [20], [21] folgt für die Übertragsfunktion:

$$c_{i+1} = a_ib_i \vee a_ic_i \vee b_ic_i \qquad (3.2.3)$$

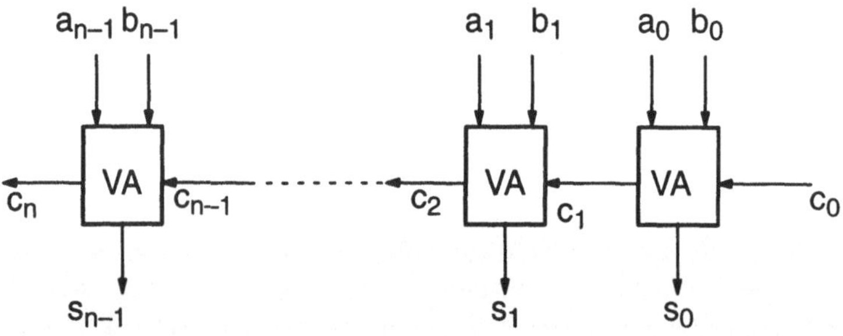

Bild 3.2.1: Addierer für zwei Operanden $A+B$

Jede disjunktive Verknüpfung kann mit Hilfe des Satzes von DeMorgan in eine 2stufige NAND–NAND–Verknüpfung überführt werden [20], [21]. Die entsprechende Realisierung des Volladdierers zeigt Bild 3.2.3.

a_i	b_i	c_i	s_i	c_{i+1}
0	0	0	0	0
1	0	0	1	0
0	1	0	1	0
1	1	0	0	1
0	0	1	1	0
1	0	1	0	1
0	1	1	0	1
1	1	1	1	1

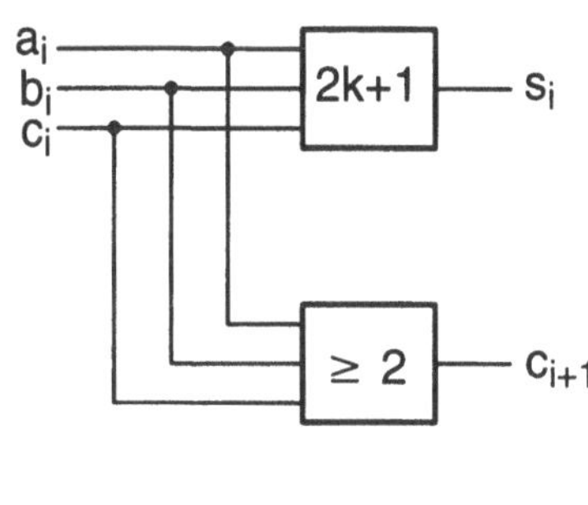

Bild 3.2.2: Funktionstabelle und Logikfunktion des Volladdierers

Die in Bild 3.2.1 gezeigte Schaltung kann in gleicher Anordnung zur Addition von Zweierkomplementzahlen verwendet werden. Die Bitebene $n-1$ ist dann die Vorzeichenstelle. Das Übertragsbit c_n wird nicht verwendet. Bei der Addition zweier Zweierkomplementzahlen ist aufgrund der festen Wortlänge ein Überlauf in die Vorzeichenstelle möglich. Der Überlauf wird daran erkannt, daß im Falle gleicher Vorzeichen der beiden Operanden das Vorzeichen der Summe hiervon abweicht.

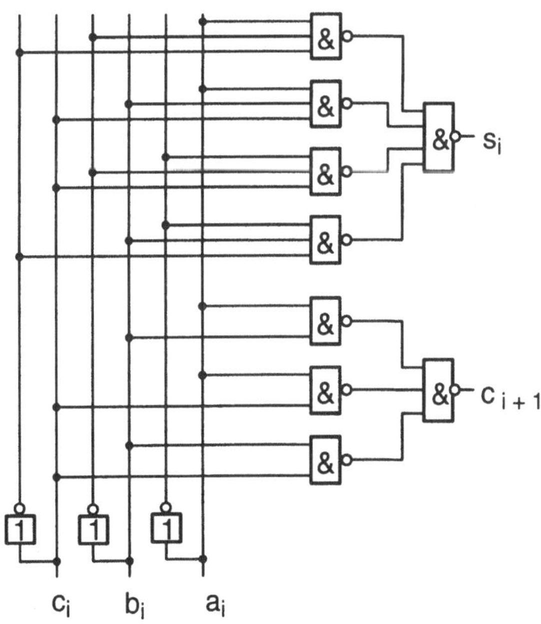

Bild 3.2.3: Gatterrealisierung des Volladdierers

$$\ddot{U}berlauf = a_{n-1}b_{n-1}\bar{s}_{n-1} \vee \bar{a}_{n-1}\bar{b}_{n-1}s_{n-1} \qquad (3.2.4)$$

Der Realisierungsaufwand des Volladdierers nach Bild 3.2.3 beträgt 1 NAND4, 5 NAND3, 3 NAND2 und 3 INV. Dies führt bei einer CMOS–Realisierung auf insgesamt 56 Transistoren. Mit der Beziehung (2.3.5) beträgt entsprechend bei Verwendung von Transistoren mit Minimalabmessungen die erforderliche Siliziumfläche des n–bit Addierers

$$A_{Si,ADD} = a'_{Tr}\ 56\ n \qquad (3.2.5)$$

Auf der Basis der Annahme, daß die Siliziumfläche proportional zur Transistorzahl ist, erfordert eine Aufwandsminimierung die Reduktion der Transistorzahl. In Kapitel 2 wurden Alternativen zur zweistufigen NAND–NAND–Realisierung gezeigt. Eine der möglichen Alternativen ist die Realisierung als Komplexgatter. Es sei hier eine spezielle Komplexgatterrealisierung des Volladdierers abgeleitet, die eine symmetrische Struktur von den Pfaden gegen Masse und Betriebsspannung aufweist.

Aus der Funktionstabelle in Bild 3.2.2 kann abgelesen werden, daß die Summen– und Übertragsfunktion komplementiert wird, wenn alle 3 Eingangsvariablen a_i, b_i, c_i komplementiert werden. Zusammen mit (3.2.1) und (3.2.3) folgt somit

$$\begin{aligned}
s_i &= f_s\,(a_i, b_i, c_i) \\
\bar{s}_i &= f_s\,(\bar{a}_i, \bar{b}_i, \bar{c}_i) \\
&= \bar{a}_i b_i c_i \vee a_i \bar{b}_i c_i \vee a_i b_i \bar{c}_i \vee \bar{a}_i \bar{b}_i \bar{c}_i
\end{aligned} \qquad (3.2.6)$$

$$\begin{aligned}
c_{i+1} &= f_c\,(a_i, b_i, c_i) \\
\bar{c}_{i+1} &= f_c\,(\bar{a}_i, \bar{b}_i, \bar{c}_1) \\
&= \bar{a}_i \bar{b}_i \vee \bar{a}_i \bar{c}_i \vee \bar{b}_i \bar{c}_i
\end{aligned} \qquad (3.2.7)$$

Die Funktion f_s kann durch Einbeziehung der Funktion f_c weiter vereinfacht werden. Es gilt

$$\begin{aligned}
s_i &= a_i b_i c_i \vee (a_i \vee b_i \vee c_i)\,\bar{c}_{i+1} \\
\bar{s}_i &= \bar{a}_i \bar{b}_i \bar{c}_i \vee \overline{(a_i \vee b_i \vee c_i)}\,c_{i+1}
\end{aligned} \qquad (3.2.8)$$

Durch Einsetzen von (3.2.3) und (3.2.7) in die vorstehende Beziehung und durch Verwendung der UND–Verknüpfung mit komplementären Variablen

$$x\bar{x} = 0 \qquad (3.2.9)$$

kann die Gültigkeit nachgewiesen werden. Für die Realisierung eines Komplexgatters wird eine Schaltfunktion und die zugehörige komplementäre Schaltfunktion benötigt. Beide Schaltfunktionen sind nach (3.2.7) und (3.2.8) strukturell gleich. Ein Transistorschaltbild des so gewonnenen Volladdierers zeigt Bild 3.2.4. Der Transistoraufwand der neuen Schaltung ist gegenüber der ursprünglichen NAND–NAND–Realisierung halbiert. Anstatt 56 werden unter Berücksichtigung von zwei Ausgangsinvertern nur 28 Transistoren benötigt.

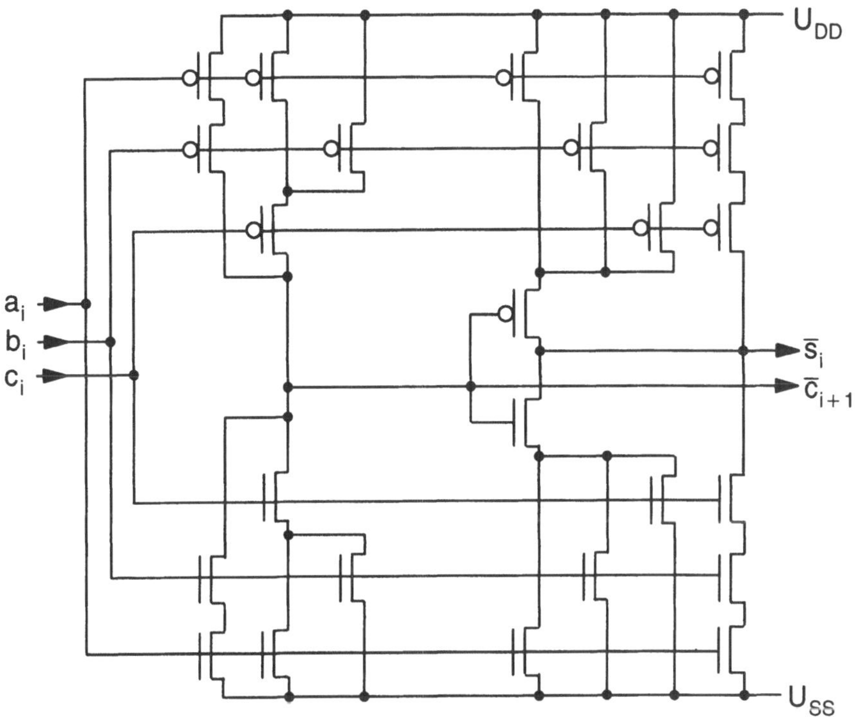

Bild 3.2.4: Symmetrischer Volladdierer

Wie nicht anders zu erwarten, ist die Siliziumfläche des n–bit Addierers proportional zur Wortbreite n. Die Addiererstruktur nach Bild 3.2.1 hat für jede Bitebene eine gleiche sich wiederholende Schaltung. Derartige Schaltungsstrukturen werden Bitslice–Architekturen genannt. Da ein Addierer aus gleichartigen Basiselementen (VA) besteht und die Überträge sequentiell von der niedrigsten zur höchsten Bitebene bestimmt werden, ist eine besonders aufwandsgünstige Addiererrealisierung mit einer bitseriellen Technik nach Bild 3.2.5 möglich.

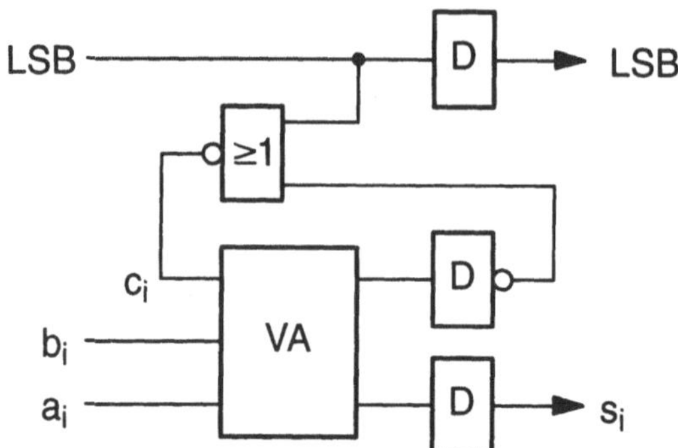

Bild 3.2.5: Bitserielle Addition von zwei Dualzahlen

Hierbei werden die niederwertigsten Operandenbits (least significant bits = LSB) zuerst zugeführt und dann die nächsthöherwertigen Operandenbits synchron getaktet zugeführt. Die Zwischenüberträge werden zur Berücksichtigung bei der nächsten Bitebene zurückgeführt. Die D–FFs dienen zur Zwischenspeicherung in einem synchron getakteten System. Die Steuerleitung LSB kennzeichnet den Beginn der Operandenbits und setzt mit LSB = 1 den Startwert $c_0 = 0$. Mit den nächsten Takten wird anschließend mit LSB = 0 das NOR–Gatter transparent geschaltet, und die Überträge werden zurückgeführt. Durch die zusätzlichen D–FFs und durch das von dem LSB–Signal gesteuerte NOR–Gatter wird der Gesamttransistoraufwand mit 110 Transistoren im Vergleich zum reinen VA in NAND–NAND–Struktur fast verdoppelt. Maßgebend für die erzielbare Durchsatzrate ist die maximale Verzögerungszeit zwischen Eingang und Ausgang bzw. die Verzögerungszeit der Übertragsrückführungsschleife. Für die Periodendauer T_{CLK} des Taktes muß somit gelten

$$T_{CLK} > T_{D,VA,as} + T_{D,DFF}$$
$$T_{CLK} > T_{D,VA,cc} + T_{D,DFF} + T_{D,NOR} \qquad (3.2.10)$$

Der zusätzliche Index bei $T_{D,VA}$ kennzeichnet den Pfad (as: Operandenbit → Summenausgang, cc: Übertragseingang → Übertragsausgang). Mit dem Verzögerungsmodell aus dem Abschnitt 2.4 wird ermittelt

$$T_{CLK} > 52\,\tau_L$$

Für einen 1 µm CMOS–Prozeß bedeutet dies, daß eine Taktrate von > 300 MHz erzielbar ist. Es ist allerdings zu berücksichtigen, daß die Berechnung eines n–bit langen Ergebnisses auch n Takte benötigt.

Innerhalb signalverarbeitender Einheiten wird im allgemeinen von einer bitparallelen Verarbeitung ausgegangen. Deshalb soll die Verzögerungszeit des Paralleladdierers nach Bild 3.2.1 weiter untersucht werden. Bei der Verzögerungszeit des Volladdierers muß zwischen der Verzögerungszeit zwischen Eingang und Summenausgang $T_{D,VA,as}$ und Eingang und Übertragsausgang $T_{D,VA,cc}$ unterschieden werden. NAND–Gatter mit größerer Eingangszahl haben nach (2.4.9) eine größere Verzögerung. Entsprechend gilt $T_{D,VA,as} > T_{D,VA,cc}$. Der ungünstigste Fall bezüglich der Gesamtverzögerung eines n–bit Addierers ist gegeben, wenn zur Bestimmung des höchstwertigen Summenbits die Übertragsinformation durch alle Volladdierer-stufen durchrippeln muß. Die Verzögerung des n–bit Addierers beträgt dann

$$T_{D,ADD} = (n - 1)T_{D,VA,cc} + T_{D,VA,cs} \qquad (3.2.11)$$

Mit Hilfe des Verzögerungsmodells in Abschnitt 2.4 kann die Verzögerungszeit genauer festgelegt werden. Es gilt für einen Addierer auf der Basis von Volladdierern nach Bild 3.2.3

$$T_{D,ADD} = \tau_L(24n - 1) \qquad (3.2.12)$$

wobei als Fan–Out des Summenbits $F = 1$ angenommen ist. Das Ergebnis zeigt, daß bei Annahme eines 1 μm CMOS–Prozesses eine 16 bit Addition ca. 20 ns benötigt. Für leistungsfähige Signalverarbeitungsschaltungen sind schnelle Addierer gewünscht. Ein Nachteil des Carry–Ripple–Addierers ist die Durchlaufzeit des Übertrags von der niedrigsten Bitebene bis zur höchsten. Verschiedene Verfahren zur Verkürzung der Additionszeit sind aus der Literatur bekannt [33], [34], [35], [36], [37], [38]. Viele Originalarbeiten zur Realisierung schneller Addierer sind in einem IEEE Press Book zusammengestellt [39]. Eine Behandlung mehrerer Verfahren befindet sich in den beiden Lehrbüchern von Hwang [40] und Cavanagh [41]. Die Methoden zur Verkürzung der Additionszeiten können wie folgt vereinfacht gegliedert werden:

- Schneller Übertragsdurchlauf
- Schnelle Übertragsberechnung
- Hierarchische Addiererstrukturen

Beispiele derartiger Addierer werden nachfolgend dargestellt.

3.2.2 Addierer mit schnellem Übertragsdurchlauf

Zur Beschleunigung des Übertragspfades wird die Pfadlogik vereinfacht und Hilfssignale zur Ansteuerung der Pfadlogik parallel ermittelt. Zweckmäßige Hilfssignale für die Übertragsfunktion können aus dem Karnaugh–Diagramm in Bild 3.2.6 abgeleitet werden. Die abgeleiteten Hilfssignale für die Übertragsfunktion sind

$$\begin{aligned} k_i &= \overline{a}_i \wedge \overline{b}_i \quad \textit{carry kill} \\ p_i &= a_i \oplus b_i \quad \textit{carry propagate} \\ g_i &= a_i \wedge b_i \quad \textit{carry generate} \end{aligned} \qquad (3.2.13)$$

	a_ib_i			
	00	01	11	10
c_i 0	0	0	1	0
1	0	1	1	1

a_i	b_i	c_{i+1}
0	0	0
0	1	c_i
1	0	c_i
1	1	1

Bild 3.2.6: Karnaugh–Diagramm und Funktionstabelle der Übertragsfunktion

Die Bedeutung der Hilfssignale ergibt sich direkt aus den englischen Bezeichnungen. Die englischen Bezeichnungen werden nachfolgend weiter verwendet. In Ergänzung zu dem oben definierten Carry–Propagate p_i wird teilweise auch mit einem modifizierten Carry–Propagate

$$p_i{}' = a_i \vee b_i \tag{3.2.14}$$

gearbeitet, das direkt aus der Beziehung (3.2.3) folgt. Bei der Realisierung der Logikfunktionen ist zu beachten, daß die Verwendung von $p_i{}'$ zu einer Mehrfachüberdeckung führt. Durch unterschiedliche Überdeckungen der Einsstellen der Übertragsfunktion und unter Verwendung der vorher definierten Hilfsfunktionen können mehrere unterschiedliche Logikfunktionen zur Bestimmung des Übertrags abgeleitet werden, die nachfolgend aufgelistet sind.

$$\begin{aligned}
c_{i+1} &= a_ib_i \vee c_i\,(a_i \vee b_i) = g_i \vee c_i\,p_i{}' \\
&= a_ib_i \vee c_i\,(a_i \oplus b_i) = g_i \vee c_i\,p_i \\
&= a_i\,(a_i \odot b_i) \vee c_i\,(a_i \oplus b_i) = a_i\,\overline{p}_i \vee c_i\,p_i \\
&= b_i\,(a_i \odot b_i) \vee c_i\,(a_i \oplus b_i) = b_i\,\overline{p}_i \vee c_i\,p_i
\end{aligned} \tag{3.2.15}$$

Mit den im Abschnitt 2.2 gezeigten Methoden können Schalterlogiken für eine CMOS–Technologie ermittelt werden. Bild 3.2.7 zeigt eine Realisierung der Carry–Funktion, die direkt aus der Funktionstabelle in Bild 3.2.6 folgt. Die Schaltung realisiert die zweite Zeile von (3.2.15). Das ODER ist die Parallelschaltung, der Term $c_i\,p_i$ wird durch das Transmission–Gate gebildet, der p–Kanal–Transister realisiert den Ausdruck g_i. Da immer ein Pfad geschaltet sein muß, um definierte Ausgangspegel zu erhalten, ist der von k_i gesteuerte dritte Pfad gegen Masse erforderlich. Eine Realisierung, die direkt aus der dritten Zeile von (3.2.15) folgt, zeigt Bild 3.2.8. Die in Bild 3.2.7 und Bild 3.2.8 gezeigten Schaltungen haben im Vergleich zur 2stufigen Gatterlogik in Bild 3.2.3 einen deutlich geringeren Aufwand und im allgemeinen eine geringere Verzögerung.

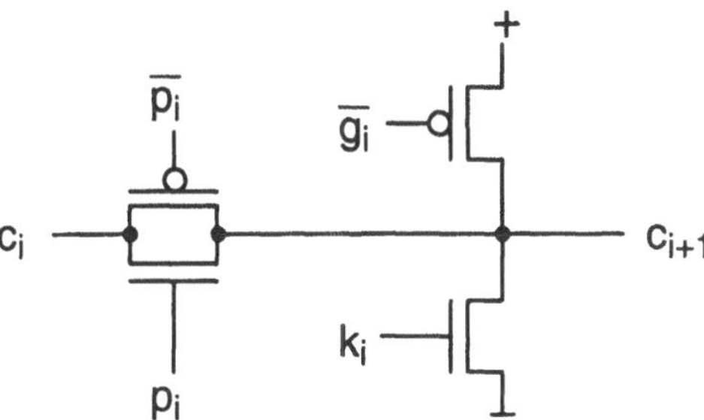

Bild 3.2.7: Logikschaltung für den Carry–Block unter Verwendung der Hilfssignale g_i, k_i, p_i.

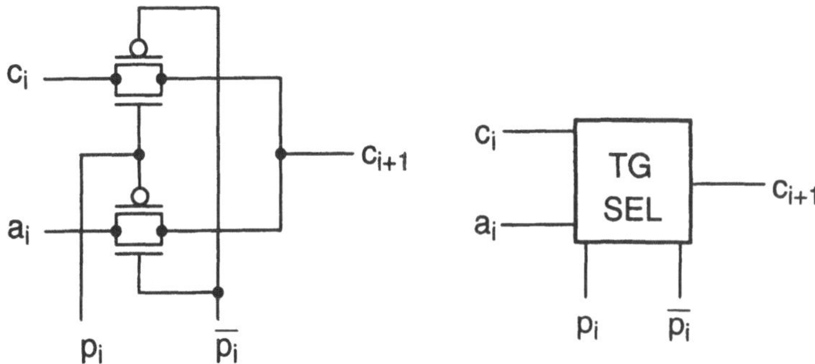

Bild 3.2.8: Logikschaltung für den Carry–Block auf der Basis eines Transmission–Gate–Selektors

Neben dem Carry–Block erfordert ein Volladdierer die Realisierung der XOR–Funktion. Diese XOR–Funktion ist zur Erzeugung des Propagate–Signals p_i und des Summensignals s_i erforderlich. Aus (3.2.2) kann leicht abgeleitet werden, daß

$$s_i = p_i \oplus c_i \qquad (3.2.16)$$

In Ergänzung zu der in Bild 2.2.10 gezeigten Struktur sind mehrere weitere Realisierungen des XOR möglich. Aus der Definition des XOR folgt eine in Bild 3.2.9a gezeigte Struktur auf der Basis eines Transmission–Gate–Selektors. Hierbei handelt es sich um einen 2:1 Multiplexer, der bei $b = 1$ das Signal $\overline{a}$ und bei $b = 0$ das Signal a durchschaltet. Aufgrund der Symmetrie des XOR ist auch ein Vertauschen von $(a,\overline{a})$ und $(b,\overline{b})$ möglich. Inklusive Inverter werden 8 Transistoren benötigt. Eine weitere Struktur, die einschließlich der Inverter nur 6 Transistoren benötigt, zeigt Bild 3.2.9b. Aus der Definition des XOR und der Äquivalenzfunktion kann abgeleitet werden, daß

$$a \oplus b = \overline{a \odot b} = \overline{a} \odot b = a \odot \overline{b}$$
$$a \odot b = \overline{a \oplus b} = \overline{a} \oplus b = a \oplus \overline{b}$$

$$(3.2.17)$$

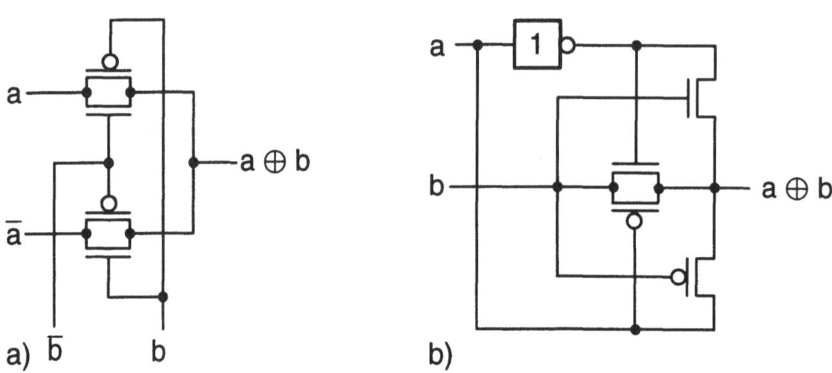

Bild 3.2.9: Realisierungen für die XOR–Funktion

Aus der vorstehenden Beziehung folgt, daß ein Vertauschen von a und $\overline{a}$ bzw. b und $\overline{b}$ in der Schaltung Bild 3.2.9a aus der Antivalenzfunktion XOR eine Äquivalenzfunktion XNOR erzeugt. In der Schaltung Bild 3.2.9b muß für eine entsprechende Änderung der Funktion der Inverter aus dem oberen Pfad in den unteren Pfad verlagert werden. Unter Berücksichtigung der Beziehungen aus (3.2.16) und den Schaltungen von Bild 3.2.8 und Bild 3.2.9a kann ein Volladdierer aus 3 Transmission–Gate–Selektoren und 6 Invertern aufgebaut werden. Die in Bild 3.2.10 gezeigte Schaltung hat einen Carry–Ausgang mit invertiertem Wert. Deshalb ist ein zweiter Typ von Volladdierer erforderlich, der mit einem invertierten Eingangs–Carry einen normalen Ausgangs–Carry liefert. Diese zwei Typen müssen abwechselnd hintereinander geschaltet werden.

Der Inverter am Ausgang des Transmission–Gate–Selektors ist erforderlich, um die Verzögerungszeit zu reduzieren. Wie in Bild 2.4.3 gezeigt, können Transmission–Gate–Ketten durch RC–Elemente modelliert werden. Werden die Carry–Blöcke von m Addierstufen ohne zwischengeschaltete Inverter hintereinander geschaltet, so kann dies durch $m{+}1$ RC–Glieder modelliert werden. Unter der vereinfachenden Annahme, daß alle Widerstände und Kapazitäten gleichen Wert haben, erhält man unter Berücksichtigung der Ersatzzeitkonstanten nach (2.4.11) die Verzögerungszeit

$$T_D \approx \ln 2 \; RC \frac{(m+2)(m+1)}{2}$$

$$(3.2.18)$$

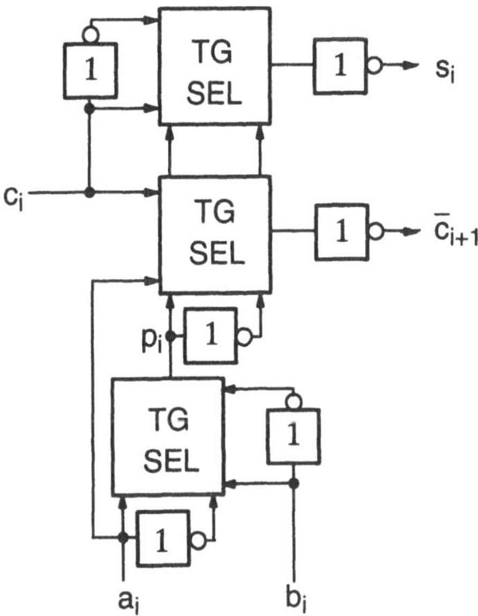

Bild 3.2.10: Transmission–Gate–Addierer

Dies bedeutet, daß die Verzögerungszeit proportional zu m^2 ist. Für einen n–bit Addierer sind n/m Abschnitte von m Addierern in Kette zu schalten. Der Wert von (3.2.18) ist folglich für einen n–bit Addierer mit n/m zu multiplizieren. Eine Minimierung der Verzögerung führt auf einen Wert von m zwischen 1 und 2. Da m ganzzahlig sein muß, wird im allgemeinen $m = 1$ gewählt.

Im Vergleich zu Addiererrealisierungen auf der Basis von NAND–Gattern (Bild 3.2.3) hat der Transmission–Gate–Addierer einen praktisch halbierten Transistoraufwand, nur 24 anstatt 56 Transistoren je Volladdierer. Eine Addiererrealisierung mit einem symmetrischen Volladdierer nach Bild 3.2.4 hat zwar in etwa den gleichen Transistoraufwand, jedoch ist das Verzögerungsverhalten des Transmission–Gate–Addierers deutlich günstiger. Der zeitkritische Pfad des Transmission–Gate–Addierers geht von $a_0 \rightarrow p_0 \rightarrow c_1$ dann entlang des Carry–Pfades bis $\overline{c}_{n-1}$ und dann zum Summenausgang s_{n-1}. Mit dem Verzögerungsmodell wird ermittelt:

$$T_{D,ADD} = \tau_L(13n + 20,4) \tag{3.2.19}$$

Bild 3.2.11 zeigt den graphischen Vergleich mit dem Addierer auf der Basis von Volladdierern nach Bild 3.2.3. Für den Transmission–Gate–Addierer ist die Steigung aufgrund des schnelleren Carry–Pfades geringer, und der höhere Grundwert wird durch die parallele Berechnung der Propagate–Signale verursacht. Für die 16 bit Addition wird die Verzögerungszeit um ca. 8 ns verringert. Der Transmission–Gate–Addierer hat also ein verbessertes Verzögerungsverhalten bei gleichzeitig verringertem Aufwand. Aus der Literatur sind mehrere Varianten von Addiererstrukturen mit einem Carry–Pfad auf der Basis von Transmission–Gates bekannt. Diese werden als Fast–Carry–Chain– oder auch als Manchester–Carry–Addierer bezeichnet [18], [19], [37].

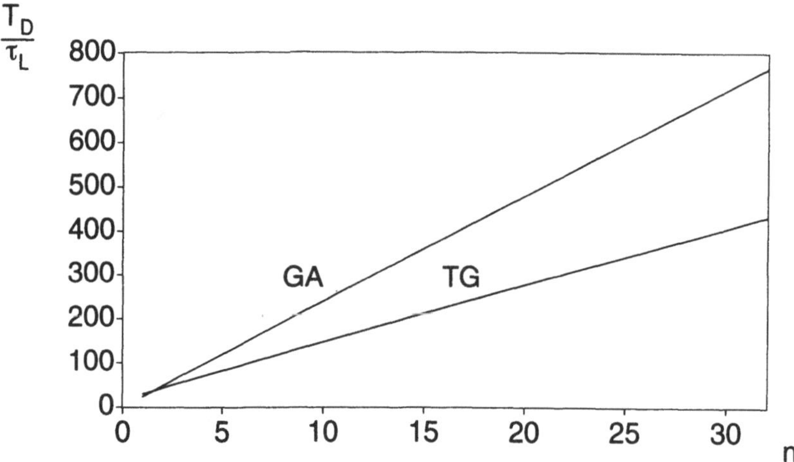

Bild 3.2.11:   Verzögerungszeit T_D in Abhängigkeit der Wortbreite n von Addierern in Bit–Slice–Struktur (GA – Gatterrealisierung der Volladdierer, TG – Transmission–Gate–Addierer)

3.2.3 Addierer mit paralleler Übertragsberechnung

Nachteilig für das Verzögerungsverhalten der bisher gezeigten Addierer ist die sequentielle Berechnung der Überträge. Aus den Eingängen a_i, b_i werden parallel g_i und p_i bestimmt. Die Carryfunktionen werden dann sequentiell mit steigendem i entsprechend der Beziehung

$$c_{i+1} = g_i \vee p_i\, c_i \tag{3.2.20}$$

ermittelt. Eine parallele Bestimmung der Überträge erfordert eine Funktion, bei der Lösungen von niedrigeren Bitebenen durch Einsetzen berücksichtigt werden. So folgt durch Einsetzen von c_1 in c_2

$$\begin{aligned}
c_2 &= g_1 \vee p_1\, c_1 \\
&= g_1 \vee p_1\, (g_0 \vee p_0\, c_0) \\
&= g_1 \vee p_1\, g_0 \vee p_1\, p_0\, c_0
\end{aligned} \tag{3.2.21}$$

Entsprechend wird für c_3 abgeleitet

$$c_3 = g_2 \vee p_2 \, c_2$$
$$= g_2 \vee p_2 \, (g_1 \vee p_1 \, g_0 \vee p_1 \, p_0 \, c_0) \qquad (3.2.22)$$
$$= g_2 \vee p_2 \, g_1 \vee p_2 \, p_1 \, g_0 \vee p_2 \, p_1 \, p_0 \, c_0$$

Durch Fortsetzung dieses Verfahrens wird für die Carry–Funktion von c_{i+1} nachfolgende Beziehung ermittelt.

$$c_{i+1} = g_i \vee p_i \, g_{i-1} \vee p_i \, p_{i-1} \, g_{i-2} \vee \cdots \vee p_i \, p_{i-1} \cdots p_1 \, p_0 \, c_0$$
$$= g_i \vee \sum_{j=0}^{i-1} \left(\prod_{k=j+1}^{i} p_k \right) g_j \vee \prod_{k=0}^{i} p_k \, c_0 \qquad (3.2.23)$$

wobei das Produktzeichen Π für die mehrfache UND–Verknüpfung und das Summenzeichen Σ für die mehrfache ODER–Verknüpfung steht. Eine Addiererrealisierung mit paralleler Carry–Berechnung auf der Basis der Beziehung (3.2.23) wird als Carry–Lookahead bezeichnet.

Die disjunktive Verknüpfung entsprechend (3.2.23) kann als 2stufige NAND–NAND–Struktur realisiert werden (Bild 3.2.12). Durch die Erhöhung der Anzahl der Terme für höhere Bitebenen i wird die zugehörige Gatteranordnung immer komplexer. Auch das Verzögerungsverhalten von Gattern mit vielen Eingängen wird ungünstiger. Nach (2.4.9) beeinflußt die Anzahl m der Eingänge direkt das Verzögerungsverhalten. Wird ein n–bit Addierer mit einem Carry–Block nach Bild 3.2.12 realisiert, so benötigt jede Bitebene i eine Transistorzahl von $(i+2)\,(i+5)$. Die Summe über alle Bitebenen liefert für den Carry–Block eine Transistorzahl von

$$N_{Tr} = (n^3 + 9n^2 + 20n)/3 \qquad (3.2.24)$$

Der gesamte Addierer unter Berücksichtigung der Erzeugung der Generate–, Propagate–Funktionen und der Summen–Bits erfordert

$$N_{Tr} = (n^3 + 9n^2 + 86n)/3 \qquad (3.2.25)$$

Transistoren. Im Vergleich zu dem einfachen Ripple–Carry–Addierer mit Volladdierern nach Bild 3.2.3 tritt ein erheblich erhöhter Siliziumbedarf auf. Bezüglich der Verzögerungszeit ist zu beachten, daß nach (2.4.9) die Verzögerungszeit von NAND–Gattern mit der Eingangszahl zunimmt. Der zeitkritische Pfad geht also über die Gatter mit der größten Eingangszahl zur Erzeugung von c_{n-1}. Von den ansteuernden Hilfssignalen hat das Propagate–Signal $p_{n/2}$ mit $n(n+2)/4$ Inverterkapazitäten die größte kapazitive Last. Der zeitkritische Pfad geht also entlang $(a_{n/2}, b_{n/2})$ $\to p_{n/2} \to c_{n-1} \to s_{n-1}$. Eine Abschätzung für die Gesamtverzögerung liefert

$$T_{D,ADD} = \tau_L(0,25n^2 + 4,4n + 33,1) \qquad (3.2.26)$$

Die Abschätzung zeigt, daß die Verzögerung quadratisch mit n wächst. Bis zu $n = 32$ liefert diese Schaltung ein verbessertes Verzögerungsverhalten. Danach ist sie ungünstiger als der Transmission–Gate–Addierer. Es ist jedoch zu beachten, daß die Verzögerungszeit für NAND–Gatter mit mehr als 4 Eingängen durch die Beziehung (2.4.9) mit großen Fehlern modelliert wird. Entsprechend große Fehler sind auch der Beziehung (3.2.26) für große n zuzuordnen.

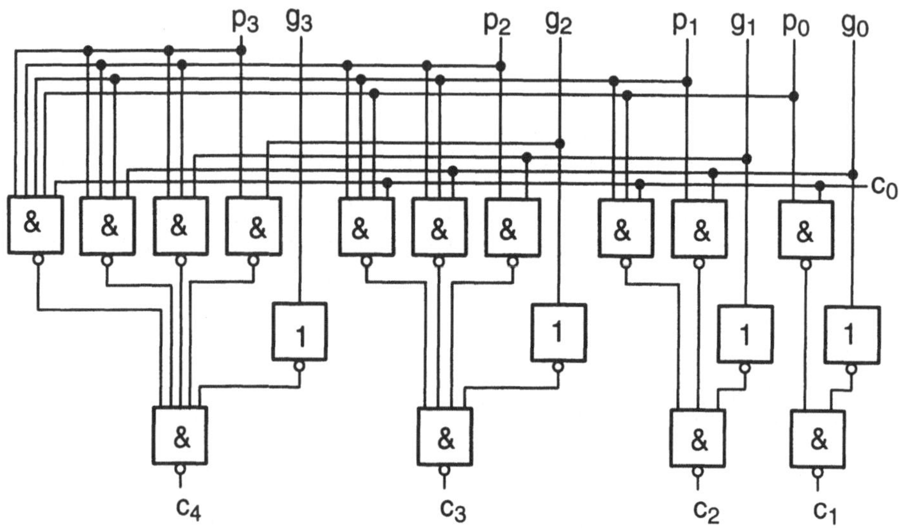

Bild 3.2.12:   Gatterlogik zur Bestimmung der Carry–Funktionen beim Carry–Lookahead–Addierer

Werden anstatt der 2stufigen NAND–NAND–Realisierung 1stufige Komplex-Gatter für den Carry–Block verwendet, so sind die Verhältnisse etwas günstiger. Bild 3.2.13 zeigt ein Komplexgatter für die Ermittlung von c_4. Für c_4 gilt

$$c_4 = g_3 \vee p_3 \left(g_2 \vee p_2 \left(g_1 \vee p_1 \left(g_0 \vee p_0 \, c_0\right)\right)\right) \tag{3.2.27}$$

Die in Abschnitt 2.2 gemachten Aussagen über Reihen– und Parallelschaltung von Transistoren können direkt in die Struktur von Bild 3.2.13 überführt werden. Auch die dualen Strukturen zwischen n–Netz und p–Netz sind deutlich erkennbar. Eine Komplexgatterrealisierung reduziert insbesondere die erforderliche Transistorzahl. Die Transistorzahl wächst nur noch proportional zu n^2. Das Verzögerungsverhalten verbessert sich nicht, da innerhalb des Komplexgatters eine größere Zahl innerer Kapazitäten umgeladen werden müssen. Es gilt in diesem Falle für einen n–bit Addierer

$$\begin{aligned} N_{Tr} &= 2n^2 + 28n \\ T_{D,ADDn} &= \tau_L(n^2 + 2n + 36) \end{aligned} \tag{3.2.28}$$

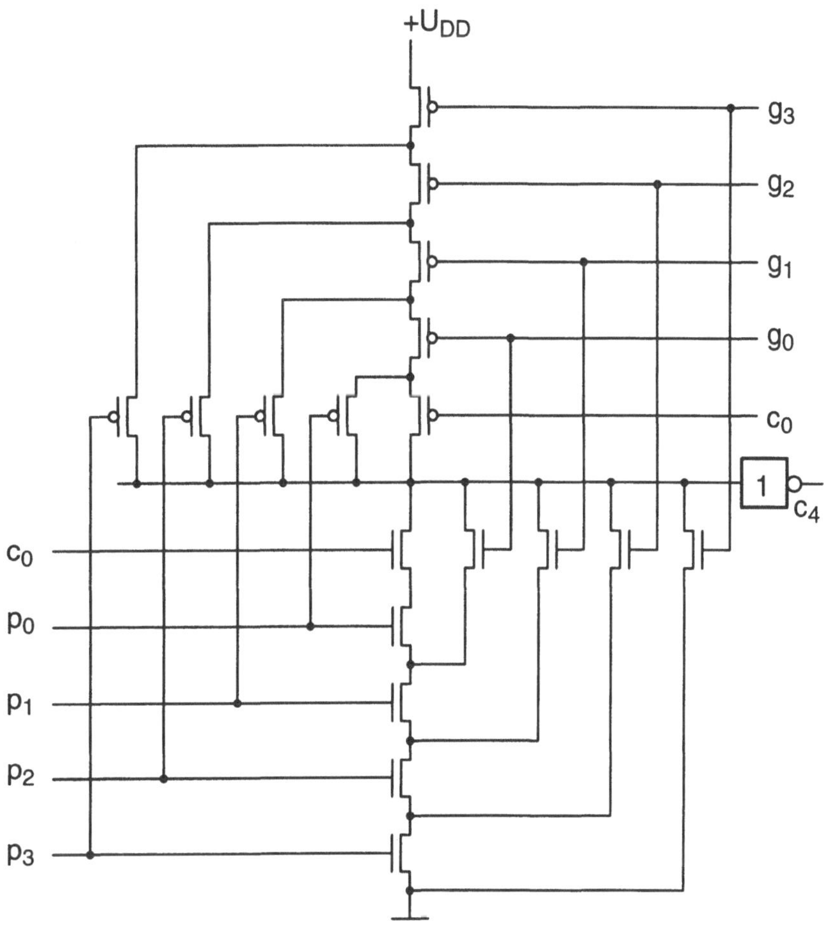

Bild 3.2.13: Komplexgatter zur Realisierung der Übertragsfunktion c_4

3.2.4 Hierarchische Addiererstrukturen

Insbesondere für große Wortbreiten n ist die vorgestellte Carry–Lookahead–Technik nicht sehr effizient. Durch eine hierarchische Addiererstruktur kann eine weitere Reduktion des Verzögerungsverhaltens erzielt werden. Hierbei wird die Gesamtwortbreite n in kleinere Bitgruppen m aufgespalten und für die Bitgruppen parallel die Addition durchgeführt. Die Ergebnisse der Bitgruppen sind dann weiter zum Gesamtergebnis zu verknüpfen. Die Aufteilung in Bitgruppen kann auch allein auf den Carry–Block angewandt werden. Es werden nachfolgend drei wichtige hierarchische Addiererstrukturen vorgestellt.

Binary–Lookahead–Carry–Addierer

Zur Beschreibung hierarchisch strukturierter Carry–Blöcke werden neue Generate–
und Propagate–Hilfsfunktionen benötigt. Für einen Block der untersten i Stellen
werden sogenannte Block–Carry–Funktionen definiert. Mit G_i als Block–Generate
und P_i als Block–Propagate gilt für die Carry–Funktion

$$c_{i+1} = G_i \lor P_i \, c_0 \qquad 0 \le i \le n - 1 \qquad (3.2.29)$$

Unter Verwendung der Block–Carry–Funktionen für c_i und Einsetzen in (3.2.20)
kann gezeigt werden, daß

$$c_{i+1} = g_i \lor p_i \, (G_{i-1} \lor P_{i-1} \, c_0) \qquad (3.2.30)$$

Durch Vergleich mit (3.2.29) folgt

$$\begin{aligned} G_i &= g_i \lor p_i \, G_{i-1} \\ P_i &= p_i \, P_{i-1} \end{aligned} \qquad (3.2.31)$$

Die vorstehende Beziehung kann auch mit Hilfe eines Operators $\circ$ beschrieben
werden. Es gilt dann

$$(G_i, P_i) = (g_i, p_i) \circ (G_{i-1}, P_{i-1}) \qquad (3.2.32)$$

Mit $G_0 = g_0$ und $P_0 = p_0$ und fortlaufender Anwendung des Operators $\circ$ gilt für die
Block–Carry–Funktion

$$(G_i, P_i) = (g_i, p_i) \circ \dots \circ (g_1, p_1) \circ (g_0, p_0) \qquad (3.2.33)$$

Es kann nun gezeigt werden, daß der Operator $\circ$ assoziativ ist, d.h. die Reihenfolge der Durchführung der Operationen ist beliebig. Dies kann durch Verknüpfung
dreier Generate– und Propagate–Signale in unterschiedlicher Reihenfolge nachgewiesen werden. Die hierfür auftretenden zwei Möglichkeiten sind nachfolgend aufgelistet.

$$\begin{aligned} [(g_3, p_3) \circ (g_2, p_2)] \circ (g_1, p_1) &= [(g_3 \lor p_3 g_2, p_3 p_2)] \circ (g_1, p_1) \\ &= [g_3 \lor p_3 g_2 \lor p_3 p_2 g_1, p_3 p_2 p_1] \\ (g_3, p_3) \circ [(g_2, p_2) \circ (g_1, p_1)] &= (g_3, p_3) \circ [g_2 \lor p_2 g_1, p_2 p_1] \\ &= [g_3 \lor p_3(g_2 \lor p_2 g_1), p_3 p_2 p_1] \end{aligned} \qquad (3.2.34)$$

Unter Anwendung der Distributivität von $\land$ und $\lor$ kann überprüft werden, daß
beide Ausdrücke gleich sind.

Eine naheliegende Möglichkeit, alle Block–Carry–Funktionen zu ermitteln, ist
die sequentielle Bestimmung in aufsteigender Folge von der Bitebene 0 bis zur Bitebene $n-1$. Wie die Ripple–Carry–Addition führt das auf eine Verarbeitungszeit pro-

portional zur Wortbreite n. Aufgrund der Assoziativität der Operation $\circ$ ist zur Verringerung der Verarbeitungszeit eine mehr parallele Verarbeitung in einer Baumstruktur möglich. Es werden parallel jeweils zwei aufeinanderfolgende Bitebenen verknüpft. Die Ergebnisse dieser ersten Hierarchiestufe werden dann auf gleiche Weise weiter verknüpft und darauf folgt jeweils eine weitere Hierarchiestufe mit gleichartiger Fortsetzung. Diese Baumstruktur liefert für alle Zweierpotenzen $2^k - 1 < n$ mit $k = 0,1,..\log n$ Block–Carry-Funktionen. (Hinweis: Sofern keine spezielle Basis für die Logarithmusfunktion angegeben wird, gilt Basis 2, d.h. $\log x = \log_2 x$) Die Block–Carry-Funktionen für die zwischen den Zweierpotenzen liegenden Bitebenen werden mit einem inversen Baum ermittelt.

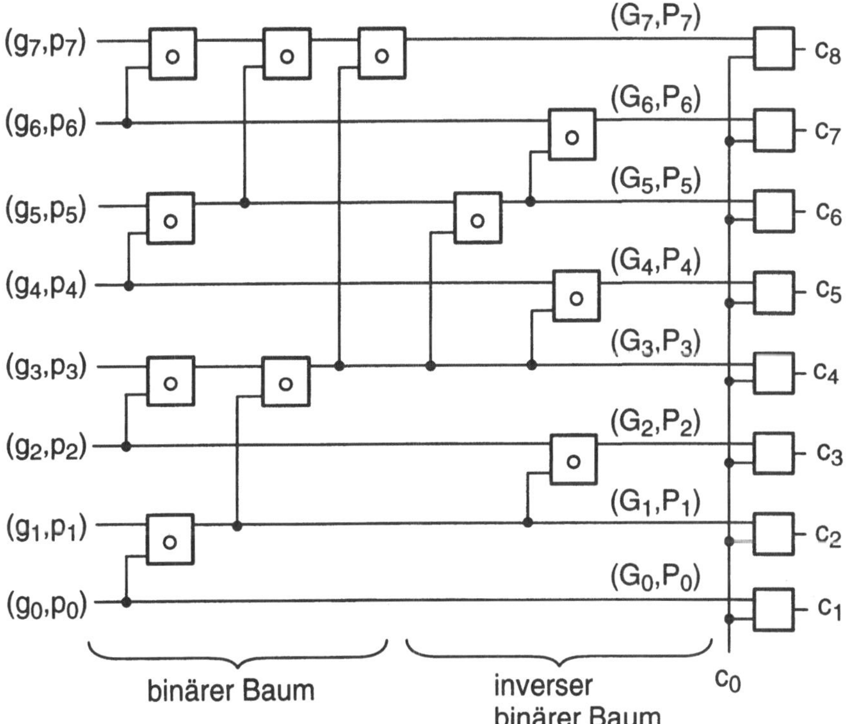

Bild 3.2.14: Carry–Block des Binary–Lookahead–Carry–Addierers ($n=8$)

Bild 3.2.14 zeigt einen derartig aufgebauten Carry–Block, der nach Brent und Kung als Binary–Lookahead–Carry bezeichnet wird [38]. Die Anzahl der Operatoren für den binären Baum beträgt $n{-}1$. Der inverse binäre Baum ist kein vollständiger Binärbaum. Entsprechend ist hier die Anzahl der Operatoren geringer. Sie beträgt $n{-}1{-}\log n$ Operatoren. Der zeitkritische Pfad verläuft von (g_0, p_0) über $(G_{n/2-1},$

$P_{n/2-1}$) und (G_{n-2}, P_{n-2}) zum Ausgang c_{n-1}. Dieser Pfad enthält die meisten in Serie geschalteten Operatoren. Es werden hierbei insgesamt $2 \log(n/2)$ Operatoren durchlaufen. Bei der Ermittlung der Verzögerungszeit ist jedoch zu beachten, daß die kapazitiven Lasten nicht gleich sind, sondern zur Mitte hin zunehmen. Die Verzögerung des zeitkritischen Pfades in dem Carry-Block kann wie folgt beschrieben werden:

$$T_{D,g_0-G_{n-2}} = \sum_{j=1}^{\log_2^{\frac{n}{2}}} [T_{D,OP}(j + 2) + T_{D,OP}(j)] \qquad (3.2.35)$$

mit $T_{D,OP}$ als Verzögerung des Operators. Die beiden Summanden repräsentieren die beiden binären Bäume und die Argumente von $T_{D,OP}$ geben die variablen Lastkapazitäten an. Für die Verzögerung des Operators gilt

$$T_{D,OP}(j) = (7 + 2j)\tau_L \qquad (3.2.36)$$

Durch Einsetzen in (3.2.35) und unter Berücksichtigung, daß $\log\frac{n}{2} = \log n - 1$ folgt

$$T_{D,g_0-G_{n-2}} = \tau_L \,(2 \log_2^2 n + 16 \log_2 n) \qquad (3.2.37)$$

Unter Einbeziehung der Logik zur Erzeugung der Hilfssignale (g_i, p_i), der Logik zur Bestimmung der Carry-Signale und der XOR-Verknüpfungen zur Bildung der Summenbits s_i werden für einen Binary-Lookahead-Carry-Addierer die folgenden charakteristischen Daten für die Transistorzahl und die Verzögerungszeit ermittelt.

$$\begin{aligned} N_{Tr} &= 64n - 16 \log_2 n - 32 \quad mit\ n = 2^k \\ T_{D,ADD} &= \tau_L[2 \log_2^2 n + 16 \log_2 n + 17,8] \end{aligned} \qquad (3.2.38)$$

Für große n ist die Transistorzahl proportional zu n und die Verzögerung proportional zu $log^2 n$. Dies zeigt ein deutlich verbessertes Verzögerungsverhalten im Vergleich zum nicht hierarchischen Fast-Carry-Chain-Addierer.

Carry-Select-Addierer

Neben der parallelen Verarbeitung durch Aufteilung in Bitgruppen im Carry-Block besteht auch die Möglichkeit, dieses Verfahren auf den ganzen Addierer anzuwenden. Das Grundkonzept ist derartig, daß parallel alternative Ergebnisse berechnet werden und anschließend in einem einstufigen oder auch mehrstufigen hierarchischen Verfahren das korrekte Ergebnis selektiert wird [35], [36]. Eine Realisierung mit einstufiger Selektion zeigt der in Bild 3.2.15 dargestellte Carry-Select-Addierer. Es sind dort Bitgruppen der Länge $m = 4$ gebildet und für die beiden Alternativen Carry-Input 0 bzw. 1 werden Summenbits und Ausgangscarry bestimmt. Multiplexer zur Auswahl der korrekten Ergebnisse werden von einer Carry–Selekt–Logik (CS) gesteuert. Die CS–Logikfunktion lautet für die $(k+1)$te Gruppe

$$\text{CS } (k+1): \qquad c_{(k+1)m} = c_{(k+1)m}(0) \vee c_{(k+1)m}(1)\, c_{km} \qquad (3.2.39)$$

wobei $c_{(k+1)m}(0)$ die ermittelte Carryfunktion für $c_{km} = 0$ und entsprechend $c_{(k+1)m}(1)$ das Ergebnis für $c_{km} = 1$ ist. Zur Ableitung der vorstehenden Beziehung werden ähnlich den Block–Carry–Funktionen entsprechende Gruppen–Carry–Funktionen definiert, d.h.

$$c_{(k+1)m} = GG_k \vee GP_k\, c_{km} \qquad (3.2.40)$$

mit GG_k als Gruppen–Generate und GP_k als Gruppen–Propagate der k–ten Gruppe. Durch m–fache Anwendung des Operators $\circ$ auf die zugehörigen Generate– und Propagate–Signale werden diese Gruppen–Carry–Funktionen ermittelt. Mit Einsetzen der beiden Möglichkeiten $c_{km} = 0$ und $c_{km} = 1$ und durch logische Verknüpfung wird aus (3.2.40) die Beziehung (3.2.39) gewonnen. Ein Einsetzen von CS–Logikfunktionen der darunterliegenden Bitgruppen führt auf eine Logikfunktion, die nur von den Carry–Ausgängen der Addierer abhängt.

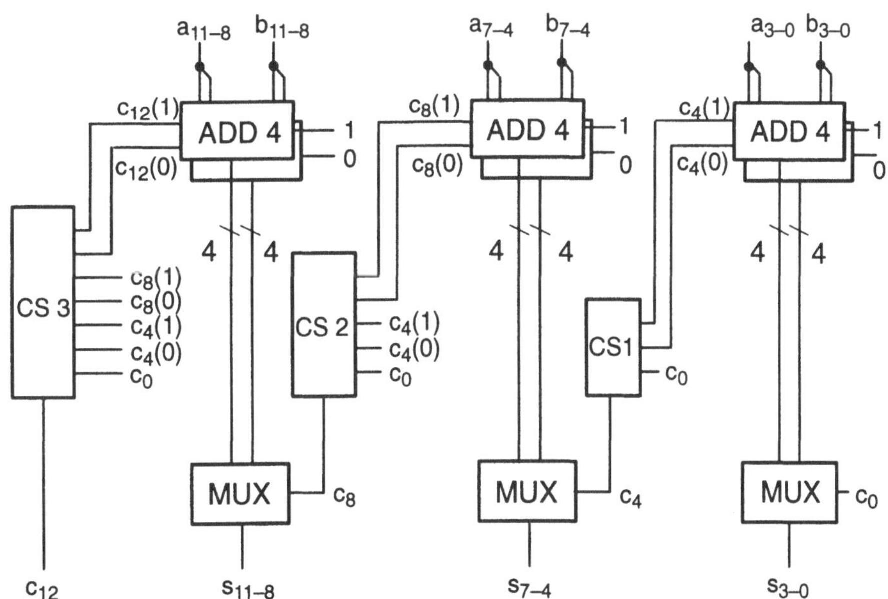

Bild 3.2.15: Carry–Select–Addierer

Der zeitkritische Pfad geht über den Addierer der untersten Bitgruppe, die Carry–Select–Logik für den Multiplexer der höchsten Bitgruppe und den zugehörigen Multiplexer. Bei Bitgruppen von m bit gilt somit der Übergang $a_0 \to c_m(1) \to c_{n-m}$

→ s_{n-1}. Bei der Bestimmung der Verzögerung ist zu beachten, daß der Ausgang $c_m(1)$ insgesamt n/m CS–Blöcke ansteuert und entsprechend die Lastkapazität proportional zu n/m ist.

Sofern die Addierer als Transmission–Gate–Addierer (Bild 3.2.10), die CS–Logik mit Komplexgattern und die Multiplexer auf der Basis von Transmission–Gates realisiert werden, beträgt der Transistoraufwand

$$N_{Tr} = 58n + 8\frac{n}{m} + 2\left(\frac{n}{m}\right)^2 . \tag{3.2.41}$$

Unter Berücksichtigung der unterschiedlichen kapazitiven Lasten führt das Laufzeitmodell aus Abschnitt 2.4 auf die Verzögerung

$$T_{D,ADD} = \tau_L[4\frac{n}{m} + 15m + 34,4] \tag{3.2.42}$$

In dem Bild 3.2.15 wurde von 4–bit Gruppen ausgegangen. Durch die Nullstelle der Ableitung von (3.2.42) nach m kann die optimale Anzahl von Bits m_{opt} je Gruppe berechnet werden. Die Optimierung führt auf

$$m_{opt} = \sqrt{\frac{4n}{15}} \tag{3.2.43}$$

Das Einsetzen in die Beziehung (3.2.42) liefert

$$T_{D,ADD} = \tau_L[4\sqrt{15n} + 34,4] \tag{3.2.44}$$

d.h. die Verzögerungszeit ist proportional zu $\sqrt{n}$. Das Einsetzen von realen Werten von n in die Beziehung (3.2.43) liefert Werte für m_{opt} von 2 oder 3. Diese recht geringen Werte ergeben sich, weil im Vergleich zu der Addierergruppe die Verzögerung für die CS–Logik und die Multiplexer recht gering ist.

Conditional–Sum–Addierer

Eine Addiererrealisierung mit hierarchischem Selektionsverfahren und feiner Auflösung durch Bitgruppen mit $m = 1$ stellt der Conditional–Sum–Addierer dar [36]. Für jede Bitebene i werden Summenbit und Übertragsbit für die beiden möglichen Fälle des Eingangübertragsbits bestimmt. Der Logikblock, der diese Operationen durchführt, wird als Condition–Cell CC bezeichnet. Die Logikfunktion der Zelle CC ergibt sich durch Einsetzen der beiden Fälle $c_i = 0$ und $c_i = 1$ in die Beziehungen (3.2.2) und (3.2.3).

$$\begin{aligned} s_i(0) &= a_i \oplus b_i & c_{i+1}(0) &= a_i\, b_i \\ s_i(1) &= a_i \odot b_i & c_{i+1}(1) &= a_i \vee b_i \end{aligned} \tag{3.2.45}$$

Ein Schaltbild der Zelle CC ist in Bild 3.2.16 gezeigt.

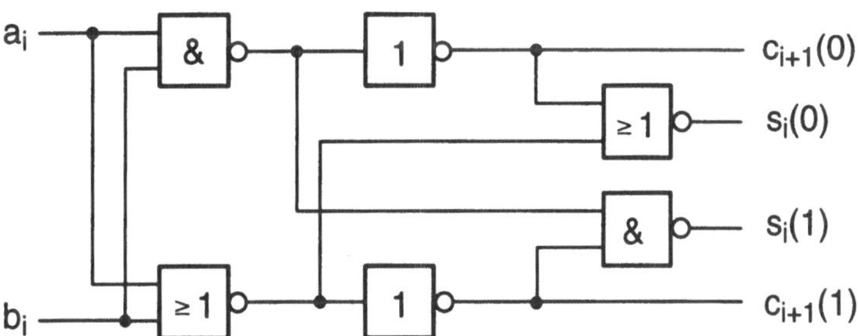

Bild 3.2.16: Condition–Cell in Gatterlogik

Durch hierarchisches Multiplexen der Ausgänge der CC–Zellen wird das korrekte Additionsergebnis bestimmt. In der ersten Ebene werden zwei aufeinanderfolgende Bitgruppen zusammengefaßt, d.h.

$$
\begin{array}{ccc}
c_{i+1} & s_i & \\
\underline{c_{i+2} \quad s_{i+1}} & & \qquad i = 1,3,5,\ldots \\
c'_{i+2} \quad s'_{i+1} & s_i &
\end{array}
$$

Das Ergebnis $c'_{i+2}\, s'_{i+1}$ wird durch den Wert von c_{i+1} ausgewählt. Bei $c_{i+1}=0$ wird das Ergebnis der Folgezelle für 0, ansonsten für 1 selektiert. Für die Bitebene 0 kann durch c_0 direkt das Ergebnis $c_1\, s_0$ ausgewählt werden. In der zweiten Ebene werden die Ergebnisse der ersten Ebene weiter zusammengefaßt, d.h.

$$
\begin{array}{cccc}
c_{i+2} & s_{i+1} & s_i & \\
\underline{c_{i+4} \quad s_{i+3} \quad s_{i+2}} & & & \qquad i = 3,7,\ldots \\
c'_{i+4} \quad s'_{i+3} \quad s'_{i+2} & s_{i+1} & s_i &
\end{array}
$$

Wie zuvor wird durch den Wert von c_{i+2} das Ergebnis von $c'_{i+4}\, s'_{i+3}\, s'_{i+2}$ ausgewählt. Für die Bitebene 1 wird durch c_1 das Ergebnis $c_3\, s_2\, s_1$ bestimmt. Für die folgende dritte Ebene gilt die Zusammenfassung

$$
\begin{array}{cccccc}
c_{i+4} & s_{i+3} & s_{i+2} & s_{i+1} & s_i & \\
\underline{c_{i+8} \quad s_{i+7} \quad s_{i+6} \quad s_{i+5} \quad s_{i+4}} & & & & & \quad i = 7,15,\ldots \\
c'_{i+8} \quad s'_{i+7} \quad s'_{i+6} \quad s'_{i+5} \quad s'_{i+4} & s_{i+3} & s_{i+2} & s_{i+1} & s_i &
\end{array}
$$

Auch hier wird die Auswahl über c_{i+4} gesteuert. Für die Bitebene 3 wird durch c_3 das Ergebnis $c_7\, s_6\, s_5\, s_4\, s_3$ bestimmt. Der prinzipielle Ablauf ist für ein Beispiel in der Tabelle 3.2.1 gezeigt. Die Pfeile geben die Selektion aufgrund des Wertes des Carry–Bits wieder.

Tabelle 3.2.1: Beispiel zum Ablauf der Verarbeitung des Conditional–Sum–Addierers. Das Zahlenbeispiel stellt dezimal 45 + 52 = 97 dar.

i	6	5	4	3	2	1	0	Carry in	Ebene
a_i	0	1	0	1	1	0	1		
b_i	0	1	1	0	1	0	0		
$s_i(0)$	0	0	1	1	0	0	1		
$c_{i+1}(0)$	0	1	0	0	1	0	0	0	
$s_i(1)$	1	1	0	0	1	1	0		1
$c_{i+1}(1)$	0	1	1	1	1	0	1	1	
$s_i(0)$	1	0	1	1	0	0	1		
$c_{i+1}(0)$	0	0			1	0		0	
$s_i(1)$	1	1	0	0	0	1			2
$c_{i+1}(1)$	0	1			1			1	
$s_i(0)$	1	0	1	1	0	0	1		
$c_{i+1}(0)$	0				1			0	
$s_i(1)$	1	1	0	0					3
$c_{i+1}(1)$	0							1	

Die gesamte Schaltung eines Conditional–Sum–Addierers ist in Bild 3.2.17 gezeigt. Wird die Condition–Cell in Gatterlogik und die Multiplexer auf der Basis von Transmission–Gates realisiert, so gilt für den Realisierungsaufwand

$$N_{Tr} = (10n - 2)\log_2(n + 1) + 34n \qquad mit \quad n = 2^k - 1 \qquad (3.2.46)$$

Mit dem Verzögerungsmodell aus dem Abschnitt 2.4 wird für $n > 7$ eine Verzögerungszeit

$$T_{D,ADD} = \tau_L[2n + 13\log_2(n + 1) + 11]$$
$$mit \quad n = 2^k - 1 \qquad (3.2.47)$$

ermittelt.

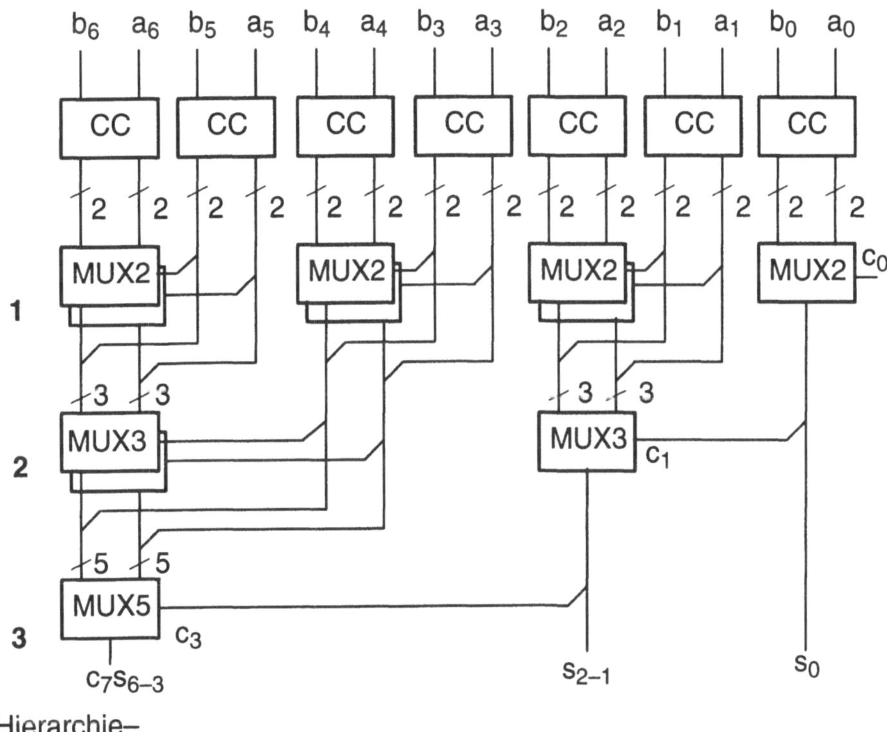

Bild 3.2.17: Conditional–Sum–Addierer

Aufgrund des hierarchischen Aufbaus der Multiplexer wäre eine logarithmische Abhängigkeit der Verzögerung zu erwarten. Der zeitkritische Pfad geht jedoch für große n über die äußeren Multiplexer zur endgültigen Bestimmung der Summenbits und der Carry–Bits zur Steuerung des Multiplexers in der nächst höheren Hierarchieebene. Der zeitkritische Pfad enthält folglich die CC–Zelle für a_0, b_0 und die Kette der Multiplexer MUX2, MUX3, MUX5, MUX9 usw. Die Anzahl der kapazitiven Lasten nimmt von Stufe zu Stufe zu. Für die kapazitiven Lasten der Carry–Bits gilt

$$
\begin{aligned}
c_1: \quad & F = 4 \\
c_3: \quad & F = 6 \\
c_7: \quad & F = 10 \\
c_{15}: \quad & F = 18
\end{aligned}
$$

Für die Verzögerung des Multiplexerbaums gilt somit die Beziehung

$$T_{D,MUX-Baum} = T_{D,MUX}(2,4) +$$

$$\sum_{i=1}^{\log(n+1)-2} T_{D,MUX}(2^i + 1, 2^{i+2} + 2) + \qquad (3.2.48)$$

$$T_{D,MUX}(\frac{n+1}{2} + 1, F)$$

Das erste Argument von $T_{D,MUX}$ gibt die Anzahl der zu schaltenden Eingänge an und das zweite Argument die zu treibenden Lasten der Carry–Ausgänge der jeweiligen Multiplexer. Für die Verzögerungszeit des einzelnen Multiplexers vom Steuereingang zum Ausgang gilt

$$T_{D,MUX}(j,k) = \tau_L\,[10 + j + k] \qquad (3.2.49)$$

Durch Einsetzen in (3.2.48) und unter Einbeziehung der Verzögerungszeit der CC–Zelle folgt der in (3.2.47) gezeigte Wert. Aufgrund der exponentiellen Zunahme der kapazitiven Lasten ergibt sich auch für einen logarithmischen Baum eine lineare Komponente für die Verzögerungszeit. Es ist jedoch festzuhalten, daß für die üblichen Größenordnungen von n der Conditional–Sum–Addierer die günstigste Verzögerungszeit hat. Der Conditional–Sum–Addierer ist in seiner vollständigen Struktur nicht für Zweierpotenzen, sondern für $n = 2^k - 1$ definiert. Für eine Wortbreite als Zweierpotenz muß für die noch fehlende Bitebene eine CC–Zelle und ein noch fehlender Multiplexer MUX2 eingefügt werden. Die Verzögerungszeit von (3.2.47) muß für eine Zweierpotenz um 12,6 τ_L vergrößert werden.

Vergleich von Addiererstrukturen
Zusammenfassend kann festgestellt werden, daß Bitslice–Strukturen, wie z.B. der Transmission–Gate–Addierer nach Bild 3.2.10, einen Transistoraufwand und eine Verzögerung proportional zur Wortbreite n haben. Man sagt auch, sie haben die Ordnung $O(n)$.
Die Ordnung $O(\cdot)$ einer Funktion ist eine asymptotische obere Grenze. Es sei

$$|f(x)| \le c\,|g(x)| \quad \forall\, x > x_0,\; c > 0 \qquad (3.2.50)$$

Dann ist

$$f(x) = O(g(x)) \qquad (3.2.51)$$

Somit gilt für Bitslice–Strukturen

$$\begin{aligned} N_{Tr} &= O(n)\\ T_D &= O(n) \end{aligned} \qquad (3.2.52)$$

Für die hierarchischen Strukturen wurde eine logarithmische Ordnung der Verzögerungszeit ermittelt. Für den Binary–Lookahead–Addierer gilt

$$N_{Tr} = O(n)$$
$$T_D = O(\log^2 n)$$

$$(3.2.53)$$

Das entsprechende Ergebnis des Conditional–Sum–Addierers lautet

$$N_{Tr} = O(n \log n)$$
$$T_D = O(n)$$

$$(3.2.54)$$

Die Ordnung einer Funktion gibt nur das asymptotische Verhalten richtig wieder. Für endliche Variable müssen die tatsächlichen Funktionswerte betrachtet werden. Bild 3.2.18 zeigt den genaueren Verlauf der diskutierten Funktionen, und es ist ablesbar, daß der Einsatz hierarchischer Strukturen zur Reduktion der Verzögerungszeit sich bereits für kleine Wortbreiten n lohnt.

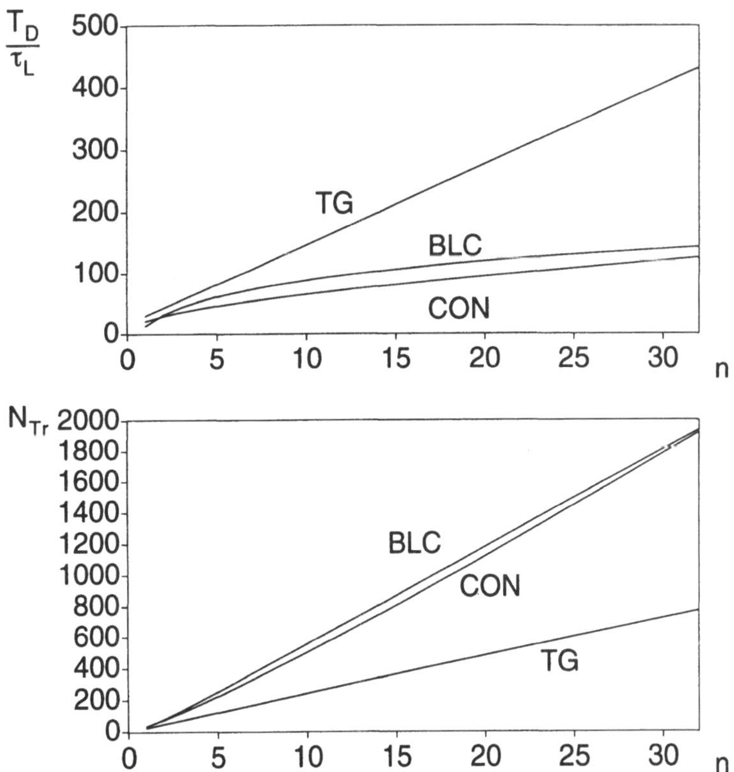

Bild 3.2.18: Verzögerungszeit und Transistorzahl in Abhängigkeit der Wortbreite für 3 Addiererstrukturen (TG – Transmission–Gate–Addierer, BLC – Binary–Lookahead–Carry Addierer, CON – Conditional–Sum–Addierer)

Die Bestimmung der Verzögerungszeit mit dem hier verwendeten Verzögerungsmodell ist sehr aufwendig. Gewünscht sind vielfach einfache plausible Zusammenhänge. Für Bitslice–Strukturen wie beim Transmission–Gate–Addierer ist dies sehr einfach, da die Verzögerungszeit im wesentlichen vom Carry–Pfad bestimmt wird. Hierbei existiert nur ein Zelltyp mit jeweils gleicher Lastkapazität und somit ein fester Wert für die Verzögerung. Bei den anderen Addiererstrukturen ist die Bestimmung der Verzögerung erheblich komplexer, da sowohl unterschiedliche Zelltypen als auch gleiche Zelltypen mit verschiedener Anzahl von Eingängen vorliegen. Darüber hinaus wird das Verzögerungsverhalten von verschiedenen kapazitiven Lasten beeinflußt. Eine Verzögerungsbestimmung, die die genannten Einflußgrößen nicht berücksichtigt, wird zu anderen funktionalen Beziehungen führen.

3.2.5 Subtrahierer

Bisher wurden nur Addierer betrachtet. Da die Subtraktion als eine Addition mit einem Subtrahenden im Zweierkomplement realisiert werden kann, können die Ergebnisse der Addition direkt übernommen werden. Zur Zweierkomplementbildung müssen die Bits des zweiten Operanden komplementiert und eine 1 addiert werden. Für $c_0 = 0$ kann die Addition der 1 über den Carry–Eingang c_0 erfolgen. Im einzelnen gelten für

$$A - B = A + (- B) \tag{3.2.55}$$

folgende Beziehungen auf der Bitebene

$$
\begin{array}{llll}
\textit{Addition} & & \textit{Subtraktion} & \\
c_0 & = 0 & c_0 & = 1 \\
g_i & = a_i\, b_i & g_i & = a_i\, \overline{b}_i \\
p_i & = a_i \oplus b_i & p_i & = a_i \odot b_i \\
s_i & = p_i \oplus c_i & s_i & = p_i \oplus c_i \\
c_{i+1} & = g_i \vee p_i\, c_i & c_{i+1} & = g_i \vee p_i\, c_i
\end{array}
\tag{3.2.56}
$$

Die vorher gemachten Aussagen können auch für einen umschaltbaren Addierer/Subtrahierer verwendet werden (Bild 3.2.19). Hierbei ist m das Mode–Signal, und die XOR–Gatter dienen zur durch m gesteuerten Komplementierung.

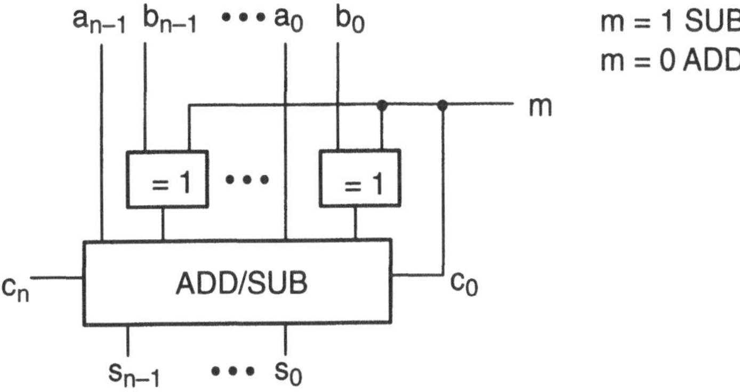

Bild 3.2.19: Umschaltbare Addition / Subtraktion

3.2.6 Carry–Save–Addierer

Die bisher behandelten bitparallelen Addierer werden unter dem Begriff Carry–Propagate–Addierer (CPA) zusammengefaßt. Kennzeichen dieser Addierer ist, daß die Carry–Signale zur Bestimmung der Summe ausgewertet werden. Dies bedeutet, daß je nach besonderer Addiererstruktur die Carry–Signale entweder sequentiell die Logikblöcke von der niederwertigsten zur höchstwertigsten Stufe durchlaufen oder auch entlang einer Baumstruktur weitgehend parallel zur Summenwertermittlung verwendet werden. Insbesondere für die Addition einer größeren Zahl von Operanden bietet sich als Alternative die Verwendung von Carry–Save–Addierern (CSA) an.

Hierbei werden die Übertragssignale nicht für die aktuelle Addition eingesetzt, sondern bei nachfolgenden Additionen verwendet. Bild 3.2.20 zeigt einen n–bit Carry–Save–Addierer. Es werden drei Operanden U, V und W mit n Volladdierern zu n Summenbits s_i und n Übertragsbits c_{i+1} zusammengefaßt. Die Summenbits bilden einen Summenvektor S und die Übertragsbits bilden einen Carry–Vektor C, wobei der Carry–Vektor in der Wertigkeit um eine Stelle verschoben ist. Das Zwischenergebnis aus Summenvektor und Carry–Vektor ist eine redundante Darstellung des gesuchten Ergebnisses, denn zur Darstellung werden $2n$ bit verwendet,wobei die Summe dreier Operanden an sich nur $n+2$ bit benötigt. Erst die erneute Addition von Summenvektor S und Carry–Vektor C in einem Carry–Propagate–Addierer liefert das vollständige Ergebnis. Der Addierer zur Verschmelzung der beiden Vektoren wird im Englischen Vector–Merging–Adder genannt.

$$U + V + W = S + 2C \tag{3.2.57}$$

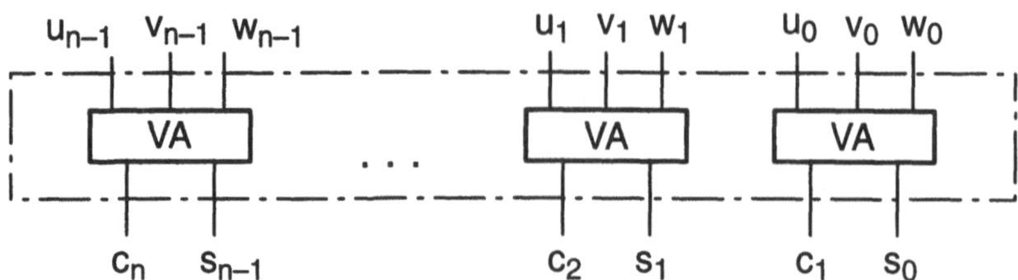

Bild 3.2.20: Carry–Save–Addierer

In einem Multioperanden–Addierer werden solange wie möglich nur Carry–Save–Addierer eingesetzt, bis zum Schluß nur ein Summenvektor und ein Carry–Vektor verbleibt. Diese beiden werden dann letztlich in einem Vektor–Merging–Adder zusammengefaßt. Bild 3.2.21 zeigt einen Carry–Save–Addierer–Baum für 8 Operanden. Bei der Zuführung der Vektoren von Zwischenergebnissen sind die geänderten Wertigkeiten zu beachten. In dem Bild ist dies durch einen Pfeil geschehen. Bei der Verwendung von negativen Zahlen im Zweierkomplement muß die Vorzeichenstelle zur Erzielung korrekter Ergebnisse ausreichend erweitert werden. Nach (3.1.26) ist eine Vorzeichenerweiterung ohne Änderung des Wertes möglich.

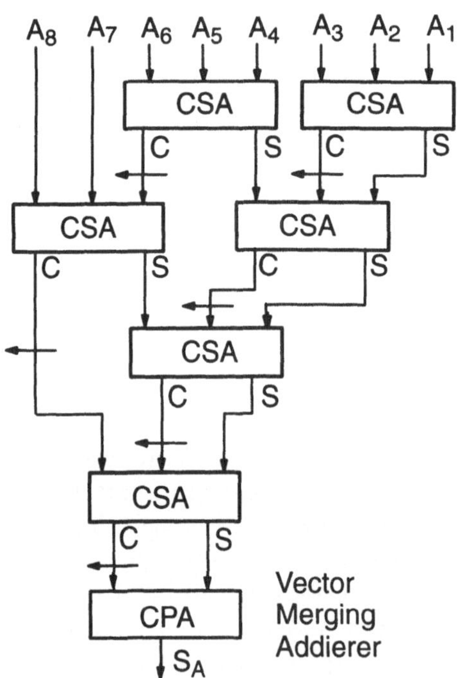

Bild 3.2.21: Carry–Save–Addiererbaum für 8 Operanden

Zur platzsparenden Realisierung mehrfacher Additionen werden Akkumulatoren eingesetzt. Hierbei werden die Operanden zeitlich nacheinander zugeführt und mit dem bisherigen Zwischenergebnis addiert.

$$S_A = \sum_{k=1}^{N} A_k \tag{3.2.58}$$

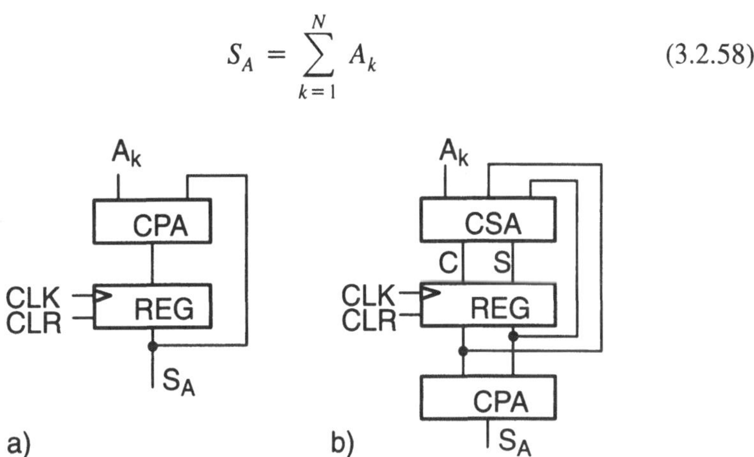

Bild 3.2.22:   Akkumulatorrealisierungen
  a) CPA–Akkumulator   b) CSA–Akkumulator

Ein Akkumulator auf der Basis eines Carry–Propagate–Addierers ist in Bild 3.2.22a gezeigt. Am Beginn des Additionszyklusses wird das Register gelöscht. Danach werden in N Takten die Operanden A_k zugeführt und zu der im Register gespeicherten Zwischensumme addiert. Nach Durchführung von N Taktzyklen enthält das Register die gesuchte Summe. Ein solcher Akkumulator kann alternativ nach Bild 3.2.22b auch nach dem Carry–Save–Prinzip realisiert werden. Hierbei werden die Zwischensummen durch einen Summen– und einen Carry–Vektor dargestellt. Beide Vektoren müssen im Register zwischengespeichert und für die nachfolgende Addition zurückgeführt werden. Nach Abschluß von N Zyklen steht im Register eine redundante Darstellung der Summe durch zwei Vektoren. In einem nachfolgenden Carry–Propagate–Addierer müssen diese beiden Vektoren dann noch vereinigt werden.

Der besondere Vorteil des CSA–Akkumulators ist die hohe Taktrate der Akkumulation, die aus der Verzögerungszeit von einem Volladdierer und einem D–FF bestimmt wird. Demgegenüber wird die die Taktrate bestimmende Verzögerungszeit bei dem Akkumulator nach Bild 3.2.22a aus der Verzögerungszeit eines n–bit CPA–Addierers und einem D–FF bestimmt. Für den CSA–Akkumulator ist jedoch ein höherer Aufwand erforderlich, durch die vergrößerte Zahl von D–FFs für das Register und für den zusätzlichen CPA–Addierer am Ausgang. Dieser zusätzliche CPA–Addierer muß darüber hinaus bei vielen Realisierungen durch ein weiteres Übernahmeregister abgetrennt werden.

3.3 Multiplizierer

Neben der Addition ist die Multiplikation eine sehr häufig benutzte Basisoperation in der Signalverarbeitung. Zur Erzielung einer hohen Durchsatzrate sind schnelle Multiplizierer gesucht. Derartige besondere Anordnungen von Multiplizierern haben zwar einen erhöhten Hardwareaufwand, jedoch steht die Erzielung einer hohen Signalverarbeitungsleistung im Vordergrund. Nachfolgend werden verschiedene Möglichkeiten zur Realisierung von Multiplizierern mit kurzen Multiplikationszeiten vorgestellt. In einem ersten Abschnitt werden Multiplizierer für die Multiplikation positiver Zahlen und in einem zweiten Abschnitt Multiplizierer für die Multiplikation vorzeichenbehafteter Zahlen im Zweierkomplement erläutert.

3.3.1 Multiplizierer positiver Zahlen

Die Multiplikation zweier nicht vorzeichenbehafteter Zahlen A und B wird ein Produkt

$$P = A \cdot B \tag{3.3.1}$$

erzeugen, wobei A als Multiplikand und B als Multiplikator bezeichnet wird. Es sei A eine ganzzahlige positive m–bit Zahl und B eine ganzzahlige positive n–bit Zahl. Dann benötigt das Produkt P eine Zahlendarstellung mit $(m+n)$ Bits. Der Wert des Produktes P ergibt sich aus dem Produkt der Werte der beiden Operanden A und B, d.h.

$$V(P) \; = \; V(A) \cdot V(B) \tag{3.3.2}$$

Mit der Beziehung (3.1.3) kann durch Einsetzen des Wertes von B das Produkt als Funktion der einzelnen Bits b_j des Multiplikators dargestellt werden.

$$
\begin{aligned}
V(P) \; &= \; V(A) \sum_{j=0}^{n-1} b_j 2^j \\
&= \; \sum_{j=0}^{n-1} V(A)\, b_j 2^{\,j}
\end{aligned}
\tag{3.3.3}
$$

Nach (3.3.3) sind die Teilprodukte von A mit den Bits b_j von B stellenwertverschoben zu addieren. Das Teilprodukt $V(A)b_j$ ist für $b_j = 0$ gleich 0 ansonsten gleich $V(A)$. Diese Methode wird bei der Berechnung per Hand angewandt und kann in gleicher Weise auch bei Hardwareimplementierungen benutzt werden. Beispielsweise wird die sequentielle Multiplikation mit Hilfe von ALUs so realisiert. Durch Auflösung der Zahl A in ihre Bits a_i kann das Produkt P als Summe von Teilprodukten auf Bitebene dargestellt werden.

$$V(P) = \sum_{i=0}^{m-1} \sum_{j=0}^{n-1} (a_i\, b_j)\, 2^{i+j} \qquad (3.3.4)$$

Die auftretenden Teilprodukte und deren Summation zur Bildung der Produktbits p_k ist in Bild 3.3.1 für $m = n = 4$ illustriert.

				a_3	a_2	a_1	a_0	
				$a_3 b_0$	$a_2 b_0$	$a_1 b_0$	$a_0 b_0$	$\leftarrow b_0$
			$a_3 b_1$	$a_2 b_1$	$a_1 b_1$	$a_0 b_1$		$\leftarrow b_1$
		$a_3 b_2$	$a_2 b_2$	$a_1 b_2$	$a_0 b_2$			$\leftarrow b_2$
	$a_3 b_3$	$a_2 b_3$	$a_1 b_3$	$a_0 b_3$				$\leftarrow b_3$
p_7	p_6	p_5	p_4	p_3	p_2	p_1	p_0	

Bild 3.3.1:   Partialproduktmatrix zur Darstellung der Operationen bei der binären Multiplikation positiver Zahlen

Ripple–Carry–Array–Multiplizierer

Aus der Beziehung (3.3.4) kann direkt eine Multipliziererrealisierung abgeleitet werden. Die Teilproduktbildung wird durch eine logische UND–Verknüpfung realisiert, da das Ergebnis nur dann 1 ist, wenn beide Bits 1 sind. Durch eine reguläre Array–Anordnung von UND–Gattern und Addiererzellen kann die Produktbildung nach (3.3.4) realisiert werden [42]. Bild 3.3.2 zeigt einen Array–Multiplizierer auf der Basis von Ripple–Carry–Addierern. Die Funktion jeder Multiplizierzelle beinhaltet sowohl die Teilproduktbildung als auch die Summation. Die Funktion ist nach (3.2.2) und (3.2.3) gegeben durch

$$\begin{aligned} s &= (ab) \oplus s' \oplus c' \\ c &= abs' \vee abc' \vee s'c' \end{aligned} \qquad (3.3.5)$$

Hierbei sind a, b Bits der Operanden A und B, s' das Summenbit einer Vorgängerzelle und c' das Übertragsbit einer Vorgängerzelle. Als Ergebnisse werden das Summenbit s und das Übertragsbit c an nachfolgende Zellen weitergegeben. In der Darstellung nach Bild 3.3.2 werden die Übertragsbits horizontal und die Summenbits vertikal transportiert. In einer technischen Realisierung wird der Array–Multiplizierer nicht in Rautenform, sondern als Rechteck implementiert. Diese Rechteckform erhält man durch Verschiebung der Raute, und zwar derartig, daß die Operandenbits a_i vertikal und die Summenbits unter $-45°$ verlaufen.

Für einige Sonderfälle an den Rändern des Arrays kann die Multipliziererzelle vereinfacht werden. Sofern $s' = 0$ oder $c' = 0$ vereinfacht sich der Volladdierer VA zu einem Halbaddierer HA. Ein Halbaddierer ist eine Addiererzelle mit 2 anstatt 3 Eingangsbits. Sind sowohl $s' = 0$ als auch $c' = 0$ ($s' \vee c' = 0$), dann entfällt die Addiererzelle vollständig. Der Gesamtaufwand des Array–Multiplizierers besteht aus

UND:	nm
HA:	n
VA:	$nm - n - m$

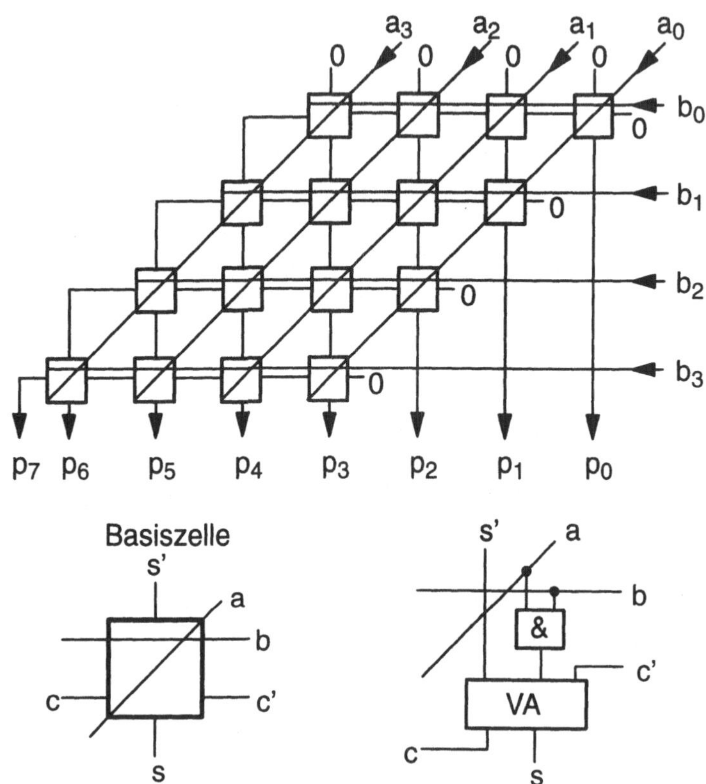

Bild 3.3.2: Ripple–Carry–Array–Multiplizierer

Die UND–Verknüpfung kann durch ein NAND–Gatter mit nachfolgendem Inverter realisiert werden. Für die Realisierung von Voll– und Halbaddierern sind viele Schaltungsvarianten aus der Literatur bekannt [17], [18], [19]. Neben den Realisierungen in Gatterlogik (Bild 3.2.3), Realisierungen mit symmetrischen p– und n–Netzwerken (Bild 3.2.4) und Realisierungen mit Transmission–Gates (Bild 3.2.10) sind verschiedenste Mischformen bekannt. Alle diese Realisierungen haben unterschiedliche Eigenschaften bezüglich Siliziumfläche, Verzögerungszeit und Verlustleistung.

Zum Vergleich unterschiedlicher Multipliziererstrukturen werden hier Transmission–Gate-Anordnungen nach Bild 3.3.3 verwendet. Ein VA benötigt dabei 26 und ein HA 16 Transistoren. Eine Charakteristik ist, daß die Verzögerungszeit für den Übergang $c' \rightarrow c$ $(T_{D,c'c})$ deutlich geringer ist, als $s' \rightarrow c$ $(T_{D,s'c})$. Dazu muß allerdings s' so früh vor c' anliegen, daß das interne Propagatesignal seinen stabilen Endwert erreicht hat. Bei dieser Architektur haben die Ausgänge s und c identisches Zeitverhalten. Mit dem Modell nach Kap. 2.4 wird ermittelt

$$
\begin{aligned}
\text{VA}: \quad T_{D,c'c} &= T_{D,c's} = (12 + F)\tau_L \\
T_{D,s'c} &= T_{D,s's} = (26,4 + F)\tau_L \\
\text{HA}: \quad T_{D,c'c} &= T_{D,c's} = (8 + F)\tau_L \\
T_{D,s'c} &= T_{D,s's} = (12 + F)\tau_L
\end{aligned}
\tag{3.3.6}
$$

Bei der Berechnung der Verzögerungszeit des gesamten Arrays ist die Fan–In–Kapazität der Addierer von 3 bzw. 4 zu berücksichtigen. Ferner ist zu beachten, daß die Eingangssignale a_i, b_j n bzw. m UND–Gatter treiben müssen. Die vergrößerte Eingangskapazität führt zu einer Erhöhung der Einschwingzeit der Signale a_i, b_j. Diese Zeit kann durch entsprechend gestaltete Treiberstufen (s. auch Kap. 2.4) verringert werden. Für die nachfolgend angegebenen Verzögerungszeiten wird der Einfluß der großen Eingangskapazitäten berücksichtigt. Jedoch wurden keine besonderen Treiberschaltungen angenommen. Zur Vereinfachung des Vergleichs wird von $n = m$ ausgegangen. Anhand der gemachten Annahmen gilt für den Ripple–Carry–Array–Multiplizierer

$$
\begin{aligned}
N_{Tr} &= 32n^2 - 36n \\
T_{D,MUL} &= (62,4n - 72,4)\tau_L
\end{aligned}
\tag{3.3.7}
$$

Der Übergang $c'c$ und $c's$ hat in etwa halbe Verzögerungszeit im Vergleich zu $s'c$ und $s's$. Der zeitkritische Pfad geht daher im Zickzack durch das Array zwischen den Zellen für $i = 1$ und $i = 2$. Bei Erreichen von $j = n - 1$ geht er dann in horizontaler Richtung entlang des Übertragspfades. Entlang des zeitkritischen Pfades werden ca. $3n$ Addiererzellen durchlaufen, von denen ca. $2n$ den schnellen Übergang von c' aus durchführen. Die Verzögerungszeit des gesamten Multiplizierers beträgt somit vereinfacht $4n$ $T_{D,c'c}$. Obwohl der Array–Multiplizierer aus n Addierern von n–bit besteht, ist die Verzögerungszeit nicht das n–fache der Zeit von n–bit Addierern, sondern nur in etwa das 4fache.

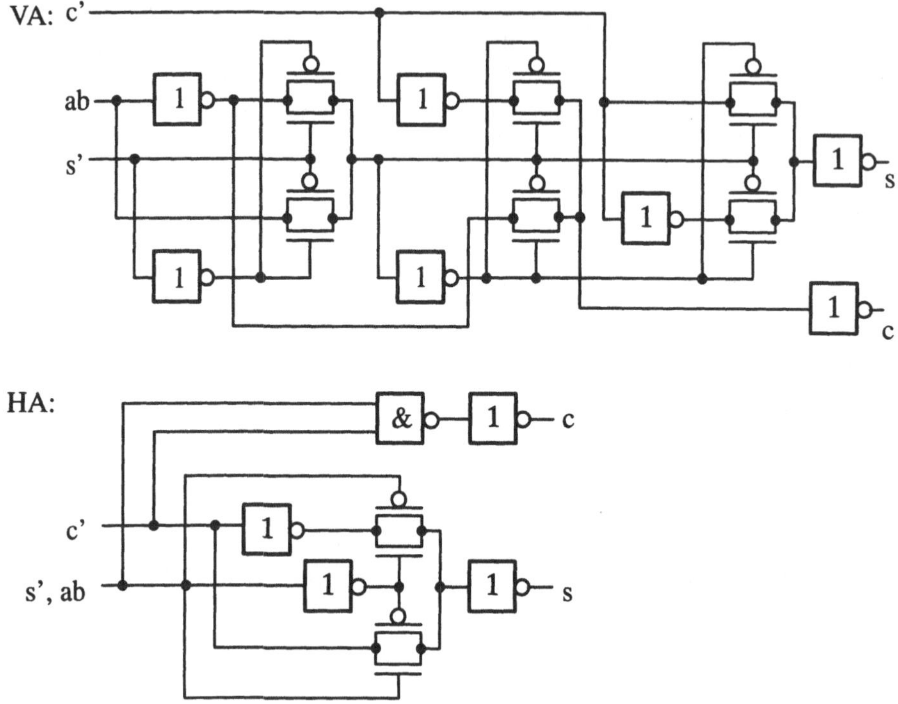

Bild 3.3.3: Volladdierer VA und Halbaddierer HA für Multipliziererrealisierungen

Carry–Save–Array–Multiplizierer

Der Array–Multiplizierer ist als n-fache Addition realisiert. Für die Addition mehrerer Operanden bietet sich nach Kap. 3.2.6 die Carry–Save–Technik an. In Bild 3.3.4 ist ein Carry–Save–Array–Multiplizierer dargestellt [42]. Die Übertragssignale sind jeweils den Addierern der nachfolgenden Bitebene zugeführt. Ein abschließender m-bit Addierer übernimmt die Funktion des Vektor–Merging–Adders. Dieser abschließende Addierer kann insbesondere für große Wortlängen m nach Methoden des Kap. 3.2.4 als hierarchischer Addierer realisiert werden. Wird der abschließende Addierer als Ripple–Carry–Addierer realisiert, so wird dieser Multiplizierer als Braun–Array–Multiplizierer bezeichnet [43]. In Bild 3.3.5 ist ein derartiger Addierer unter Berücksichtigung der vereinfachenden Sonderfälle skizziert.

Der Gesamtaufwand des Braun–Array–Multiplizierers ist identisch mit dem Ripple–Carry–Array–Multiplizierer, da Anzahl und Typ der Logikelemente identisch sind. Die einzelnen Logikelemente sind nur anders angeordnet und verdrahtet. Die Verzögerungszeit des Braun–Array–Multiplizierers wird unter den gemachten Annahmen mit

$$T_{D,MUL} = (46,4n - 54,8)\tau_L \tag{3.3.8}$$

abgeschätzt. Der zeitkritische Pfad verläuft ausgehend von $(i,j)=(n-1,0)$ senkrecht nach unten und dann im abschließenden Addierer entlang des Übertragungspfades. Entlang des zeitkritischen Pfades werden ca. $2n$ Addiererzellen durchlaufen, wobei ca. n den schnellen Übergang von c' aus durchführen. Die Verzögerungszeit ist im Vergleich zum Ripple–Carry–Array–Multiplizierer geringer, sie beträgt in etwa das 3fache eines n–bit Addierers. Der Braun–Array–Multiplizierer hat besondere Vorteile beim Einsatz von Pipelining. Dies wird später im Kapitel 4 gezeigt.

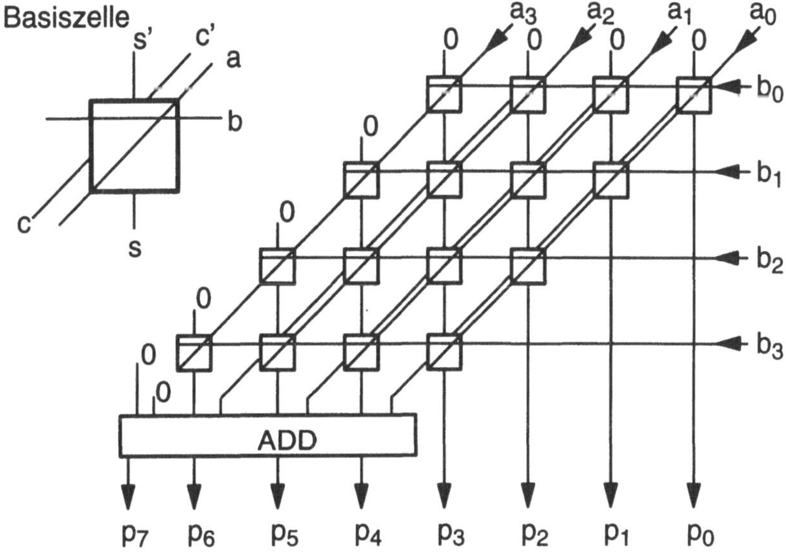

Bild 3.3.4: Carry–Save–Array–Multiplizierer

Array–Multiplizierer mit Bitpaar–Auswertung

Eine Multipliziererrealisierung mit geringerem Hardwareaufwand und gleichzeitig günstiger Verzögerungszeit kann durch die Auswertung von Bitpaaren gewonnen werden [40], [43], [44]. Werden zwei aufeinanderfolgende Multiplikatorbits gemeinsam bei der Teilproduktbildung berücksichtigt, verändert sich (3.3.3) in

$$V(P) = \sum_{j=0}^{n/2-1} V(A)\,(2b_{2j+1} + b_{2j})\,2^{2j} \qquad (3.3.9)$$

Für jedes Bitpaar $b_{2j+1}\,b_{2j}$ gilt der Wertevorrat

$$2b_{2j+1} + b_{2j} \in \{0,1,2,3\} \qquad (3.3.10)$$

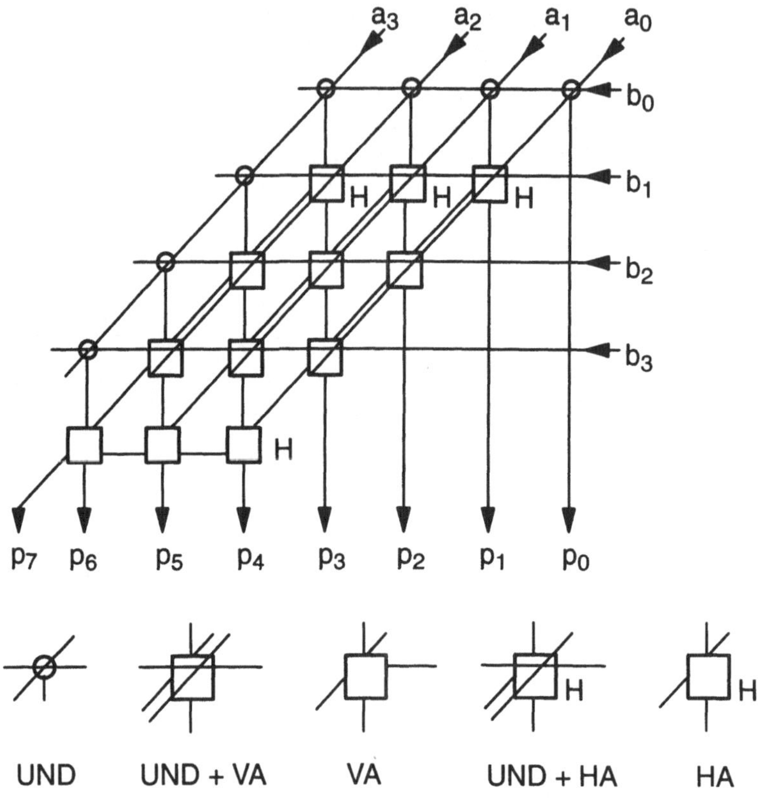

Bild 3.3.5: Braun–Array–Multiplizierer

Es sind somit neben 0 und A auch $2A$ und $3A$ bereitzustellen. Die Zahl $2A$ ist eine um eine Stelle geshiftete Version von A. Die Zahl $3A$ ist in einem separaten Addierer aus $A + 2A$ zu ermitteln. In Bild 3.3.6 ist ein Array–Multiplizierer mit Auswertung von Bitpaaren gezeigt. Über von Bitpaaren gesteuerte Multiplexer werden die benötigten Teilprodukte nach (3.3.9) erzeugt. Die Stellenwertverschiebung entsprechend 2^{2j} geschieht durch Verschiebung der Bitebenen bei der Verdrahtung. Alle Teilprodukte werden in einem CSA–Addiererbaum zu dem Produkt zusammengefaßt.

Aufgrund der um 2 bit zueinander verschobenen Operanden im CSA–Addiererbaum werden nicht allen VA 3 Operandenbits zugeführt. Bei 2 Operandenbits vereinfacht sich die Zelle zu einem HA und bei 1 Operandenbit zu einer Leitung. Werden die Multiplexer auf der Basis von Transmission–Gates realisiert, so gelten folgende charakteristische Daten:

$$N_{Tr} = 25n^2 + 26n - 56$$
$$T_{D,MUL} = (48,7n - 34,2)\tau_L \qquad (3.3.11)$$

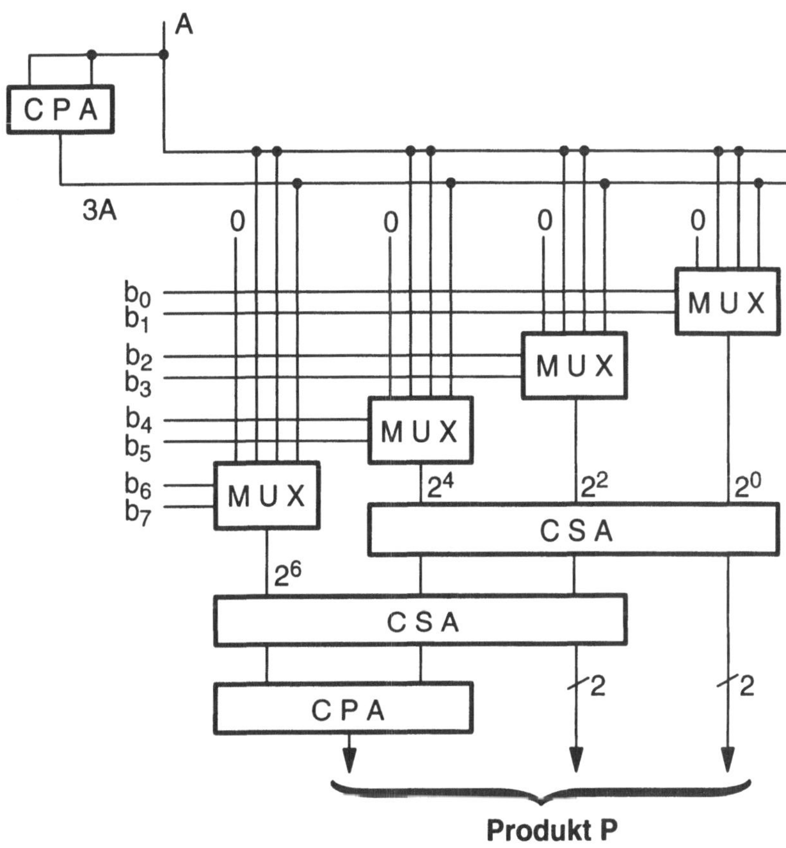

Bild 3.3.6: Array–Multiplizierer mit Auswertung von Bitpaaren

Dies gibt keine Verbesserung im Vergleich zum Braun–Multiplizierer. Die Ursache liegt in der Zeit zur Ermittlung von $3A$ und in der hohen Lastkapazität der Leitung von $3A$. Der zeitkritische Pfad besteht aus dem vollständigen Carry–Pfad des CPA–Addierers zur Bildung von $3A$, dem Durchlaufen des CSA–Baumes entlang der Bitebene n mit $n/2$–2 VA und dem Carry–Pfad des abschließenden CPA–Addierers mit den obersten n VA. Es werden insgesamt $2,5n$–2 VA durchlaufen, von denen $2n$ den schnellen Übergang durchführen. Dies entspricht in etwa der 3fachen Verzögerungszeit eines n–bit Addierers. Durch die erhöhten kapazitiven Lasten von A und $3A$ und die Verzögerung des Multiplexers ergibt sich sogar eine geringfügige Verschlechterung der Verzögerungszeit im Vergleich zum Braun–Array–Multiplizierer. Ein Einsatz hierarchischer CPA–Addierer und besondere Treiberschaltungen für A

und 3 *A* ermöglicht jedoch eine Verringerung der Verzögerungszeit. Als wesentlicher Vorteil dieses Addierers verbleibt der geringere Hardwareaufwand, allerdings bei geringerer Regularität.

Wallace–Tree–Multiplizierer
Eine weitere Alternative zur Multiplizierrealisierung stellen Wallace–Tree–Multiplizierer dar [45]. Hierbei werden in einer ersten Stufe alle Teilprodukte parallel gebildet. Diese Teilprodukte werden dann in Addiererbäumen nach dem Carry–Save–Prinzip addiert. Die abschließend erhaltenen Carry– und Summenvektoren werden in einem CPA–Addierer zusammengefaßt. Eine derartige Grundstruktur zeigt Bild 3.3.7. Diese Grundstruktur kann auch den Carry–Save–Array–Multiplizierern zugeordnet werden, sofern die UND–Gatter zur Teilproduktbildung aus dem Array herausgezogen werden. Zur schnelleren Addition der Teilprodukte wird jedoch nicht eine lineare Anordnung wie in Bild 3.3.4, sondern eine Baumstruktur verwendet.

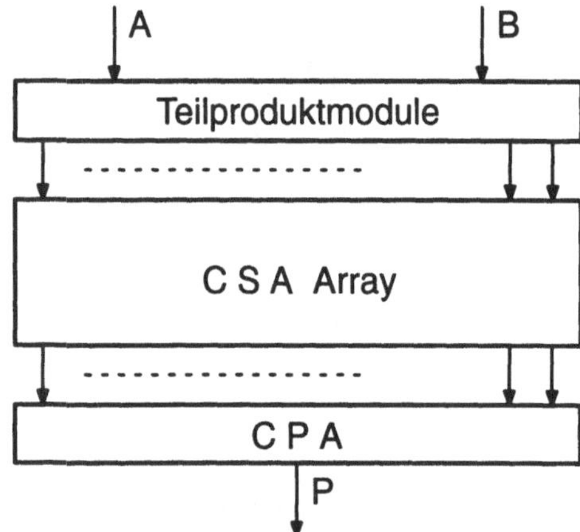

Bild 3.3.7: Multipliziererstruktur auf der Basis von Wallace–Trees

Wallace hat Baumstrukturen mit einer minimalen Anzahl von Volladdierern im zeitkritischen Pfad vorgeschlagen. Es handelt sich um Anordnungen wie in Bild 3.2.21 gezeigt. Bei Addiererbäumen für Multiplizierer ist zu beachten, daß die zu addierenden Zahlen geshiftete Versionen von Ab_j sind. Wie aus der Partialproduktmatrix in Bild 3.3.1 entnommen werden kann, bedeutet dies, daß die zu addierenden Zahlen mit sehr vielen Nullen besetzt sind. Diese Kenntnis der Nullen wird zur Vereinfachung des Addiererbaumes herangezogen. Je nach Anzahl der Nullen wird entsprechend ein Volladdierer verwandelt in einen Halbaddierer, eine Verbindung oder ein Entfernen einer Leitung. Bei Carry–Save–Addierbäumen werden in jedem Volladdierer jeweils 3 Operandenbits zusammengefaßt zu einem Summenbit und einem Übertragsbit. Der Volladdierer kann als ein Zähler aufgefaßt werden, der 3 gleichwertige Operandenbits addiert (Zählung der Einsen) und in eine Dualzahl von 2 bit zusammenfaßt. Dies bedeutet eine Reduktion der parallel vorliegenden Operanden um maximal 3/2 in jeder Hierarchiestufe des Addiererbaumes. Die Anzahl k der Hierarchiestufen eines Addiererbaumes zur Zusammenfassung von n Operanden zu einem Summen– und Carry–Vektor beträgt entsprechend

$$k \geq \frac{\log(n/2)}{\log(3/2)} \qquad (3.3.12)$$

Das Größerzeichen folgt aus der Bedingung, daß die Anzahl der Operanden in jeder Hierarchicstufe ganzzahlig sein muß. Die Folge der mit jeder weiteren Hierarchiestufe reduzierbaren Operanden beträgt { 2, 3, 4, 6, 9, 13, 19, 28, 42 ...}. Von unten nach oben berechnet folgen diese Zahlen durch fortlaufende Multiplikation von 1,5, wobei nicht ganzzahlige Zahlen durch die nächst niedrigere Zahl ersetzt werden.

Aus der Beziehung (3.3.12) folgt, daß die Verzögerungszeit des Addiererbaumes eine log–Funktion annähert. Da eine hierarchische Realisierung des Zweieroperandenaddierers (Vector–Merging–Addierer) auch eine logarithmische Abhängigkeit der Verzögerung hat, ist somit für Multiplizierer mit Wallace–Trees eine logarithmische Verzögerungsfunktion erzielbar.

Dadda–Multiplizierer

Die Verwendung von Addiererbäumen wurde von Dadda genauer analysiert [46], [47]. Durch spezifische Betrachtungen auf dem Bitlevel konnten Realisierungen mit geringerer Volladdiererzahl bestimmt werden. Das Verfahren soll speziell für einen $8 \cdot 8$ bit Multiplizierer vorgestellt werden. Wie bereits aus Bild 3.2.21 ableitbar, wird eine Operandenreduktion entsprechend 8,6,4,3,2 durchgeführt. Bei dem Wallace–Tree–Multiplizierer werden in jeder Hierarchieebene die jeweils maximal mögliche Anzahl von VA und HA eingesetzt. Dadda schlägt vor, nur jeweils soviel Addierer einzusetzen, wie für die angestrebte Operandenreduktion erforderlich sind. Bild 3.3.8 verdeutlicht das Verfahren. In dem Bild stellen Punkte die Bits in jeder Hierarchieebene dar. Die Ellipsen kennzeichnen eingesetzte VA bzw. HA zur Zusammenfassung von 3 bzw. 2 Bits. Die verbundenen Punkte in der folgenden Ebene kennzeichnen das Paar Summen– und Carry–Bit. Aus dem Bild folgt ein Aufwand von 35 VA und 5 HA für den Addiererbaum. In Bild 3.3.9 ist als Beispiel ein Addiererbaum für die Bitebene p_7 eines $8 \cdot 8$ bit Multiplizierers gezeigt. Im Vergleich zu der Struktur nach Bild 3.3.4 werden anstatt 7 nur 4 Volladdierer sequentiell durchlaufen. Unter Verwendung von Ripple–Carry–Addierern für die Vector–Merging–Addierer ergeben sich für einen $8 \cdot 8$ bit und $16 \cdot 16$ bit Dadda–Multiplizierer die folgenden Kennwerte.

$$8 \cdot 8 \ bit: \quad N_{Tr} \quad = 1760$$
$$T_{D,MUL} = 280,2 \ \tau_L$$
$$16 \cdot 16 \ bit: \quad N_{Tr} \quad = 7616 \tag{3.3.13}$$
$$T_{D,MUL} = 544,2 \ \tau_L$$

Dies ist der gleiche Aufwand wie ein Braun–Multiplizierer, jedoch ist die Verzögerung geringer. Die Verzögerung kann durch Verwendung von hierarchischen Addierern als Vektor–Merging–Addierer weiter verringert werden. Im Vergleich zum Dadda–Multiplizierer hat ein Wallace–Tree–Multiplizierer eine geringfügig größere Verzögerung und einen größeren Transistoraufwand.

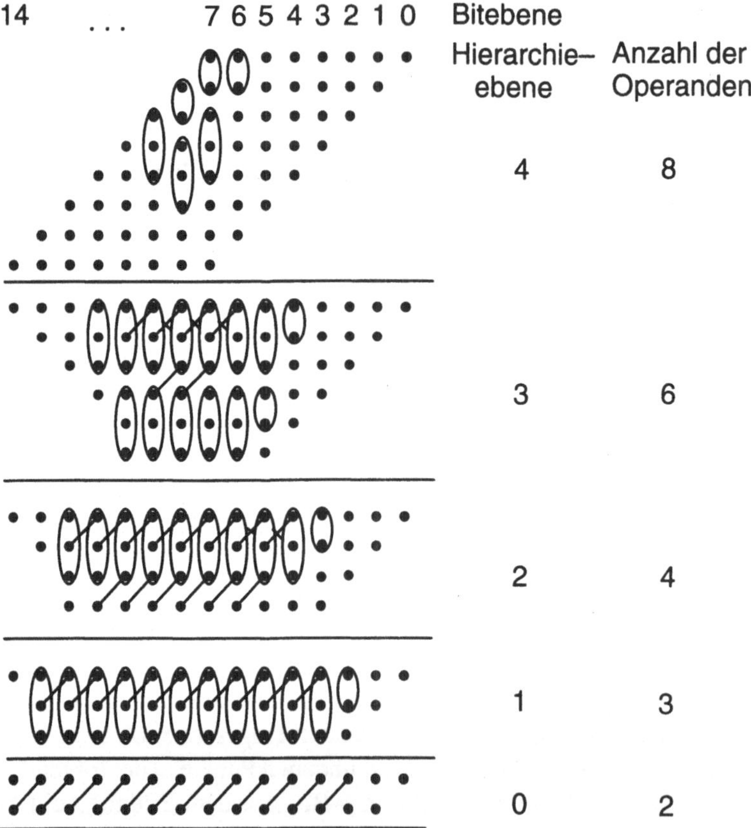

Bild 3.3.8:   Hierarchische Operandenreduktion nach dem Vorschlag von Dadda für eine $8 \cdot 8$ bit Multiplikation

Der Dadda–Multiplizier besteht aus einem CSA–Addiererbaum mit einer Stufenzahl nach (3.3.12) und einem CPA–Addierer für $2n{-}2$ bit. Wird der CPA–Addierer nach dem Ripple–Carry–Prinzip aus Volladdierern realisiert, so kommt der wesentliche Beitrag der Verzögerungszeit des gesamten Multiplizierers von diesem Addierer. Der zeitkritische Pfad verläuft nicht in der Mitte des CSA–Addiererbaums mit der maximalen seriellen Addiererzahl, sondern bei niedrigeren Bitebenen. Beim $16 \cdot 16$ bit Multiplizierer verläuft der zeitkritische Pfad entlang der Bitebene 4 mit einem Halbaddierer und zwei Volladdieren. Vereinfacht kann daher die Verzögerungszeit des $n \cdot n$ bit Multiplizierers mit der Verzögerungszeit eines $2n$ bit breiten CPA–Addierers angenähert werden. Er hat also in etwa die 2fache Verzögerungszeit eines n–bit Addierers.

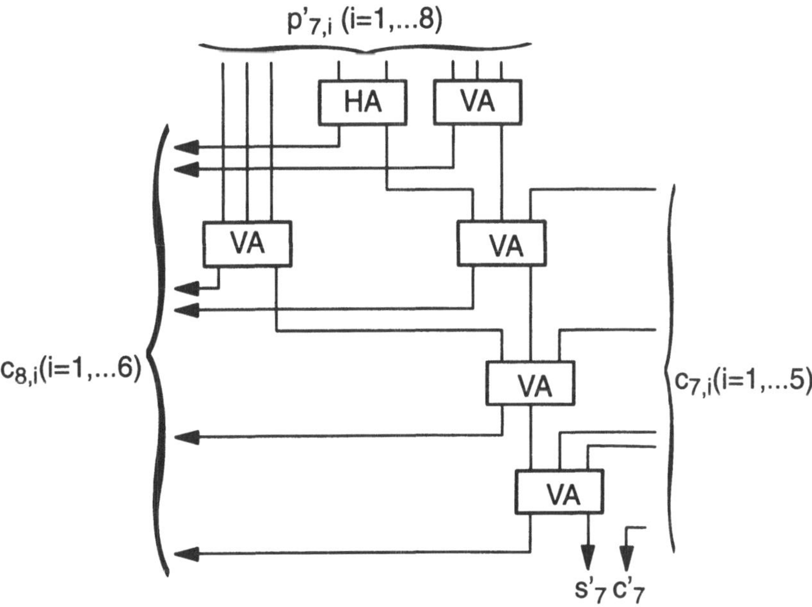

Bild 3.3.9: Addiererbaum zur Ermittlung von Summen– und Carrybit der Bitebene p_7 eines $8 \cdot 8$ bit Dadda–Multiplizierers

Die Wallace–Tree– und Dadda–Multiplizierer sind besonders vorteilhaft bei großen Wortbreiten. Hierbei weist dann die Gesamtverzögerungszeit eine in etwa logarithmische Abhängigkeit von der Wortbreite auf, sofern eine hierarchische Addiererrealisierung für den CPA–Addierer verwendet wird. Der Nachteil dieser Multiplizierer ist die komplexe Verdrahtung. Dies führt zu einer geringeren Effizienz der Siliziumfläche. Ferner werden die Vorteile der Verzögerungszeit durch die zusätzlichen Verdrahtungskapazitäten wieder verringert.

Neben der Verwendung von Teilproduktmodulen auf dem Bitlevel ist es möglich, Teilproduktmodule mit größeren Bitzahlen zu verwenden, beispielsweise Module, die eine $4 \cdot 4$ bit Multiplikation realisieren [40]. In einem solchen Fall muß das zu multiplizierende Wort von n bit in 4 bit Gruppen aufgeteilt werden. Die Multiplikation der 4 bit Gruppen untereinander führt zu Teilprodukten, die mit Wallace–Addiererbäumen zu dem Gesamtprodukt zusammengefaßt werden müssen.

Multiplizierer mit sequentieller Addition

Ähnlich wie beim Addierer durch eine sequentielle Anordnung eine äußerst aufwandsgünstige Realisierung erzielt wird, ist auch beim Multiplizierer eine ähnliche Anordnung möglich. Auf der Basis der Beziehung (3.3.3) kann die Summation der Teilprodukte Ab_j sequentiell erfolgen. Eine zugehörige Hardwareanordnung zeigt Bild 3.3.10. Ein Pseudoprogramm für den Ablauf lautet:

$$AC \; \leftarrow \; 0$$
$$MR \; \leftarrow \; B$$
$$AX \; \leftarrow \; A$$

wiederhole n–mal
$$\{AC \quad \leftarrow \quad (AC) + (AX \wedge MR_0)$$
$$SHR \quad AC/MR\}$$

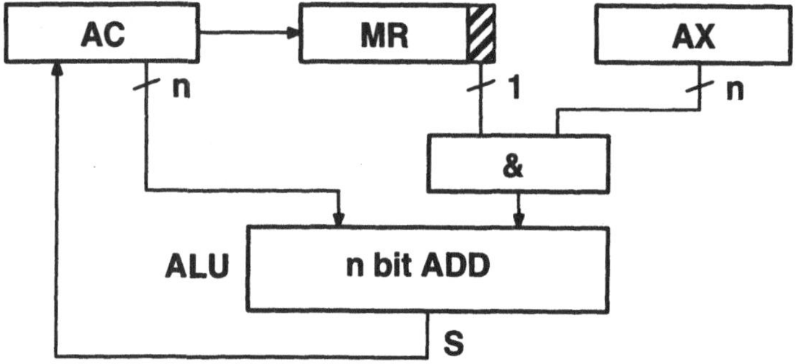

Bild 3.3.10:   Realisierung der Multiplikation in sequentieller ADD/Shift–Technik

Es werden also erst alle 3 Register mit Anfangswerten geladen. Dann folgt die Akkumulation der Teilprodukte zwischen Multiplikand (AX) und Multiplikatorbit (MR_0). Durch die Verschiebeoperation SHR wird die fortlaufende Änderung der Stellenwertigkeit berücksichtigt. Nach n Zyklen steht in dem doppelt langen Register AC/MR das Produkt P. Der wesentliche Nachteil der ADD–Shift–Technik nach Bild 3.3.10 ist die Multiplikationszeit mit n Taktzyklen, wobei die Zeitdauer eines Taktes durch die Verzögerungszeit von UND–Verknüpfung, n–bit ADD und Shiftoperation festgelegt ist. Im Vergleich zum Array–Multiplizierer ist die Gesamtverarbeitungszeit ca. $n/3$ mal so groß. Der Aufwand ist deutlich geringer, da neben einer n–bit Addition mit logischer UND–Verknüpfung noch 3 Register und eine kleine Steuerlogik erforderlich sind.

3.3.2 Multiplizierer vorzeichenbehafteter Zahlen

Multiplizierer mit Pre– und Postkomplement

Werden zwei Zahlen im Zweierkomplement multipliziert, so erscheint als naheliegende Lösung, die Beträge der beiden Zahlen zu multiplizieren und das Ergebnis entsprechend der üblichen Vorzeichenregeln in eine Zweierkomplementzahl zu verwandeln [40]. Berücksichtigt man, daß bei Zweierkomplementzahlen nach (3.1.22) ein unsymmetrischer Zahlenbereich üblich ist, so benötigt die Betragsdarstellung aufgrund der kleinsten negativen Zahl genauso viele Bits wie die Zweierkomplementzahl.

Es seien Multiplikand A und Multiplikator B n–bit Zweierkomplementzahlen. Die Umwandlung in die Betragsdarstellung wird durch das Vorzeichenbit a_{n-1} bzw. b_{n-1} gesteuert. Im Falle $a_{n-1} = 1$ bzw. $b_{n-1} = 1$ ist das bitweise Komplement durchzuführen und eine 1 zu addieren. Das Produkt der Beträge $|A| \cdot |B|$ erhält das Vorzeichen

$$a_{n-1} \oplus b_{n-1} \qquad (3.3.14)$$

und muß entsprechend in eine Zweierkomplementzahl verwandelt werden. Eine Anordnung zur Multiplikation von Zweierkomplementzahlen ist in Bild 3.3.11 dargestellt. Der Block COMPL führt eine durch ein Mode–Signal gesteuerte Komplementbildung durch.

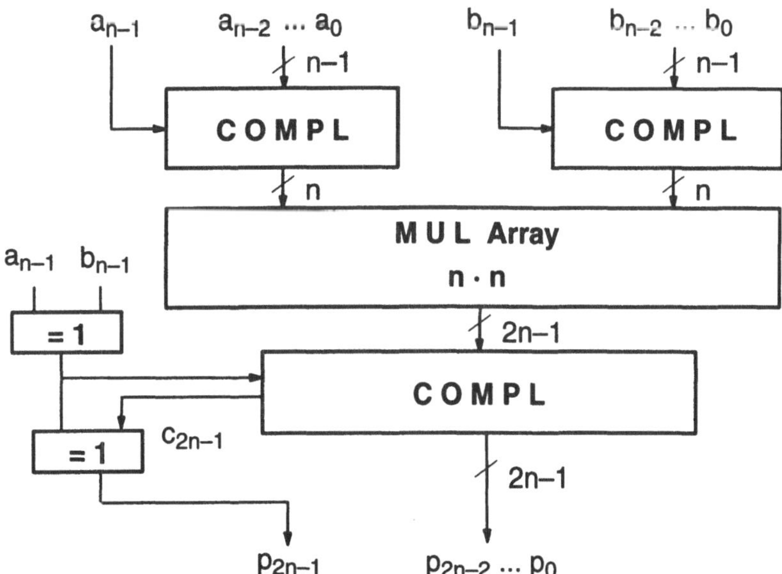

Bild 3.3.11: Multiplizierer mit Pre– und Postkomplement

Eine Sonderbehandlung des Vorzeichens des Produktes AB ist für den Fall erforderlich, daß einer der beiden Operanden Null und der andere negativ ist. In diesem

Fall liefert die Beziehung (3.3.14) nicht den korrekten Wert. Aufgrund der speziellen Vorzeichenanordnung wird das Ergebnis Null des Multipliziererarrays erneut komplementiert. Hierbei wird ein Überlauf c_{2n-1} erzeugt, der für die korrekte Ermittlung des Vorzeichens p_{2n-1} des Produktes verwendet werden kann.

$$p_{2n-1} = a_{n-1} \oplus b_{n-1} \oplus c_{2n-1} \tag{3.3.15}$$

Zur Aufwandsabschätzung dieser Multipliziererrealisierung wird nun eine Schaltung zur Zweierkomplementerzeugung entwickelt. Es sei m ein Modesignal zur Steuerung, wobei bei $m = 0$ die Zahl unverändert sein soll und bei $m = 1$ komplementiert wird. Eine Bitslice–Struktur unter Verwendung von modifizierten Halbaddierern MHA zeigt Bild 3.3.12. Aus der geforderten Gesamtfunktion ergibt sich folgende Funktion für den Block MHA der Bitebene i.

$$a_i' = \begin{cases} a_i & m = 0 \\ \overline{a}_i \oplus c_i & m = 1 \end{cases} \tag{3.3.16}$$

$$c_{i+1} = \overline{a}_i \, c_i \tag{3.3.17}$$

Unter Berücksichtigung der Beziehungen von (3.2.17) können die beiden Zeilen von (3.3.16) zusammengefaßt werden.

$$a_i' = a_i \oplus (m\overline{c}_i) = a_i \odot (\overline{m} \vee c_i) \tag{3.3.18}$$

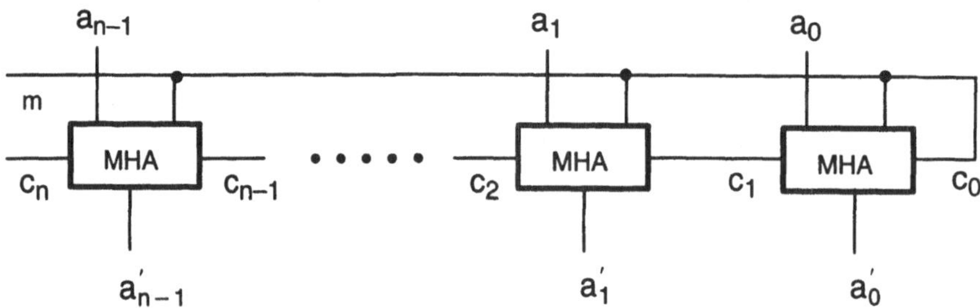

Bild 3.3.12: Schaltung zur Bildung des Zweierkomplements

Der Carry–Pfad der Zweierkomplementschaltung besteht nach (3.3.17) aus logischen UND–Verknüpfungen. Ähnlich wie beim Addierer stellt die Beziehung (3.3.17) einen Carry–Transfer mit $\overline{a}_i$ als Propagatesignal dar. Für eine Realisierung mit schnellem Carry–Pfad werden in Anlehnung an den Transmission–Gate–Addierer zwei Zelltypen verwendet, solche die ein invertiertes Carry erzeugen und solche die mit invertiertem Carry am Eingang arbeiten. Bild 3.3.13 zeigt einen Ausschnitt aus dem Carry–Pfad. Neben dem Carry–Pfad wird nach (3.3.18) zur Realisierung des MHA ein XOR– und ein UND–Gatter benötigt. Unter Verwendung einer Reali-

sierung des XOR nach Bild 3.2.9a und Vereinfachungen für die erste und letzte Bitebene werden folgende charakteristische Daten ermittelt

$$T_{D,COMPL} = (9,8n - 4,9 + F)\,\tau_L$$
$$N_{Tr,COMPL} = 19n - 24 \tag{3.3.19}$$

Die angegebene Verzögerung ist der maximale Wert, der auftritt, wenn das Eingangs–Carry c_0 bis zur höchsten Bitebene durchläuft. Dies gilt für das Komplement
der größten negativen Zahl -2^{n-1}.

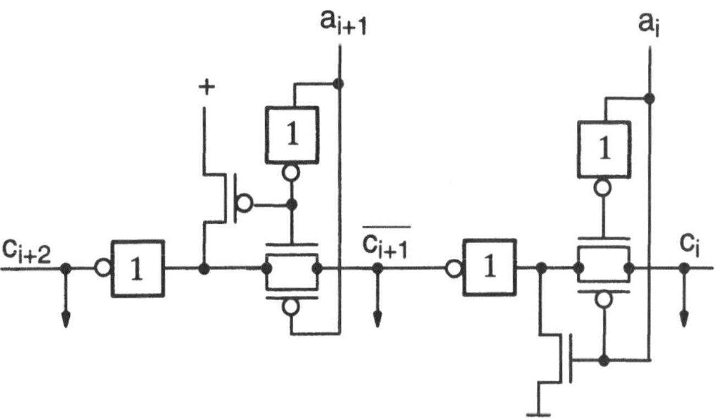

Bild 3.3.13:   Ausschnitt aus dem Carry–Pfad des Zweierkomplementers

Wird ein Braun–Array–Multiplizierer für den Multipliziererblock in
Bild 3.3.11 verwendet, so erhält man als Transistorzahl für die Gesamtanordnung

$$N_{Tr,MUL} = 32n^2 + 40n - 64 \tag{3.3.20}$$

Der wesentliche Beitrag zu dem Transistoraufwand kommt von dem Array–
Multiplizierer. Bei der Ermittlung des Verzögerungsverhaltens der Anordnung von
Bild 3.3.11 ist zu beachten, daß die maximale Verzögerung der einzelnen Blöcke
(COMPL, MUL) nur bei speziellen Bitmustern der Eingangsoperanden auftritt. Bitmuster, die zu der maximalen Gesamtverzögerung im Array–Multiplizierer führen,
werden nicht gleichzeitig auf die Maximalwerte der Verzögerung bei den Komplementern führen. Als maximale Verzögerung wurde ermittelt

$$T_{D,MUL} = (56,2n - 89,1)\,\tau_L \tag{3.3.21}$$

Die Erhöhung der Verzögerung ergibt sich vor allem durch die Komplementierung des Multiplikators. Im ungünstigsten Falle wird hier ein Carry–Pfad von n Stufen durchlaufen. Aufgrund geringerer kapazitiver Lasten hat der Carry–Pfad des

Komplementers (Bild 3.3.13) nur 2/3 der Verzögerung des normalen Addierers. Näherungsweise beträgt die Verzögerung der Anordnung nach Bild 3.3.11 daher das 3,6fache eines n–bit Addierers. Es werden daher alternative Multipliziereranordnungen gesucht, die ohne die Zusatzaufwendungen von Komplementern auskommen und eine geringere Verzögerung haben.

Pezaris–Array–Multiplizierer

Die Vorzeichenstelle einer Zweierkomplementzahl hat nach (3.1.21) negatives Gewicht. Diese Kenntnis kann für die Konstruktion spezieller Multiplizierer–Arrays ausgenutzt werden. Es seien A und B Zweierkomplementzahlen und zur Kennzeichnung der negativen Bewertung sei das Vorzeichen in Klammern gesetzt.

$$A = (a_{n-1})\, a_{n-2}...a_1\, a_0$$
$$B = (b_{n-1})\, b_{n-2}...b_1\, b_0 \tag{3.3.22}$$

p9	p8	p7	p6	p5	p4	p3	p2	p1	p0	
					(a_4)	a_3	a_2	a_1	a_0	
					$(a_4 b_0)$	$a_3 b_0$	$a_2 b_0$	$a_1 b_0$	$a_0 b_3$	← b_0
				$(a_4 b_1)$	$a_3 b_1$	$a_2 b_1$	$a_1 b_1$	$a_0 b_1$		← b_1
			$(a_4 b_2)$	$a_3 b_2$	$a_2 b_2$	$a_1 b_2$	$a_0 b_2$			← b_2
		$(a_4 b_3)$	$a_3 b_3$	$a_2 b_3$	$a_1 b_3$	$a_0 b_3$				← b_3
$a_4 b_4$	$(a_3 b_4)$	$(a_2 b_4)$	$(a_1 b_4)$	$(a_0 b_4)$						← (b_4)
p_9	p_8	p_7	p_6	p_5	p_4	p_3	p_2	p_1	p_0	

Bild 3.3.14:   Partialproduktmatrix für die Zweierkomplement–Multiplikation. Die Klammern deuten auf eine negative Bewertung hin

Unter Verwendung einer solchen Kennzeichnung zeigt Bild 3.3.14 die Partialproduktmatrix für 5 bit Zweierkomplementzahlen. Alle Partialprodukte in Klammern (alle Produkte mit einem Vorzeichen) sind negativ bewertet, alle ohne Klammern sind positiv. Das Produkt beider Vorzeichen ist auch positiv. Das Produkt P wird durch eine gemischte Addition und Subtraktion gewonnen.

Pezaris hat den Volladdierer für derartige Strukturen verallgemeinert [48]. Für einen normalen Volladdierer werden alle 3 Eingangsbits x, y, z positiv bewertet und das Ergebnis hat den Wertebereich $[0,3]$, der durch eine 2bit Dualzahl cs dargestellt werden kann, wobei c und s positiv bewertet sind. Ein derartiger Volladdierer wird nach Pezaris als Typ 0 bezeichnet, da kein Eingangsbit negativ bewertet ist. Ein Volladdierer an deren Eingang ein Bit, z. B. z, negativ bewertet ist, wird als Typ 1 bezeichnet. Bei negativer Bewertung von z ist der Wertebereich des Typ 1 Volladdierers $[-1, 2]$. Ein derartiger Wertebereich kann durch eine Dualzahl mit negativer Bewertung des Summenausgangs dargestellt werden, d.h. $c(-s)$. Für den Typ 2 Volladdierer gilt entsprechend ein Wertebereich [–2, 1] und eine Ergebnisdarstellung durch $(-c)s$. Für den Typ 3 Volladdierer folgt ein Wertebereich [–3,0] mit einer Darstellung durch $(-c)(-s)$. Die 4 Typen von verallgemeinerten Volladdierern sind in Bild 3.3.15 zusammengestellt. Die Punkte an den Blöcken kennzeichnen die negative Bewertung. Sie stellen keine Invertierung dar. Es kann anhand einer vollständigen Funktionstabelle leicht verifiziert werden, daß alle 4 Volladdierertypen sehr ähnliche Logikfunktionen repräsentieren. Es seien x, y, z die Eingangssignale und c, s die Ausgangssignale der verallgemeinerten Volladdierer, dann gelten folgende Logikfunktionen:

$$s = x \oplus y \oplus z \qquad \text{Typ } 0 - 3 \qquad\qquad (3.3.23)$$

$$c = \begin{cases} xy \vee z\,(x \vee y) & \text{Typ } 0, 3 \\ xy \vee \bar{z}\,(x \vee y) & \text{Typ } 1, 2 \end{cases} \qquad\qquad (3.3.24)$$

Trotz negativer Bewertung einiger Signale weicht nur die Logikfunktion der Übertragsfunktion beim Typ 1 und 2 geringfügig ab. Der Realisierungsaufwand aller Volladdierer–Typen ist somit praktisch identisch.

Operation

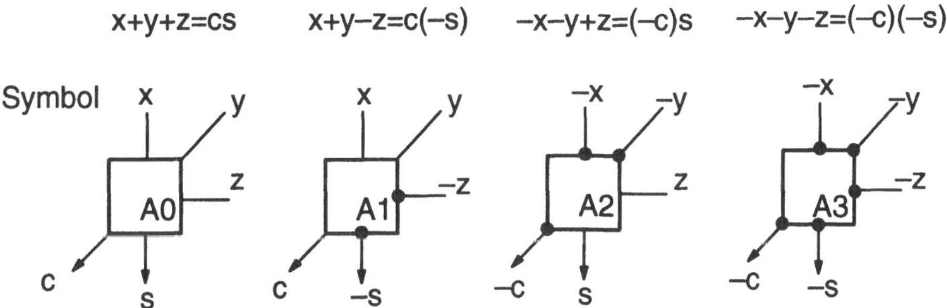

Bild 3.3.15: 4 Typen verallgemeinerter Volladdierer

Werden die in Bild 3.3.15 gezeigten Volladdierertypen für einen Array–Multiplizierer eingesetzt, so erhält man eine Struktur wie in Bild 3.3.16. Es handelt sich um einen modifizierten Braun–Multiplizierer, bei dem die negative Bewertung der Teilprodukte mit einem Vorzeichenbit berücksichtigt ist. Damit die Teilprodukte ohne Vorzeichenbit mit normalen Volladdierern summiert werden, muß für die Volladdierer von Partialprodukten mit Vorzeichenbit a_{n-1} ein Typ 2 eingesetzt werden. Eine weitere Besonderheit ergibt sich für die Ebene p_{n-1}. Aufgrund des Ergebnisses des Typ 1 Volladdierers ($a_0\,b_4$) ist p_{n-1} negativ zu bewerten. Eine positive Bewertung wird ähnlich wie bei der Vorzeichenerweiterung durch eine Addition einer negativ bewerteten Eins bei der nächst höheren Bitebene erreicht.

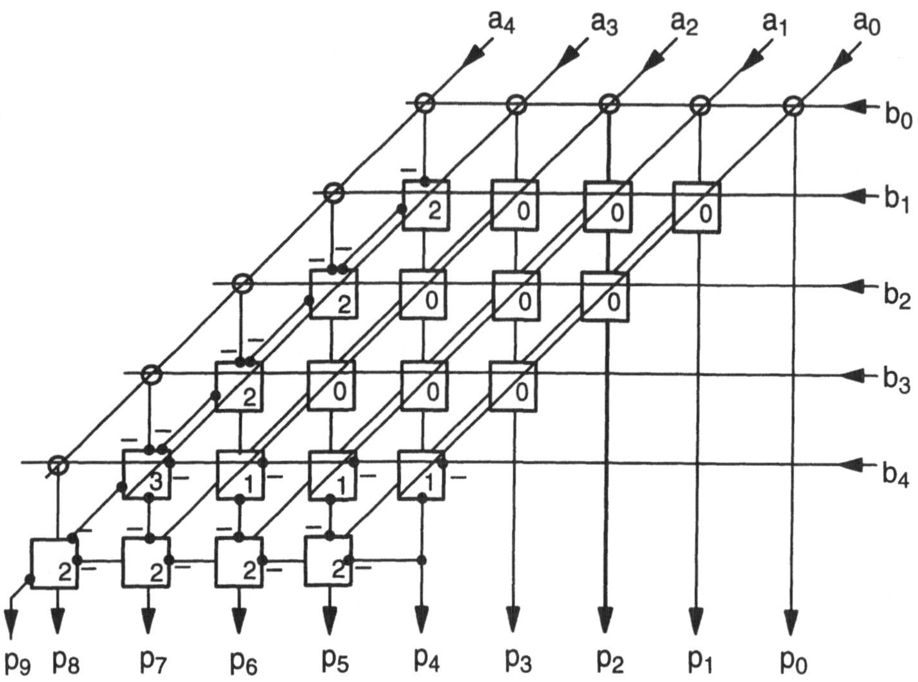

Bild 3.3.16: Pezaris–Array–Multiplizierer

Der Pezaris–Array–Multiplizierer hat einen Aufwand und eine Verzögerung, die weitgehend einem Braun–Array–Multiplizierer entsprechen. Es werden folgende charakteristische Daten ermittelt.

$$N_{Tr} = 32n^2 - 26n$$
$$T_{D,MUL} = (46,4n - 38,4)\tau_L \tag{3.3.25}$$

Baugh–Wooley–Array–Multiplizierer

Eine weitere Alternative von Array–Multiplizierern zur Zweierkomplementmultiplikation wurde von Baugh–Wooley vorgeschlagen [49].

Zur Ableitung dieses Verfahrens ist die Partialproduktmatrix nach Bild 3.3.17 in positive und negative Summanden aufzuteilen. Die negativ bewerteten Summanden können als zwei Zahlen interpretiert werden, die subtrahiert werden müssen. Anstatt der Subtraktion kann das Zweierkomplement dieser beiden Zahlen addiert werden.

(b_4)	b_3	b_2	b_1	b_0
(a_4)	a_3	a_2	a_1	a_0

$$
\begin{array}{ccccccccc}
 & & & & a_3\,b_0 & a_2\,b_0 & a_1\,b_0 & a_0\,b_0 & \\
 & & & a_3\,b_1 & a_2\,b_1 & a_1\,b_1 & a_0\,b_1 & & \\
 & & a_3\,b_2 & a_2\,b_2 & a_1\,b_2 & a_0\,b_2 & & & \text{positive} \\
 & & & & & & & & \text{Summanden} \\
a_4\,b_4 & 0 & a_3\,b_3 & a_2\,b_3 & a_1\,b_3 & a_0\,b_3 & & & \\
\hline
 & (a_4\,b_3) & (a_4\,b_2) & (a_4\,b_1) & (a_4\,b_0) & & & & \text{negative} \\
 & (a_3\,b_4) & (a_2\,b_4) & (a_1\,b_4) & (a_0\,b_4) & & & & \text{Summanden} \\
\hline
(p_9) & p_8 & p_7 & p_6 & p_5 & p_4 & p_3 & p_2 & p_1 \quad p_0
\end{array}
$$

Bild 3.3.17: Partialproduktmatrix mit Separierung in positive und negative Summanden

Für das Beispiel in Bild 3.3.17 ist im Falle $a_4 = 1$ für die Zahl

$$0 \qquad 0 \qquad a_4\,b_3 \qquad a_4\,b_2 \qquad a_4\,b_1 \qquad a_4\,b_0$$

das bitweise Komplement zu bilden und eine 1 zu addieren.

$$1 \qquad 1 \qquad \overline{a_4\,b_3} \qquad \overline{a_4\,b_2} \qquad \overline{a_4\,b_1} \qquad \overline{a_4\,b_0}$$
$$+\,1$$

Eine Logikfunktion wird nun gesucht, die für $a_4 = 1$ die vorstehenden Werte und für $a_4 = 0$ Null erzeugt. Für die Partialprodukte

$$q_{4+j} = \begin{cases} 0 & a_4 = 0 \\ \overline{a_4\,b_j} & a_4 = 1 \end{cases}$$

gilt die Logikfunktion

$$q_{4+j} = a_4\,\overline{b_j}$$

und für die Einsen liefert die Variable a_4 das gewünschte Ergebnis. Für die führenden zwei Stellen

$$a_4 \qquad a_4 \ldots$$

liefert auch

$$1 \qquad \overline{a}_4 \ldots$$
$$+\,1$$

das gleiche Resultat. Wird das beschriebene Verfahren auch für die negativen Summanden mit b_4 angewandt und werden die führenden Einsen von a_4 und b_4 addiert, so erhält man wie in Bild 3.3.18 gezeigt, eine Partialproduktmatrix positiver Summanden, die als Summe das gewünschte Produkt liefert.

Die Struktur des zugehörigen Array–Multiplizierers ist in Bild 3.3.19 gezeigt. Die für $n = m = 5$ gezeigte Struktur kann natürlich für beliebige n und m angewandt werden. Aufwand und Verzögerung des Baugh–Wooley–Array–Multiplizierers entsprechen weitgehend dem Braun–Array–Multiplizierer. Es gilt

$$N_{Tr} = 32n^2 - 32n + 88$$
$$T_{D,MUL} = (46,4n - 14,8)\tau_L \tag{3.3.26}$$

Die wesentlichen Unterschiede von Pezaris– und Baugh–Wooley–Array–Multiplizierer können wie folgt zusammengefaßt werden. Bei dem ersten werden die Partialprodukte genau wie bei positiven Zahlen gebildet, jedoch sind zwei verschiedene Volladdiererrealisierungen einzusetzen. Bei dem zweiten ist nur eine Volladdiererrealisierung nötig, allerdings sind abweichende Partialprodukte durch den Einsatz von Komplementern zu bilden.

p_9	p_8	p_7	p_6	p_5	p_4	p_3	p_2	p_1	p_0
					(b_4)	b_3	b_2	b_1	b_0
					(a_4)	a_3	a_2	a_1	a_0
						$a_3 b_0$	$a_2 b_0$	$a_1 b_0$	$a_0 b_0$
					$a_3 b_1$	$a_2 b_1$	$a_1 b_1$	$a_0 b_1$	
				$a_3 b_2$	$a_2 b_2$	$a_1 b_2$	$a_0 b_2$		
	$a_4 b_4$	0	$a_3 b_3$	$a_2 b_3$	$a_1 b_3$	$a_0 b_3$			
	$\overline{a}_4$	$a_4 \overline{b}_3$	$a_4 \overline{b}_2$	$a_4 \overline{b}_1$	$a_4 \overline{b}_0$				
	$\overline{b}_4$	$\overline{a}_3 b_4$	$\overline{a}_2 b_4$	$\overline{a}_1 b_4$	$\overline{a}_0 b_4$				
1					a_4				
					b_4				
(p_9)	p_8	p_7	p_6	p_5	p_4	p_3	p_2	p_1	p_0

Bild 3.3.18: Partialproduktanordnung für den Baugh–Wooley–Algorithmus

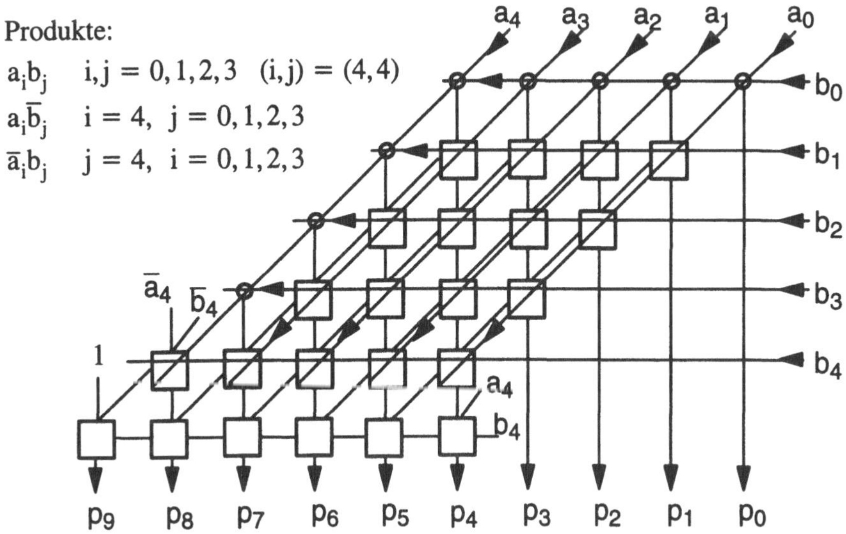

Bild 3.3.19: Array Multiplizierer nach Baugh–Wooley

Booth–Array–Multiplizierer

Array–Multiplizierer mit der Auswertung von Bitpaaren sind auch für die Multiplikation von Zweierkomplementzahlen möglich. Basis der erforderlichen Umcodierung ist der modifizierte Booth–Algorithmus (Abschnitt 3.1) für Radix 4.

Für den Multiplikator B gilt dann

$$V(B) = \sum_{j=0}^{n/2-1} d_j \, 2^{2j} \quad d_j \in \{-2, -1, 0, 1, 2,\} \tag{3.3.27}$$

Das Produkt wird mit

$$V(P) = \sum_{j=0}^{n/2-1} V(A) \, d_j \, 2^{2j} \tag{3.3.28}$$

ermittelt. Dies bedeutet, daß die Teilprodukte $-2A, -A, 0, A, 2A$ bereitzustellen sind. Die Zahl $-A$ wird als Zweierkomplementzahl mit Hilfe eines Komplementers aus A gewonnen. Durch verdrahteten Shift um eine Position wird aus A bzw. $-A$ die Zahl $2A$ bzw. $-2A$ ermittelt.

In Bild 3.3.20 ist ein Booth–Array–Multiplizierer gezeigt. Durch fortlaufende um 1 bit überlappende Analyse von jeweils 3 bit des Multiplikators B werden die Ziffern für eine SD–Zahlendarstellung decodiert. Von dem Decoderausgang werden Multiplexer zur Selektion der erforderlichen Teilprodukte nach (3.3.28) angesteuert. Die Stellenwertverschiebung entsprechend 2^{2j} geschieht durch Verschiebung der

Bitebenen bei der Verdrahtung. Alle Teilprodukte werden in einem CSA–Addiererbaum zu dem Produkt zusammengefaßt. Als Besonderheit im Addiererbaum ist zu beachten, daß um jeweils 2 bit zueinander verschobene Zweierkomplementzahlen addiert werden. Damit korrekte Ergebnisse ermittelt werden, sind die Vorzeichenstellen ausreichend zu erweitern. Bei der Addition von 3 um jeweils 2 bit verschobenen Zahlen bedeutet dies, daß das Vorzeichen der am weitesten rechts beginnenden Zahl um 5 bit, und daß die am weitesten links beginnende Zahl um 1 bit erweitert wird. Bei allen fortgesetzten Additionen im Addiererbaum ist das Vorzeichen so zu erweitern, daß der mögliche Zahlenbereich beachtet wird und ein Zahlenbereichsüberlauf in die Vorzeichenstelle verhindert wird.

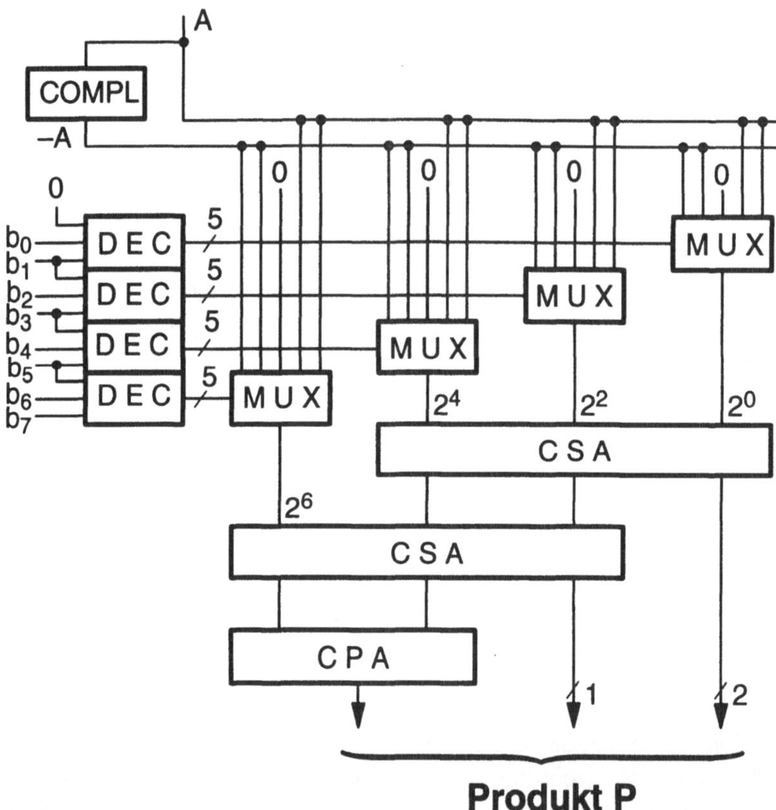

Bild 3.3.20: Booth–Array–Multiplizierer

Der Booth–Array–Multiplizierer hat durch die Bitpaar–Auswertung einen deutlich geringeren Aufwand im Addiererbaum. Trotz der recht komplexen Decoder, der Multiplexer und des zusätzlichen Komplementers ist der Gesamtaufwand merkbar kleiner als bei den anderen diskutierten Zweierkomplement–Multiplizierern.

$$N_{Tr} = 23n^2 + 56n - 58 \qquad (3.3.29)$$

Bei der Bestimmung der Verzögerungszeit sind neben dem Addiererbaum die Beiträge des Komplementers und der Multiplexer zu berücksichtigen. Die wesentlichen Verzögerungsanteile kommen vom Komplementer und dem abschließenden Addierer des Addiererbaumes. Wird hierfür ein Carry–Ripple–Addierer verwendet, so wird die Verzögerungszeit mit

$$T_{D,MUL} = (41,5n + 1,9)\tau_L \qquad (3.3.30)$$

abgeschätzt. Dies ist die geringste Verzögerungszeit der betrachteten Zweierkomplement–Multiplizierer. Neben der verringerten Zahl von Addiererstufen im Addiererbaum wird dies durch das günstige Zeitverhalten des Komplementers unterstützt. Der zeitkritische Pfad besteht vereinfacht aus n Stufen im Carry–Pfad des Komplementers, $(n/2-2)$ VA im CSA–Baum und n Stufen entlang des Carry–Pfades im abschließenden CPA–Addierer. Da die Verzögerung des Komplementers 2/3 des normalen Addierers beträgt, ergibt sich als Gesamtverzögerung in etwa das 2,6fache eines n–bit Addierers.

Die Verwendung des Laufzeitmodells aus Kapitel 2.4 ist für komplexe Anordnungen wie Multiplizierer recht aufwendig. Deshalb wurden ergänzend vereinfachte Abschätzungen angegeben. Im Falle der Multiplizierer ist dies gut möglich, da die meisten Addiererzellen gleiche kapazitive Lasten haben. Da hier nur generelle Architekturvergleiche durchgeführt werden sollten, führt ein derartiger Vergleich zu der gewünschten Aussage. Genaue Verzögerungszeiten erfordern eine SPICE–Simulation unter Berücksichtigung der Verdrahtungskapazitäten. Bei den Multipliziererarchitekturen wurden Addiererelemente eingesetzt, die einen deutlich schnelleren Carry–Pfad im Vergleich zum Summen–Pfad haben. Andere Voll–Addiererrealisierungen haben im Vergleich zu den hier verwendeten einen schnelleren Summen–Pfad, dabei einen langsameren Carry–Pfad. Da der zeitkritische Pfad in vielen Fällen mehr Carry–Übergänge als Summenübergänge hat, führt die Verwendung anderer Addiererzellen im allgemeinen zu keiner Verbesserung.

3.4 Dividierer

Die Division tritt in signalverarbeitenden Algorithmen erheblich seltener auf als die Multiplikation. Hauptsächlich bei Normierungen von Teilergebnissen und bei Matrixoperationen sind Divisionen erforderlich. Damit die Division bei derartigen Algorithmen kein zeitbeschränkender Faktor ist, sind auch besondere Hardwarestrukturen für die Realisierungen einer schnellen Division gewünscht. Nachfolgend werden Array–Strukturen zur Realisierung der Festpunkt–Division vorgestellt. In einem einführenden Abschnitt wird der Standard–Divisions–Algorithmus erläutert.

3.4.1 Binärer Divisionsalgorithmus

Die Division ist die inverse Operation zur Multiplikation. Sie ist definiert als die Bestimmung eines Quotienten, welcher durch Multiplikation mit dem Divisor den Dividenden ergibt. Selten ergeben sich für ganzzahlige Divisoren und ganzzahlige Dividenden auch ganzzahlige Quotienten. Bei der Festpunkt–Division wird deshalb der Rest eingeführt. Es sei A der Dividend, D der Divisor, Q der Quotient und R der Rest. Dann gilt

$$\frac{A}{D} = Q + \frac{R}{D} \qquad (3.4.1)$$

Durch Multiplikation mit D erhält man die gleichwertige Darstellung

$$A = Q \cdot D + R \qquad (3.4.2)$$

Für die Festpunkt–Division muß der Zahlenbereich der Operanden vorgegeben werden. Es seien Q und D n–bit Dualzahlen, dann benötigt A $2n$ bit und R n bit, da $R < D$ sein muß. Es sei vorläufig von ganzen positiven Zahlen ausgegangen. Für den Quotienten gilt dann

$$Q = \sum_{i=0}^{n-1} q_i \, 2^i \qquad (3.4.3)$$

Durch Einsetzen in (3.4.2) folgt

$$A = q_{n-1}D \, 2^{n-1} + q_{n-2}D \, 2^{n-2} + ... + q_0 D \, 2^0 + R \qquad (3.4.4)$$

Die Bestimmung der Quotientenbits q_i erfolgt in einer fortlaufenden Sequenz vom höchstwertigen Bit q_{n-1} beginnend zum niederwertigsten Bit q_0. Von der Ausgangszahl A wird nach Berechnung der jeweiligen Quotientenbits der zugehörige Term abgezogen und eine Sequenz von positiven Resten R_j gebildet. Mit dem Startwert

$$R_0 \, 2^n = A \qquad\qquad (3.4.5)$$

kann aus (3.4.4) eine rekursive Beziehung der Reste formuliert werden.

$$R_j \, 2^{n-j} = q_{n-(j+1)}D \, 2^{n-(j+1)} + R_{j+1} \, 2^{n-(j+1)}$$
$$j = 0, 1, \ldots n-1 \qquad (3.4.6)$$

Durch Modifikation von (3.4.5) und (3.4.6) kann nun ein rekursiver Algorithmus zur Ermittlung der Quotientenbits angegeben werden. Ausgangspunkt ist

$$R_0 = A \, 2^{-n} \qquad\qquad (3.4.7)$$

Dies bedeutet, daß das Komma von A um n Stellen verschoben wird. Der jeweils neue Rest ergibt sich aus dem vorherigen Rest entsprechend

$$R_{j+1} = 2R_j - q_{n-(j+1)} \, D \qquad j = 0, 1, \ldots n-1 \qquad (3.4.8)$$

Es ist eine Sequenz von möglichst kleinen positiven Resten zu bilden, d.h. für $q_{n-(j+1)}$ folgt

$$q_{n-(j+1)} = \begin{cases} 0 & 2R_j < D \\ 1 & 2R_j \geq D \end{cases} \qquad (3.4.9)$$

Das Quotientenbit kann auch durch Komplementierung aus dem Vorzeichen eines vorläufigen Restes

$$\underline{R}_{j+1} = 2R_j - D \qquad\qquad (3.4.10)$$

gebildet werden. Für den tatsächlichen neuen Rest gilt

$$R_{j+1} = \begin{cases} \underline{R}_{j+1} & q_{n-(j+1)} = 1 \\ \underline{R}_{j+1} + D = 2R_j & q_{n-(j+1)} = 0 \end{cases} \qquad (3.4.11)$$

Die Wiederherstellung der ursprünglichen Zahl durch Addition von D wird entsprechend dem englischen Sprachgebrauch als Restoring bezeichnet.

Der binäre Divisionsalgorithmus wurde für ganzzahlige positive Zahlen abgeleitet. Es kann gezeigt werden, daß er in gleicher Weise auch für nicht ganzzahlige Zahlen gilt. Durch Multiplikation beider Seiten von (3.4.2) mit 2^{-k} kann das Komma beliebig verschoben werden, jedoch ändert sich die Sequenz der Quotientenbits nicht. Für echt gebrochene Zahlen sind die Kommas von A, D, Q direkt vor dem höchsten Bit, d.h. es folgt beispielsweise für Q

$$Q = \sum_{i=-n}^{-1} q_i \, 2^i \qquad\qquad (3.4.12)$$

In diesem Fall muß (3.4.5) und (3.4.6) entsprechend angepaßt werden. Es gilt nun

$$R_0 = A \qquad (3.4.13)$$

und

$$R_j \, 2^{-j} = q_{-(j+1)} \, D \, 2^{-(j+1)} + R_{j+1} \, 2^{-(j+1)} . \qquad (3.4.14)$$

Als äquivalente Beziehung zu (3.4.8) folgt

$$R_{j+1} = 2R_j - q_{-(j+1)}D \qquad j = 0, ...n - 1 \qquad (3.4.15)$$

Das Ergebnis dieser Betrachtung kann so zusammengefaßt werden, daß der Divisionsalgorithmus unabhängig von speziellen Kommapositionen durchgeführt werden kann und erst im Ergebnis die Kommaposition festgelegt wird.

Für die Darstellung von Q ist eine feste Zahl von Bits festgesetzt. Benötigt Q mehr als die vorgegebene Zahl von n bit, so spricht man von Quotientenüberlauf. Die Bedingung hierzu ist

$$R_0 \geq D \qquad (3.4.16)$$

Die Überprüfung des Quotientenüberlaufs kann durch einen vorgeschalteten Zyklus ähnlich wie (3.4.10) und (3.4.11) durchgeführt werden.

Die Division vorzeichenbehafteter Zahlen kann wie bei der Multiplikation vorzeichenbehafteter Zahlen durch die Division der Beträge und separater Behandlung der Vorzeichen durchgeführt werden. Es seien a_n, d_n, q_n, r_n die Vorzeichen der Zahlen A, D, Q, R. Dann folgt aus den üblichen Vorzeichenregeln der Multiplikation

$$\begin{aligned} q_n &= a_n \oplus d_n \\ r_n &= a_n \end{aligned} \qquad (3.4.17)$$

Es wurde hier der Divisionsalgorithmus für Dualzahlen vorgestellt. Der Vollständigkeit halber sei darauf hingewiesen, daß auch Algorithmen bestehen, bei denen die Quotienten Q als SD–Zahlen ermittelt werden [40], [52].

Beispiel 3.4.1

$$n = 3$$

A =	101001	$(41)_{10}$
D =	111	$(\ 7)_{10}$

R_0	101.001	Überlaufkontrolle
$-D$	$-\ \ \underline{111.}$	$\overline{1} = -1$
$\underline{R_0}$	$\overline{1}110.001$	$\underline{R}_0 < 0$, kein Überlauf

R_0	101.001	Restore

$2R_0$	1010.01	Beginn Divisionszyklus
$-D$	$-\ \ \underline{0111.}$	
$\underline{R}_1$	0011.01	$\underline{R}_1 \geq 0 \quad q_2 = 1$

$2R_1$	0110.1	
$-D$	$-\ \ \underline{0111.}$	
$\underline{R}_2$	$\overline{1}1111.1$	$\underline{R}_2 < 0 \quad q_1 = 0$

R_2	110.1	Restore

$2R_2$	1101	
$-D$	$-\ \ \underline{0111}$	
$\underline{R}_3$	0110	$\underline{R}_3 \geq 0 \quad q_0 = 1$

Q =	101	$(\ 5\ )_{10}$
R =	110	$(\ 6\ )_{10}$

Hinweis: Anstatt der Subtraktion von D hätte auch das Zweierkomplement von D addiert werden können. Jedoch muß dann eine zusätzliche Vorzeichenstelle mitgeführt werden.

3.4.2 Array–Dividierer

Die Division basiert auf einer fortlaufenden speziell gesteuerten Subtraktion. Ähnlich wie bei den Multiplizierern durch Array–Anordnungen eine Realisierung mit schneller Durchführung der Operation erreicht wurde, kann dies auch bei der Division erfolgen. Bei Array–Anordnungen steht die schnelle Durchführung der Operation im Vordergrund und nicht der Aufwand. Es werden hier die Grundstrukturen des Restoring–Array–Dividierers [50] und des Nonrestoring–Array–Dividierers [51] vorgestellt. Komplexere und schnellere Array–Dividierer können aus der Literatur [40] entnommen werden.

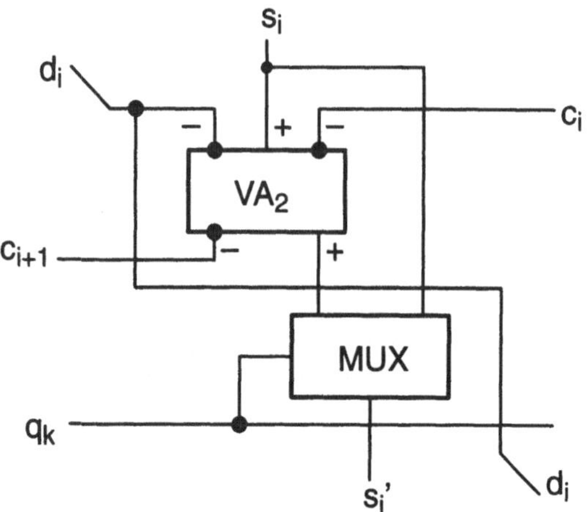

Bild 3.4.1: Gesteuerte Subtraktionszelle CS

Die im vorherigen Abschnitt vorgestellte binäre Division erfordert eine Subtraktion nach (3.4.10), die Bestimmung des Quotientenbits aus dem Ergebnis der Subtraktion (3.4.9) und die Selektion des neuen Restes nach (3.4.11). Das Restoring wird durch einen Multiplexvorgang und nicht durch eine Addition mit D durchgeführt.

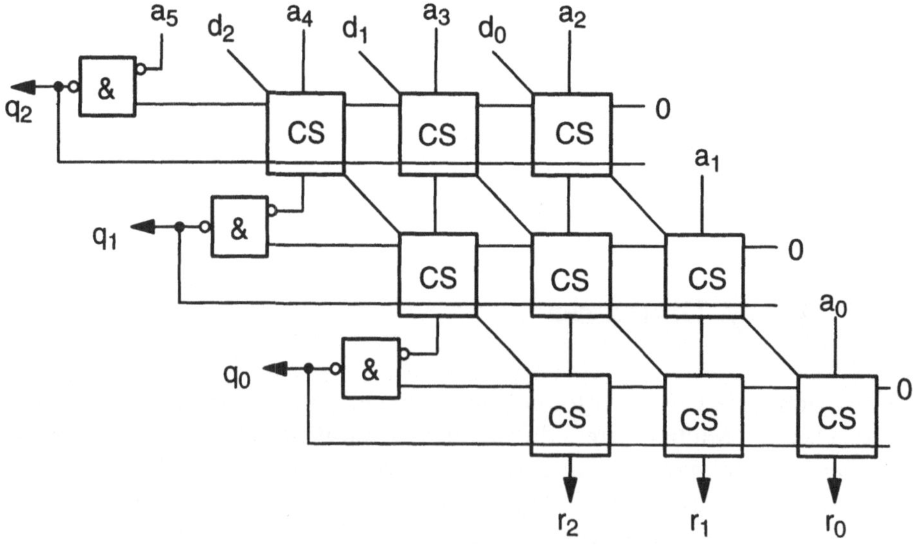

Bild 3.4.2: Restoring–Array–Dividierer ($n = 3$)

Eine Subtrahiererzelle mit gesteuerter Rekonstruktion (CS = controlled subtract) zur Realisierung der Funktion zeigt Bild 3.4.1. Bei dem Volladdierer VA_2 handelt es sich nach der Nomenklatur von Bild 3.3.15 um einen Typ 2 mit zwei negativ bewerteten Eingängen und einem negativ bewerteten Carry–Ausgang. Mit (3.3.23) und (3.3.24) erhält man für die Logikfunktion der Zelle CS

$$s_i' = \begin{cases} s_i \oplus d_i \oplus c_i & q_k = 1 \\ s_i & q_k = 0 \end{cases} \qquad (3.4.18)$$

und

$$c_{i+1} = d_i\, c_i \vee \bar{s}_i\, (d_i \vee c_i) \qquad (3.4.19)$$

Für die höchste zu berücksichtigende Bitebene n braucht das Summenbit s_n' nicht ermittelt zu werden, und es gilt $d_n = 0$. Dies bedeutet, daß die Zelle CS für diese Bitebene erheblich vereinfacht werden kann. Für den Carrypfad gilt dann

$$c_{n+1} = \bar{s}_n\, c_n \qquad (3.4.20)$$

Das jeweilige Quotientenbit q_k ist gleich dem Komplement von c_{n+1}. Entsprechend folgt aus (3.4.20) für das Quotientenbit

$$q_k = \bar{c}_{n+1} = \overline{\bar{s}_n\, c_n} = s_n \vee \bar{c}_n \qquad (3.4.21)$$

Einen Restoring–Array–Dividierer auf der Basis der Zelle CS mit den Vereinfachungen für die höchste Bitebene zeigt Bild 3.4.2.

Das Array besteht aus n^2 CS–Zellen, n Invertern und n NAND–Gattern. Die Transistorzahl ist folglich proportional zu n^2. Mit einem Volladdierer auf der Basis von Transmission–Gattern gilt

$$N_{Tr} = 40n^2 + 6n \qquad (3.4.22)$$

Der zeitkritische Pfad verläuft für jede Subtraktionsebene entlang des Carry–Pfades bis zur Bestimmung des Quotientenbits und dann über die parallel arbeitenden Multiplexer zur nächsten Ebene. In der ersten Ebene werden im zeitkritischen Pfad n CS–Zellen durchlaufen, bei den nachfolgenden Ebenen $n-1$ CS–Zellen. Die Verzögerungszeit setzt sich somit zusammen aus

$$T_{D,\,DIV} = \Delta T + [n + (n-1)^2]T_{D,VA} + nT_{D,\,NAND} + nT_{D,\,MUX} \qquad (3.4.23)$$

Die Zeit ΔT repräsentiert die Erhöhung der Einschwingzeiten der Divisorleitungen d_i aufgrund der erhöhten Lastkapazität dieser Leitungen. Unter Berücksichtigung der speziellen kapazitiven Lasten erhält man mit dem Laufzeitmodell nach Kap. 2.4

$$T_{D,\,DIV} = (18\,n^2 + 23{,}4\,n + 12)\,\tau_L \qquad (3.4.24)$$

Aufgrund des sequentiellen Durchlaufs durch alle Ebenen ist die Verzögerung proportional zu n^2. Dies Ergebnis zeigt, daß eine Array–Realisierung der Dividierer keine großen Vorteile bezüglich der Laufzeit im Vergleich zu rein sequentiellen Realisierungen mit ALUs liefert. Dies war bei den Array–Multiplizierern erheblich günstiger, da sich die Verzögerungszeit proportional zu n verhielt.

Einen wesentlichen Beitrag zur Verzögerungszeit liefert die hohe Lastkapazität der Quotientenbitleitungen. Diese hohe Lastkapazität kommt von den parallel zu betreibenden Multiplexern. Durch den Einsatz von speziellen Treiberschaltungen kann dieser Anteil verringert werden. Als Alternative werden jedoch auch Nonrestoring–Array–Dividierer vorgeschlagen.

Nach (3.4.10) ist beim Divisionsalgorithmus die Differenz

$$\underline{R}_{j+1} = 2\,R_j - D \tag{3.4.25}$$

zu bilden. Sofern $q_{n-j} = 0$ ist, wurde R_j über ein Restoring ermittelt. Durch Einsetzen des Restoring in die vorstehende Beziehung folgt

$$\underline{R}_{j+1} = 2\,(\underline{R}_j + D) - D = 2\,\underline{R}_j + D \tag{3.4.26}$$

Dies bedeutet, daß das Restoring vermieden werden kann und statt dessen eine gesteuerte Addition / Subtraktion durchzuführen ist. Die Restberechnung nach (3.4.10) ist wie folgt zu ändern.

$$R_{j+1} = \begin{cases} 2\,R_j - D & q_{n-j} = 1 \\ 2\,R_j + D & q_{n-j} = 0 \end{cases} \tag{3.4.27}$$

Die Reste R_{j+1} können positiv und negativ sein. Aus dem Vorzeichen der Reste werden wie bisher die Quotientenbits abgeleitet.

$$q_{n-(j+1)} = \begin{cases} 0 & R_{j+1} < 0 \\ 1 & R_{j+1} \geq 0 \end{cases} \tag{3.4.28}$$

Eine Zelle mit gesteuerter Addition / Subtraktion (CAS = controlled add / subtract) als Basis der Nonrestoring–Division zeigt Bild 3.4.3. Durch die Mode–Leitung wird bei $q_k = 0$ das Bit d_i ansonsten $\overline{d_i}$ dem VA zugeführt. Das Mode–Signal $q_k = 1$ bewirkt also ein bitweises Komplement. Zur Durchführung der bei der Zweierkomplementbildung erforderlichen Addition von 1 wird die Mode–Leitung zum Carry–Input der untersten Bitebene geführt.

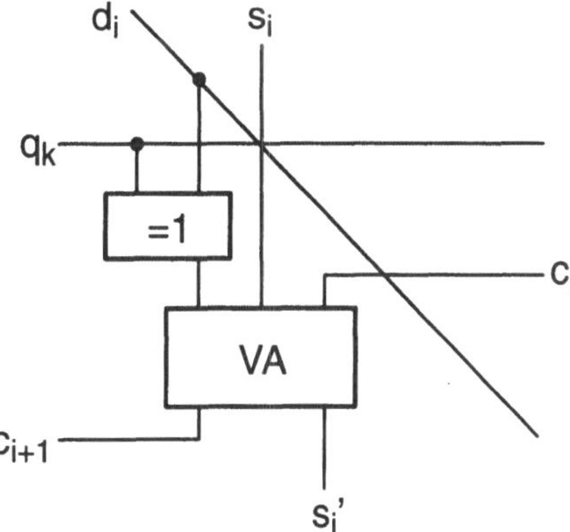

Bild 3.4.3: Subtraktionszelle CAS mit gesteuerter Addition / Subtraktion

Aufgrund der besonderen Bedingungen bei der Division kann die Anzahl der erforderlichen CAS–Zellen um 1 verringert werden. Für einen Divisor von n bit benötigt $2R_j$ maximal $n+1$ bit. Für die Zweierkomplementdarstellung von R_{j+1} ist weiterhin noch eine Vorzeichenstelle erforderlich, d.h. an sich wären $n+2$ bit nötig. Es gilt

$$| R_j | < D \qquad (3.4.29)$$

Deshalb ist die Vorzeichenstelle und die davor liegende niederwertige Stelle von R_{j+1} immer gleich. Somit kann eine Stelle gespart werden. Ferner ist nach (3.4.28) das Komplement des Vorzeichens als Quotientenbit zu verwenden. Aufgrund der vorher genannten besonderen Bedingungen gilt jedoch, daß das Carrybit der Ebene $n+1$ das Komplement des Vorzeichens ist.

$$s_{n+2} = s_{n+1} = \bar{c}_{n+2} \qquad (3.4.30)$$

Folglich kann das Übertragsbit c_{n+2} direkt als Quotientenbit verwendet werden. Ein sich aus den Überlegungen ergebender Nonrestoring–Array–Dividierer ist in Bild 3.4.4 gezeigt.

Es werden insgesamt $n(n+1)$ CAS–Zellen benötigt. Im Falle von $q_0 = 0$ liefert das CAS–Array den Rest als negative Zahl im Zweierkomplement. Zur korrekten Darstellung des Restes als positive Zahl sind noch $n+1$ abschließende Multiplexer erforderlich. Für den gesamten Transistoraufwand folgt somit

$$N_{Tr} = 34\,n^2 + 48 \qquad (3.4.31)$$

Dies ist praktisch keine Verringerung im Vergleich zum Restoring–Array–Dividierer.

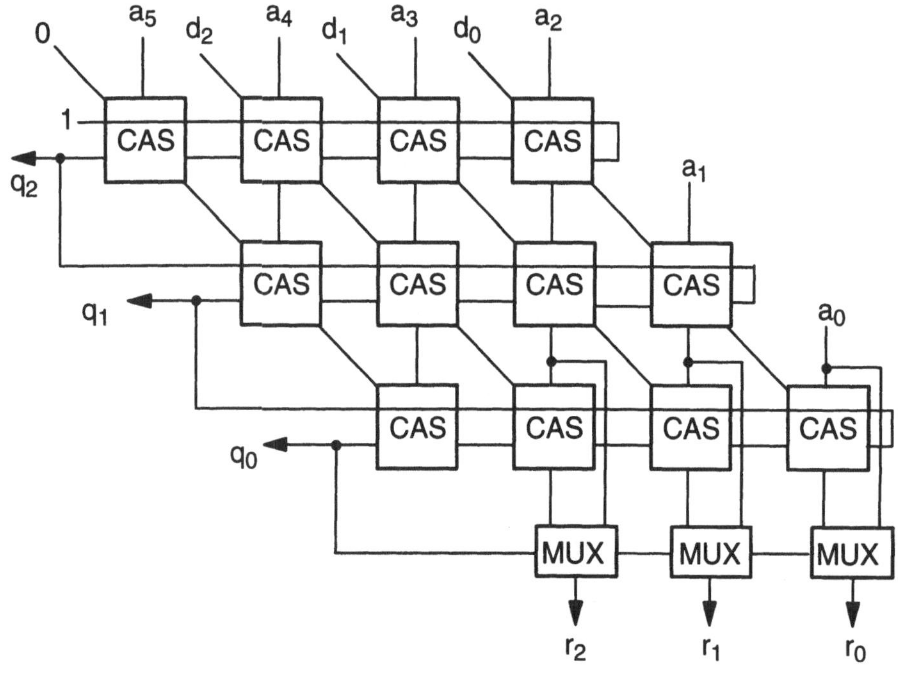

Bild 3.4.4: Nonrestoring–Array–Dividierer ($n = 3$)

Der zeitkritische Pfad läuft über das XOR–Gatter des untersten Bits und dann entlang des Carry–Pfades der VA. Dies setzt sich so für alle nachfolgenden Ebenen fort. Für das Restsignal ist noch die Verzögerung eines Multiplexers zu berücksichtigen. Die Verzögerungszeit setzt sich zusammen aus

$$T_{D,\,DIV} = \Delta T + (n^2 + n)\,T_{D,VA} + n\,T_{D,XOR} + T_{D,MUX} \qquad (3.4.32)$$

Unter Berücksichtigung der speziellen kapazitiven Lasten gilt für die Verzögerungszeit

$$T_{D,\,DIV} = (19\,n^2 + 47,8\,n + 7)\,\tau_L \qquad (3.4.33)$$

Dies zeigt, daß der Nonrestoring–Array–Dividierer bezüglich der Verzögerungszeit keine Vorteile aufweist.

Bei den gezeigten Array–Dividierern wird vorausgesetzt, daß kein Überlauf auftritt. Soll eine Überlaufkontrolle durchgeführt werden, so muß ein gleichartiger Schritt wie bei der Division vorgeschaltet werden (s. Beispiel 3.4.1). Realisieren läßt sich dies durch Erweiterung der Arrays um eine Zeile. In dieser Zeile wird im Prinzip ein Quotientenbit q_n bestimmt, das im Falle des Überlaufs 1 ansonsten 0 ist.

Stark vereinfacht kann das Verzögerungsverhalten der Array–Dividierer durch n Subtraktionen der Länge $n+1$ beschrieben werden. Nachteilig beeinflußt wird die

Verzögerungszeit durch den Carry–Durchlauf von Bitebene zu Bitebene. Mit Hilfe
der in Kapitel 3.2 gezeigten Techniken kann eine beschleunigte Berechnung durchgeführt werden. Eine Maßnahme wäre beispielsweise Carry–Lookahead oder hierarchische Strukturen wie Carry–Select und Conditional–Sum. Solche Maßnahmen
würden jedoch die Regularität der Arrays deutlich verringern.

3.5 Realisierung elementarer Funktionen

Für die Durchführung von Signalverarbeitungsaufgaben sind neben den bisher behandelten Grundoperationen Addition, Subtraktion, Multiplikation und Division
häufig auch elementare Funktionen erforderlich. Beispiele solcher Elementarfunktionen sind trigonometrische Funktionen und Funktionen wie Quadratwurzel, Log-
arithmus und Potenz. In einem nachfolgenden Abschnitt werden die grundsätzlichen
Verfahren zur Berechnung elementarer Funktionen kurz erläutert. Es werden dann
speziell Architekturen zur Realisierung des CORDIC behandelt. Der CORDIC wurde ausgewählt, weil dieselbe Hardware mehrere Elementarfunktionen realisiert und
der CORDIC zunehmend in der Signalverarbeitung eingesetzt wird.

3.5.1 Berechnungsverfahren elementarer Funktionen

Es sollen hier die wesentlichen, für eine Integration in integrierte Schaltungen geeigneten Verfahren vorgestellt und die Implementierungsgesichtspunkte diskutiert werden. Es werden tabellenorientierte Verfahren, Polynomapproximationen und iterative Verfahren beschrieben.

Tabellenverfahren

Sehr naheliegend für die Realisierung elementarer Funktionen scheinen Tabellenverfahren zu sein. Die Funktionswerte werden direkt in einem Speicher abgelegt.
Das Argument der Funktion adressiert einen Speicher und der ausgelesene Inhalt ist
der gewünschte Funktionswert. Nachteilig an diesem Verfahren ist die exponentiel-
le Zunahme des Speicherbedarfs. Wirtschaftlich ist dieses Verfahren daher nur für
kleine Datenwortbreiten.

Das Argument einer Funktion sei durch n bit und der Funktionswert durch m
bit repräsentiert. Die direkte Abspeicherung als Tabelle benötigt dann

$$N_{Sp} = m \, 2^n \qquad (3.5.1)$$

Speicherplätze. Gebräuchliche Speicherstrukturen für Festwertspeicher sind ROM
(Read Only Memory) und PLA (Programmable Logic Array). Den prinzipiellen
Aufbau eines Festwertspeichers zeigt Bild 3.5.1.

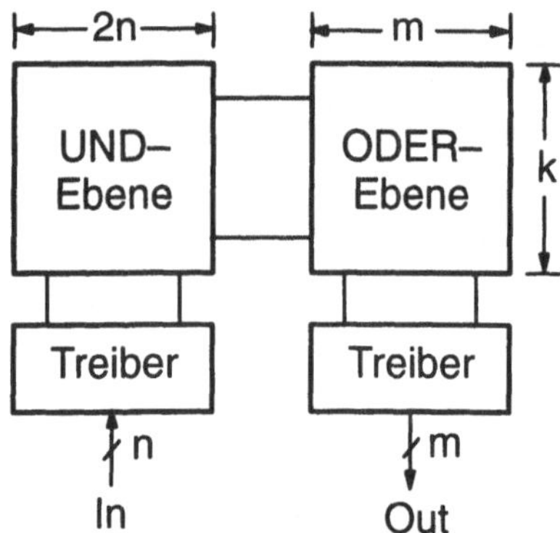

Bild 3.5.1: Prinzipschaltbild eines Festwertspeichers

Der Darstellungssatz gibt an, daß jede logische Funktion zweistufig als Summe von Produkten (UND/ODER) oder als Produkt von Summen (ODER/UND) realisiert werden kann [20], [21]. Geht man von Mintermen aus, so wird ein Minterm durch UND–Verknüpfung aller Variablen gebildet und die eigentliche Funktion erhält man durch ODER–Verknüpfung von Mintermen. Im Falle eines ROM werden alle 2^n Minterme ($k = 2^n$) in der UND–Ebene ermittelt. Man bezeichnet die UND–Ebenen dann auch als Adreßdecoder (1–aus–n Decoder), d.h. für eine angelegte Belegung wird einer der 2^n Decoderausgänge 1, alle anderen sind 0. Für die Mintermbestimmung werden auch die komplementären Eingänge benötigt. Diese werden von dem Eingangstreiber mit erzeugt. Unter Berücksichtigung der besonderen Lage der Einsstellen einer Logikfunktion kann die Anzahl der Terme (Implikanten) und die Anzahl der Variablen je Term minimiert werden. Die Anzahl der Implikanten k kann bei einigen Funktionen erheblich kleiner als 2^n sein. Dies wird bei der PLA–Realisierung von Tabellen ausgenutzt.

PLAs und ROMs lassen sich effizient in einem regulären Layout realisieren. Es wird im Layout ein Array von Transistoren abgebildet. Die Programmierung erfolgt durch Kontaktierung der Transistoren an die jeweiligen Ausgangsleitungen. Unter Einbeziehung der invertierten Eigenschaft der Treiber kann sowohl die UND– als auch die ODER–Ebene durch NOR–Gatter realisiert werden. NOR–Gatter mit vielen Eingängen lassen sich aufwandsgünstig in Pseudo–NMOS–Technik realisieren. Unter Berücksichtigung aller Transistorplätze (auch der nicht kontaktierten) gilt dann für die Abschätzung der Siliziumfläche eines PLAs folgende Transistorzahl

$$N_{Tr,\,PLA} = 2nk + mk + 4n + k + 3m \qquad (3.5.2)$$

Für einen vollständigen Adreßdecoder (ROM) beträgt $k = 2^n$. Bei einem ROM kann jedoch der Aufwand der UND–Ebene durch die Verwendung eines hierarchischen Adreßdecoders weiter vermindert werden. Jedoch ist festzuhalten, daß Tabellenrealisierungen als ROM und vielfach auch als PLA sehr flächenaufwendig sind. Sofern mehrere Funktionen in Tabellenform zu realisieren sind, nimmt die erforderliche Speicherkapazität entsprechend zu.

Polynomappproximation
Eine Alternative zur Tabellenrealisierung kann aus der Approximation durch Polynome gewonnen werden. Eine Funktion $f(x)$ wird durch ein Polynom $P_n(x)$ vom Grade n angenähert, wobei der Fehler im Definitionsintervall kleiner als eine vorgegebene Schranke sein soll.

$$f(x) \approx P_n(x) = \sum_{i=0}^{n} a_i \, x^i \tag{3.5.3}$$

Die Koeffizienten des Polynoms werden häufig durch Abbruch einer unendlichen Potenzreihe, beispielsweise einer Taylorreihe gewonnen [53]. Hierbei wird die Konvergenzeigenschaft der Taylorreihe ausgenutzt. Ein Nachteil der abgebrochenen Taylorreihe ist das Fehlerverhalten. Der Fehler ist in der Nähe der Entwicklungsstelle gering, nimmt jedoch deutlich zu, je mehr das Argument von der Entwicklungsstelle abweicht. Einen mehr gleichmäßigen Fehler im Definitionsintervall und eine deutliche Reduktion des maximalen Fehlers in einem Intervall kann durch eine Tschebyscheff–Approximation erzielt werden [53]. Um den Polynomgrad für eine vorgegebene Fehlerschranke gering zu halten, ist in vielen Fällen eine Approximation mit rationalen Polynomen zu verwenden.

$$f(x) \approx \frac{P_n(x)}{Q_m(x)} \tag{3.5.4}$$

Die rationale Tschebyscheff–Approximation kann mit Hilfe des Remez–Austauschalgorithmus durchgeführt werden [53]. Die Realisierung von Funktionen mit Polynomapproximation erfordert eine effiziente Polynomarithmetik. Eine Entwicklung der Polynome nach dem Hornerschema zeigt, daß für ein Polynom der Ordnung n insgesamt n Multiplikationen und n Additionen erforderlich sind.

$$P_n(x) = ((..(a_n \, x + a_{n-1}) \, x + ... \, a_1) \, x + a_0 \tag{3.5.5}$$

Die Polynomarithmetik wird im allgemeinen mit einem Multiplizierer und Addierer realisiert, d.h. die Polynomwertbestimmung erfolgt sequentiell mit n Schritten. Neben dem Multiplizierer und Addierer ist noch ein Koeffizientenspeicher (z.B. ROM) erforderlich. Sofern der Koeffizientenspeicher die Koeffizienten mehrerer Funktionen erhält, kann dieselbe Hardware für mehrere Funktionen verwendet werden. In [53] sind die bekannten Verfahren der Approximation von Funktionen beschrieben. Darüber hinaus sind in Tabellen Polynome zur Approximation der wichtigsten Elementarfunktionen aufgelistet. Beispielsweise gilt für die Sinus– und Cosinus– Funktion mit einem absoluten Fehler in dem Intervall $[0, \pi/2]$ kleiner als 10^{-5} folgende Polynomapproximation

$$\begin{aligned} \sin x &\approx x P_{3,s}(x^2) \\ \cos x &\approx P_{3,c}(x^2) \end{aligned} \qquad x \in [0, \pi/2] \qquad (3.5.6)$$

a_i	$P_{3,s}$	$P_{3,c}$
0	0,9999966157	0,9999932946
1	–0,1666482836	–0,4999124376
2	0,00830632518	0,0414877472
3	–0,00018363653	–0,00127120948

Iterative Verfahren

Bei den iterativen Verfahren wird der Funktionswert in einzelnen, aufeinander aufbauenden Teilschritten iterativ angenähert, wobei häufig nach jedem Iterationsschritt eine Entscheidung über den Verlauf der nächsten Iteration getroffen wird. Die Einzelschritte der Iteration sollen möglichst einfach sein, z.B. eine fortgesetzte Berechnung von Produkten oder Summen. Vielfach enthalten die Algorithmen zwei oder sogar mehrere Rekursionsgleichungen, die so verknüpft sind, daß eine Variable (Kontrollvariable) gegen eine Konstante, z.B. Null oder Eins getrieben wird, während die andere Variable (Resultatvariable) dem Ergebnis zusteuert. Algorithmen kommen hier zum Einsatz, bei denen das Ergebnis mit jeder Iteration an Genauigkeit zunimmt.

Das Prinzip derartiger Verfahren soll am Beispiel der Konvergenzdivision erklärt werden [54]. Es soll der Quotient

$$Q = \frac{A}{D} \qquad (3.5.7)$$

bestimmt werden. In jedem Iterationsschritt wird nun sowohl Zähler als auch Nenner mit einem Faktor R_k, $k = 0,1, \dots , n$ multipliziert.

$$\frac{A}{D} = \frac{A}{D} \cdot \frac{R_0}{R_0} \cdot \frac{R_1}{R_1} \cdot \; \dots \; \frac{R_n}{R_n} \qquad (3.5.8)$$

Die Sequenz der Faktoren wird nun so gewählt, daß für ausreichend große n

$$D \cdot R_0 \cdot R_1 \cdot \; \dots \; R_n \rightarrow 1 \qquad (3.5.9)$$

und folglich

$$A \cdot R_0 \cdot R_1 \cdot \; \dots \; R_n \rightarrow Q \qquad (3.5.10)$$

Es sei angenommen, daß sowohl A und D positive, normierte gebrochene Zahlen mit dem Wertebereich

$$\frac{1}{2} \leq A, D < 1 \qquad (3.5.11)$$

sind. Dies kann durch Betragsbildung und zusätzlich Shifts für alle Zahlen ermöglicht werden. Aus dem Wertebereich von D folgt

$$D = 1 - \delta \qquad mit \ \ 0 < \delta \leq 1/2 \qquad (3.5.12)$$

Mit

$$R_i = 1 + \delta^{2^i} \qquad (3.5.13)$$

kann das gewünschte Verhalten erreicht werden. Es seien D_i die fortlaufenden Teilprodukte von (3.5.9). Mit

$$D_0 = D \cdot R_0 \qquad (3.5.14)$$

folgt für die einzelnen Iterationen

$$D_i = D_{i-1} R_i \qquad (3.5.15)$$

Durch Berücksichtigung der Ausgangsbedingung (3.5.12) und Einsetzen von (3.5.13) kann gezeigt werden, daß gilt

$$D_i = 1 - \delta^{2^{i+1}} \qquad (3.5.16)$$

Für einen ausreichend großen Wert $i = n$ ist D_n praktisch 1 und die Abweichung von 1 wegen der endlichen Darstellungsgenauigkeit vernachlässigbar. Für die Realisierung ist bedeutend, daß die R_i als Zweierkomplement von D_{i-1} bestimmt werden können.

$$\begin{aligned}
R_i &= 2 - D_{i-1} \\
&= 2 - (1 - \delta^{2^i}) \\
&= 1 + \delta^{2^i}
\end{aligned} \qquad (3.5.17)$$

Der iterative Algorithmus setzt sich aus der Bestimmung der Ausgangswerte und fortlaufender Iteration zusammen.

Divisionsalgorithmus
Anfangswerte: R_0 = Zweierkomplement von D
$\qquad D_0 = D R_0$
$\qquad A_0 = A R_0$
Für $i = 1$ bis n
$\qquad R_i$ = Zweierkomplement von D_{i-1}
$\qquad D_i = D_{i-1} R_i$
$\qquad A_i = A_{i-1} R_i$
Das Verfahren wird beendet, wenn D_i aufgrund der endlichen Genauigkeit erstmalig exakt 1.0 ... 0 ist ($D_n = 1$). Der gesuchte Quotient ist dann
$\qquad Q = A_n$

Da das Verfahren wegen (3.5.16) quadratisch konvergiert, benötigt es weniger Iterationen als die in Abschnitt 3.4 gezeigten Divisionsalgorithmen. Auch bei Begrenzung der Zwischenwerte auf eine feste Bitzahl konvergiert das Verfahren ausreichend schnell zu dem gesuchten Wert.

Die vorgestellte Konvergenzmethode wurde von Chen [55] verallgemeinert. Mit der verallgemeinerten Konvergenzmethode können auch Funktionen wie $1/x$, $\sqrt{x}$, e^x und $\ln x$ berechnet werden. Aus der Literatur sind in großer Zahl alternative iterative Algorithmen bekannt. Als ein bedeutendes Beispiel wird das CORDIC–Verfahren in dem nachfolgenden Abschnitt im Detail behandelt. Das CORDIC–Verfahren hat einen sehr großen Funktionsumfang und kann in einer modularen Hardware realisiert werden. Eine besondere Eigenschaft ist, daß die Iterationszeit unabhängig vom Argument der Funktion ist.

3.5.2 Das CORDIC–Verfahren

Die Bezeichnung CORDIC steht für <u>Co</u>ordinate <u>R</u>otation <u>D</u>igital <u>C</u>omputer. Das Basisverfahren zur Berechnung der Drehung eines Vektors in einem kartesischen Koordinatensystem und zur Berechnung von Betrag und Phase eines Vektors wurde von Volder [56] entwickelt. Das CORDIC–Verfahren wurde später für die Multiplikation, Division, und hyperbolische Funktionen erweitert. Eine Zusammenfassung der verschiedenen Funktionsberechnungen in eine vereinheitlichte Grundstruktur erfolgte von Walther [57].

CORDIC–Algorithmus

Die Drehung eines Vektors $[x_0, y_0]^T$ um den Winkel θ in einem kartesischen Koordinatensystem führt auf einen Vektor $[x_n, y_n]^T$ (Bild 3.5.2). Der Ergebnisvektor kann mit Hilfe einer Matrixberechnung ermittelt werden.

$$\begin{bmatrix} x_n \\ y_n \end{bmatrix} = \begin{bmatrix} \cos\theta & -\sin\theta \\ \sin\theta & \cos\theta \end{bmatrix} \begin{bmatrix} x_0 \\ y_0 \end{bmatrix} \qquad (3.5.18)$$

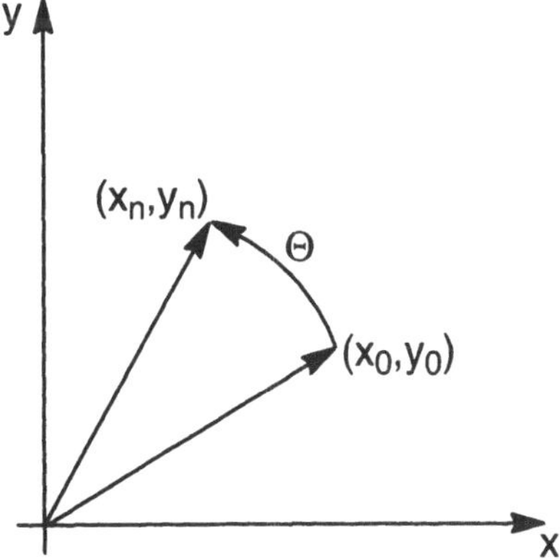

Bild 3.5.2: Vektordrehung im kartesischen Koordinatensystem

Unter Verwendung der Identität

$$\cos\theta = \frac{1}{\sqrt{1 + \tan^2\theta}} \tag{3.5.19}$$

kann durch Ausklammern von $\cos\theta$ die Beziehung (3.5.18) modifiziert werden

$$\begin{bmatrix} x_n \\ y_n \end{bmatrix} = \frac{1}{\sqrt{1 + \tan^2\theta}} \begin{bmatrix} 1 & -\tan\theta \\ \tan\theta & 1 \end{bmatrix} \begin{bmatrix} x_0 \\ y_0 \end{bmatrix} \tag{3.5.20}$$

Bei dem CORDIC–Verfahren wird die Drehung um den Winkel θ durch mehrere Rotationen mit bekanntem Teilwinkel α_i realisiert. Ähnlich wie jede ganze Zahl in einem endlichen Definitionsintervall durch n Ziffern dargestellt wird, kann jeder Winkel θ eines Definitionsintervalls mit einer gegebenen Genauigkeit durch einen Satz von n Teilwinkeln α_i dargestellt werden. Durch festzulegende Vorzeichen σ_i wird die Summe der Teilwinkel α_i den gegebenen Winkel θ annähern.

$$\theta = \sum_{i=0}^{n-1} \sigma_i \alpha_i \qquad \sigma_i \in \{-1, 1\} \tag{3.5.21}$$

Um n für eine vorgegebene Genauigkeit möglichst gering zu halten, wird der Betrag der α_i mit größerem Index abnehmen. Bild 3.5.3 zeigt ein Verfahren zur Bestimmung der Vorzeichen. Es werden die ersten α_i positiv bewertet bis die Summe den Wert θ überschreitet. Danach werden die α_i negativ bewertet bis die Summe den Wert θ unterschreitet. Dies wird dann entsprechend fortgesetzt. Das bedeutet, daß das Vorzeichen der Differenz zwischen θ und der Summe das Vorzeichen der Teilwinkel steuert.

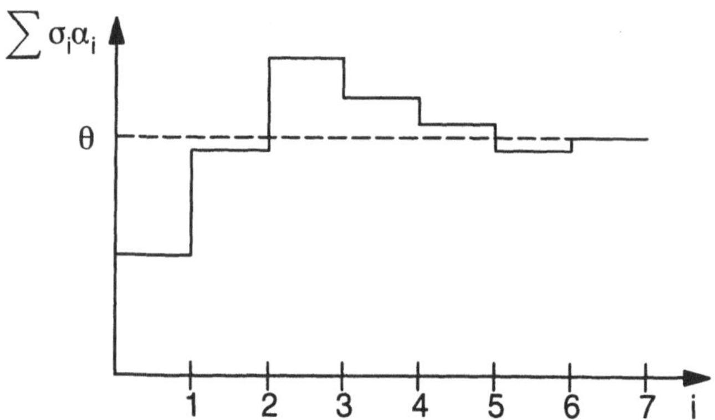

Bild 3.5.3: Iteration der α_i zur Darstellung von θ

Zur vereinfachten Berechnung des Matrixproduktes (3.5.20) werden die Winkel α_i so gewählt, daß der $\tan \alpha_i$ eine Folge von Zweierpotenzen repräsentiert.

$$\tan \alpha_i = 2^{-i} \qquad i = 0, 1, \dots n - 1 \tag{3.5.22}$$

Ferner wird eine Hilfsvariable z_i eingeführt, die die aufakkumulierten Teilwinkel enthält und zur Steuerung des Vorzeichens der Teilwinkel benutzt werden kann. Mit $z_0 = \theta$ gilt dann

$$z_{i+1} = z_i - \sigma_i \arctan(2^{-i}) \tag{3.5.23}$$

$$\sigma_i = \begin{cases} + 1 & z_i \geq 0 \\ - 1 & z_i < 0 \end{cases} \tag{3.5.24}$$

Das Matrixprodukt vereinfacht sich für jeden Teilschritt zu

$$\begin{bmatrix} x_{i+1} \\ y_{i+1} \end{bmatrix} = k_i \begin{bmatrix} 1 & -\sigma_i 2^{-i} \\ \sigma_i 2^i & 1 \end{bmatrix} \begin{bmatrix} x_i \\ y_i \end{bmatrix} \tag{3.5.25}$$

$$k_i = \frac{1}{\sqrt{1 + 2^{-2i}}} \tag{3.5.26}$$

Die Teilfaktoren k_i lassen sich für alle n Iterationen zu einem Gesamtfaktor zusammenfassen.

$$k = \prod_{i=0}^{n-1} \frac{1}{\sqrt{1 + 2^{-2i}}} \tag{3.5.27}$$

Mit den bisherigen Vereinbarungen gilt für die Iterationsgleichungen

$$x_{i+1} = x_i - \sigma_i 2^{-i} y_i$$
$$y_{i+1} = y_i + \sigma_i 2^{-i} x_i \tag{3.5.28}$$
$$z_{i+1} = z_i - \sigma_i \arctan(2^{-i})$$

Zur Skalierung auf den korrekten Amplitudenwert ist noch eine abschließende Multiplikation durchzuführen.

$$k^{-1} x_n \rightarrow x_n$$
$$k^{-1} y_n \rightarrow y_n \tag{3.5.29}$$

Der bisherige Iterationsablauf wird als "Rotation" bezeichnet, da ein Vektor $[x_0, y_0]^T$ um einen definierten Winkel θ gedreht wird. Wird der Ausgangsvektor derartig gedreht, daß der Vektor nach Abschluß der Iteration auf der positiven x–Achse liegt ($y = 0$), repräsentieren die aufakkumulierten Teilwinkel den Winkel arctan (y_0/x_0) und die x-Koordinate den Betrag des Vektors.

$$x_n = \sqrt{x_0^2 + y_0^2}$$
$$y_n = 0 \tag{3.5.30}$$
$$z_n = z_0 + \arctan\left(\frac{y_0}{x_0}\right)$$

Ähnlich wie vorher z_i durch gezielte Vorzeichensteuerung gegen Null konvergierte, muß dies nun für die y_i erfolgen. Für die Bestimmung der Vorzeichen σ_i gilt nun

$$\sigma_i = \begin{cases} +1 & x_i y_i \geq 0 \\ -1 & x_i y_i < 0 \end{cases} \tag{3.5.31}$$

Da die Drehrichtung vom Quadranten abhängt, in dem sich der aktuelle Vektor befindet, muß das Vorzeichen des Produktes $x_i y_i$ zur Vorzeichensteuerung verwendet werden. Zur Vereinfachung der Realisierung wird das Vorzeichen des Produktes aus den Vorzeichen von x_i und y_i bestimmt. Die zuletzt dargestellte Betriebsart wird als "Vectoring" bezeichnet.

Mit dem bisher definierten Iterationsprozeß lassen sich trigonometrische Funktionen und Quadratwurzeln bestimmen. Durch die von Walther [57] formulierten Erweiterungen können zusätzliche Elementarfunktionen ermittelt werden. Die Norm R und die Phase Φ eines Vektors $[x_0, y_0]^T$ wird mit einem Parameter m für verschiedene Koordinatensysteme definiert.

$$R = \sqrt{x_0^2 + m y_0^2} \tag{3.5.32}$$

$$\Phi = \frac{1}{\sqrt{m}} \arctan\left(\sqrt{m}\,\frac{y_0}{x_0}\right) \tag{3.5.33}$$

bzw. als inverser Zusammenhang

$$x_0 = R\cos(\sqrt{m}\,\Phi)$$

$$y_0 = \frac{1}{\sqrt{m}} R\sin\left(\frac{\Phi}{\sqrt{m}}\right) \tag{3.5.34}$$

wobei für m gilt

$$m \in \{\,1,0,-1\,\} \tag{3.5.35}$$

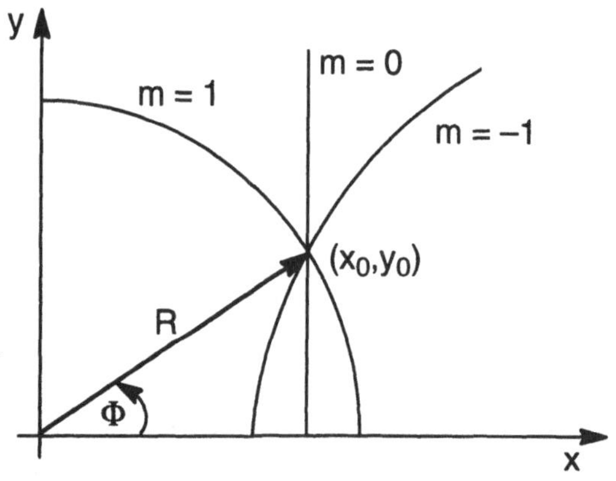

Bild 3.5.4:   Kurven für R = const. in verschiedenen Koordinatensystemen

Die drei Koordinatensysteme werden nach den Kurven R = const. jeweils als hyperbolisch ($m = -1$), linear ($m = 0$) und zirkular ($m = 1$) bezeichnet (s. Bild 3.5.4). Analog zu den Gleichungen (3.5.28) ergeben sich somit für den verallgemeinerten CORDIC–Algorithmus:

$$\begin{aligned}
x_{i+1} &= x_i - m\,\sigma_i \delta_{m,i}\,y_i \\
y_{i+1} &= y_i + \sigma_i \delta_{m,i}\,x_i \\
z_{i+1} &= z_i - \sigma_i\,\alpha_{m,i}
\end{aligned} \tag{3.5.36}$$

Für die einzelnen Parameter gilt folgende Bezeichnung

    m Koordinatensystemparameter $\{1, 0, -1\}$

    σ_i Drehrichtung im i-ten Iterationsschritt $\{-1, 1\}$

    $\delta_{m,i}$ Schrittweite des i-ten Iterationsschrittes $\{0 < \delta_{m,i} \leq 1\}$

    $a_{m,i}$ Drehwinkel im i-ten Iterationsschritt

    i Iterationsindex $\{0, 1, \ldots n-1\}$

Die sich für die verschiedenen Koordinationssysteme ergebenden Skalierungsfaktoren und Winkel der einzelnen Iterationsschritte (auch Mikrorotationen genannt) sind in Tabelle 3.5.1 zusammengefaßt.

Tabelle 3.5.1: Teilwinkel und Teilskalierungsfaktoren in Abhängigkeit von m

m	$a_{m,i}$	$k_{m,i}^{-1}$
1	$\arctan \delta_{1,i}$	$\sqrt{1 + \delta_{1,i}^{2}}$
0	$\delta_{0,i}$	1
-1	$\operatorname{artanh} \delta_{-1,i}$	$\sqrt{1 - \delta_{-1,i}^{2}}$

Analog zu den Beziehungen (3.5.27) und (3.5.21) erhält man für den Skalierungsfaktor und den Gesamtwinkel nach n Iterationen

$$k_m = \prod_{i=0}^{n-1} k_{m,i} = \prod_{i=0}^{n-1} \frac{1}{\sqrt{1 + m\delta_{m,i}^{2}}} \tag{3.5.37}$$

$$a_m = \sum_{i=0}^{n-1} \sigma_i a_{m,i} = \begin{cases} \sum_{i=0}^{n-1} \sigma_i \arctan \delta_{1,i} & m=1 \\[2ex] \sum_{i=0}^{n-1} \sigma_i \, \delta_{0,i} & m=0 \\[2ex] \sum_{i=0}^{n-1} \sigma_i \operatorname{artanh} \delta_{-1,i} & m=-1 \end{cases} \tag{3.5.38}$$

Für die Betriebsart "Rotation" ($z_n \rightarrow 0$) und "Vectoring" ($y_n \rightarrow 0$) gelten nach n Iterationen und einer abschließenden Skalierung mit $1/k_m$ somit die in

Tabelle 3.5.2 aufgelisteten Beziehungen. Aus der Tabelle kann entnommen werden, daß durch die Verallgemeinerung zusätzlich Multiplikation, Division und hyperbolische Funktionen möglich sind. Durch eine spezielle Wahl der Eingangsgrößen können aus den CORDIC–Funktionen aus Tabelle 3.5.2 Elementarfunktionen bestimmt werden. Mit $y_0 = 0$ werden im Rotationsmode $x_0 \cos z_0$, $x_0 \sin z_0$, $z_0 x_0$, $x_0 \cosh z_0$, $x_0 \sinh z_0$ ermittelt. Entsprechend werden mit $z_0 = 0$ im Vectoringmode $\arctan y_0/x_0$, y_0/x_0 und $\operatorname{artanh} y_0/x_0$ ermittelt. Weitere Funktionen können anhand der nachfolgend aufgelisteten speziellen Beziehungen erzeugt werden.

$$
\begin{aligned}
e^z &= \cosh z + \sinh z \\[2mm]
e^{-z} &= \cosh z - \sinh z \\[2mm]
\ln w &= 2 \operatorname{artanh} \frac{w-1}{w+1} \\[2mm]
\sqrt{w} &= \sqrt{\left(w + \frac{1}{4}\right)^2 - \left(w - \frac{1}{4}\right)^2} \\[2mm]
\tan w &= \frac{\sin w}{\cos w} \\[2mm]
\tanh w &= \frac{\sinh w}{\cosh w}
\end{aligned}
\qquad (3.5.39)
$$

Tabelle 3.5.2: CORDIC–Funktionen

Mode	m	CORDIC–Funktionen
$z_n \to 0$	1	$x_n = x_0 \cos z_0 - y_0 \sin z_0$ $y_n = y_0 \cos z_0 + x_0 \sin z_0$
	0	$x_n = x_0$ $y_n = y_0 + z_0 x_0$
	−1	$x_n = x_0 \cosh z_0 + y_0 \sinh z_0$ $y_n = y_0 \cosh z_0 + x_0 \sinh z_0$
$y_n \to 0$	1	$x_n = (x_0^2 + y_0^2)^{1/2}$ $z_n = z_0 + \arctan y_0/x_0$
	0	$x_n = x_0$ $z_n = z_0 + y_0/x_0$
	−1	$x_n = (x_0^2 - y_0^2)^{1/2}$ $z_n = z_0 + \operatorname{artanh} y_0/x_0$

Die Erzeugung von besonderen Elementarfunktionen erfordert in einigen Fällen auch die zweimalige Anwendung des CORDIC–Verfahrens. Beispielsweise wird zur Erzeugung von $\tan w$ in einem ersten Schritt $\cos w$ und $\sin w$ erzeugt und dann in einem zweiten Schritt der Quotient gebildet. Die Funktionen wie cot, arcsin, arccos, coth, arsinh und arcosh erfordern die zweimalige Anwendung des CORDIC–Verfahrens.

Zur einfachen Realisierung des CORDIC–Verfahrens werden die jeweiligen Iterationsschrittweiten $\delta_{m,i}$ als Zweierpotenzen gewünscht.

$$\delta_{m,i} = 2^{-S(m,i)} \qquad i \in \{0, 1, \ldots n - 1\} \tag{3.5.40}$$

Hierdurch wird die Matrixmultiplikation durch Shift und Addition implementiert. Die ganzzahlige Folge $S(m,i)$ bezeichnet man als Shiftfolge des CORDIC–Algorithmus.

Die Shiftfolge beeinflußt die Konvergenz, den Konvergenzbereich und den Skalierungsfaktor. Einerseits sollen die Teilwinkel $\alpha_{m,i}$ und die daraus resultierenden Teilsummen eine monoton fallende Folge bilden. Darüber hinaus muß die Shiftfolge so ausgelegt sein, daß die Erreichbarkeit des jeweiligen Iterationszieles mit einer gegebenen Genauigkeit garantiert ist. Die Winkel müssen somit die nachfolgende Beziehung erfüllen.

$$\alpha_{m,i} - \sum_{j=i+1}^{n-1} \alpha_{m,j} < \alpha_{m,n-1} \qquad i \in \{0, 1, \ldots n - 2\} \tag{3.5.41}$$

Dies bedeutet, daß ein Teilwinkel der Iteration i im Falle einer nachfolgenden Richtungsumkehr durch alle folgenden Teilwinkel bis auf einen Restfehler kompensiert werden kann. Der Restfehler ist durch den letzten Teilwinkel der Folge gegeben. Die Erreichbarkeit ist beispielsweise immer dann gegeben, wenn die Teilwinkel ihrem Betrage nach nicht schneller als eine geometrische Reihe abnehmen. Für eine Reihe mit der Bedingung

$$\alpha_{i+1} > \frac{1}{2} \alpha_i \tag{3.5.42}$$

ist die geforderte Erreichbarkeit gegeben. Diese Bedingung wird für eine ganzzahlige Shiftfolge bei einem hyperbolischen Koordinatensystem ($m = -1$) nicht erfüllt. Deshalb sind in diesem Fall komplexere Shiftfolgen erforderlich. Bei der zirkularen Drehung ist die Bedingung erfüllt. Im linearen Fall ist das System am Rande des Konvergenzbereiches, da die Gleichheitsbeziehung gilt.

Die zu einer Shiftfolge zugehörige Summe aller Teilwinkel gibt den maximalen Winkel A_0 (Konvergenzbereich) an, für den das Iterationsziel erreichbar ist.

$$\max |A_0| = \sum_{i=0}^{n-1} \alpha_i + \alpha_{n-1} \tag{3.5.43}$$

In Tabelle 3.5.3 sind Shiftfolgen nach Walther [57] mit dem zugehörigen Konvergenzbereich und dem Skalierungsfaktor angegeben. Im hyperbolischen Fall werden zur Erfüllung der Konvergenzbedingung die Shifts { 4, 13, ... k, $3k+1$, ... } wiederholt. Da artanh (2^0) nicht definiert ist, beginnt die Shiftfolge für $m = -1$ bei 1. Mit den in Tabelle 3.5.3 aufgelisteten ganzzahligen Shiftfolgen ist die Anzahl der Zyklen für eine gegebene Genauigkeit vom Koordinatensystemparameter m abhängig. Beispielsweise erfordert eine Genauigkeit entsprechend 16 bit für $m = 1$ eine Shiftfolge mit 17 Zyklen, für $m = 0$ 16 Zyklen und für $m = -1$ 18 Zyklen.

Die Anwendung des CORDIC–Algorithmus mit den ganzzahligen Folgen aus Tabelle 3.5.3 erfordert im letzten Schritt eine Skalierung mit $1/k_m$. Diese Skalierung kann durch einen CORDIC mit $m = 0$ (Konstantenmultiplizierer) realisiert werden.

Die Gesamtzyklenzahl einschließlich Skalierung erhöht sich somit erheblich. Für das genannte Beispiel von 16 bit Genauigkeit sind einschließlich Skalierung folglich 33 Zyklen für $m = 1$ und 34 Zyklen für $m = -1$ nötig. Die abschließende Skalierung kann auch mit einem Multiplizierer realisiert werden. Durch eine CSD–Codierung des Skalierungsfaktors kann die Anzahl der Addierer zur Realisierung des Multiplizierers verringert werden. Für die speziellen Koeffizienten einer 16 bit Realisierung sind 7 Addierer / Subtrahierer ausreichend.

Die in Tabelle 3.5.3 angegebenen Shiftfolgen haben einen begrenzten Konvergenzbereich. Mit Hilfe einiger Basisbeziehungen kann auch die Funktionsberechnung für größere Argumente erreicht werden. Im Falle der trigonometrischen Funktionen basiert eine Wertebereichserweiterung auf der Periodizität der Funktionen. Für hyperbolische Funktionen hat Walther [57] komplexere Beziehungen zur Argumentenreduktion zusammengestellt.

Tabelle 3.5.3: Beispiele positiver ganzzahliger Shiftfolgen mit zugehörigem Konvergenzbereich [57]

m	$S(m,i)$	max $|A_0|$	k_m
1	0,1,2,3,4,5,...,i,...	1,743287	1,646760
0	1,2,3,4,5,6,...,i+1,...	1,000000	1,000000
-1	1,2,3,4,4,5,...12,13,13,14,...	1,118173	0,828159

Aus der Literatur sind verschiedene Verfahren zur Vereinfachung der Skalierungsfaktorkompensation bekannt. Bei den meisten dieser Vorschläge werden neben Standarditerationen mit Einzelshifts auch Iterationen mit Doppelshifts eingeführt. Der reziproke Skalierungsfaktor kann bei vielen dieser Vorschläge besonders einfach realisiert werden. Bei dem Vorschlag nach Deprettere [58] kann der reziproke Skalierungsfaktor durch einen Shift und eine Addition realisiert werden. In [59] sind mehrere aus der Literatur bekannte Verfahren zur Skalierungsfaktorkompensation gegenübergestellt.

CORDIC–Architekturen

Der CORDIC–Algorithmus kann prinzipiell durch N in Kaskade betriebene COR-DIC–Elemente (CE) realisiert werden. Jedes dieser CORDIC–Elemente führt entsprechend der Beziehung (3.5.36) eine Mikrorotation durch. Als steuernde Größe muß jedem Element der Mode–Parameter (Rotation oder Vectoring), der Koordinatensystemparameter m und die Iterationsebene i zugeführt werden. Bild 3.5.5 zeigt eine solche Anordnung. Eine effizientere Ausnutzung der Hardware wird durch eine rekursive Anordnung nach Bild 3.5.6 erzielt. Es werden die Anfangswerte x_0, y_0, z_0 in die Register geladen und dann mit jedem Iterationszyklus verändert. Eine rekursive Anordnung berücksichtigt auch die unterschiedliche Länge der Shiftfolgen. Die parallele Realisierung eines jeden CORDIC–Elementes für ganzzahlige Shiftfolgen zeigt Bild 3.5.7. Basiselemente sind umschaltbare Addierer / Subtrahierer und steuerbare Shifter. Das ROM im Kontrollpfad wird benötigt zur Bestimmung der zur Schrittweite $2^{-S(m,i)}$ zugehörigen Winkel $\alpha_{m,i}$. Aufgrund des geringen Wertebereichs für i und m sind nur wenige Werte im ROM zu speichern. Für die Kaskadenrealisierung kann das CORDIC–Element für jede Iterationsebene weiter vereinfacht werden, da der Parameter i fest vorgegeben ist.

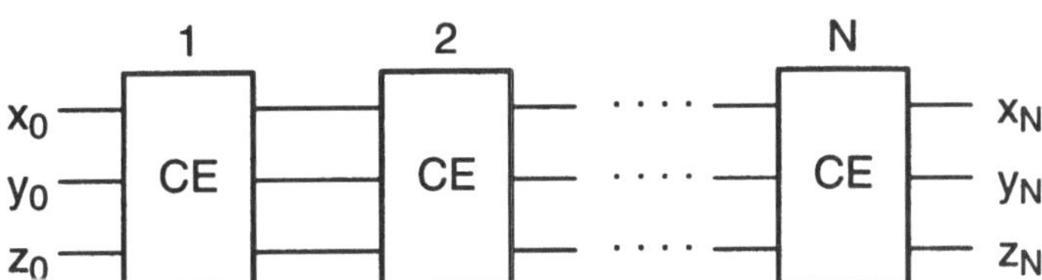

Bild 3.5.5:   CORDIC–Realisierung durch eine Kaskade von CORDIC–Elementen (CE)

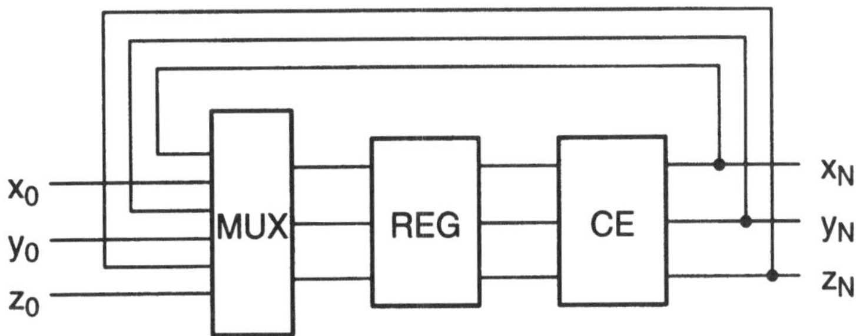

Bild 3.5.6: Rekursive Realisierung des CORDIC

Ein besonderer Aspekt bei der Realisierung ist die Genauigkeit der Darstellung in Anzahl der Bits für die Zwischenergebnisse. Aufgrund der Shiftoperation muß an sich die Anzahl der Bits bei jeder Iteration um $S(m,i)$ Bits zunehmen. Werden für die Zwischenergebnisse keine Begrenzungseffekte zugelassen, so müßten für ein L bit Ergebnis Zwischenergebnisse mit maximal $L^2/2$ bit verwendet werden. Unter Berücksichtigung statistischer Eigenschaften der Fehler bei jedem Iterationsschritt kann die Anzahl der Bits für das Zwischenergebnis reduziert werden. Da die Anzahl der Zyklen proportional zu der Anzahl der geforderten Bits des Ergebnisses ist, wird als Daumenregel

$$L_Z = L_E + \log_2 L_E \qquad (3.5.44)$$

verwendet. Hierbei ist L_E die Anzahl der Bits für das Ergebnis und L_Z die Anzahl der Bits für die Zwischenergebnisse. Zur Berücksichtigung des Einflusses der Skalierungsfaktorkompensation kann L_Z noch um ein weiteres Bit erweitert werden. Bei der Anzahl der zu verwendenden Bits ist darüber hinaus zu berücksichtigen, daß die Daten im $x-$ und $y-$Pfad amplitudenmäßig auch bei normierten Größen zunehmen. Bei dem zyklischen Mode ($m = 1$) ist dies insbesondere durch den Skalierungsfaktor k_1 gegeben. Die Amplitude kann um $\sqrt{2}\,k_1$ zunehmen. Im linearen Mode ist aufgrund der Addition ein Faktor 2 zu berücksichtigen. Das Problem des möglichen Überlaufs ist beim hyperbolischen Mode durch den exponentiellen Kern in den Funktionen gegeben. Hierbei ist ein Faktor von ungefähr 3 möglich. Zur Vermeidung des Überlaufs sind folglich 2 Bits zusätzlich zu verwenden.

Der Hardwareaufwand eines CORDIC–Elements setzt sich zusammen aus den Transistoren zur Realisierung der Register, der Shifter, der Addierer, des ROMs und der Steuerungslogik. Für jedes Bit benötigt ein Register 16 Transistoren (s. Bild 2.2.13). Wird der Addierer in Bitslice–Technik als Transmission–Gate–Addierer realisiert, so sind je Bit 34 Transistoren erforderlich, da ein zusätzliches XOR zur Umschaltung zwischen Addition und Subtraktion erforderlich ist (Bild 3.2.19). Die Shifter werden im allgemeinen als Barrel–Shifter realisiert [17]. Ein Barrel–Shifter ist ein speziell verdrahtetes rechteckiges Array von Transistorschaltern. Die Anzahl der Transistorschalter ist das Produkt von Wortbreite und maximalem Shift. Die bisherigen Betrachtungen zeigen, daß ein CORDIC–Element einen nicht unerheblichen Aufwand für die Realisierung benötigt.

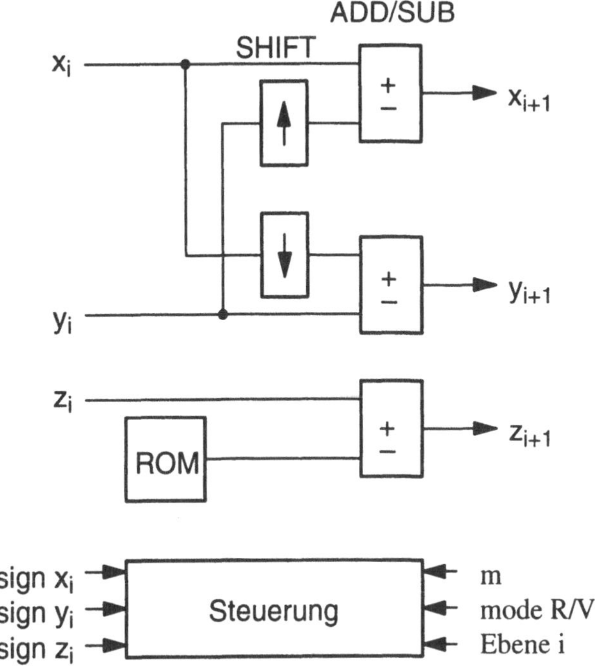

Bild 3.5.7:   Realisierung des CORDIC–Elements für Einzelshifts

Wesentlich für die erzielbare Durchsatzrate ist die Verzögerungszeit des COR-DIC–Elements. Für die rekursive CORDIC–Realisierung gilt im Datenpfad für jeden Iterationsschritt

$$T_{D, CE} = T_{D, MUX} + T_{D, REG} + T_{D, SHIFT} + T_{D, ADD/SUB} \qquad (3.5.45)$$

Die Verzögerungszeit des Registers ist die Set–Up– und Hold–Zeit eines D–FFs. Die Verzögerungszeit des Shifters ist im Prinzip die Verzögerungszeit eines Transmission–Gates. Bei einem Barrel–Shifter hat dieses Transmission–Gate jedoch am Eingang und am Ausgang eine kapazitive Last von n Transmission–Gates, wenn n der maximale Shift ist. Die Verzögerung des Barrel–Shifters ist somit proportional zu n. Für den Addierer kann die Verzögerungszeit aus dem Abschnitt 3.2 entnommen werden. Die Verzögerung eines CORDIC–Elements beträgt daher näherungsweise

$$T_{D, CE} \approx (15n + 12 \log_2 n) \, \tau_L \qquad (3.5.46)$$

Da einschließlich Skalierung insgesamt ca. $2n$ Zyklen zu durchlaufen sind, ist die Gesamtverzögerung von $O(n^2)$.

Wird der CORDIC mit einer Polynomrealisierung von Funktionen (s. Abschnitt 3.5.1) verglichen, so ist zu beachten, daß ein Array–Multiplizierer mit nachgeschaltetem Akkumulator fast die 4fache Verzögerungszeit eines Addierers hat. Hierdurch wird der Vorteil der geringen Zahl von Zyklen (Anzahl der Polynomkoeffizienten) in vielen Fällen wieder aufgehoben. Der besondere Vorteil des CORDIC bleibt die große Zahl realisierbarer Funktionen. Viele Funktionen des hyperbolischen Modes müssen bei den geforderten Genauigkeiten als rationales Polynom approximiert werden. Die dann erforderliche Division ist vom Verzögerungsverhalten her besonders ungünstig.

3.6 Aufgaben

1. Es soll ein n–bit Subtrahierer in Bitslice–Struktur entworfen werden.

   a. Die Logikfunktion der Subtrahiererzelle ist zu bestimmen, wenn von einer Implementierung als Addition des Zweierkomplements ausgegangen wird. (s. Kap. 3.2.5)

   b. Wie lautet die Logikfunktion der Subtrahiererzelle, wenn in Anlehnung an den Vorschlag von Pezaris eine Typ 2 Zelle mit negativ bewerteten Carry–Bits und Subtrahenden–Bits verwendet wird?

   c. Die Zahlendarstellung der n–bit Differenz bei Implementierung nach a. und b. ist zu vergleichen.

   d. Wie lauten die Generate– und Propagate–Funktionen für die beiden Fälle a. und b.?

   e. Es sind Aussagen über den Transistoraufwand und die Verzögerungszeiten zu machen. Hierbei sind Gatterrealisierungen in Anlehnung an Bild 3.2.3 und Transmission–Gate–Realisierungen in Anlehnung an Bild 3.2.10 zu betrachten.

2. Das generelle Verzögerungsverhalten von Addierern soll untersucht werden. Mit dem Verzögerungsmodell wurde im Kapitel 2 eine generelle Funktion $T_D = T_0 + FT_1$ bestimmt, wobei T_0 der vom Fan–Out unabhängige und T_1 der vom Fan–Out abhängige Teil ist.

   a. Für die Gatterrealisierung des Volladdierers (Bild 3.2.3) sind die Verzögerungsanteile T_0 und T_1 zu ermitteln. Für beliebige Logikfunktionen ist allgemein zu formulieren, was die Verzögerungsanteile T_0 und T_1 repräsentieren und wovon sie abhängen.

   b. Es sei zunächst angenommen, daß T_1 im Vergleich zu T_0 vernachlässigbar sei. Wie lautet allgemein die Verzögerungsfunktion eines Bitslice–Addierers in Abhängigkeit der Wortbreite n? Die entsprechende Funktion für den Carry–Block eines Binary–Lookahead–Carry–Addierers (s. Bild 3.2.14) ist zu bestimmen.

   c. Es werde nun nur T_1 berücksichtigt und T_0 unterdrückt. Wie lauten nun die beiden Funktionen aus Teil b.?

    d. Die beiden Ergebnisse aus b. und c. sind zu vergleichen. Allgemeine Aussagen für modulare Strukturen, bei denen jedes Teilmodul die gleiche Lastkapazität hat, sind zu formulieren. Was passiert, wenn die Lastkapazitäten unterschiedlich sind?

    e. Können die beiden Teillösungen von b. und c. einfach addiert werden, um eine Verzögerungsfunktion unter Berücksichtigung der beiden Anteile T_0 und T_1 zu erhalten?

3. Es soll ein Carry–Block eines Lookahead–Carry–Addierers konstruiert werden, der auf quartarnären Bäumen basiert. Dies bedeutet, daß die Generate- und Propagate–Signale (g_i, p_i) in Gruppen zu 4 bit aufgeteilt werden. Es werden zwei Typen von Funktionseinheiten verwendet. Die eine (Typ α) berechnet aus vier aufeinanderfolgenden (g_i, p_i) die Gruppensignale (GG_j, GP_j) für Generate und Propagate. Die andere Einheit (Typ β) berechnet für gegebene Block–Carry–Funktionen (G_k, P_k) bei gegebenen (g_i, p_i) für drei nachfolgende Bitebenen die Block–Carry–Funktionen aus. Die hierarchische Zusammenschaltung mehrerer Funktionsblöcke F_α wird zur Bestimmung der Block–Carry–Funktion an den Stellen $4^k - 1$ verwendet. Mit den Funktionsblöcken F_β werden unter Verwendung der Gruppensignale (GG_j, GP_j) zunächst die Block–Carry–Funktionen an den Zwischenstellen $4m - 1$ und dann in einem weiteren Schritt alle verbleibenden Block–Carry–Funktionen bestimmt.

Beispiel:

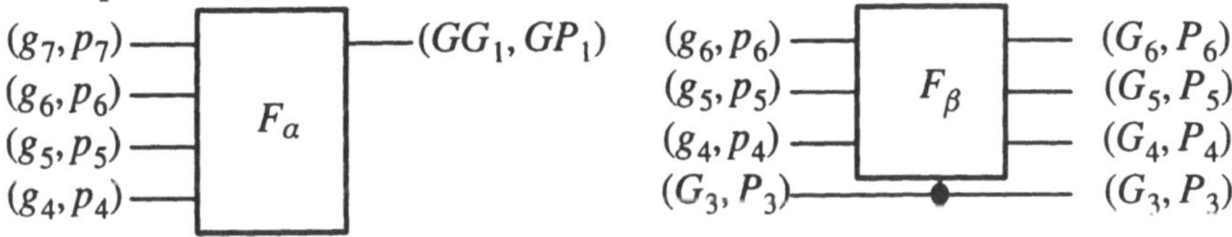

    a. Die logischen Funktionen F_α und F_β sind zu bestimmen.

    b. Analog zu Bild 3.2.14 ist mit diesen Elementen ein Carry–Block in Baumstruktur für einen 16 bit und einen 64 bit Addierer zu konstruieren.

    c. Die Stufenzahl ist mit den Werten des Binary–Lookahead–Carry–Addierers zu vergleichen.

    d. Es soll von einer zweistufigen NAND–NAND–Realisierung der Funktionseinheiten ausgegangen werden. Transistoraufwand und Verzögerungszeit sind mit dem Binary–Lookahead–Carry–Addierer zu vergleichen.

4. Ein Carry Select Addierer für 12 bit Operanden soll entworfen werden. Es stehen Addierer der Wortbreite 3 bit und 2:1 Multiplexer zur Verfügung

    a. Der Carry–Select–Addierer ist zu skizzieren.

    b.   Wie lauten die logischen Funktionen der Carry–Select–Blöcke ?

5.   Ein Conditional Sum Addierer für die Verarbeitung von 8 bit Eingangswerten soll entworfen werden.

    a.   Der Aufbau des Addierers ist zu skizzieren und die Funktionsweise anhand der Zahlen $a = 11001110$ und $b = 11011001$ zu kontrollieren.

    b.   Wie kann der Addierer vereinfacht werden, wenn ein festes Eingangscarry vorausgesetzt wird?

    c.   Worauf ist zu achten, wenn Multiplexer in Schalterlogik verwendet werden?

6.   Es ist das Verzögerungsverhalten von Ripple–Carry– und Carry–Save–Array–Multiplizierern zu untersuchung. Zur Vereinfachung sei keine Unterscheidung zwischen HA und VA gemacht. Ferner seien die spezifischen Einflüsse von Lastkapazitäten vernachlässigt. Es gelte

$$T_{D,VA,c'c} = T_{D,VAS,c's} = T_{D,UND} = T_0$$
$$T_{D,VA,s'c} = T_{D,VA,s's} = 2T_0$$

    a.   Für einen $6 \cdot 6$ bit Ripple–Carry–Array–Multiplizierer ist der Zeitablauf innerhalb des Arrays zu skizzieren und hieraus allgemein der zeitkritische Pfad zu ermitteln. Es ist zu zeigen, daß für die Verzögerung allgemein gilt $T_{D,MUL} = (4n - 4)T_0$. Es sind 6 bit Zahlenpaare zu bestimmen für die das zeitkritische Verhalten zutrifft.

    b.   Die Aufgabe des Abschnitts a. ist für einen $6 \cdot 6$ bit Carry–Save–Array–Multiplizierer durchzuführen. In diesem Falle gilt $T_{D,MUL} = (3n - 1)T_0$.

7.   Es ist eine Anordnung für die Operation $a \cdot b + c$ zu entwerfen, wobei a und b n bit und c $2n$ bit lang ist.

    a.   Ein Ripple–Carry–Array–Multiplizierer ist um einen Addierer zu erweitern und die Anordnung für $n = 4$ zu skizzieren .

    b.   Ein Carry–Save–Array–Multiplizierer ist für die gleiche Operation um eine Addiererstufe zu erweitern, und zwar derartig, daß nur eine Carry–Propagate–Addierer–Stufe vorliegt. Die Anordnung ist für $n = 4$ zu skizzieren.

    c.   Die Verzögerungszeiten für beide Anordnungen sind abzuschätzen, wenn nur Volladdierer verwendet werden. Die Verzögerung des Volladdieres in Summenrichtung sei T_S. Die Verzögerung vom Carry–Eingang aus sei halb so groß und die Verzögerung der UND–Gatter werde vernachlässigt.

8.   Die hierarchische Operandenreduktion nach dem Vorschlag von Dadda soll für erweiterte Zählermodule bestimmt werden. Es wird von Zählermodulen ausgegangen, die 2, 3, 4, ... 7 Operandenbits in eine Dualzahl verwandeln.

    a.   Die Logikfunktion des Zählermoduls ist für 4 und 5 Eingangsbits zu bestimmen.

b. In Anlehnung an Bild 3.3.8 ist die hierarchische Operandenreduktion für eine $12 \cdot 12$ bit Multiplikation zu skizzieren.

c. Analog zu (3.3.12) ist die Anzahl der erforderlichen Hierarchiestufen für n Operanden zu ermitteln.

9. Es ist die Funktionsweise eines Booth–Array–Multiplizierers (s. Bild 3.3.20) zu untersuchen.

a. Es wird von einem $8 \cdot 8$ bit Multiplizierer ausgegangen. Für die speziellen Zahlen $A = 01001100$, $B = 10010011$ sind die Daten an den Eingängen und Ausgängen aller Teilmodule zu bestimmen.

b. Der in Bild 3.3.20 gezeigte Array–Multiplizierer basiert auf einem modifizierten Booth–Algorithmus, bei dem 3 bit Gruppen überlappend um 1 bit ausgewertet werden. Es ist ein modifizierter Booth–Algorithmus zu entwickeln, bei dem 4 bit Gruppen überlappend um 1 bit ausgewertet werden. Ein zugehöriger Array–Multiplizierer für eine $9 \cdot 9$ bit Multiplikation ist zu skizzieren.

10. Es sollen alternative Strukturen des Pezaris–Array–Multiplizierers untersucht werden.

a. Für einen $5 \cdot 5$ bit Multiplizierer sind für die speziellen Zahlen $A = 11011 = (-5)_{10}$, $B = 11001 = (-7)_{10}$ die Eingangs– und Ausgangssignale an den Zellen eines Pezaris–Array–Multiplizierers mit 4 Volladdierertypen (Bild 3.3.16) zu bestimmen.

b. Durch eine Veränderung der gegebenen Zellen ist ein modifizierter Pezaris–Array–Multiplizierer abzuleiten, der nur aus Volladdierern vom Typ 0, 1 und 2 besteht.
Hinweis: Die Volladdierer, die $a_n b_j$ und $a_{n-1} b_j$, $j = 0, 1, \ldots n - 1$ als Input haben, können durch Typ 1 Volladdierer realisiert werden.

c. Durch eine Veränderung der Struktur ist ein modifizierter Pezaris–Array–Multiplizierer abzuleiten, der nur aus Volladdierern vom Typ 0 und 2 besteht.
Hinweis: In Anlehnung an Bild 3.3.17 sind positive und negative Summanden zu trennen.

11. Es sollen die Abläufe in einem Array–Dividierer untersucht werden.

a. Per Hand ist die Division für die beiden positiven Zahlen $A = 1001001$ und $D = 111$ durchzuführen. Der Quotient und der Rest ist anzugeben.

b. Welche Eingangs– und Ausgangssignale besitzen die Zellen eines Restoring–Array–Dividierers (Bild 3.4.2) für die gegebenen Zahlen?

c. Dasselbe ist für einen Nonrestoring–Array–Dividierer (Bild 3.4.4) durchzuführen.

12. Eine CORDIC–Einheit soll zur Erzeugung von Elementarfunktionen mit einer Genauigkeit von 2^{-5} verwendet werden.

a. Die Korrekturfaktoren für positive ganzzahlige Shiftfolgen sind zu berechnen.

b. In Einzelschritten ist der Rechenablauf zur Bestimmung von $\cos z_0$ und $\sin z_0$ mit $z_0 = .10110$ anzugeben.

c. Ein CORDIC mit der vorgegebenen Genauigkeit zur Korrektur des Skalierungsfaktors von positiven ganzzahligen Shiftfolgen ist zu ermitteln.

d. Es ist der Ablauf zur Bestimmung von e^{z_0} und $\sqrt{w}$ zu beschreiben.

4 Maßnahmen zur Leistungssteigerung

Zur Erzielung zuverlässiger und voll funktionsfähiger Schaltungen werden digitale Systeme synchron getaktet. Insbesondere das sichere Zusammenspiel zwischen Datenpfad und Steuerung wird hierdurch in komplexen Schaltungen ermöglicht. Jede Datenübernahme der Ergebnisse von Teilschaltungen in speichernde Register geschieht zu einem fest definierten Zeitpunkt. Alle Operanden eines Funktionsblocks stehen zeitgleich zur Verfügung. Bei wortorientierter Verarbeitung gilt dies auch für die einzelnen Bits. Die Vorteile der synchronen Arbeitsweise liegen bei der Zuverlässigkeit der Funktionsweise und bei der Vereinfachung des Entwurfs. Zwei Nachteile seien genannt. Es muß dafür Sorge getragen werden, daß auch in großen Systemen allen Teilschaltungen der Takt zeitgleich zur Verfügung gestellt wird. Durch besondere Maßnahmen müssen die Wirkungen von zeitlichem Taktversatz (Takt–Skew) ausgeglichen werden. Ein weiterer Nachteil ist, daß die Periodendauer des Taktes an das Verzögerungsverhalten der langsamsten Teilschaltung angepaßt werden muß. Eine Laufzeitkompensation zwischen schnellen und langsamen Teilschaltungen ist nicht möglich. Die langsamste Schaltung bestimmt die Datendurchsatzrate.

In dem nachfolgenden Abschnitt werden Architekturmaßnahmen zur Erhöhung der Durchsatzrate vorgestellt. Einen breiten Raum nimmt dabei das Pipelining ein. In einem zweiten Abschnitt wird ein Maß für den Effizienzvergleich verschiedener Schaltungen erläutert.

4.1 Parallelverarbeitung und Pipelining

Für die Bestimmung der Durchsatzrate eines Systems ist die Verzögerungszeit der langsamsten Teilschaltung maßgebend. Auch das speichernde Register liefert einen Beitrag zur Verzögerungszeit. Zur Erläuterung hierzu wird Bild 4.1.1 verwendet. Es zeigt einen Ausschnitt aus einer größeren synchronen Schaltung. Eine kombinatorische Logik F_i ist mit zwei dynamischen D–FFs zusammengeschaltet. Das Eingangs–D–FF liefert fortlaufend, taktsynchron Daten an die Teilschaltung. Die Ergebnisse der Teilschaltung werden wie die Eingangsdaten fortlaufend, taktsynchron übernommen und weitergeleitet. Ein dynamisches D–FF ist eine Vereinfachung des quasistatischen D–FFs von Bild 2.2.13. Diese Vereinfachung bietet sich in MOS–Schaltungen mit kontinuierlicher Taktung bei Taktfrequenzen im MHz–Bereich an. Es wird ein nichtüberlappender Zweiphasentakt angenommen. Eine derartige Taktung ist besonders sicher und wird häufig innerhalb integrierter Schaltungen verwendet [16], [17], [18], [19]. Die Periodendauer des Taktes muß folgende Bedingung erfüllen:

$$T_{CLK} \geq T_{D,\Phi_2} + T_{D,F_i} + T_{D,\Phi_1} + T_{\Phi_1\Phi_2} \qquad (4.1.1)$$

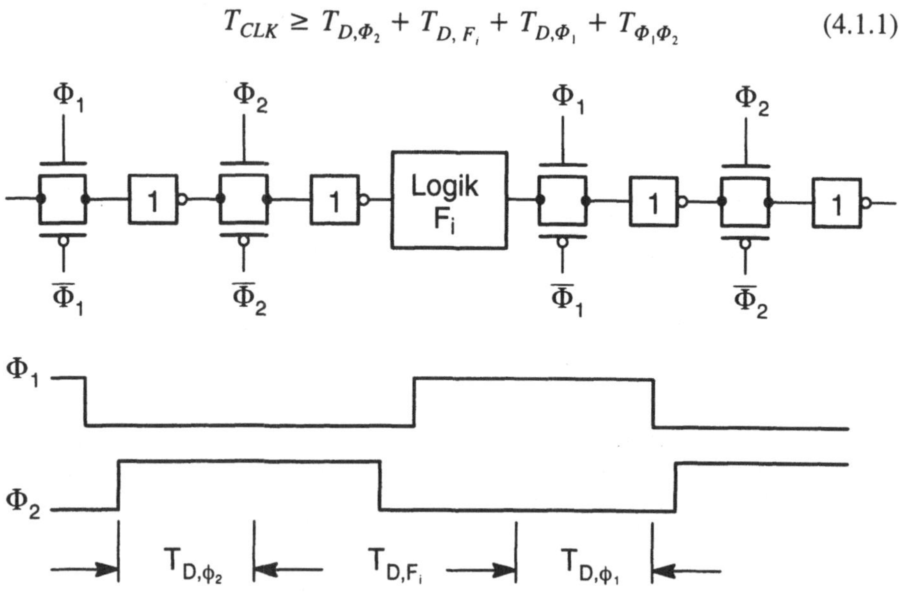

Bild 4.1.1:   Ansteuerung und Datenübernahme bei einem Logikblock F_i unter Verwendung dynamischer D–FFs. Blockschaltbild und Zeitdiagramm

Hierbei ist T_{D,Φ_2} die Verzögerungszeit des Datums zwischen dem durch Φ_2 getakteten Transmission–Gate und dem Eingang der Teilschaltung F_i. T_{D,F_i} ist die Verzögerungszeit der Teilschaltung F_i. T_{D,Φ_1} ist die Verzögerungszeit zwischen Ausgang F_i und dem Invertereingang hinter dem durch Φ_1 getakteten Transmission–Gate. $T_{\Phi_1\Phi_2}$ ist die Taktpause zwischen Φ_1 und Φ_2. Es ist zu beachten, daß die Verzögerungszeiten T_{D,Φ_2} und T_{D,Φ_1} von Kenndaten der Teilschaltung abhängen. Die Eingangskapazität von F_i beeinflußt T_{D,Φ_2} und der Ausgangswiderstand von F_i beeinflußt T_{D,Φ_1}.

Die durch D–FFs verursachte Gesamtverzögerung ist gegeben durch

$$T_{D,FF} = T_{D,\Phi_2} + T_{D,\Phi_1} + T_{\Phi_1\Phi_2} \qquad (4.1.2)$$

Eine entsprechende Verzögerung kann auch für andere Taktungssysteme angegeben werden. In Einphasentaktsystemen mit taktflankengetriggerten FFs ist beispielsweise die Summe von Hold– und Set–Up–Zeit einzusetzen.

Bild 4.1.2: Vereinfachte Symbolik für die D–FFs (Delayoperator D) am Eingang und Ausgang einer Funktionseinheit f

Nachfolgend wird eine vereinfachte Symbolik für synchron getaktete Funktionseinheiten nach Bild 4.1.2 verwendet. Hierbei werden die D–FFs nur durch einen Punkt in der Leitung symbolisch dargestellt.

Die erzielbare Durchsatzrate R_T eines Systems in Bit pro Zeiteinheit ist proportional zur Taktfrequenz, d.h.

$$R_T \sim \frac{1}{T_{CLK}} \qquad (4.1.3)$$

Die die maximale Durchsatzrate bestimmende Periodendauer wiederum wird durch die ungünstigste Teilschaltung bestimmt.

$$T_{CLK} = \max_i \left(T_{D,F_i} + T_{D,FF_i} \right) \qquad (4.1.4)$$

Für eine hohe Durchsatzrate sind kleine Verzögerungen notwendig. Geringe Verzögerungen können durch technologische Maßnahmen erreicht werden. Durch Verkleinerung der geometrischen Strukturen (Skalierung) können die Kapazitäten reduziert und hierdurch eine Verringerung der Verzögerungszeit erzielt werden. In der Literatur werden die Effekte einer solchen Skalierung diskutiert [17], [18].

Neben technologischen Maßnahmen sind auch schaltungstechnische Maßnahmen zur Erhöhung der Durchsatzrate möglich. Im Kapitel 3 wurden verschiedene Schaltungsstrukturen für die Realisierung von Basisoperationen dargestellt. Die gezeigten Alternativen zeigen ein unterschiedliches Verhalten der Verzögerungszeit. Nach (4.1.4) ist das Maximum der Verzögerungszeit von Teilschaltungen zu minimieren. Dies bedeutet, daß nur das langsamste Modul verbessert werden muß. Beispielweise müßten somit bei einer Signalverarbeitung mit mehrfacher Addition und Multiplikation nur die Multiplizierer laufzeitmäßig optimiert werden. Für die Addierer würde dies keinen Sinn machen. Gesucht sind nun Architekturmaßnahmen zur Erhöhung der Durchsatzrate, bei denen die Dominanz des langsamsten Moduls durchbrochen werden kann.

Naheliegend scheint, daß, wenn ein Modul eine geforderte Durchsatzrate nicht bereitstellen kann, gleichzeitig mehrere Module die Bearbeitung durchführen müssen. Eine parallele Verarbeitung nach Bild 4.1.3 löst dieses Problem. Der Block DMUX verteilt die zu bearbeitenden Daten auf parallele gleiche Module. Der Block MUX faßt die parallelen Ergebnisse wieder zu einem Datenstrom zusammen. Die Daten werden in den parallelen Modulen entweder mit einem zeitlichen Versatz von

T_{CLK} / N bearbeitet oder die Einheiten DMUX und MUX müssen so mit Verzögerungseinheiten für Daten versehen werden, daß eine zeitgleiche Bearbeitung möglich ist. Die gezeigte Struktur hat ferner die Voraussetzung, daß die Operationen der Einheit f nicht vom Ergebnis früherer Operationen abhängen. Die Durchsatzrate eines Systems mit N Pfaden ist das N-fache des einfachen Systems.

$$R_{T,N} = N \cdot R_{T,1} \tag{4.1.5}$$

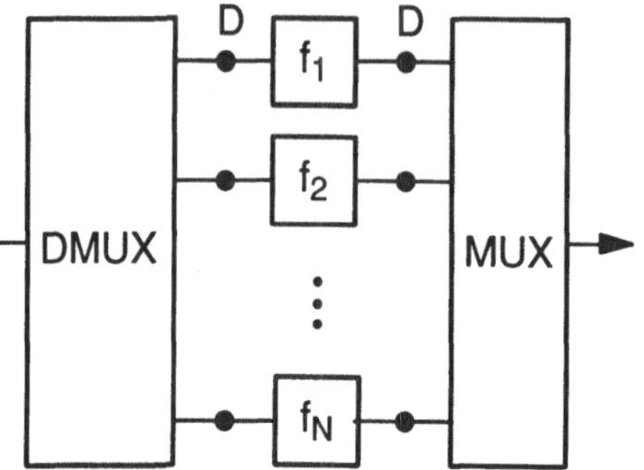

Bild 4.1.3:   Parallele Implementierung einer Funktion f durch N gleichartige Funktionseinheiten

Die parallele Verarbeitung ist nicht nur für N gleichartige, sondern auch für unterschiedliche Teilmodule möglich. Im Einzelfall muß immer die Datenabhängigkeit der Teilfunktion und die Bildung des Ergebnisses betrachtet werden. Als ein einfaches Beispiel sei

$$y = F(x) = \sum_{i=1}^{N} f_i(x) \tag{4.1.6}$$

betrachtet. Die Datenabhängigkeit ist sehr einfach. Alle Teilfunktionen erhalten das gleiche Argument x, d.h. die Eingangsdaten x werden parallel allen Teilmodulen zugeführt. Die Teilmodule werden parallel realisiert und das Gesamtergebnis wird durch Addition der Teilergebnisse gebildet. Die Teilmodule arbeiten zwar parallel, jedoch ist ein abschließender Multioperandenaddierer wesentlich für die Durchsatzrate. Eine derartige Anordnung ist in Bild 4.1.4 gezeigt. Die Durchsatzrate wird von dem langsamsten Teilmodul f_i und vom Multioperandenaddierer bestimmt.

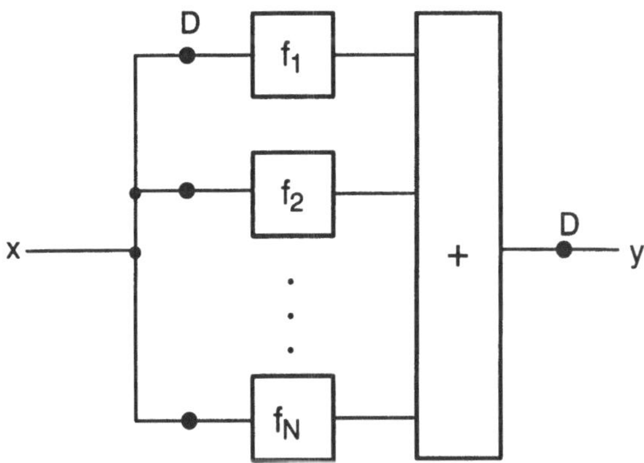

Bild 4.1.4: Parallele Realisierung der Funktion $\quad y = \sum_{i=1}^{N} f_i(x)$

$$R_{T,N} \sim \frac{1}{\max_i T_{D,f_i} + T_{D,ADD} + T_{D,FF}} \qquad (4.1.7)$$

Als Alternative zu der Parallelisierung ist es in vielen Fällen möglich, eine Funktion F in eine serielle Zusammenschaltung von Teilfunktionen f_i zu entwickeln. Das Ergebnis einer Teilfunktion wird als Eingangssignal der folgenden Teilfunktion verwendet.

$$F = f_N \left(f_{N-1} \dots f_2 \left(f_1 \left(\cdot \right) \right) \dots \right) \qquad (4.1.8)$$

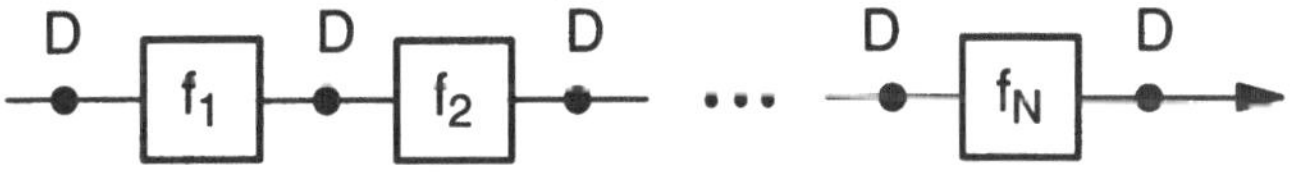

Bild 4.1.5:   Realisierung einer Funktion durch eine im Pipelining betriebenen Kaskade von Teilfunktionen f_i

Durch Einfügung von synchron getakteten Zwischenspeichern entsteht eine Architektur nach dem Fließbandprinzip (Bild 4.1.5). Entsprechend dem englischen Sprachgebrauch wird auch hier die Fließbandverarbeitung als Pipelining bezeichnet. Während ein Teilmodul das Teilergebnis der Vorgängerstufe übernimmt und bearbeitet, erhält die Vorgängerstufe zeitgleich ein neues Datum zur Bearbeitung. Das langsamste Teilmodul der Kette bestimmt die Durchsatzrate. Für die Durchsatzrate gilt:

$$R_{T,N} \sim \frac{1}{\max_i T_{D,f_i} + T_{D,FF}} \qquad (4.1.9)$$

Sind alle Teilmodule f_i identisch, so ist

$$R_{T,N} = R_{T,1} \cdot N \frac{T_{D,f} + T_{D,FF}}{T_{D,f} + N T_{D,FF}} \qquad (4.1.10)$$

Dies bedeutet, daß insbesondere für große N aufgrund der Verzögerungszeit der Register die Durchsatzrate nicht mehr proportional zu N zunimmt. Methoden zur Gewinnung von Pipeline–Architekturen sollen nun weiter untersucht werden. Das zeitliche Verhalten synchron getakteter Logikblöcke soll für die folgenden Betrachtungen weiter abstrahiert werden. Bei korrekter Wahl der Taktrate wird die Verzögerungszeit der Logikfunktionsblöcke immer kleiner sein als die Periodendauer des Taktes abzüglich von Übergangszeiten der Flip–Flops (4.1.1). Nach außen hin wirkt diese Anordnung so, als ob ein Eingangssignal des Funktionsblockes mit einer Verzögerung von einer Taktperiode zu dem Ergebnis am Ausgang des Datenübernahme–Flip–Flops führt. Ein gleiches Verhalten wird beschrieben, wenn man den Logikblock als verzögerungsfrei betrachtet und die Gesamtverzögerung einer Taktperiode nur dem Datenübernahme–Flip–Flop zuordnet. Die Funktion eines D–FFs kann folglich abstrakt als ein Delay–Operator behandelt werden.

Es sei $D[\,\cdot\,]$ ein Delay–Operator mit der Verzögerung einer Taktperiode T.

$$D\,[f(t)] = f(t - T) \qquad (4.1.11)$$

Eine mehrfache Anwendung des Delay–Operators sei beschrieben durch

$$D^n\,[f(t)] = f(t - nT) \qquad (4.1.12)$$

Es sei darauf hingewiesen, daß der Delay–Operator hier im Zeitbereich definiert ist. In der Literatur zur Signalverarbeitung werden derartige Delay–Operatoren meist über die Z–Transformierte beschrieben.

$$f(t) \quad \bullet\!\!-\!\!\circ \quad F(z)$$
$$f(t - n) \quad \bullet\!\!-\!\!\circ \quad z^{-n}\,F(z) \qquad (4.1.13)$$

Es wird dabei die Taktperiode auf 1 normiert und die Delay–Operation entspricht dann dem Produkt mit z^{-1}. Beide Beschreibungsformen der Delay–Operation in getakteten Systemen werden hier nebeneinander verwendet.

Mit dem definierten Delay–Operator gilt für einen Funktionsblock mit 2 Eingangsvariablen x_1, x_2 der Zusammenhang

$$f(t) = f(x_1(t), x_2(t))$$
$$y(t) = D[f(t)] = f(t - T) \qquad (4.1.14)$$

wobei y das Ergebnissignal am Ausgang des Übernahme–FFs ist (Bild 4.1.6). Es ist offensichtlich, daß die Distributivität von Funktionsoperation und Delay–Operation gilt, d.h.

$$D[f(x_1(t),\ x_2(t))] = f(D[x_1(t)], D[x_2(t)])$$
$$= f(x_1(t - T), x_2(t - T)) \qquad (4.1.15)$$

Dies bedeutet, daß in einem getakteten System die Verzögerung des Ergebnisses durch ein D–FF die gleiche Wirkung hat, wie die Verzögerung der Argumente. Wie in Bild 4.1.6 gezeigt kann dies als ein Delay–Transfer vom Ausgang zum Eingang und umgekehrt beschrieben werden. Der Delay–Transfer kann formal auch als Addition und Subtraktion von Verzögerungszeiten T behandelt werden [60]. Wird bei dem linken Teil von Bild 4.1.6 am Ausgang T subtrahiert und am Eingang T addiert, so erhält man den rechten Teil von Bild 4.1.6.

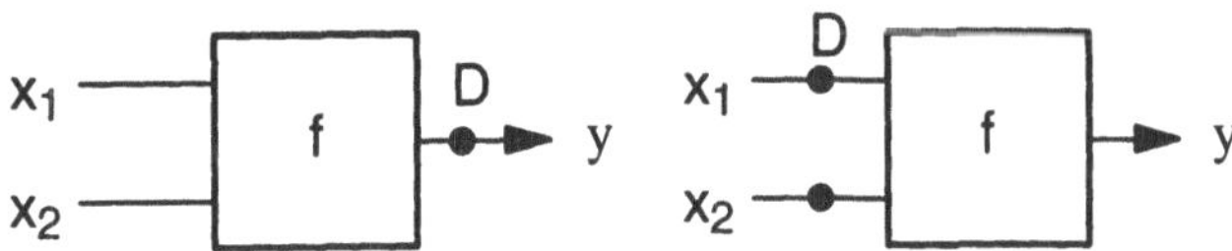

Bild 4.1.6: Delay–Transfer zwischen Ausgang und Eingang

Neben dem Delay–Transfer ist die Zeitskalierung eine wichtige Maßnahme bei der Gewinnung von Pipeline–Architekturen [61]. Durch Überabtastung mit einem ganzzahligen Faktor n kann ein Verzögerungsintervall T in mehrfache Verzögerungen in einem mit dem Faktor n skalierten System umgewandelt werden.

$$T = n\, T' \qquad (4.1.16)$$

Dies bedeutet jedoch auch, daß ein D–FF in dem ursprünglichen System in n D–FFs in einem System mit n–facher Überabtastung verwandelt werden kann. Wie in Bild 4.1.7 gezeigt, können die beiden Regeln Delay–Transfer und Skalierung kombiniert werden.

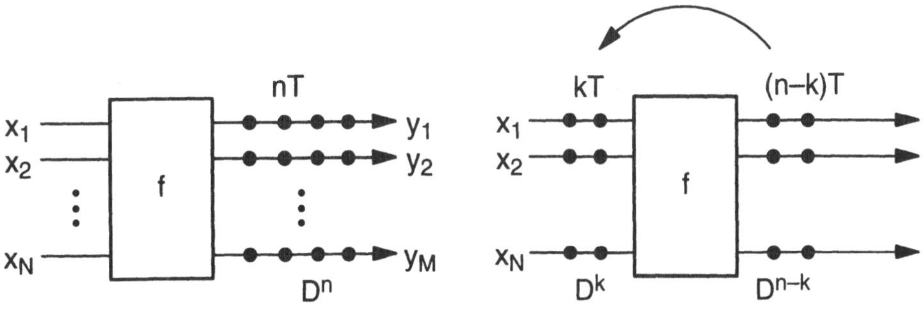

Bild 4.1.7: Verallgemeinerter Delay–Transfer.
D^n n–facher Delayoperator, nT zugehörige Verzögerungszeit

Im Bild 4.1.6 und im Bild 4.1.7 wurde das Funktionsmodul durch einen einheitlichen Block charakterisiert. Dieser Block kann sich nun, wie in Bild 4.1.8 angedeutet, aus einem Netzwerk von mehreren Teilfunktionsblöcken (Prozessorelementen) zusammensetzen.

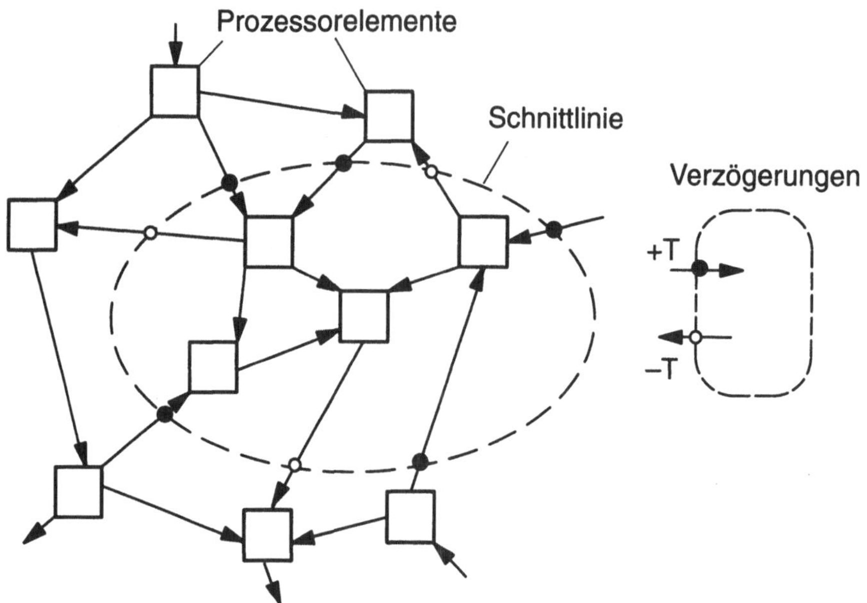

Bild 4.1.8:   Darstellung der Cut–Set–Methode. Wirkungsneutrale Einfügung von Delays an der Schnittlinie einer Trennmenge von Prozessorelementen

Eine Schnittlinie (engl. cut) trennt die Menge der Prozessorelemente. Die Anwendung des Delay–Transfers kann nun so erfolgen, daß alle auf die Menge zuführenden Pfade ein zusätzliches positives Delay ($+T$) und alle wegführenden Pfade ein zusätzliches negatives Delay ($-T$) erhalten. Diese Methode wird im Englischen als "cut–set procedure" bezeichnet. Die Cut–Set–Methode führt dazu, daß trotz der Delay–Transfers nach außen hin das System das gleiche Verhalten zeigt [61]. Negative Verzögerungen gibt es nicht. Daher müssen im Regelfall die negativen Verzögerungen durch in Prozessorelementen vorhandene Verzögerungen kompensiert werden. Am Eingang und Ausgang eines Systems können negative Verzögerungen speziell behandelt werden. Eine Verzögerung ($-nT$) am Eingang kann durch eine um n Takte frühere Datenzufuhr realisiert werden. Eine Verzögerung ($-nT$) am Ausgang kann weggelassen werden. Dies führt zu einer Verzögerung von n Takten. Letztlich führt das Weglassen der negativen Verzögerungen am Eingang bzw. Ausgang zu einer Erhöhung der Latenzzeit eines Systems. Dieser Zusammenhang ist in Bild 4.1.9 gezeigt.

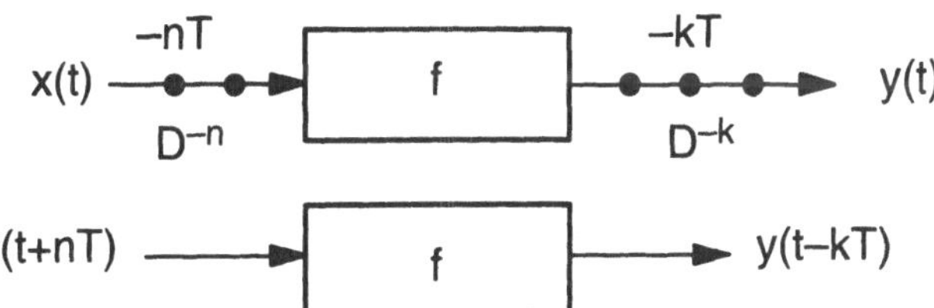

Bild 4.1.9: Elimination negativer Verzögerungen am Eingang und Ausgang von Funktionsblöcken

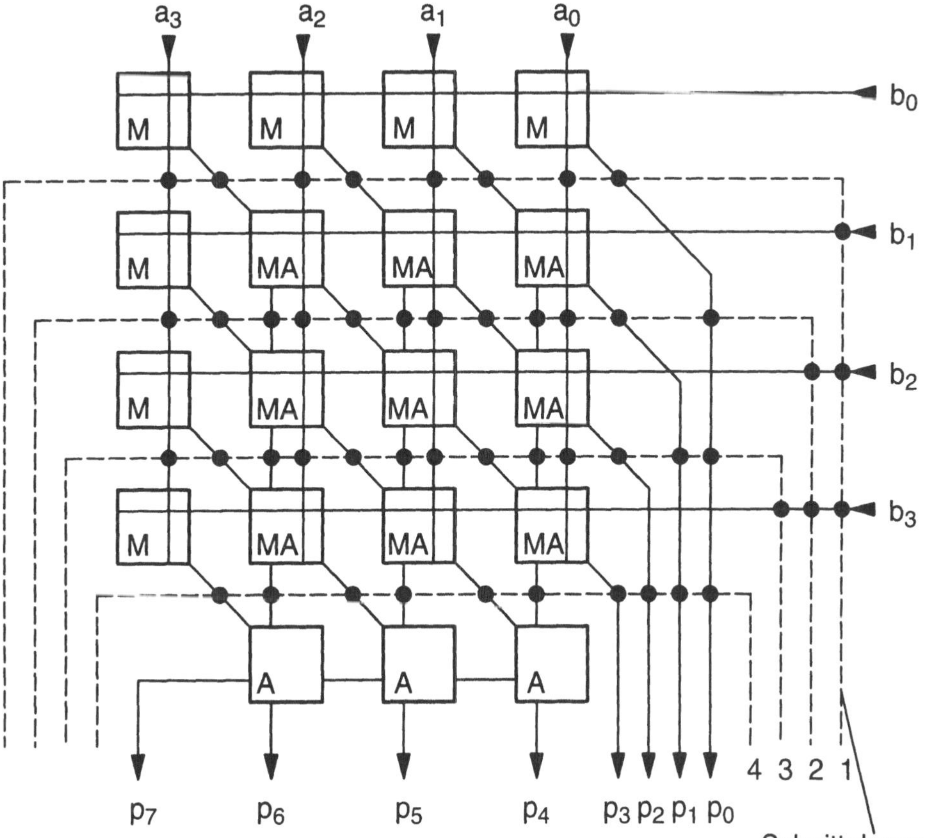

Bild 4.1.10: Bildung von Pipeline–Stufen mit der Cut–Set–Methode am Beispiel eines 4 · 4 bit Carry–Save–Array–Multiplizierers

In vielen Fällen wird bei der Cut–Set–Methode der Delay–Transfer mit der Zeitskalierung kombiniert [61]. Hierbei werden dann anstatt $+T$ bzw. $-T$ Bruchteile von T beispielsweise kT' mit $0 < kT' < T$ addiert bzw. subtrahiert. Das so gewonnene System muß in einem Überabtastmode betrieben werden.

Die erläuterte Cut–Set–Methode soll an zwei Beispielen angewandt werden.

In Bild 4.1.10 ist die Cut–Set–Methode für das Beispiel eines $4 \cdot 4$ bit Carry–Save–Array–Multiplizierers gezeigt. Das Array ist abweichend zu Bild 3.3.5 nicht in Rautenform, sondern in Rechteckform gebildet. Die Prozessorzellen vom Typ M sind $1 \cdot 1$ bit Multiplizierer und die vom Typ A sind Addiererzellen (Voll– bzw. Halb-addierer). Die Prozessorzelle vom Typ MA ist die Kombination von beiden. Die Schnittebenen sind so gewählt, daß das Array horizontal geschnitten wird und die Schnittebenen zum Ausgang hin geschlossen werden. Alle Signalübergänge an den Schnittebenen im Array haben die gleiche Richtung. Hier werden D–FFs eingefügt. Die Produktleitungen am Ausgang sind entsprechend der Anzahl der Schnittebenen verzögert. Es ist zu beachten, daß auch die Operandenbits durch D–FFs verzögert werden.

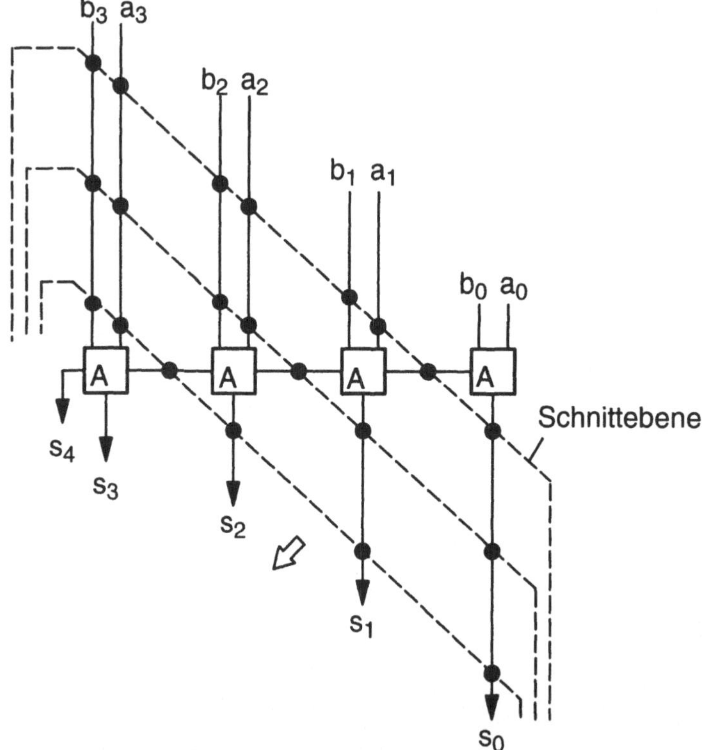

Bild 4.1.11:   Bildung von Pipeline–Stufen mit der Cut–Set–Methode am Beispiel eines 4 bit Carry–Ripple–Addierers

In Bild 4.1.11 ist gezeigt wie bei einem Carry–Ripple–Addierer D–FFs zum Pipelining eingefügt werden. Der zeitkritische Pfad läuft den Übertragspfad entlang. Deshalb müssen hier FFs eingefügt werden. Die Cut–Set–Methode zeigt jedoch, daß auch die zugeführten Operanden und die Summenbits verzögert werden müssen. Damit Übertragsbit und Operandenbits zeitgleich bei einer Addiererzelle eintreffen, ist eine entsprechende Verzögerung der Operandenbits erforderlich (Pre–Skewing). Damit alle Summenbits zeitgleich an eine nachfolgende Einheit übergeben werden, sind frühzeitig ermittelte Summenbits zu verzögern (De–Skewing). Die Cut–Set–Methode zeichnet sich durch eine elegante automatische Ermittlung der erforderlichen Verzögerungen von Operandenbits und Ergebnisbits aus.

4.2 Effizienzvergleich

Die Optimierung von Architekturen hat die Erhöhung der Leistungsfähigkeit zum Ziel. Als Maß für die Leistungsfähigkeit wurde im vorigen Abschnitt die Durchsatzrate benannt. Die Bestimmung der Durchsatzrate ist häufig problematisch. Beispielsweise nimmt im Laufe der Signalverarbeitung die Wortbreite zu, so daß für den Vergleich von Architekturen eine spezielle Schnittstelle als Vergleichspunkt genommen werden muß, die allen gemeinsam ist. Hier bietet sich die Datenzufuhrrate oder die Ergebnisrate an. Für die Signalverarbeitung wird in vielen Fällen statt der Durchsatzrate R_T die Rechenleistung R_C in Operationen pro Zeiteinheit als Maß für Leistungsfähigkeit genommen. Es soll jedoch auch hier angemerkt werden, daß bei der Rechenleistung die zugrunde gelegte Wortbreite zu beachten ist. Es ist naheliegend, daß z.B. 8 bit und 32 bit Operationen von der Leistungsfähigkeit her nicht als gleich eingestuft werden können.

In synchron getakteten Systemen ist die Periodendauer T_{CLK} des Taktes eine Bezugsgröße zur Bestimmung sowohl von der Rechenleistung als auch von der Durchsatzrate. Für die Rechenleistung gilt

$$R_C = \frac{n_{OP}}{T_{CLK}} \tag{4.2.1}$$

mit n_{OP} als Anzahl der im Zeitintervall T_{CLK} durchgeführten Operationen. Für die Datendurchsatzrate gilt

$$R_T = \frac{n_S}{T_{CLK}} \tag{4.2.2}$$

mit n_S als Anzahl der im Zeitintervall T_{CLK} parallel zu–bzw. abgeführten Abtastwerte. Die Durchsatzrate wird dann in Abtastwerten je Sekunde angegeben. Zur Angabe in bit/s muß dieser Wert mit der Anzahl der Bits je Abtastwert multipliziert werden. Aufgrund der gemeinsamen Bezugsgröße T_{CLK} gilt vielfach die Proportionalität zwischen Rechenleistung und Durchsatzrate.

$$R_C = \frac{n_{OP}}{n_S} \, R_T \tag{4.2.3}$$

Der Proportionalitätsfaktor zwischen Rechenleistung R_C und Durchsatzrate R_T ist die Anzahl der Operationen je Abtastwert. Als ein Maß für die Effizienz einer Architektur ist das Verhältnis von Leistungsfähigkeit zu Aufwand eine sinnvolle Größe [62], [16]. Bei integrierten Schaltungen repräsentiert die Siliziumfläche ein Maß für den Aufwand. Nach (2.3.1) ist wiederum die Siliziumfläche näherungsweise proportional zur Transistorzahl. Aufgrund der vorstehenden Aussage wird hier die Effizienz einer Architektur wie folgt definiert

$$\eta_T = \frac{R_T}{A_{si}}$$
$$\eta_C = \frac{R_C}{A_{si}} \tag{4.2.4}$$

Sofern die Proportionalität nach (4.2.3) gilt, führt eine Optimierung der Effizienzen η_T und η_C auf die gleiche Lösung. In diesen Fällen kann auf eine Unterscheidung verzichtet werden. Aus (4.2.1), (4.2.2) und (4.2.4) folgt

$$\eta \sim \frac{1}{A_{si}\, T_{CLK}} \tag{4.2.5}$$

Dies führt zu dem vielfach benutzten AT–Produkt [62], [16]. Je kleiner das AT–Produkt ist umso größer ist die Effizienz. Es sollen nun Effizienzvergleiche für einige Grundstrukturen durchgeführt werden. Sofern es eindeutig ist, wird zur Vereinfachung der Darstellung der Index CLK bei der Periodendauer des Taktes weggelassen.

Es soll zunächst die parallele Implementierung von gleichen Funktionsmodulen nach Bild 4.1.3 für verschiedene Parallelitäten N verglichen werden. Nachfolgend ist die Indizierung so gewählt, daß der Index 1 für das ursprüngliche System mit der Parallelität 1 gilt, der Index N gibt die N–fache Parallelität an. Die Durchsatzrate nimmt entsprechend (4.1.5) proportional zu N zu. Bei der Siliziumfläche sind Zusatzflächen A_Z für Datenverteilung und Datenzusammenführung zu berücksichtigen. Unter der Annahme, daß die Zusatzflächen proportional zum über 1 hinausgehenden Parallelitätsgrad sind, gilt

$$A_N = NA_1 + (N-1)\, A_Z$$
$$= A_1 \left[N + (N-1)\frac{A_Z}{A_1} \right] \tag{4.2.6}$$

Durch Kombination der beiden Beziehungen (4.1.5) und (4.2.6) folgt für die Effizienz in Abhängigkeit der Parallelität N

$$\eta_N = \eta_1 \frac{1}{1 + \left(1 - \frac{1}{N}\right)\frac{A_Z}{A_1}} \tag{4.2.7}$$

Somit wird die Effizienz durch Parallelverarbeitung nicht verbessert, sondern, falls Zusatzaufwendungen für Datenverteilung und Datenzusammenführung erforderlich sind, sogar verschlechtert.

Bei einer Pipeline–Struktur nach Bild 4.1.5 muß der Einfluß der Pipeline–Register sowohl auf die Verzögerungszeit als auch die Fläche berücksichtigt werden. Wird die Gesamtfunktion derartig in Teilfunktionen aufgeteilt, daß jede die gleiche Verzögerung aufweist, so folgt für die maßgebende Zeit zur Bestimmung der Durchsatzrate

$$T_N = \frac{T_1 - T_{D,REG}}{N} + T_{D,REG}$$
$$= \frac{T_1}{N}\left[1 + (N - 1)\frac{T_{D,REG}}{T_1}\right] \qquad (4.2.8)$$

In diesem Fall deutet der Index 1 auf die Realisierung mit 1 abschließenden Register hin, der Index N gilt für eine Realisierung mit N Pipeline–Stufen. Die Flächenaufwendungen erhöhen sich bei N Pipelinestufen durch die zusätzlich erforderlichen Pipeline–Register. Es folgt

$$A_N = A_1 + (N - 1)\, A_{REG}$$
$$= A_1\left[1 + (N - 1)\frac{A_{REG}}{A_1}\right] \qquad (4.2.9)$$

Aus den beiden Beziehungen (4.2.8) und (4.2.9) wird für die Effizienz die nachfolgende Beziehung abgeleitet.

$$\eta_N = \eta_1 \frac{N}{\left[1 + (N - 1)\frac{A_{REG}}{A_1}\right]\left[1 + (N - 1)\frac{T_{D,REG}}{T_1}\right]} \qquad (4.2.10)$$

Das Ergebnis zeigt, daß die Effizienz um den Faktor N zunimmt, solange N nicht zu groß ist und solange die Beiträge der Pipeline–Register zu der Fläche und der Verzögerung unbedeutend sind. Für sehr große N sinkt die Effizienz gegen Null. Durch die Ableitung nach N wird als optimaler Wert

$$N_{opt} = \sqrt{\frac{\left(1 - \frac{A_{REG}}{A_1}\right)\left(1 - \frac{T_{D,REG}}{T_1}\right)}{\frac{A_{REG}\, T_{D,REG}}{A_1\, T_1}}} \qquad (4.2.11)$$

ermittelt. Im allgemeinen sind die Beiträge eines Pipeline–Registers zu der Fläche und der Verzögerungszeit erheblich geringer als die Beiträge des Funktionsblocks. In diesem Fall ist N_{opt} und auch η_{Nopt} deutlich größer als 1.

Aus den bisherigen Aussagen kann nicht ohne weiteres geschlossen werden, ob die Parallelverarbeitung oder das Pipelining zu bevorzugen ist. Zum Vergleich beider Ansätze wird die Durchsatzrate als Funktion der Flächenaufwendungen in einem Diagramm dargestellt. Die Beziehung (4.1.5) und (4.2.6) stellen die gewünschte Abhängigkeit dar, jedoch in einer Parameterdarstellung mit der Parallelität N als Parameter. Ähnliches gilt auch für die Beziehungen (4.2.8) und (4.2.9). Nach Elimination des Parameters N erhält man die gewünschte Funktion. Diese ist für spezielle Parameterwerte in Bild 4.2.1 dargestellt. Auf ähnliche Art läßt sich die Effizienz anstatt der Abhängigkeit von N in eine Abhängigkeit der Flächenaufwendungen ausdrücken. Hierzu ist es erforderlich, die Beziehungen (4.2.6) und (4.2.7) bzw. (4.2.9) und (4.2.10) zu kombinieren und den Parameter N zu entfernen. In Bild 4.2.2 ist diese Abhängigkeit für spezielle Parameter dargestellt.

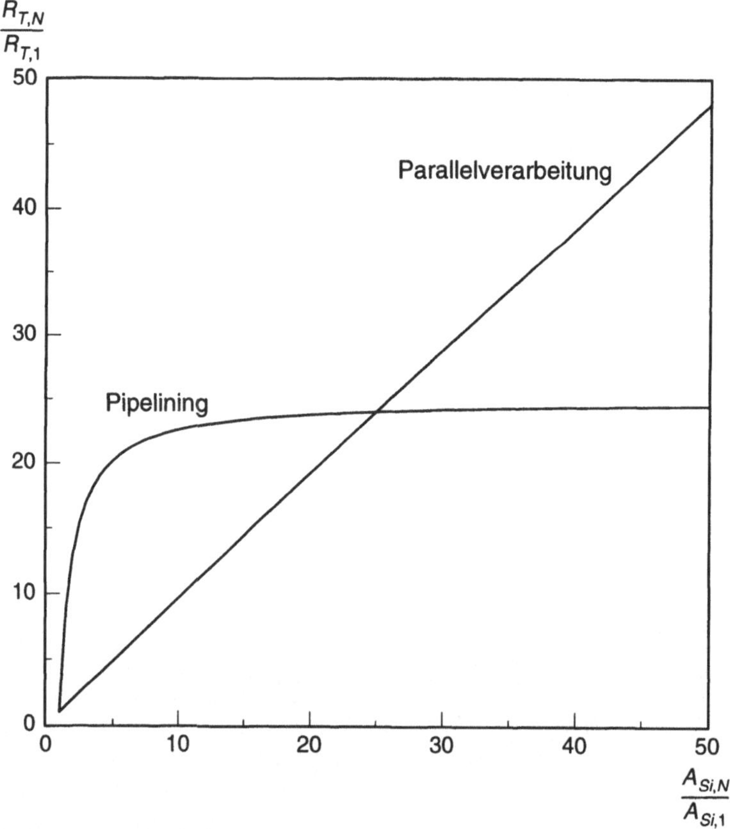

Bild 4.2.1:   Durchsatzrate als Funktion der Flächenaufwendungen für Parallelverarbeitung und Pipelining.
Parameter: $A_z/A_1 = T_{REG}/T_1 = A_{REG}/A_1 = 0{,}04$

Aus dem Bild 4.2.1 kann entnommen werden, daß bei der Parallelverarbeitung praktisch ein linearer Zusammenhang zwischen Durchsatzrate und Siliziumfläche besteht. Dies ist dadurch zu erklären, daß mit jeder zusätzlichen Einheit auch entsprechend die Durchsatzrate erhöht wird. Beim Pipelining ist anfänglich eine große Zunahme der Durchsatzrate. Geringe zusätzliche Aufwendungen für Pipeline–Register führen auf deutliche Erhöhungen der Durchsatzrate. Bei einer großen Zahl von Pipeline–Stufen dominiert die Verzögerung der Pipeline–Register die Durchsatzrate, d.h. es tritt ein Sättigungsverhalten ein.

Aus dem Verhalten Durchsatzrate als Funktion der Fläche kann auch auf die Effizienz geschlossen werden. Durch Anwendung des totalen Differentials auf (4.2.4) kann abgeleitet werden, daß

$$\frac{d\eta}{\eta} = \frac{dR_T}{R_T} - \frac{dA_{Si}}{A_{Si}} \tag{4.2.12}$$

gilt. Dies bedeutet, daß die Effizienz solange zunimmt wie die relative Änderung an Durchsatzrate größer als die relative Änderung der Siliziumfläche ist. Für das Beispiel aus Bild 4.2.1 ist in Bild 4.2.2 Effizienzverlauf gezeigt. Das Pipelining zeigt für kleine Flächenzunahmen (geringe Zahl von Pipeline–Stufen) deutliche Effizienzgewinne. Bei großen Flächenaufwendungen (große Zahl von Pipeline–Stufen) tritt aufgrund des Sättigungsverhaltens der Durchsatzrate eine Abnahme der Effizienz ein. Aus dem Bild ist auch erkennbar, daß die Parallelverarbeitung zu keiner Effizienzverbesserung führen kann, da eine Erhöhung der Durchsatzrate mit entsprechenden Vergrößerungen der Siliziumfläche gekoppelt ist. Als Ergebnis kann aus der Modellberechnung geschlossen werden, daß für moderate Erhöhungen der Durchsatzrate Pipelining zu bevorzugen ist, während für sehr extreme Erhöhungen der Durchsatzrate Parallelverarbeitung besser ist. Es ist einleuchtend, daß durch Kombination von Pipelining und Parallelverarbeitung die beste Lösung für sehr hohe Durchsatzraten erhalten wird.

Die vorherigen Aussagen setzen voraus, daß die Gesamtverzögerung durch das Einziehen von Pipeline–Stufen gleichförmig aufgeteilt wird. Dies ist in realen Systemen nicht immer möglich. Ferner sind bei Systemrealisierungen noch weitere Aspekte wie Steuerungsaufwand, Latenzzeit u.a. zu beachten. Dies verändert häufig die Aussage. Über die Effektivität von Parallelverarbeitung und Pipelining digitaler Systeme existieren viele Literaturstellen. Stellvertretend seien hier zwei Literaturangaben gemacht [63], [64]. Die hier verwendete Definition von Effektivität soll nun auf einige Architekturbeispiele aus dem Kapitel 3 angewandt werden.

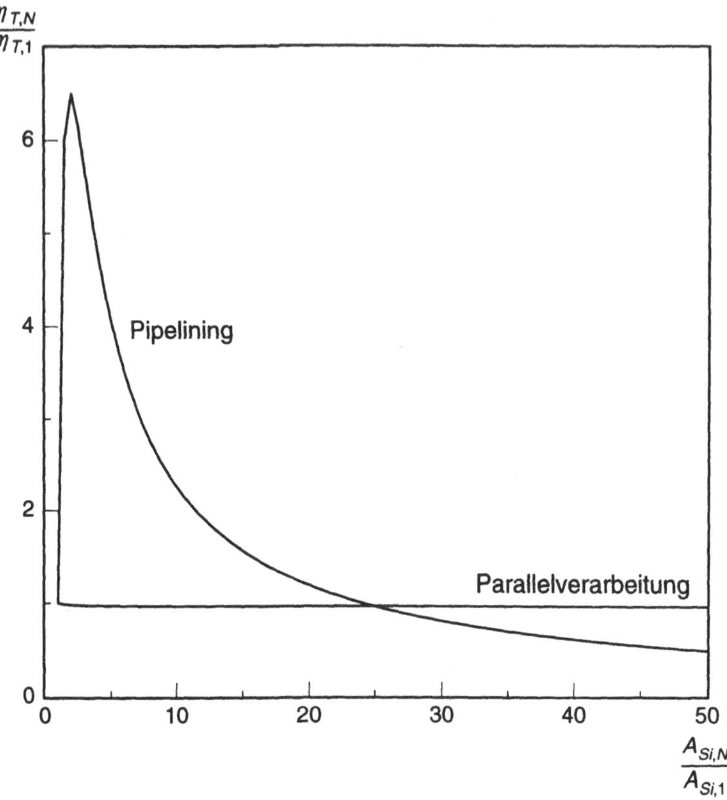

Bild 4.2.2:   Effizienz als Funktion der Flächenaufwendungen für Parallelverarbeitung und Pipelining
Parameter: $A_z/A_1 = T_{REG}/T_1 = A_{REG}/A_1 = 0{,}04$

Zunächst wird eine bitserielle Addition (Bild 3.2.5) und eine bitparallele Addition (Bild 3.2.1) gegenübergestellt. Bei der Realisierung eines VA nach Bild 3.2.10 werden 24 Transistoren benötigt. Bei Verwendung dynamischer D–FFs (8 Transistoren) benötigt die bitserielle Addition 52 Transistoren und die bitparallele Addition $32n$ Transistoren. Der Flächenaufwand der bitseriellen Addition ist somit in etwa mit einem Faktor $1{,}6/n$ geringer. Die Zahl 1,6 resultiert aus einem Zusatzaufwand von 2 D–FFs und einem NOR2–Gatter für die bitserielle Addiererzelle. Ferner ist zu beachten, daß bei der Verzögerung im Falle der bitseriellen Addition der langsamere Summenpfad und im Falle der bitparallelen Addition der günstigere Übertragspfad maßgebend ist. Einschließlich der Verzögerungszeiten für die D–FFs beträgt die Verzögerungszeit der bitseriellen Addition je Bit $44{,}6\,\tau_L$. Für die bitparallele Addition ergibt sich mit (3.2.19) die Verzögerungszeit $(13n + 35{,}6)\tau_L$. Als Verhältnis der Effizienz beider Addiererstrukturen ergibt sich daher

$$\eta_{ADD,ser} \approx (0,18n + 0,5)\, \eta_{ADD,par} \qquad (4.2.13)$$

Aufgrund der günstigeren Effizienz für $n > 3$ sollte daher an sich die Addition bitseriell und nicht bitparallel realisiert werden. In der Praxis wird abweichend von dem Effizienzergebnis eine bitparallele Realisierung bevorzugt. Einer der Gründe hierzu ist der größere Steuerungsaufwand der bitseriellen Signalverarbeitung, wenn mehrere Signalverarbeitungsmodule vernetzt werden.

Es ist weiterhin von Interesse, ob die hierarchischen Addiererstrukturen auch effizienter sind. Dies würde bedeuten, daß die Zusatzaufwendungen der hierarchischen Strukturen geringer sind als die Gewinne in Verringerung der Verzögerungszeit. Aus dem AT–Produkt der Ergebnisse in dem Abschnitt 3.2.4 wird abgeleitet, daß für Wortbreiten größer als 16 bit die hierarchischen Strukturen effizienter als die Bitslice–Strukturen (TG–Adder) sind.

Ferner soll eine Multiplizierrealisierung in sequentieller ADD/Shift–Technik (Bild 3.3.10) mit einem Braun–Array–Multiplizierer bezüglich der Effizienz verglichen werden. Stark vereinfacht hat der Arraymultiplizierer einen um n größeren Hardwareaufwand und eine entsprechend dem Faktor $3/n$ verringerte Verzögerungszeit. Die sequentielle Technik sollte daher effizienter sein. Eine genauere Analyse des AT–Produktes zeigt, daß die sequentielle Technik nur für $n > 8$ bit günstiger ist.

Das Ergebnis der letzten Betrachtungen zeigt, daß die in Kap. 3.2 und 3.3 abgeleiteten schnellen Architekturen in ihrer gezeigten Struktur in den meisten Fällen keine sehr effizienten Lösungen repräsentieren. Sie sind nur bezüglich der Verzögerungszeit optimiert. Jedoch kann aufgrund der allgemeinen Betrachtungen über das Pipelining (4.2.10) eine Verbesserung der Effizienz vielfach durch Pipelining erreicht werden. Hierzu soll zunächst der Carry–Ripple–Addierer (Bild 4.1.11) betrachtet werden.

Für den Addierer ohne Pipelining gelte

$$T_1 = n\,T_{D,VA} + \Delta T_{D,VA} + T_{D,FF}$$
$$A_1 = n\,(A_{VA} + A_{FF}) \qquad (4.2.14)$$

In dieser Beziehung ist $T_{D,VA}$ die Verzögerungszeit eines Volladdierers im Übertragspfad, $\Delta T_{D,VA}$ der von n unabhängige Teil der Verzögerung eines n–bit Addierers (s.(3.2.19)) und $T_{D,FF}$ die Verzögerungszeit eines D–FFs. Die Zeit $\Delta T_{D,VA}$ entsteht durch die Differenz von $T_{D,VA,ac} - T_{D,VA,cc}$. Die Größen A_{VA}, A_{FF} repräsentieren die entsprechenden Siliziumflächen.

Es sei angenommen, daß n eine Zweierpotenz ist und durch fortlaufende Halbierung des Übertragspfades Pipelinestufen nach Bild 4.1.1 eingezogen werden. Bei Aufteilung des Addierers in k Abschnitte gilt

$$T_k = \frac{1}{k} T_1 + \left(1 - \frac{1}{k}\right)(\Delta T_{D,VA} + T_{D,FF})$$

$$A_k = A_1 + \frac{3}{2} n \, (k - 1) \, A_{FF} \tag{4.2.15}$$

Der zweite Term stellt jeweils die zusätzlichen Beiträge der Pipelineregister dar. Der Faktor 3/2 kommt von der doppelten Zahl von Zuleitungen. Eine Optimierung des AT–Produktes führt auf folgenden günstigsten Wert von k.

$$k_{opt}^2 = n \frac{T_{D,VA}}{\Delta T_{D,VA} + T_{D,FF}} \cdot \frac{2 A_{VA} - A_{FF}}{3 A_{FF}} \tag{4.2.16}$$

Durch Einsetzen der Transistorzahlen und unter Berücksichtigung der mit dem Verzögerungsmodell ermittelten Verzögerungszeiten gilt näherungsweise die Beziehung

$$k_{opt} \approx 0,8 \sqrt{n} \tag{4.2.17}$$

Dies bedeutet, daß die höchste Effizienz aufgrund der Beiträge der Pipeline–Register deutlich unterhalb des vollständigen Pipelinings liegt. Das vollständige Pipelining ist folglich bei Addierern nur anzustreben, wenn eine maximal erreichbare Durchsatzrate das Ziel ist.

Als komplexeres Beispiel soll nun der Carry–Save–Array–Multiplizierer (Bild 4.1.10) betrachtet werden. Die Durchsatzrate wird nach (4.1.4) von der maximalen Verzögerungszeit zwischen zwei D–FFs bestimmt. Im Falle des Beispiels nach Bild 4.1.10 dominiert der abschließende Carry–Ripple–Addierer die Verzögerungszeit und damit die Durchsatzrate. Da der Carry–Ripple–Addierer allein in etwa 1/3 der Verzögerungszeit eines Carry–Save–Array–Multiplizierers verursacht, sollte das Array durch zwei Schnittebenen in 3 Bereiche mit etwa gleichen Verzögerungszeiten aufgeteilt werden. Bei zwei Pipelinestufen sind die Beiträge der Pipeline–Register untergeordnet und die Effizienz beträgt fast $3\eta_1$. Eine weitere Verbesserung ist nur möglich, wenn sowohl in das Carry–Save–Addierer–Array als auch in den abschließenden Carry–Ripple–Addierer Pipeline–Register eingezogen werden. In dem Carry–Ripple–Addierer müssen also wie in Bild 4.1.11 gezeigt D–FFs für Pre–Skewing und De–Skewing berücksichtigt werden. Durch die Registeraufwendungen wird die Effizienzzunahme zwar gedämpft, jedoch wird im Falle des Multiplizierers durch Einfügen weiterer Pipelinestufen noch eine Effizienzzunahme erreicht. Wenn letztlich in jede horizontale Ebene des Carry–Save–Addierer–Arrays (s. Bild 4.1.10) ein Pipeline–Register eingezogen wird, enthält der gesamte Multiplizierer $1,5n$ Pipeline–Stufen, im Carry–Save–Array n und im abschließenden Carry–Ripple–Addierer $0,5n$ Stufen. Die Flächenaufwendungen für alle D–FFs sind dann in der gleichen Größenordnung wie die Aufwendungen für Multiplizierer– und Addiererzellen, d.h.

$$A_k \approx 2A_1 \qquad k = 1{,}5\,n \qquad\qquad (4.2.18)$$

Die Verzögerung eines dynamischen D–FFs ist in etwa halb so groß wie die Verzögerung eines Volladdierers zwischen Eingang und Summenausgang. Die Verzögerung des kompletten Multiplizierers (T_1) ist in etwa das $3n$–fache der Verzögerung $T_{D,VA,cc}$ des Volladdierers in Übertragsrichtung. Das 3fache von $T_{D,VA,cc}$ ist die Verzögerung $T_{D,VA,as}$ des Volladdierers zuzüglich der Registerverzögerung $T_{D,FF}$. Somit beträgt

$$T_k \approx \frac{3}{3n}T_1 = \frac{T_1}{n} \qquad k = 1{,}5\,n \qquad\qquad (4.2.19)$$

Für die Effizienz des Multiplizierers mit $k = 1{,}5n$ Pipelinestufen folgt

$$\eta_k = \frac{n}{2}\eta_1 \qquad k = 1{,}5\,n \qquad\qquad (4.2.20)$$

Im Vergleich zum linearen Zuwachs ist die Effizienz bereits um den Faktor 1/3 gedämpft. Dieses Beispiel zeigt, daß bei der Effizienz eine Gesamtanordnung betrachtet werden muß. Ein Carry–Ripple–Addierer allein hat bereits nach Einzug einiger Pipelinestufen das Effizienzmaximum überschritten. Im Zusammenhang mit der Multipliziereranordnung wird das Maximum der Effizienz erst beim vollständigen Pipelining erreicht.

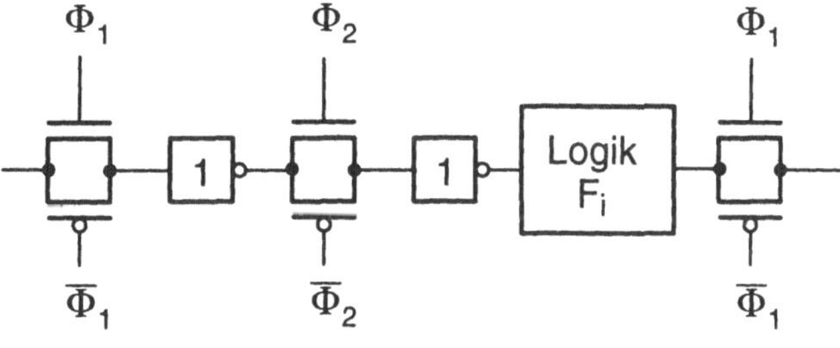

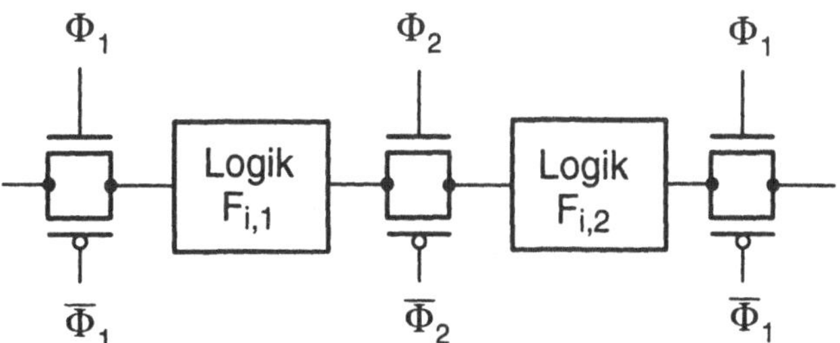

Bild 4.2.3: Reduktion des Aufwands für Taktung durch Aufteilung eines Logikfunktionsblocks

Die Effizienzgewinne durch Pipelining sind um so größer, je geringer die Beiträge der Pipeline–Register zu der Siliziumfläche und zur Verzögerungszeit sind. Durch den Übergang vom quasistatischen D–FF (Bild 2.2.13) mit 16 Transistoren zum dynamischen D–FF (Bild 4.1.1) mit 8 Transistoren wird folglich das Pipelining effizienter. Durch Aufteilung von kombinatorischer Logik (Bild 4.2.3) kann gezeigt werden, daß letztlich das D–FF auf zwei Transmission–Gates reduziert werden kann [17]. Die so reduzierten Pipelinestufen haben deutliche Vorteile bezüglich der Siliziumfläche und der Verzögerungszeit.

Ein spezieller Aspekt zur Gewinnung der Schnittebenen soll noch diskutiert werden. Die maximale Verzögerung zwischen zwei Schnittebenen bestimmt die Durchsatzrate. Diese Verzögerung wird gering, wenn die Schnittebenen gleichzeitig äquitemporale Ebenen des Arrays sind. Im Fall des Carry–Save–Array–Multiplizierers war die horizontale Schnittebene gleichzeitig äquitemporale Ebene der Verzögerung und somit günstig. Dies gilt nicht für den abschließenden Carry–Ripple–Addierer, und daher ist hier die Schnittebene anders zu legen. Für einen Carry–Ripple–Array–Multiplizierer ist eine horizontale Schnittebene nicht günstig, da die Ebene konstanter Verzögerung schräg durch das Array läuft. Bild 4.2.4 soll dies beispielhaft verdeutlichen. Die maximale Verzögerung zwischen zwei Ebenen ist hier größer als die maximale Verzögerung geteilt durch die Anzahl der Schnittebenen. In dem Bild gilt eine maximale Verzögerung ohne Pipelining von 5τ. Nach Einzug von 2 Pipelinestufen beträgt die maximale Verzögerung 3τ. Dies bedeutet, daß das Pipelining in diesem Fall nicht die erwartete Effizienz liefert. Werden beispielsweise in einem Carry–Ripple–Array–Multiplizierer $n-1$ horizontal orientierte Pipelinestufen eingezogen, so wird trotzdem die Durchsatzrate nur mit einem Faktor von ca. 4 erhöht. Schräge Schnitte entsprechend äquitemporaler Ebenen sind hierbei effizienter.

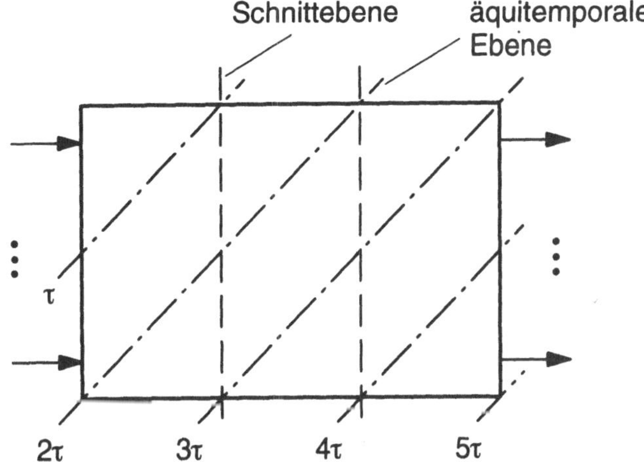

Bild 4.2.4:   Beispiel mit zueinander schräg liegenden äquitemporalen Ebenen und Schnittebenen zum Einziehen von Pipelineregister.

4.3 Aufgaben

1. Es ist der Einsatz von Pipeline–Registern in hierarchischen Addiererstufen zu untersuchen.

    a. In einem Binary–Lookahead–Carry–Addierer sind Pipeline–Stufen einzuziehen. Die Anzahl der erforderlichen D–FFs für ein vollständiges Pipelining ist gesucht, d.h. zwischen allen in Abschnitt 3.2.4 aufgeführten Teilmodulen werden D–FFs eingefügt. Selbst wenn möglich, wird innerhalb der Teilmodule keine Pipelinestufe eingezogen. Die die Durchsatzrate bestimmenden Verzögerungsanteile sind durch eine Laufzeitabschätzung der Teilmodule zu ermitteln.

    b. Entsprechend a. ist ein Conditional–Sum Addierer zu untersuchen.

    c. Die Ergebnisse von a. und b. sind mit denen eines Carry–Ripple–Addierers zu vergleichen (Bild 4.1.11). Überschlägig ist ein Effizienzvergleich durchzuführen und anzugeben, ob für hierarchische Addiererstrukturen ein extensives Pipelining zweckmäßig ist.

2. Für die zwei Akkumulatorstrukturen nach Bild 3.2.22 ist ein Effizienzvergleich durchzuführen.

    a. Der Transistoraufwand der Akkumulatoren in Abhängigkeit der Wortbreite m und der Anzahl N der Additionen A_k ist zu berechnen. Die CPA–Addierer sollen als Carry–Ripple–Addierer mit 26 Transistoren je Volladdierer realisiert werden.

b.   Die Gesamtrechenzeit der Akkumulatoren ist ebenfalls in Abhängigkeit von m und N zu ermitteln. Die Verzögerung eines Volladdierers vom Operandeneingang zum Summenausgang bzw. Carry–Ausgang sei $T_{D,VA}$. Für die Verzögerungen vom Carry–Eingang zu den Ausgängen sowie für ein D–FF wird die Verzögerungszeit $T_{D,VA}/2$ angenommen.

c.   Aus den Ergebnissen a. und b. sind nun die Effizienzwerte zu berechnen. Es ist festzustellen, ab welcher Wortbreite m und Anzahl N der CSA–Akkumulator die effizientere Implementierung ist.

3.   Die Durchsatzrate von Array–Multiplizierern soll durch Einsatz von Pipelining erhöht werden.

a.   Zunächst ist ein Booth–Array–Multiplizierer zu untersuchen. Unter den vereinfachenden Annahmen konstanter Verzögerungszeiten $T_{D,VA}$ von Volladdierern und $T_{D,FF}$ von Registern, sind die Schnittebenen zur Erhöhung der Durchsatzrate für die Faktoren 2, 3 und 4 zu ermitteln.

b.   Die gleichen Untersuchungen sind für einen Pezaris–Array–Multiplizierer durchzuführen.

c.   Ein Effizienzvergleich für die beiden Array–Strukturen aus a. und b. ist vorzunehmen. Welche der beiden Strukturen sollte für einen Array–Multiplizierer eingesetzt werden ?

5 Array–Prozessorarchitekturen

In dem vorangegangenen Kapitel wurde gezeigt wie bei gegebenen Strukturen durch den Einsatz von Pipelining die Durchsatzrate der Signalverarbeitung erhöht werden kann. Es wurde ferner ein Effizienzmaß definiert, das den Quotienten aus Leistungsfähigkeit und Aufwand darstellt. Durch die Optimierung der Effizienz wird der Einsatz des Pipelining begrenzt, um eine hohe Durchsatzrate je Siliziumfläche zu erreichen. Wird jedoch eine hohe Durchsatzrate unabhängig von den Kosten (Siliziumfläche) angestrebt, so stellen Hardwarearchitekturen mit massiver Parallelverarbeitung und intensivem Pipelining optimale Lösungen dar.

Parallelverarbeitung und Pipelining kann auf der Basis programmierbarer und anwendungsspezifischer Prozessoren realisiert werden. Die Bezeichnung ist hier so gewählt, daß Systeme mit programmierbaren Prozessoren als Multiprozessorsysteme und Systeme mit anwendungsspezifischen Prozessoren als Array–Prozessoren bezeichnet werden. Zwei besondere Realisierungsformen von Array–Prozessoren sind systolische Arrays und Wavefront–Arrays [61]. In dem nachfolgenden Abschnitt werden Charakteristiken dieser beiden Realisierungen vorgestellt. Array–Prozessorarchitekturen sind anwendungsspezifisch, d.h. die Hardwarestrukturen sind an den speziellen Algorithmus angepaßt. Direkte Abbildungsverfahren zwischen Algorithmus und Architektur wurden hierfür entwickelt [61], [65]. Ausgangspunkt solcher Abbildungen ist eine Algorithmusbeschreibung. Daher werden alternative Algorithmusdarstellungen in einem nachfolgenden Abschnitt präsentiert. Anschließend folgt die Beschreibung eines speziellen Basisverfahrens zur Abbildung von Algorithmen auf Arrays. Es werden zunächst reguläre Algorithmen als Abhängigkeitsgraph formuliert. Diese Abhängigkeitsgraphen werden in Signalflußgraphen abgebildet und Signalflußgraphen können leicht in Arrayprozessoren überführt werden. In einem letzten Abschnitt werden Erweiterungen des Basisverfahrens vorgestellt.

5.1 Array–Prozessorrealisierungen

Array–Prozessoren sind Rechennetzwerke mit einer verteilten Speicherung der Daten und einer verteilten Anordnung der Prozessorelemente. Zur Erzielung einer hohen Durchsatzrate ist eine hohe Anzahl gleichzeitig durchgeführter Operationen erforderlich. Dies kann durch massiven Einsatz von Parallelverarbeitung und Pipelining erreicht werden. Kurze Verbindungsleitungen unterstützen eine hohe Durchsatzrate und sind daher zu bevorzugen. Um die Entwurfsaufwendungen gering zu halten, ist eine regelmäßige, modulare Struktur gewünscht, d.h. es existiert eine

Basisstruktur, die mehrfach wiederholt eingesetzt wird. Aufgrund dieser Überlegungen sollten Array–Prozessoren folgende Eigenschaften haben [61], [66], [67]:

- Parallelität

- Lokalität

- Regularität und Modularität

Die Parallelität betrifft nicht nur die Datenoperationen, sondern auch den Datentransfer. Unter Lokalität wird verstanden, daß nur Verbindungsleitungen zu direkt benachbarten Prozessorelementen bestehen. Der Begriff Regularität wird mit der Modularität kombiniert. Die Regularität soll sowohl die Anordnung und den internen Aufbau der Prozessorelemente als auch die Kommunikationsstruktur einschließen. Unter Prozessorelement wird hier eine Basisstruktur zur Durchführung der Operationen verstanden, die mehrfach wiederholend eingesetzt wird. Ein Prozessorelement kann sich somit auf die Realisierung nur einer Operation wie Addition oder Multiplikation beschränken, kann aber auch eine komplexe Zusammenschaltung mehrerer Operatoren mit zugehöriger Steuerung sein. Prozessorelement wird nachfolgend mit PE abgekürzt. Besteht das Array nur aus einem Typ von PE, so wird es als homogenes Array bezeichnet. Array–Prozessoren mit Lokalität und Regularität werden auch als zellulare Arrays bezeichnet.

Die prinzipielle Struktur eines Array–Prozessors ist in Bild 5.1.1 gezeigt. Es handelt sich um ein zweidimensionales (2D) Array. Eindimensionale Arrays (1D) werden häufig auch als lineare Arrays bezeichnet. Die örtliche Lokalität mit geometrisch kurzen Leitungen gleicher Länge wird bei Realisierungen mit VLSI–Chips oder mit Platinen nur für 1D– und 2D–Arrays ermöglicht. Durch besondere Aufbautechniken wie z.B. MCM (Multi–Chip–Module) sind prinzipiell auch 3D–Arrays mit örtlicher Lokalität denkbar. Im allgemeinen sind jedoch Arrays mit örtlicher Lokalität für Dimensionen größer als 2 nicht realisierbar.

Im Deutschen werden die Prozessorarrays auch als Rechenfelder oder Zellenfelder bezeichnet. Im folgenden soll jedoch in Anlehnung an den vielfach üblichen Sprachgebrauch die Bezeichnung Arrays verwendet werden. Zwei spezielle Realisierungen der Array–Prozessoren sind systolische Arrays und Wellenfront–Arrays (engl. Wavefront–Arrays).

Systolische Array–Prozessoren sind Array–Prozessoren mit synchroner Taktung und synchroner Steuerung. In Anlehnung an den Blutkreislauf mit den beiden Phasen Systole und Diastole wird ein System mit vollständigen Pipelining und periodischer Berechnung und periodischem Datentransfer als systolisch bezeichnet [66]. Ein systolisches Array ist charakterisiert durch folgende Eigenschaften:

- Synchronität

- Regularität und Modularität

- Örtliche und zeitliche Lokalität

- Skalierbarkeit

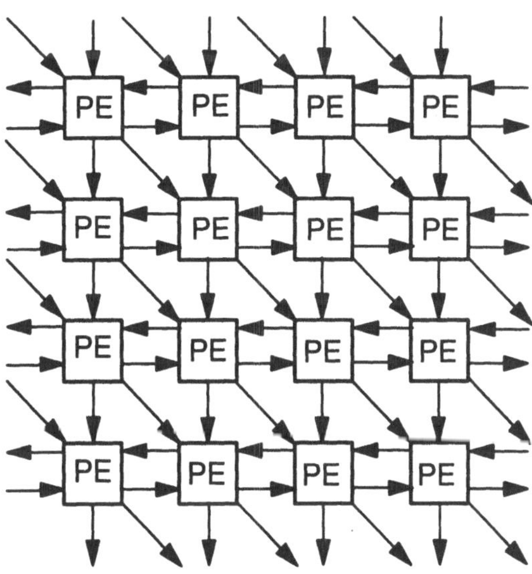

Bild 5.1.1: Prinzipielle Struktur eines Array–Prozessors

Synchronität bezeichnet eine durch einen globalen Takt gesteuerte Verarbeitung und Datentransfer. Unter örtlicher Lokalität wird die Nachbarschaft bezüglich der geometrischen Anordnung der Verbindungsleitungen verstanden. Mit zeitlicher Lokalität ist gemeint, daß ein Datum bei einem Transfer zu einem Nachbar–PE von diesem sofort übernommen und bei der Verarbeitung berücksichtigt wird. Es treten also keine Wartezeiten beim Transfer auf. Skalierbarkeit bezeichnet die Erweiterbarkeit mit linearer Erhöhung der Durchsatzrate. Ein systolisches Array mit M PEs hat eine Erhöhung der Durchsatzrate im Vergleich zu einem System mit 1 PE von $O(M)$. Die Skalierbarkeit wird im Englischen auch als Pipelinability bezeichnet. Damit die Skalierbarkeit eingehalten wird, muß eine Signaltransaktion von einem Knoten zu einem nachfolgenden mindestens die Verzögerung eines Taktintervalls aufweisen. Diese Mindestverzögerung ist Bestandteil der zeitlichen Lokalität.

Ein Nachteil von systolischen Arrays ist der hohe Anteil von Registern für die Implementierung. Für Prozessorarrays mit moderaten Abmessungen werden in der Praxis auch sogenannte semisystolische Arrays verwendet. Diese Arrays erfüllen nicht die zeitliche Lokalität und Skalierbarkeit. Sie enthalten im allgemeinen Broadcast–Leitungen. Über Broadcast–Leitungen werden allen oder einer Gruppe von PEs gleiche Daten zum gleichen Zeitpunkt zugeführt. Bild 5.1.2 zeigt ein 1D Array mit Broadcast–Leitung. Eine Verminderung der erzielbaren Durchsatzrate aufgrund der Leitungslänge und der hohen Lastkapazitäten der Broadcast–Leitungen kann durch besonders gestaltete Treiber begrenzt werden.

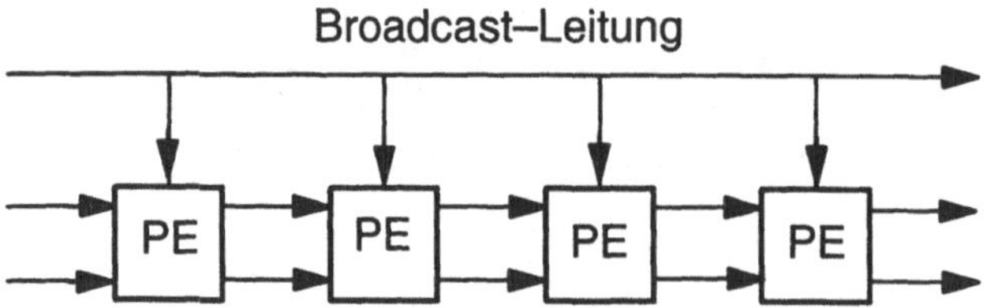

Bild 5.1.2: 1D Array–Prozessor mit Broadcast–Leitung

Für sehr große Arrays wird die synchrone Steuerung und Verarbeitung mit einem globalen Takt problematisch. Aufgrund der Ausdehnung des Arrays haben die eintreffenden Takte bei den PEs einen zeitlichen Versatz (Clock–Skew). Durch besondere Synchronisationsmechanismen müssen die Auswirkungen des Clock–Skew vermindert werden. In Ergänzung zu den Arrays mit synchronem Datenaustausch besteht die Möglichkeit eines asynchronen Datenaustausches bei Verwendung von selbstsynchronisierenden PEs. Spezielle Handshaking–Mechanismen (Protokolle) steuern den Datenaustausch. Zusätzlich zu den Operandenleitungen sind Leitungen zur Kennzeichnung der Verfügbarkeit von Daten (Request) und zur Kennzeichnung des Bedarfs an neuen Daten (Acknowledge) erforderlich. Da die Daten wegen unterschiedlichen zeitlichen Transfers nicht immer umgehend weiterverarbeitet werden können, sind Pufferspeicher (FIFO–Buffer: first–in–first–out–buffer) erforderlich. Der asynchrone Transfer führt zu einer datengetriebenen Realisierung nach dem Datenflußprinzip. Ein zugehöriger Array–Prozessor wird als Wellenfront–Array bezeichnet. Die Eigenschaften eines Wellenfront–Arrays sind:

- Selbstsynchronisierend, datengetriebene Berechnung

- Regularität und Modularität

- Lokale Verbindungen

- Skalierbarkeit

In Datenflußprozessoren wird mit den Daten ein Token übermittelt, welches die Gültigkeit der Daten anzeigt. Datenflußprozessoren können so erweitert werden, daß ergänzend zu dem Token auch die durchzuführende Operation angezeigt wird. Hierdurch wird eine vom Datenfluß gesteuerte Programmierbarkeit möglich.

Es kann gezeigt werden, daß die Wellenfront äquitemporaler Daten weitgehend korrespondiert mit äquitemporalen Ebenen in systolischen Array–Prozessoren [61]. Die Wellenfront–Arrays können also mit den Entwurfsmethoden synchron getakteter Arrays entwickelt werden [61]. Die nachfolgenden Abschnitte beschränken sich auf den Entwurf synchron getakteter Array–Prozessoren.

5.2 Algorithmendarstellungen

Ein Algorithmus ist eine Rechenvorschrift zur Lösung einer Signalverarbeitungsaufgabe mit einer endlichen Zahl von Teilschritten. Für die Abbildung auf Array–
Prozessoren eignen sich insbesondere Algorithmen bei denen zum Zeitpunkt der
Ausführung die durchzuführenden Operationen und die zu verwendenden Operanden determiniert sind. Deshalb werden adaptive Algorithmen, bei denen Operationen und Operanden von den aktuell zu bearbeitenden Daten abhängen, nicht weiter
betrachtet. Für die Abbildung auf Array–Prozessoren sind vor allem reguläre iterative Algorithmen geeignet. Es handelt sich hierbei um die mehrfache Wiederholung
gleicher Anweisungsfolgen.

Die meisten Algorithmen der digitalen Signalverarbeitung lassen sich als reguläre iterative Algorithmen formulieren. Beispiele von Algorithmen, die sich derartig
formulieren lassen, sind Matrixoperationen, Filterungen und Transformationen. Im
Regelfall ist es erforderlich, den mathematischen Ausdruck der Signalverarbeitung
in einen regulären Algorithmus umzuformen. Nachfolgend sollen die verschiedenen
Darstellungsformen von Algorithmen am Beispiel der Multiplikation zweier Matrizen und teilweise noch weiter vereinfacht anhand der Matrix–Vektormultiplikation
diskutiert werden. Ausgangspunkt ist der übliche mathematische Ausdruck. Bei
dem Produkt zweier $n \cdot n$ Matrizen

$$C = AB \tag{5.2.1}$$

wird jedes Element der Ergebnismatrix bestimmt durch

$$c_{ij} = \sum_{k=1}^{n} a_{ik} b_{kj} \qquad 1 \leq i,j \leq n \tag{5.2.2}$$

Für das Matrix–Vektor–Produkt

$$c = Ab \tag{5.2.3}$$

gilt entsprechend

$$c_i = \sum_{k=1}^{n} a_{ik} b_k \qquad 1 \leq i \leq n \tag{5.2.4}$$

Da Signalverarbeitungsalgorithmen vielfach auf Rechnern untersucht und verifiziert werden, ist es naheliegend, Algorithmen auch in den üblichen Programmiersprachen darzustellen. Für das Matrixprodukt gilt in der Programmiersprache PAS-
CAL folgender Programmausschnitt:

```
FOR i : = 1 TO n DO
    FOR j : = 1 TO n DO
        BEGIN
        c[i,j] : = 0 ;
        FOR k : = 1 TO n DO
            c[i,j] : = c[i,j] + a[i,k] * b[k,j] ;
        END;
```

Es handelt sich hier um einen sequentiellen Code. Bei der Akkumulation wird das Prinzip der Wertzuweisung ausgenutzt. Es wird die Variable $c[i,j]$ zu NULL gesetzt und in einer DO–Loop wird zu der Variablen fortlaufend ein Produkt $a[i,k]$ * $b[k,j]$ als Teilergebnis addiert und die Summe erneut der Variablen $c[i,j]$ zugewiesen. Dies bedeutet, daß die Variable mehrfach überschrieben wird, ihr also mehrfach ein Wert zugewiesen wird.

Für die Abbildung auf Array–Prozessoren werden rekursive Algorithmen benötigt. In rekursiven Algorithmen werden gleiche Variablen im Ablauf des Verfahrens durch einen Rekursionsindex unterschieden. Aufgrund der zusätzlichen Unterscheidung durch den Rekursionsindex wird jeder Variablen letztlich nur einmal ein Wert zugewiesen. Rekursive Algorithmen haben von sich aus einen Single–Assignment– Code. Ein Single–Assignment–Code (SAC) ist eine Struktur bei der jeder Variablen während der Ausführung des Algorithmus nur ein einziges Mal ein Wert zugewiesen wird.

In dem obigen Programm steht durch eine dreidimensionale Indizierung der Elemente $c[\cdot]$ ein weiterer Index zur Verfügung und ein Single–Assignment–Code wird möglich. Das Programm für das Matrixprodukt im Single–Assignment–Code lautet:

```
FOR i : = 1 TO n DO
    FOR j : = 1 TO n DO
        BEGIN
        c[i,j,0] : = 0 ;
        FOR k : = 1 TO n DO
            c[i,j,k] : = c[i,j,k–1] + a[i,k] * b[k,j] ;
        c_out[i,j] : = c[i,j,n] ;
        END;
```

In dem vorstehenden Programm wird jeder Variablen tatsächlich nur einmal ein Wert zugewiesen. Die dreifach indizierte Variable $c[i,j,k]$ hat jetzt die Funktion einer internen Variablen. Der Ergebniswert nach außen ist $c\_out[i,j]$. Daher die abschliessende Wertzuweisung nach $c\_out[i,j]$.

Wie in Abschnitt 5.1 gezeigt, sollen systolische Arrays eine örtliche Lokalität haben, d.h. Datentransfers geschehen nur zwischen Nachbar–PEs. Dies bedeutet, daß die Datenabhängigkeiten in der Verarbeitung nur auf lokalen Nachbarn basieren. Algorithmen, die auf systolische Arrays abzubilden sind, sollen möglichst auch diese Eigenschaft aufweisen. In dem vorstehenden Programm ist die Variable $c[\cdot]$ in einem dreidimensionalen Indexraum definiert. Die Elemente $a[\cdot]$ und $b[\cdot]$ sind zweifach indiziert. Somit sind sie für N Positionen im 3D Indexraum als globale Variable aufzufassen. Durch dreifache Indizierung der Elemente und Einfügung von Datentransfers in den Algorithmus kann eine Lokalisierung der Datenabhängigkeiten erreicht werden. Ein mögliches Programm zur Berechnung der Matrixmultiplikation mit lokalen Datenabhängigkeiten lautet:

```
FOR i : = 1 TO n DO
    FOR j : = 1 TO n DO
        BEGIN
        c[i,j,0] : = 0 ;
        FOR k : = 1 TO n DO
            BEGIN
            IF i=1 THEN b[1,j,k] : = b_in[k,j]
            ELSE b[i,j,k] : = b[i–1,j,k];
            IF j=1 THEN a[i,1,k] : = a_in[i,k]
            ELSE a[i,j,k] : = a[i,j–1,k];
            c[i,j,k] : = c[i,j,k–1] + a[i,j,k] * b[i,j,k] ;
            END;
        c_out[i,j] : = c[i,j,n] ;
        END;
```

In diesem Programm haben die zu multiplizierenden Matrizen die Elemente $a\_in[i,k]$ und $b\_in[k,j]$. Die Ergebnismatrix hat die Elemente $c\_out[i,j]$. Die 3fach indizierten Elemente $a[i,j,k]$, $b[i,j,k]$, $c[i,j,k]$ sind interne Variable. Für die Ebene mit $i=1$ bzw. $j=1$ werden Elemente $b\_in[\cdot]$ bzw. $a\_in[\cdot]$ zugeführt, ansonsten gilt ein Datentransfer entlang der i–bzw. j–Achse.

Das vorstehende Programm hat einen Single–Assignment–Code und nur lokale Datenabhängigkeiten. Das Programm enthält Anweisungen zur Initialisierung, zur Eingabe der externen Elemente, zum Datentransfer, zur Berechnung und zur Ausgabe der Ergebnisse. Alle diese Anweisungen werden sequentiell in spezieller Folge durchgeführt und sind gemischt.

Aus der Literatur sind alternative Beschreibungen von Signalverarbeitungsalgorithmen bekannt [68], [69], [70]. In diesen Programmsprachen wird eine Beschränkung auf mathematische Grundbeziehungen und Indexabhängigkeiten angestrebt. Eine mögliche Beschreibungsform ist UNITY [68]. In Anlehnung an die von Thiele gewählte Programmbeschreibung [69] sei ein UNITY–Programm für die Matrixmultiplikation angegeben.

MATMUL
<u>in</u>
$(\langle;\ i,j,k:1\le i,j,k\le n::(\ a\_in[i,k];\ b\_in[k,j]\ )\rangle)$
<u>always</u>
$\langle\ \|\ i,j,k:1\le i,j,k\le n::$

     $b[i,j,k]=b\_in[k,j]\quad$ if $\ i=1$

        $\sim b[i-1,j,k]\ \|$

     $a[i,j,k]=a\_in[i,k]\quad$ if $\ j=1$

        $\sim a[i,j-1,k]\ \|$

     $c[i,j,k]=a[i,j,k]\cdot b[i,j,k]\ $ if $\ k=1$

        $\sim\ c[i,j,k-1]+a[i,j,k]\cdot b[i,j,k]\ \|$

   $c\_out\ [i,j]=c[i,j,k]\qquad$ if $k=n\rangle$

<u>out</u>
$(\langle;\ i,j,k:1\le i,j\le n::c\_out[i,j]\rangle)$

Durch Vergleich mit dem oben stehenden PASCAL–Programm kann die Bedeutung einiger Symbole direkt abgeleitet werden. Es sollen hier nur einige generelle Aussagen zu UNITY gemacht werden. Zur genauen Definition und Nomenklatur sei auf die Literatur verwiesen [68], [69]. Ein UNITY–Programm beschreibt "was" zu tun ist. Eine spezifische Reihenfolge der Operationen ist nicht exakt formuliert. Erst durch eine Abbildung auf Architekturen wird definiert, "wann", "wo" und "wie" die Operationen durchgeführt werden. UNITY–Programme sind in der Literatur häufig zur Beschreibung regulärer Algorithmen verwendet worden. Ein UNITY–Modul besteht aus einem Namen, dem Eingabeabschnitt **<u>in</u>**, dem Ausführungsabschnitt **<u>always</u>** und dem Ausgabeabschnitt **<u>out</u>**. Mit einer Gleichung $x=y$ wird einer Variablen x der Wert von y zugewiesen. Gleichungen werden durch das Symbol $\|$ getrennt. Ein Satz von indizierten Gleichungen kann durch Festlegung des Iterationsraumes (Indexraumes) quantifiziert werden. Wie in allen Programmiersprachen sind auch über Bedingungen gesteuerte Fallunterscheidungen möglich. Ein UNITY–Programm ist eine mögliche Repräsentationsform einer formalen Beschreibung eines Algorithmus.

Zur möglichst kompakten Darstellung der Datenabhängigkeiten eines Algorithmus kann ein Abhängigkeitsgraph verwendet werden. Ein Graph $G=[V,E]$ ist eine Menge von Knoten V und eine Menge von Kanten E. Die Menge der Kanten E ist eine geordnete Menge der Knoten V, d.h.

$$E\subseteq V\times V \tag{5.2.5}$$

Für eine Kante $e\in E$ gilt daher

$$e=(i,j)\quad mit\ i,j\in V \tag{5.2.6}$$

In einem gerichteten Graphen ist i der Anfangspunkt und j der Endpunkt. Ein Vorteil der Verwendung von Graphen ist, daß neben der rein mengenorientierten Definition eine graphische Repräsentation der Abhängigkeiten möglich ist. Die graphische Repräsentation kann in vielen Fällen die Zusammenhänge sehr anschaulich darstellen und erleichtert so das Verständnis.

Ein Abhängigkeitsgraph kann nur die Datenabhängigkeit eines Algorithmus beschreiben. Die durchzuführenden Operationen bzw. Datentransfers müssen separat formuliert und den Knoten des Abhängigkeitsgraphen zugeordnet werden. Besonders einfach ist diese Zuordnung, wenn alle Knoten die gleichen Operationen durchführen.

Abhängigkeitsgraph wird nachfolgend in den Formeln mit DG abgekürzt, abgeleitet aus dem Englischen "dependence graph". Das bisher betrachtete Beispiel der Matrixmultiplikation zeigt, daß die Knoten des Abhängigkeitsgraphen Punkte in einem mehrdimensionalen Indexraum sind. Die Knoten des Abhängigkeitsgraphen seien mit c bezeichnet. Die Bezeichnung c soll darauf hindeuten, daß die Knoten der Ort der Berechnungen (Engl. computations) sind. Die Menge aller Knoten des Abhängigkeitsgraphen sei I_{DG}. Die Kanten des Abhängigkeitsgraphen seien d; sie formulieren die Datenabhängigkeit (Engl. dependencies) zwischen den Knoten. Mit c_1 als Anfangspunkt und c_2 als Endpunkt einer Kante gilt

$$d = c_2 - c_1 \tag{5.2.7}$$

Für das Beispiel der Matrixmultiplikation gilt:

$$I_{DG} = \left\{ [i,j,k]^T \mid 1 \leq i,j,k \leq n \right\}$$
$$c \in I_{DG} \tag{5.2.8}$$

Die Kanten des Abhängigkeitsgraphen beschreiben die Datenabhängigkeiten. Aus den Programmbeispielen kann abgelesen werden, daß Daten in i– und j–Richtung und Teilergebnisse in k–Richtung transportiert werden. Ausgehend von jedem Knoten existieren somit Kanten in drei Richtungen. Alle vorhandenen Kanten des Abhängigkeitsgraphen können durch Datenabhängigkeitsvektoren beschrieben und in einer Datenabhängigkeitsmatrix zusammengefaßt werden.

$$D = [d_1\, d_2\, d_3] = \begin{bmatrix} 1 & 0 & 0 \\ 0 & 1 & 0 \\ 0 & 0 & 1 \end{bmatrix} \tag{5.2.9}$$

Der Abhängigkeitsgraph der Matrixmultiplikation ist in Bild 5.2.1 gezeigt. Um das Bild nicht zu unübersichtlich zu gestalten, sind nur die Kanten auf den sichtbaren Oberflächen dargestellt. Die inneren Kanten und Knoten fehlen hierbei. An den Rändern werden die Eingangsdaten zugeführt bzw. Ergebnisdaten abgeholt. In der Ebene $j = 1$ geschieht die Zufuhr der Matrix A, in der Ebene $i = 1$ der Zufuhr der Matrix B und in der Ebene $k = 1$ wird eine Matrix mit Nullelementen zugeführt. In der Ebene $k = n$ steht die Ergebnismatrix C zur Verfügung. Der operative Teil, der jedem Knoten des Abhängigkeitsgraphen zugeordnet wird, ist in Bild 5.2.2 gezeigt. Neben zwei Datentransfers muß jedem Knoten eine Multiplikation und eine Addition zugeordnet werden.

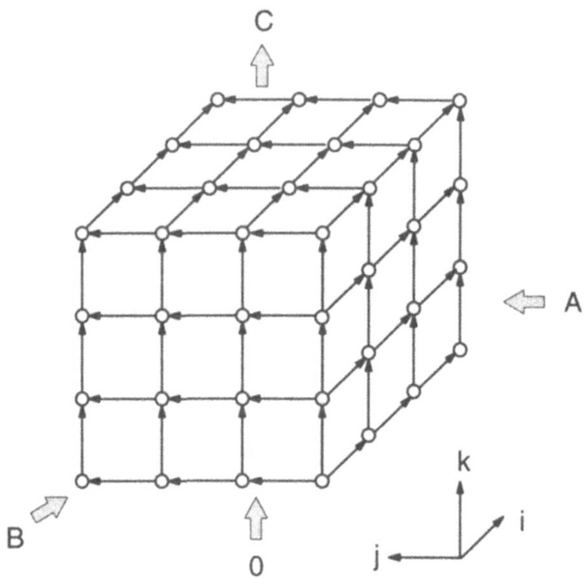

Bild 5.2.1: Abhängigkeitsgraph der Matrixmultiplikation ($n = 4$)

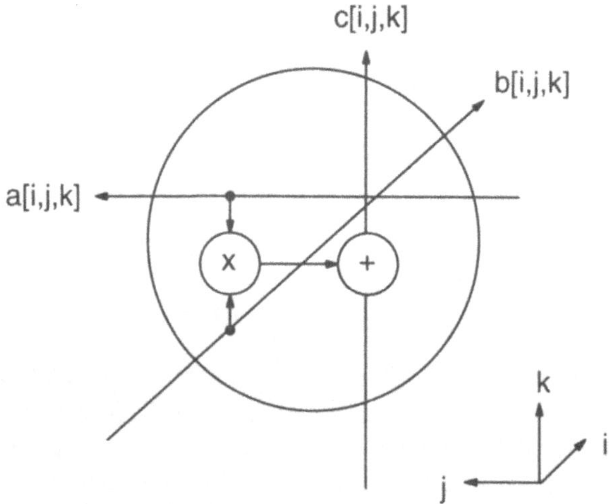

Bild 5.2.2:   Knoten aus dem Abhängigkeitsgraph der Matrixmultiplikation mit Darstellung der Operationen

Das betrachtete Beispiel zeigt eine Eigenschaft, die viele Abhängigkeitsgraphen aufweisen. Die Kanten, die von einem Knoten ausgehen, sind, abgesehen von den Rändern des Definitionsbereichs, für alle Indexpunkte gleich. Ein solcher Abhängigkeitsgraph hat mit Ausnahme der Randwerte eine Invarianz in der Datenabhängigkeit. Ein Abhängigkeitsgraph mit dieser Eigenschaft wird als homogen oder als shift–invariant bezeichnet.

Jede Matrixmultiplikation schließt die Matrix–Vektor–Multiplikation ein. Der Abhängigkeitsgraph des Matrix–Vektor–Produktes nach (5.2.3) ist eine Ebene mit $j = $ const aus dem Abhängigkeitsgraph von Bild 5.2.1. Der sich ergebende Abhängigkeitsgraph der Matrix–Vektor–Multiplikation ist in Bild 5.2.3 gezeigt. Der Vektor b wird entlang der Geraden $i = 1$ zugeführt und der Ergebnisvektor c steht entlang der Geraden $k = n$ zur Verfügung. In jedem Knoten $[i, k]^T$ ist das zugehörige Matrixelement $a[i, k]$ vorhanden.

Die bisherigen Darstellungen beschreiben Algorithmen für die einmalige Anwendung eines Datensatzes. Bei den Signalverarbeitungsalgorithmen mit hohen Durchsatzraten sind derartige Algorithmen fortlaufend für neue Datensätze durchzuführen. Es sei T_R das effektive Zeitintervall zur fortgesetzten Zufuhr von Daten. Bei paralleler Zufuhr von n_S Daten bestimmt sich nach (4.2.2) aus dem Quotienten von n_S und T_R die Durchsatzrate. Für das Beispiel der Matrix–Vektor–Multiplikation kann die fortlaufende Berechnung beschrieben werden als

$$rep_{T_R}(c) = rep_{T_R}(Ab) \qquad (5.2.10)$$

wobei *rep* ($\cdot$) für die periodische Berechnung (repeat) und periodische Datenzufuhr und –abfuhr steht. Im Falle von Transformationsverfahren ist die Matrix A fest vorgegeben. Nach Ablauf der Zeit T_R wird ein neuer Vektor b zugeführt und ein neuer Ergebnisvektor c von der nachfolgenden Einheit übernommen. Die fortgesetzte Behandlung neuer Datensätze kann in dem Algorithmus durch einen weiteren Index im Indexraum beschrieben werden. Zur Vereinfachung der Darstellung wird bei späteren Untersuchungen von Algorithmen vielfach darauf verzichtet. Die Beschreibung der Algorithmen beschränkt sich dann auf ein Basisintervall. Durch die Vermeidung dieses weiteren Index erhält man einen endlichen Indexraum.

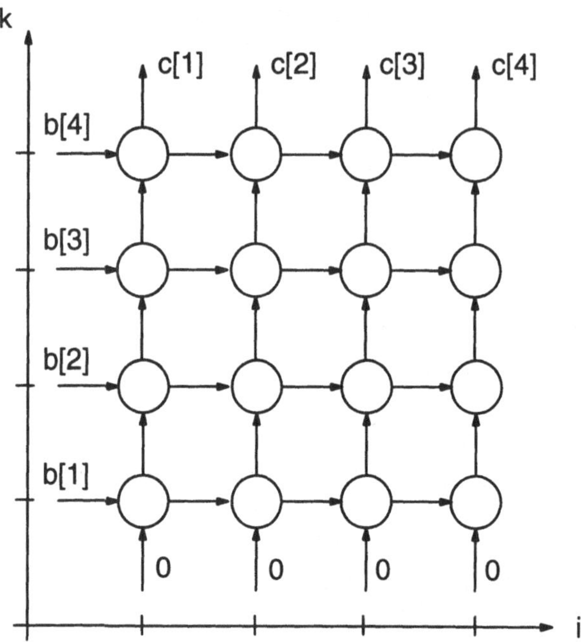

Bild 5.2.3:   Abhängigkeitsgraph der Matrix–Vektor–Multiplikation ($n = 4$)

Es soll als ein weiteres Beispiel ein Sortieralgorithmus betrachtet werden. Es sei $\{x\_in(i)\}$ eine Folge, die in eine neue Folge $\{y\_out(i)\}$ umsortiert werden soll. Die neue Folge sei in fallender Folge sortiert, d.h. $y\_out(i) \geq y\_out(k)$ für $i < k$. Ein möglicher Algorithmus lautet wie folgt. Eine Teilmenge der Eingangsfolge liege in sortierter Folge vor. Ein weiteres Element der Eingangsfolge ist in diese sortierte Folge einzufügen. Hierzu wird durch Vergleich mit der vorliegenden Folge (ausgehend vom größten Wert) festgestellt, wann erstmalig das neue Element größer ist als ein Element der Folge. Das neue Element wird an diese Stelle eingefügt, alle nachfolgenden kleineren Elemente werden um einen Platz in der Folge verschoben.

Es sei i der Iterationsindex, der gleichzeitig die Anzahl der Elemente der zwischenzeitlichen Folge angibt, und j ein fortlaufender Index für die Vergleiche innerhalb der Folge der Länge i. Ein zugehöriger Algorithmus mit Single–Assignment–Code und lokalen Datenabhängigkeiten lautet als UNITY–Programm:

SORT
in
$(\langle ; i : 1 \leq i \leq n : : x\_in[i] \rangle)$
always
$\langle \| i,j : 1 \leq i \leq n \wedge 1 \leq j \leq i : :$
    $x[i,j] = x\_in[i]$ if $j = 1 \|$
    $y[i,j] = -\infty$ if $i = j \|$
    $y[i+1,j] = \max (x[i,j], y[i,j]) \|$
    $x[i,j+1] = \min (x[i,j], y[i,j]) \|$
    $y\_out [j] = y[i+1]$ if $i = n \rangle$
out
$(\langle ; j : 1 \leq j \leq n : : y\_out [j] \rangle)$

Der zugehörige Abhängigkeitsgraph ist in Bild 5.2.4 dargestellt. Der Index-raum ist hierbei eine Dreiecksebene. In der Ebene $j = 1$ wird die Eingangsfolge zuge-führt. Entlang der Diagonalen (i,i) wird ein negativster Wert für ein ergänzendes Ele-ment angereiht. Die Ergebnisfolge steht in der Ebene $i = n + 1$ zur Verfügung. Der Abhängigkeitsgraph ist shift–invariant, da für jeden Knoten die gleiche Datenabhän-gigkeit gilt. Die Datenabhängigkeitsmatrix lautet

$$D = [d_1, d_2] = \begin{bmatrix} 1 & 0 \\ 0 & 1 \end{bmatrix} \tag{5.2.11}$$

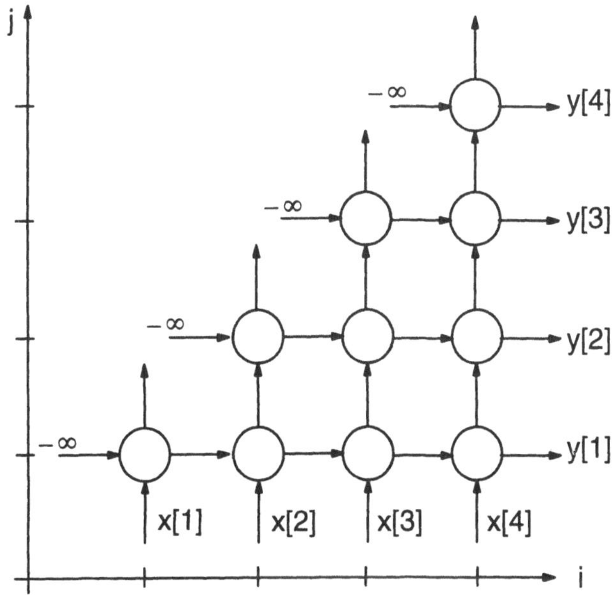

Bild 5.2.4: Abhängigkeitsgraph für die Sortierung einer Folge

Eine Realisierung des Knotens ist in Bild 5.2.5 gezeigt. Das Ergebnis eines Vergleichs (CMP = compare) steuert zwei Multiplexer zur Gewinnung des Maximums und Minimums.

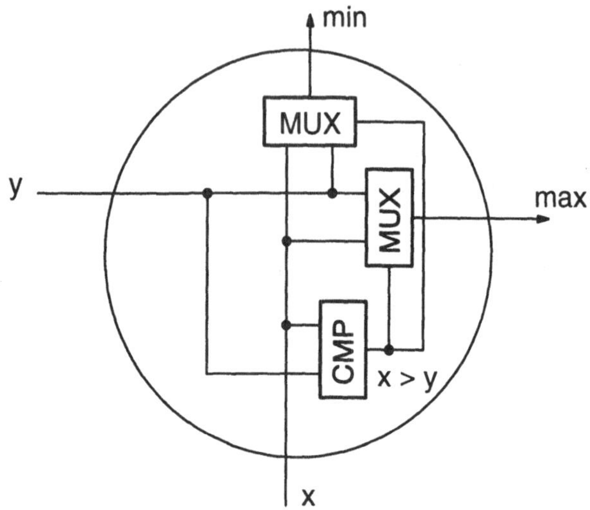

Bild 5.2.5: Knoten aus dem Abhängigkeitsgraphen des Sortierers

Es sollen nun noch in knapper Form ergänzende Anmerkungen zu diesem Abschnitt folgen. Der interessierte Leser sei auf die Literatur verwiesen [65], [71], [72]. Die zu berücksichtigenden Algorithmen können aufgrund der Ausführungen als lineare rekursive Algorithmen klassifiziert werden. Derartige Algorithmen sind charakterisiert durch:

- linear indizierte Variable

- begrenzten Indexbereich (Iterations–Raum)

- Single Assignment–Anweisungen

Die Algorithmen enthalten daher Anweisungen der Form

$$x_k(P_k i + p_k) = F_k\{...,x_l(Q_{lk} i + q_{lk}) ,... \}$$
$$\forall i \in I_k \subset \mathbb{Z}^s \tag{5.2.12}$$

Es wird angenommen, daß der Algorithmus auf einem Satz von Variablen $x_1, ...x_k, ...x_v$ basiert. Es sei i ein Indexvektor, der im konvexen s–dimensionalen Indexraum I_k liegt. Die Indexabhängigkeiten sind durch Matrizen P_k, Q_{lk} und Vektoren p_k, q_{lk} mit konstanten Elementen beschrieben. F_k beschreibt die Funktion zur Berechnung des Wertes für eine Variable x_k. Um die Single–Assignment–Eigenschaft und Berechenbarkeit zu gewährleisten, muß jede Variable für einen spezifizierten Indexpunkt nur einmal auf der linken Seite der Gleichung auftauchen (SAC), und es existiert eine Reihenfolge der Gleichungen, die dazu führt, daß eine Variable für einen spezifizierten Indexpunkt auf der linken Seite früher auftaucht als auf der rechten Seite (Berechenbarkeit). Auf die linearen rekursiven Algorithmen können Transformationen angewandt werden, die sowohl zu geometrischen als auch strukturellen Modifikationen führen.

Für die Abbildung der Algorithmen auf Array–Prozessoren mit lokalen Verbindungen sind Algorithmen mit lokalen Datenabhängigkeiten gewünscht. Die Lokalisierung kann erreicht werden durch Erhöhung der Dimension des Indexbereiches oder Einfügung von neuen Variablen. Ein linearer rekursiver Algorithmus wird hierbei in einen stückweise regelmäßigen Algorithmus umgewandelt. Dieser Algorithmus enthält Anweisungen der Form

$$x_k(i) = F_k \{..., x_l(i + i_{lk}) ,... \}$$
$$\forall i \in I_k \subset \mathbb{Z}^s$$
(5.2.13)

Jeder Anweisung kann ein separater Indexraum zugeordnet sein. Insbesondere wenn der Algorithmus auf kommutativen und assoziativen Operationen basiert, besteht eine große Zahl von Alternativen in der Formulierung eines stückweise regelmäßigen Algorithmus. Beispielsweise kann die Akkumulation der Teilprodukte bei der Matrixmultiplikation anstatt von $k = 1$ zu $k = n$ auch in entgegengesetzter Richtung erfolgen.

Jedem stückweise regelmäßigen Algorithmus kann ein Abhängigkeitsgraph zugeordnet werden, welcher aus regulären Teilgraphen mit regulären Verbindungen besteht. Jedem Knoten des Abhängigkeitsgraphen ist ein Indexpunkt i zugeordnet und jeder Kante ein Vektor i_{lk}. Für den Abhängigkeitsgraphen werden hier die Indexpunkte (Knoten) mit c und die Abhängigkeiten (Kanten) mit d bezeichnet. Die beiden vorher diskutierten Beispiele Matrixmultiplikation und Sortierung weisen die in (5.2.13) gezeigte Struktur auf.

5.3 Lineares Abbildungsverfahren

Es wird eine anwendungsspezifische Array–Prozessorarchitektur gesucht, die für die Bearbeitung eines vorgegebenen Algorithmus geeignet ist. Die Architektur soll die Anforderungen an Rechenleistung bzw. Durchsatzrate erfüllen und darüber hinaus sollen die Hardware–Aufwendungen möglichst gering sein. Die Überlegungen in Abschnitt 5.1 haben gezeigt, daß systolische Array–Prozessoren Systemrealisierungen mit hohen Durchsatzraten ermöglichen. Aufgrund der lokalen Verbindungen und der Modularität sind sie gut für VLSI–Implementierungen geeignet. Zur Vereinfachung des Entwurfs wird ein systematisches Verfahren gesucht, das die Interaktion zwischen Algorithmus und Architektur ausnutzt.

In dem Abschnitt 5.2 wurde gezeigt, daß regelmäßige Algorithmen durch Abhängigkeitsgraphen mit lokalen Datenabhängigkeiten formuliert werden können. Die Zielarchitektur weist lokale Verbindungen auf, so daß es naheliegend ist, durch Transformation des Abhängigkeitsgraphen Array–Prozessorstrukturen zu erreichen. Das prinzipielle Vorgehen zeigt Bild 5.3.1. Ein gegebener Algorithmus wird strukturell so geändert, daß er durch einen schleifenfreien Abhängigkeitsgraphen mit lokalen Datenabhängigkeiten dargestellt werden kann. Der Abhängigkeitsgraph wird dann auf einen Signalflußgraphen abgebildet. Den Knoten des Abhängigkeitsgraphen werden hierbei Zeitpunkte (scheduling) und Knoten des Signalflußgraphen (allocation) zur Berechnung zugewiesen. Der Signalflußgraph ist ein gewichteter Graph, bei dem die Knoten die Operationen, die Kanten die Datentransfers und die Gewichte der Kanten Verzögerungen repräsentieren. Ein derartiger Signalflußgraph kann leicht in Array–Prozessoren überführt werden, indem die Knoten und die Verzögerungen in Prozessorelemente zusammengefaßt werden.

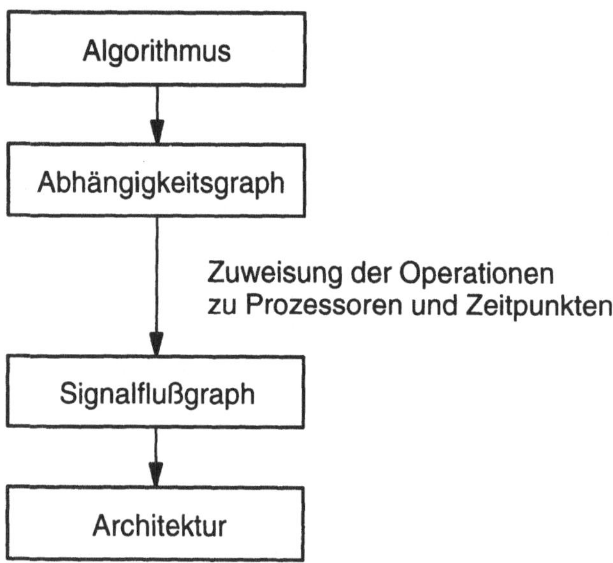

Bild 5.3.1:   Prinzipieller Ablauf zur Abbildung von Algorithmen auf
Array–Prozessoren

Die Anzahl der Prozessorelemente n_{PE} ist im allgemeinen kleiner als die Anzahl der Knoten des Abhängigkeitsgraphen n_{DG}. Für die Abbildung ist die Kenntnis beider Zahlen wichtig, weil sie angeben, wieviele Knoten des Abhängigkeitsgraphen auf ein PE abgebildet werden müssen. Vor der Abbildung soll daher die Anzahl der Prozessorelemente abgeschätzt werden.

5.3.1 Abschätzung der Anzahl der PEs

Es sei T_{PE} die Verarbeitungszeit eines PEs unter Einschluß der Übernahmezeit eines FFs. Es ist hierbei angenommen, daß nur am Ausgang des PEs Übernahmeregister vorhanden sind und innerhalb von T_{PE} jedes PE insgesamt $n_{OP/PE}$ Operationen durchführt. Die Rechenleistung des Prozessor–Arrays beträgt dann

$$R_{C,ARRAY} = n_{PE} \cdot \frac{n_{OP/PE}}{T_{PE}} \qquad (5.3.1)$$

Die geforderte Durchsatzrate sei $R_{T,SOLL}$ und von dem Algorithmus sei die Anzahl der Operationen je Abtastwert $n_{OP/SAMPLE}$ bekannt. Aus (4.2.3) zusammen mit (5.3.1) folgt dann

$$n_{PE} = \frac{n_{OP/SAMPLE}}{n_{OP/PE}} \cdot R_{T,SOLL} \cdot T_{PE} \qquad (5.3.2)$$

Die Anzahl der erforderlichen Prozessorelemente kann durch Pipelining innerhalb eines PEs weiter verringert werden. Es sei n_P die Anzahl der Pipeline–Stufen im Datenpfad des PEs. Die Zeit T_{PE} in (5.3.2) muß dann durch T_{PE}' ersetzt werden.

$$T_{PE}' = \frac{T_{PE} - T_{REG}}{n_P} + T_{REG} \qquad (5.3.3)$$

Die Anzahl der Pipeline–Stufen kann soweit erhöht werden, bis eine sinnvolle kleinste Logikeinheit zwischen zwei Registern verbleibt. Im Falle eines Addierers ist dies beispielsweise ein Volladdierer und im Falle des Multiplizierers eine UND–Verknüpfung zusammen mit einem Volladdierer (MA–Zelle).

Beispiel 5.3.1

Es sollen die Abtastwerte eines Farbfernsehsignals (effektive Abtastrate 27 MHz) fortlaufend in 8 · 8 Blöcke umformatiert und jeder dieser Blöcke mit einer 8 · 8 Matrix multipliziert werden (1D Transformation). Abtastwerte und Matrix–Koeffizienten seien durch 8 bit dargestellt, das Ergebnis der akkumulierten Produkte durch 19 bit. Ein PE enthält 1 MUL, 1 ADD (s. Bild 5.2.2) und Register am Ausgang. Es soll die Prozessoranzahl ohne Pipelining und mit Pipelining innerhalb des PEs ermittelt werden. Für die Operationen gilt

$$n_{OP/PE} = 2 \qquad (MUL, ADD)$$

$$n_{OP/SAMPLE} = 2 \cdot 8 \qquad (2 \cdot 8^3 Operationen \ für \ 8^2 \ Abtastwerte)$$

Für die Verarbeitungszeit T_{PE} ohne Pipelining gilt näherungsweise

$$T_{PE} = T_{MA,ARRAY} + T_{REG}$$

$$T_{MA,ARRAY} \approx (3n + 3)T_{D,VA,c'c} = 27 \cdot 16\tau_L$$

$$T_{REG} \approx T_{D,VA,c'c} = 16\tau_L$$

Für die Verarbeitungszeit T_{PE}' mit intensivem Pipelining herunter bis zur MA–Zelle gilt

$$T_{PE}' = T_{MA,ZELLE} + T_{REG}$$

$$T_{MA,ZELLE} = T_{D,UND} + T_{D,VA,s's} = 42\tau_L$$

Es sei ein 1 μm CMOS–Prozeß mit $\tau_L = 50 \ ps$ angenommen: Durch Einsetzen in (5.3.2) erhält man

$$n_{PE} = 4,8 \qquad (T_{PE} \approx 22,4 \ ns)$$
$$n_{PE}' = 0,6 \qquad (T_{PE}' \approx 2,9 \ ns)$$

Ohne Pipelining innerhalb des PEs müssen mehr als 4 PEs verwendet werden. Naheliegend für das gegebene Problem sind dann 8 PEs. Bei Einsatz von Pipelining innerhalb des PEs genügt 1 PE. In diesem Falle ist aber wegen der hohen Taktrate die Datenzufuhr und –abfuhr besonders problematisch.

5.3.2 Abbildung ohne Änderung der Knotenanzahl

Ergibt die Abschätzung nach (5.3.2) aufgrund der geforderten Durchsatzrate, daß $n_{PE} \geq n_{DG}$ sein soll, so kann der Abhängigkeitsgraph in einen Signalflußgraphen mit gleicher Knotenzahl überführt werden. Somit gilt

$$n_{PE} = n_{SFG} = n_{DG} \qquad (5.3.4)$$

Aus dem Abhängigkeitsgraphen wird ein Signalflußgraph mit systolischen Eigenschaften, indem allen Kanten mindestens 1 Verzögerungselement (D–FF) zugeordnet wird. Das Einfügen von Verzögerungselementen kann mit der in Kapitel 4 gezeigten Cut–Set–Methode erfolgen. Für das Beispiel der Matrix–Vektor–Multiplikation zeigt Bild 5.3.2 den zu Bild 5.2.3 zugehörigen Signalflußgraphen.

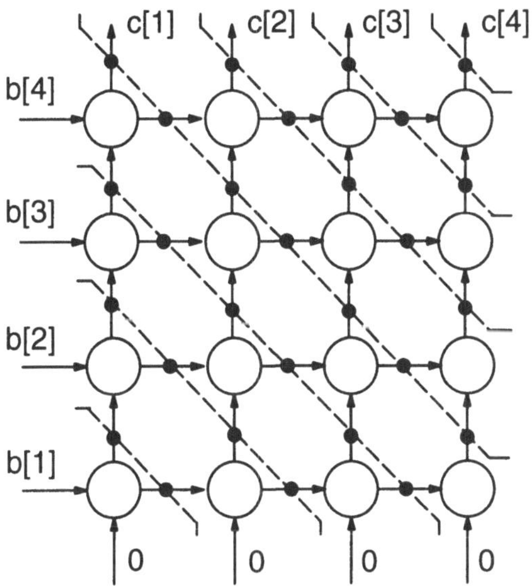

Bild 5.3.2: Signalflußgraph der Matrix–Vektor–Multiplikation ($n = 4$)

Der Abhängigkeitsgraph und der Signalflußgraph haben gleichen Indexraum, gleiche Knoten und Kanten.

$$I_{DG} = I_{SFG}$$
$$p = c \quad c \in I_{DG} , \; p \in I_{SFG} \tag{5.3.5}$$
$$E = D$$

Die Knoten des Signalflußgraphen seien mit p, die Kanten mit e bezeichnet. Die Matrix E enthält alle Kanten e des Signalflußgraphen. Allen Kanten des Signalflußgraphen werden Verzögerungen zugeordnet.

$$\tau(e_i) = t(c_j) - t(c_k) \quad mit \; e_i = c_j - c_k \tag{5.3.6}$$

Die Verzögerungszeiten sind ganzzahlige Vielfache von Basistaktperioden τ_0. Die Basistaktperioden werden im allgemeinen auf Einheitsverzögerungen mit dem Wert 1 normiert. Durch die zugewiesenen Verzögerungen ergeben sich im Signalflußgraphen Linien bzw. Ebenen konstanter Verzögerung. Der Zeitpunkt zur Durchführung der Operation eines Knotens kann durch ein Skalarprodukt mit einem Vektor s (engl. schedule vector) bestimmt werden.

$$t(c) = s^T c + t_0 \tag{5.3.7}$$

Der Schedule–Vektor steht immer senkrecht zu den äquitemporalen Linien bzw. Ebenen. Da nur ganzzahlige Verzögerungszeiten (Anzahl von Taktzyklen) möglich sind, muß der Schedule–Vektor ganzzahlige Elemente enthalten. Mit t_0 kann die absolute Zeit eines spezifischen Knotens zu Null gesetzt werden. Durch Verschiebung des Indexraumes kann immer erreicht werden, daß $t_0 = 0$ ist. Die Beziehung der Operationszeitpunkte nach (5.3.7) gilt für einen ersten Datensatz. Im Falle kontinuierlicher Berechnungen mehrerer aufeinanderfolgender Datensätze (s. (5.2.10)) verschieben sich die Zeitpunkte $t(c)$ um Vielfache der Periodendauer T_R.

Für das gewählte Beispiel seien allen Kanten Einheitsverzögerungen zugeordnet. Es gilt dann ein Schedule–Vektor

$$s = \begin{bmatrix} 1 \\ 1 \end{bmatrix} \tag{5.3.8}$$

Mit der Zeitzuordnung nach (5.3.7) wird gleichzeitig der zeitliche Versatz der zugeführten Daten und der Ergebnisdaten festgelegt.

Das Prozessorelement des Array–Prozessors wird aus dem Knoten des Signalflußgraphen und den Verzögerungen an den Kanten gebildet. Bild 5.3.3 zeigt das Prozessorelement für die Matrix–Vektor–Multiplikation. In jedem PE ist jeweils ein Matrixkoeffizient gespeichert. Das komplette systolische Array zeigt Bild 5.3.4. Dem Array können fortlaufend Vektoren b zur Berechnung von Ergebnisvektoren c zugeführt werden. Das Bild zeigt auch den zeitlichen Versatz der zugeführten Vektorelemente. Die Punkte kennzeichnen nicht gültige Daten.

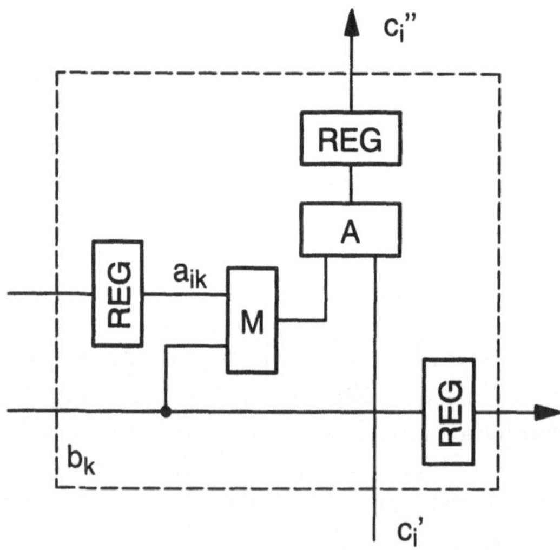

Bild 5.3.3: Prozessorelement für die Matrix–Vektor–Multiplikation

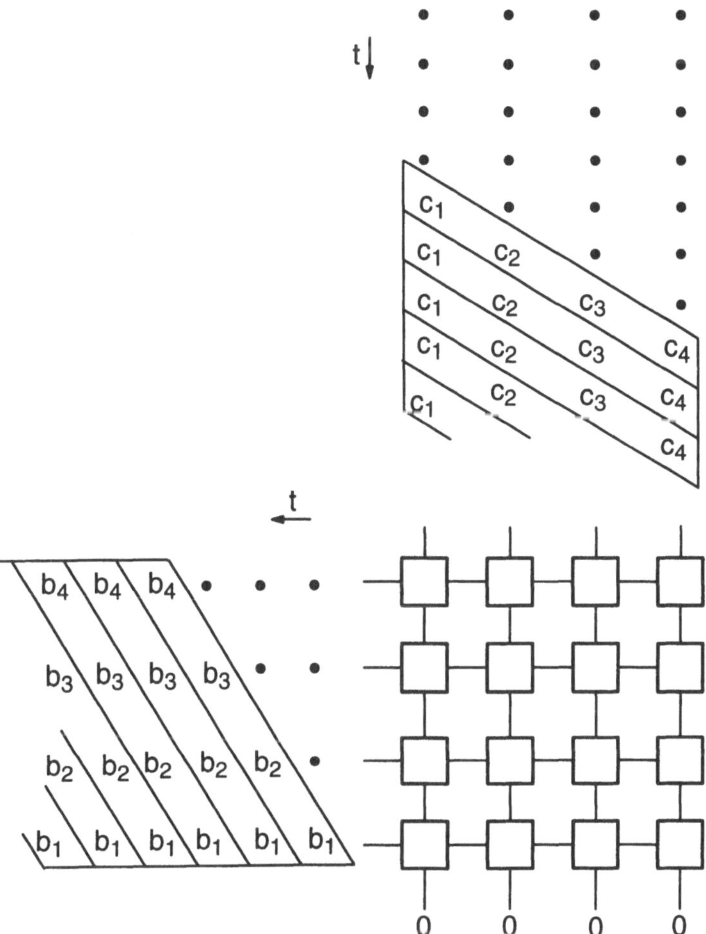

Bild 5.3.4: Systolisches Array für die Matrix–Vektor–Multiplikation

Das so erhaltene systolische Array ermöglicht in einer spezifizierten Technologie eine maximale Durchsatzrate. Ist die geforderte Durchsatzrate höher, so muß innerhalb der PEs Pipelining eingesetzt werden. Dies kann durch eine Zeitskalierung erfolgen.

Jede Einheitsverzögerung an den Kanten wird durch eine k–fache Verzögerung ersetzt, d.h. (5.3.6) ändert sich in

$$\tau(e_i) = k\,\tau'(e_i) \tag{5.3.9}$$

Durch einen Delay–Transfer (s. Kap. 4) kann die k–fache Verzögerung gleichförmig auf den Datenpfad aufgeteilt werden. Je größer k, umso höher die erzielbare Durchsatzrate.

5.3.3 Abbildung mit Verringerung der Knotenanzahl

Das vorher beschriebene Verfahren führt nicht auf ein systolisches Array mit realisierbaren lokalen Verbindungen, wenn die Dimension des Indexraumes des Abhängigkeitsgraphen größer als 2 ist. Nachteilig ist ferner, daß immer dann, wenn moderate Anforderungen an die Durchsatzrate gestellt werden, der Hardwareaufwand über das Erforderliche hinausgeht. Die Abschätzung (5.3.2) ist ein Indikator über die anzustrebende Prozessorzahl. Ist $n_{PE} < n_{DG}$ werden Abbildungen gesucht, bei denen ein Prozessorelement die Verarbeitung mehrerer Knoten aus dem Abhängigkeitsgraphen übernimmt.

Ein mögliches Abbildungsverfahren durch Reduktion der Dimensionalität des Signalgraphen durch Projektion soll anhand des vorher betrachteten Beispiels abgeleitet werden. Ist die geforderte Durchsatzrate geringer als die durch die Hardware angebotene, so kann die Datenzufuhr durch Leertakte verringert werden. Bild 5.3.5 zeigt dies im oberen Teil beispielhaft für die zugeführten Vektoren bei der Matrix–Vektor–Multiplikation. Die Anzahl der Leertakte zwischen den zugeführten Vektoren ist so gewählt, daß in vertikaler Richtung nur einer der Knoten ein gültiges Datum hat. Beträgt die Anzahl der Knoten in vertikaler Richtung n so sind $n{-}1$ Leertakte erforderlich.

Alle Knoten des Signalflußgraphen sind gleich, jedoch hat nur einer von n während eines definierten Zeitpunktes ein gültiges Datum. So erscheint es naheliegend, einen neuen Signalflußgraphen zu bilden, bei dem jeder Knoten ständig gültige Daten hat. Dies kann durch eine Projektion in vertikaler Richtung erreicht werden. Das Ergebnis ist in der unteren Hälfte von Bild 5.3.5 gezeigt.

Da der Ausgang eines Knotens mit dem Eingang eines nachfolgenden Knotens verbunden ist, ergibt sich nach der Projektion eine Rückführungsschleife unter Einbeziehung eines D–FFs. Nach der Projektion wird dem Knoten beim ersten Taktzyklus eine Null, danach das bisherige Teilergebnis vom Ausgang zugeführt. Die Zuführung der Alternativen wird durch einen Multiplexer realisiert. In dem ursprünglichen Signalflußgraphen wurde jedem Knoten ein fester Koeffizient a_{ik} zugewiesen. Nach der Projektion müssen alle Koeffizienten der aufeinander projizierten Knoten von außen zugeführt werden. Hierbei ist auch der zeitliche Versatz durch die D–FFs in horizontaler Richtung zu berücksichtigen.

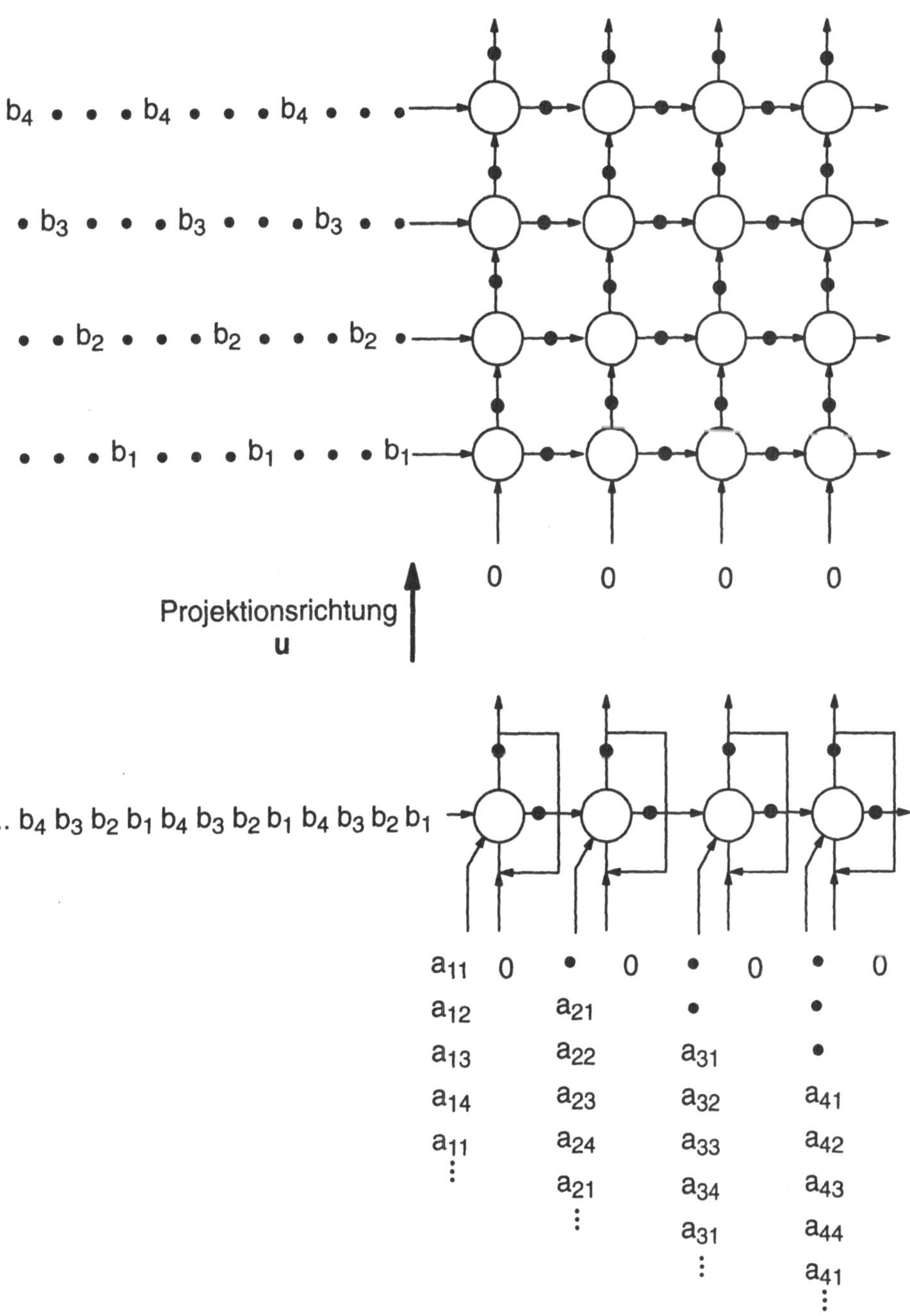

Bild 5.3.5: Projektion eines 2D Arrays auf ein 1D Array (Beispiel Matrix–Vektor–Multiplikation)

Die Anzahl der Knoten des ursprünglichen Signalflußgraphen für das Beispiel ist

$$n_{PE} = n_{SFG} = n_{DG} = n^2 \tag{5.3.10}$$

Durch die Projektion entlang der Achsrichtung reduziert sich die Anzahl der Knoten mit einem Faktor $1/n$.

$$n_{PE} = n_{SFG} = n \tag{5.3.11}$$

Im gleichen Maße reduziert sich bei gleichem Takt die Durchsatzrate und die Rechenleistung. Dies bedeutet, daß Leistungsfähigkeit und Aufwand in gleichem Maße reduziert werden. Die Knotenzuordnung zwischen Abhängigkeitsgraph und Signalflußgraph wird im betrachteten Beispiel durch eine lineare Abbildung mit einer Prozessorbasis Π beschrieben.

$$\boldsymbol{p} = \Pi^T \boldsymbol{c} + \boldsymbol{p}_0 \tag{5.3.12}$$

Da die Indizierung von $\boldsymbol{p}$ und $\boldsymbol{c}$ ganzzahlig erfolgt, muß auch Π ganzzahlige Elemente enthalten. Durch entsprechende Wahl der Indizierung von $\boldsymbol{p}$ kann immer $\boldsymbol{p}_0 = \boldsymbol{0}$ erreicht werden. In Projektionsrichtung $\boldsymbol{u}$ hat der Signalflußgraph keine Ausdehnung. Somit gilt

$$\Pi^T \boldsymbol{u} = \boldsymbol{0} \tag{5.3.13}$$

Dies bedeutet, daß die Prozessorbasis Π und der Projektionsvektor $\boldsymbol{u}$ senkrecht aufeinander stehen. Für das Beispiel von Bild 5.3.5 gilt

$$\boldsymbol{u} = \begin{bmatrix} 0 \\ 1 \end{bmatrix}$$

Eine zugeordnete, zweckmäßige Prozessorbasis, die auch (5.3.13) erfüllt, ist

$$\Pi^T = [\,1\ 0\,]$$

Eine weitere Reduktion der Prozessorzahl kann durch Projektion des 1D Array auf 1 Prozessorelement erfolgen. Wie im vorherigen Fall muß durch besondere Maßnahmen erreicht werden, daß zu jedem Zeitpunkt nur einer von n Knoten gültige Daten erhält. Es muß die Datenzufuhr um den Faktor $1/n$ reduziert werden. Ferner muß eine Zeitskalierung und ein zeitlicher Offset zwischen den Knoten erzeugt werden. In dem Beispiel nach Bild 5.3.5 sind n Knoten aufeinander abzubilden. Folglich ist ein Offset entsprechend

$$\tau' = \tau/n \tag{5.3.14}$$

zwischen den Knoten ausreichend. Das gesamte System erfährt eine Zeitskalierung mit dem Faktor n, um ganzzahlige Verzögerungen zu erhalten. Zur Erzielung einer minimalen Verzögerung τ' zwischen den Knoten ist ein Schedule–Vektor $s' = [-3]$ zu wählen. Der verbleibende Signalflußgraph nach Abbildung auf 1 PE ist in Bild 5.3.6 gezeigt.

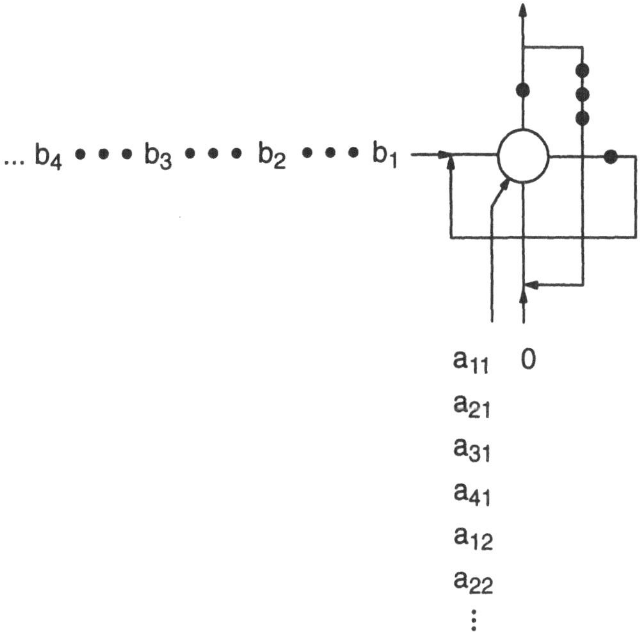

Bild 5.3.6:   Matrix–Vektor–Multiplikation mit einem PE ($n = 4$)

Mit der vorgestellten zweiten Projektion sind Teilergebnisse nebeneinander liegender Knoten entsprechend dem Offset verkämmt. Als Alternative ist eine Lösung möglich, bei der die Verzögerung zwischen zwei aufeinanderfolgenden Knoten so groß gewählt wird, daß bei dem Nachfolger gültige Daten erst dann ankommen, wenn der Vorgänger sein Ergebnis berechnet hat. Dies bedeutet bei dem Beispiel eine Verzögerung von n Takten. Somit wird eine Zeitskalierung mit dem Faktor n in horizontaler Richtung vorgenommen. Der sich hierbei ergebene Signalflußgraph nach Abbildung auf 1 PE zeigt Bild 5.3.7.

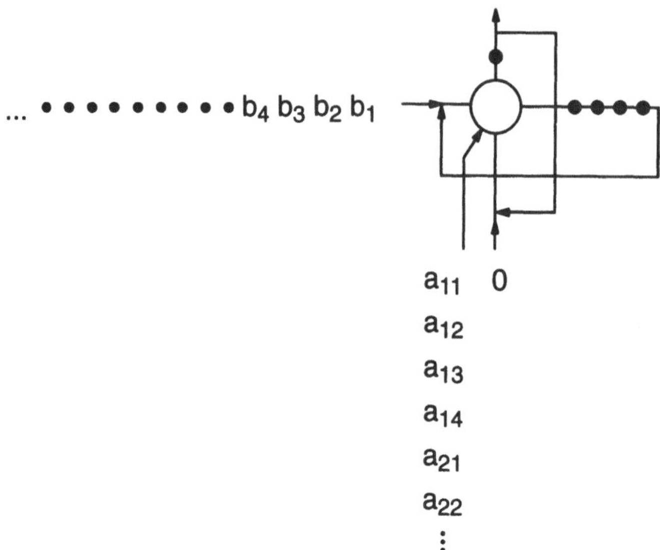

Bild 5.3.7:   Alternative Lösung zur Matrix–Vektor–Multiplikation mit einem PE

Die in Bild 5.3.6 und Bild 5.3.7 gezeigten Lösungen hätten auch ohne komplexe Umrechnung von Verzögerungszeiten direkt gewonnen werden können. Genau genommen geht es darum, eine Zeiteinteilung für das 2D Array nach Bild 5.3.2 zu ermitteln, bei der bei entsprechender Datenzufuhr für jeden Taktzeitpunkt nur einer von n^2 Knoten gültige Daten hat. Wird der Schedule–Vektor von (5.3.8) modifiziert in

$$s = \begin{bmatrix} n \\ 1 \end{bmatrix} \quad oder \quad s = \begin{bmatrix} 1 \\ n \end{bmatrix} \tag{5.3.15}$$

so können durch direkte zweimalige Projektion die Lösungen von Bild 5.3.6 und Bild 5.3.7 gewonnen werden. Bei entsprechend realisierter Datenzufuhr kann auch auf die Rückführung der b_k in dem jeweiligen PE verzichtet werden.

Für das gleiche Problem, die Matrix–Vektor–Multiplikation, wurden Lösungen mit n^2, n und einem PE vorgestellt. In Tabelle 5.3.1 sind die wesentlichen Ergebnisse (Durchsatzrate und Transistoraufwand) für eine $8 \cdot 8$ Matrix zusammengestellt. Für die Verzögerungszeiten wurde auf die Werte aus Beispiel 5.3.1 zurückgegriffen. Da prinzipiell die Möglichkeit besteht, innerhalb des PEs ein erweitertes Pipelining durchzuführen, wurde dies auch in der Tabelle berücksichtigt. Die Ergebnisse zeigen, daß Durchsatzrate und Transistoraufwand näherungsweise direkt proportional zur Prozessorzahl sind. Die Ergebnisse zeigen aber auch, daß das Pipelining innerhalb des PEs sehr lohnend ist. Durch vollständiges Pipelining des PEs (20 Pipelinestufen) wird der Transistoraufwand nahezu verdreifacht, die Durchsatzrate jedoch mehr als versiebenfacht. Dies belegt die Effizienz des Pipelining. Aus den Ergebnissen kann geschlossen werden, daß zuerst durch Pipelining die Durchsatzrate erhöht werden sollte, und falls dies nicht ausreicht, sollte die Anzahl der Prozessoren erhöht werden.

Tabelle 5.3.1: Durchsatzrate und Transistoraufwand für die Matrix–Vektor–Multiplikation. $8 \cdot 8$ Matrix mit 8 bit Genauigkeit für Abtastwerte und Koeffizienten.

Pipelining innerhalb PE	n_{PE}	Durchsatzrate in Msample/s	Transistor–aufwand
nein	$8 \cdot 8$	360	180 000
	8	45	24 000
	1	6	3 000
ja	$8 \cdot 8$	2 700	540 000
	8	340	69 000
	1	43	8 600

5.3.4 Formale Beschreibung des Projektionsverfahrens

Die Abbildung des Abhängigkeitsgraphen auf einen Signalflußgraphen erfordert für jeden Knoten c des Abhängigkeitsgraphen die Zuordnung des Prozessors $p(c)$ und die Zuordnung eines Zeitpunktes der Ausführung der Operationen $t(c)$. Diese räumlich/zeitliche Zuordnung muß spezielle Bedingungen erfüllen. Die in dem Abhängigkeitsgraphen vorgegebene Reihenfolge der Berechnungen muß gewahrt werden. Dies führt zu der Bedingung der **Kausalität**.

$$t(c_2) \geq t(c_1) \qquad \forall \ c_2 - c_1 \in \{d_m\} \qquad (5.3.16)$$

Die d_m sind die Datenabhängigkeitsvektoren (Kanten) des Abhängigkeitsgraphen. Ferner kann ein Knoten des Signalflußgraphen gleichzeitig nur die Operationen **eines** Knotens des Abhängigkeitsgraphen durchführen. Hieraus folgt die Bedingung der **Eindeutigkeit**.

$$\begin{bmatrix} t(c_2) \\ p(c_2) \end{bmatrix} \neq \begin{bmatrix} t(c_1) \\ p(c_1) \end{bmatrix} \qquad \textit{für} \ c_2 \neq c_1 \qquad (5.3.17)$$

Ein lineares Abbildungsverfahren ist die in der Literatur am häufigsten verwendete Form. Es bietet sich insbesondere für shift–invariante, homogene Abhängigkeitsgraphen an [61], [65]. Die Abbildung geschieht über eine Matrix M.

$$\begin{bmatrix} t \\ p \end{bmatrix} = Mc \qquad (5.3.18)$$

Es sei

$$c = \begin{bmatrix} i_1, \dots i_n \end{bmatrix}^T \quad c \in I_{DG} \subset \mathcal{Z}^n$$

$$p = \begin{bmatrix} j_1, \dots j_k \end{bmatrix}^T \quad p \in I_{SFG} \subset \mathcal{Z}^k \qquad (5.3.19)$$

Unter Berücksichtigung der Kausalität (5.3.16) und der Eindeutigkeit (5.3.17) existieren in großer Zahl unterschiedliche Matrizen M zur Durchführung der Abbildung. Gesucht sind insbesondere Abbildungen, die die lokalen Datenabhängigkeiten und die fortlaufende Datenzufuhr und –abfuhr berücksichtigen. Wie in Abschnitt 5.2 erläutert, wird vielfach bei der Formulierung des Abhängigkeitsgraphen nicht explizit beschrieben, welche Variablen fortlaufend neue Daten erhalten. Durch Unterdrückung dieser Abhängigkeit wird die Dimension des Indexraumes verringert und vor allem bleibt der Indexraum endlich. Bei der Abbildung muß berücksichtigt werden, welche Variablen ständig ersetzt werden. Diese Variablen müssen über den Rand des Prozessor–Arrays zugeführt werden.

Es existieren verschiedene Strategien zur Ermittlung von Transformationsmatrizen [61], [65],[71]. Es soll hier ein Projektionsverfahren beschrieben werden, das vorteilhaft eingesetzt werden kann, wenn die Dimension des Signalflußgraphen um 1 geringer ist als die Dimension des Abhängigkeitsgraphen.

$$I_{DG} \subset \mathcal{Z}^n \qquad I_{SFG} \subset \mathcal{Z}^{n-1} \qquad (5.3.20)$$

In Anlehnung an (5.3.7) und (5.3.12) kann die Matrix M aufgespalten werden in einen Schedule–Vektor und eine Prozessorbasis.

$$M = \begin{bmatrix} s^T \\ \Pi^T \end{bmatrix} \qquad (5.3.21)$$

Ein Schedule–Vektor ist zulässig, wenn die Kausalitätsbedingung eingehalten wird, d.h.

$$\tau(e_m) = s^T d_m \geq 0 \qquad \forall d_m \qquad d_m = col_m(D) \qquad (5.3.22)$$

Die Bezeichnung $col_m(\cdot)$ steht für m–ter Spaltenvektor. Bei der systolischen Lösung wird jeder Kante des Abhängigkeitsgraphen eine Verzögerung zugewiesen. In diesem Falle ist für alle Datenabhängigkeitsvektoren d_m die Gleichheitsbeziehung nicht zulässig. Die Beziehung (5.3.22) gibt die Verzögerungen an, die den Kanten e_m des Signalflußgraphen zugeordnet werden.

Durch Projektion in Richtung eines Projektionsvektors u soll der Abhängigkeitsgraph in einen Signalflußgraphen mit um 1 reduzierter Dimension überführt werden. Die Prozessorbasis muß orthogonal zum Projektionsvektor sein. Es gilt

$$\Pi^T u = \begin{bmatrix} \pi_1^T \\ \cdot \\ \cdot \\ \cdot \\ \pi_{n-1}^T \end{bmatrix} u = 0 \qquad (5.3.23)$$

Die Prozessoren p erhält man durch Projektion auf die von $(\pi_1, \pi_2, ... \pi_{n-1})$ aufgespannte Ebene. Bild 5.3.8 zeigt diesen Zusammenhang für $n = 3$.

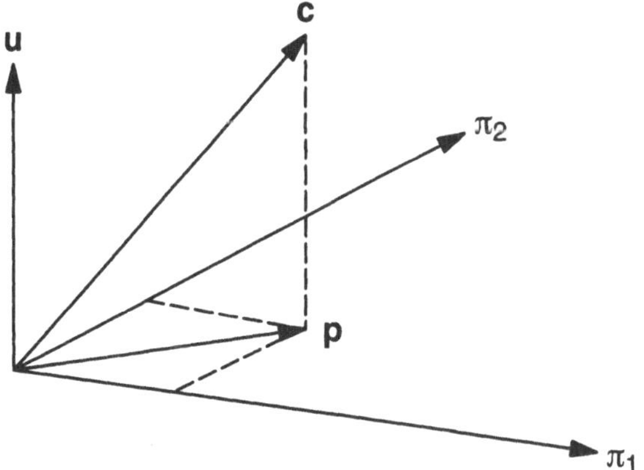

Bild 5.3.8:   Projektion des Vektors c auf die von (π_1, π_2) aufgespannte Ebene

Die Eindeutigkeit nach (5.3.17) fordert eine Matrix M mit Rang n. Da die Prozessorbasis Π orthogonal zu dem Projektionsvektor u ist, kann dies nicht für den Schedule–Vektor gelten. Somit folgt

$$s^T u \neq 0 \qquad (5.3.24)$$

Diese Bedingung kann auch anschaulich begründet werden. Sie bedeutet, daß Knoten einer äquitemporalen Hyperebene nicht auf das gleiche PE projiziert werden dürfen. Der Schedule–Vekter s steht senkrecht auf einer äquitemporalen Hyperebene. Im Falle der Gleichheit mit Null ist der Projektionsvektor u orthogonal zu s, d.h. der Projektionsvektor wäre parallel mit der equitemporalen Hyperebene.

Die Abbildung unter Verwendung der Matrix M (5.3.18) mit deren Aufspaltung nach (5.3.21) wird für alle Knoten des Abhängigkeitsgraphen, einschließlich der Ein– und Ausgabenknoten, angewandt. Die gleiche Matrix beschreibt auch die Abbildung der Kanten des Abhängigkeitsgraphen, denn eine Kante des Abhängigkeitsgraphen ist ein Vektor zwischen zwei Knoten.

$$\begin{bmatrix} \tau(e) \\ e \end{bmatrix} = \begin{bmatrix} s^T \\ \Pi^T \end{bmatrix} d \qquad (5.3.25)$$

Die Kanten des Abhängigkeitsgraphen sind in einer Matrix D und die Kanten des Signalflußgraphen in einer Matrix E zusammengefaßt. Ferner sei $\mathcal{T}$ ein geordnetes n–Tupel mit den zu den Kanten e zugehörigen Verzögerungszeiten. Aus (5.3.25) wird dann

$$\begin{bmatrix} \mathcal{T} \\ E \end{bmatrix} = MD \qquad (5.3.26)$$

Das vorgestellte Projektionsverfahren soll für das Beispiel der Sortierung angewandt werden. Abweichend zu dem Algorithmus in Abschnitt 5.2, siehe insbesondere Bild 5.2.4, seien die Datensätze von $0 \ldots N{-}1$ anstatt $1...N$ indiziert. Es sei von einer systolischen Zeiteinteilung ausgegangen, d.h. jede Kante des Abhängigkeitsgraphen erhält eine Verzögerung. Bei minimaler Verzögerung von einer Taktperiode für die horizontalen und vertikalen Kanten gilt

$$s = \begin{bmatrix} 1 \\ 1 \end{bmatrix}$$

Es sollen nun die Auswirkungen der Projektionen in horizontaler, vertikaler und diagonaler Richtung auf die sich ergebenden Schaltungsstrukturen untersucht werden. Für eine Projektion in horizontaler Richtung beträgt der Projektionsvektor

$$u = \begin{bmatrix} 1 \\ 0 \end{bmatrix}$$

Die Bedingung (5.3.24) ist leicht zu verifizieren. Somit handelt es sich für den gegebenen Schedule–Vektor um einen gültigen Projektionsvektor.

$$s^T u = 1 \neq 0$$

Eine mögliche Prozessorbasis wird nach (5.3.23) bestimmt. Die Erfüllung der Orthogonalität ist für

$$\Pi^T = [0 \ \ 1]$$

gegeben. Die zugehörige Abbildungsmatrix (5.3.21) lautet somit

$$M = \begin{bmatrix} 1 & 1 \\ 0 & 1 \end{bmatrix}$$

Für die Abbildung der Knoten folgt

$$\begin{bmatrix} t \\ p \end{bmatrix} = Mc = M \begin{bmatrix} i_1 \\ i_2 \end{bmatrix} = \begin{bmatrix} i_1 + i_2 \\ i_2 \end{bmatrix}$$

Dies bedeutet, daß der Prozessorindex identisch mit dem vertikalen Index ist und der Zeitpunkt der Durchführung sich aus der Summe von horizontalem und vertikalem Index ergibt. Die Datenabhängigkeitsmatrix enthält alle Datenabhängigkeitsvektoren. Das Produkt von M und D liefert daher nach (5.3.26) alle Kanten des Signalflußgraphens.

$$\begin{bmatrix} \tau(e_1)\,\tau(e_2) \\ e_1 & e_2 \end{bmatrix} = MD = M \begin{bmatrix} 1 & 0 \\ 0 & 1 \end{bmatrix} = \begin{bmatrix} 1 & 1 \\ 0 & 1 \end{bmatrix}$$

Die Kante $e_1 = 0$ bedeutet eine Rückführung auf sich selbst. Eine Kante $e_2 = 1$ ist bei einem 1D Array–Prozessor eine Verbindung von Knoten zu Knoten in positiver Indexrichtung. Jeder Kante wird eine Einheitsverzögerung zugeordnet. Der sich aus der Projektion ergebende Signalflußgraph ist in Bild 5.3.9 gezeigt. Die Zeitzuordnung für Datenzufuhr, –abfuhr und Steuerung der Multiplexer kann auch über die Transformationsmatrix M bestimmt werden. Die Datenzufuhr geschieht im Abhängigkeitsgraphen über die Knoten

$$c = \begin{bmatrix} i_1 \\ 0 \end{bmatrix}$$

Die Transformation führt auf

$$\begin{bmatrix} t \\ p \end{bmatrix} = \begin{bmatrix} i_1 \\ 0 \end{bmatrix}$$

Dies bedeutet, daß der Ortsindex i_1 zum Zeitindex wird. Die Ergebnisse stehen im Abhängigkeitsgraphen an den Stellen

$$c = \begin{bmatrix} N \\ i_2 \end{bmatrix}$$

zur Verfügung. Die Transformation führt auf

$$\begin{bmatrix} t \\ p \end{bmatrix} = \begin{bmatrix} N + i_2 \\ i_2 \end{bmatrix}$$

Somit stehen die Ergebnisse parallel entsprechend dem Ortsindex i_2 zur Verfügung. Zeitlich gilt für die Ergebnisse eine Grundverzögerung von N Takten und darüber hinaus ein Offset durch die zusätzliche Verzögerung entsprechend dem Ortsindex i_2. Eine spezielle Zufuhr des kleinsten negativen Wertes (mit $-\infty$ gekennzeichnet) erfolgt im Abhängigkeitsgraphen entlang der Diagonalen $i_1 = i_2$. Die Transformation ergibt

$$\begin{bmatrix} t \\ p \end{bmatrix} = \begin{bmatrix} 2i_2 \\ i_2 \end{bmatrix}$$

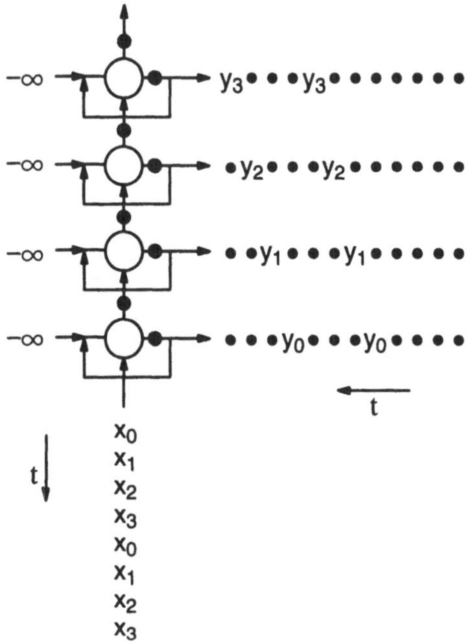

Bild 5.3.9:   Signalflußgraph eines Sortierers nach Projektion in horizontaler Richtung

Hieraus folgt, daß der Multiplexer am Knoten i_2 des Signalflußgraphen zum Zeitpunkt $2i_2$ so geschaltet sein muß, daß der Wert $-\infty$ zugeführt wird, ansonsten wird die Rückführungsschleife geschlossen. Das Bild 5.3.9 zeigt auch, wie die Datenzufuhr und –abfuhr periodisch fortgesetzt werden kann. Durch die Projektion gilt eine mod N Operation auf den zeitlichen Index.

Auf ähnliche Weise, wie die Projektion in horizontaler Richtung, können Projektionen in vertikaler und diagonaler Richtung durchgeführt werden. Die einzelnen Teilschritte der Projektion sollen nicht erneut umfassend diskutiert werden, sondern es sollen nur die Transformationsmatrix und der sich ergebende Signalflußgraph gezeigt werden.

Für eine Projektion in vertikaler Richtung gilt

$$u = \begin{bmatrix} 0 \\ 1 \end{bmatrix}$$

Eine zugehörige Abbildungsmatrix lautet

$$M = \begin{bmatrix} 1 & 1 \\ 1 & 0 \end{bmatrix}$$

Der sich mit M ergebende Signalflußgraph ist in Bild 5.3.10 gezeigt.

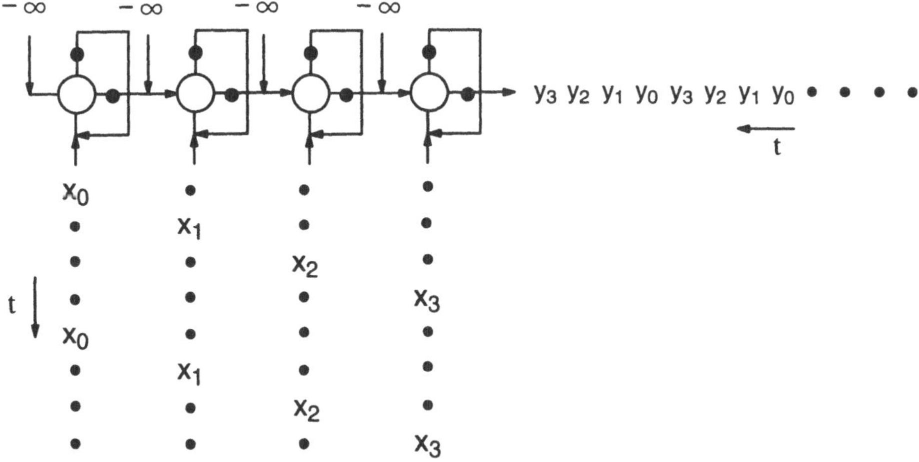

Bild 5.3.10: Signalflußgraph eines Sortierers nach Projektion in vertikaler Richtung

Der Projektionsvektor

$$u = \begin{bmatrix} 1 \\ 1 \end{bmatrix}$$

führt auf eine Projektion entlang der Diagonalen im Abhängigkeitsgraphen. Eine zugehörige Abbildungsmatrix ist

$$M = \begin{bmatrix} 1 & 1 \\ 1 & -1 \end{bmatrix}$$

Den Signalflußgraphen, der sich dann ergibt, zeigt Bild 5.3.11.

Die für das Beispiel der Sortierung durchgeführten Projektionen führen in allen drei Fällen auf Signalflußgraphen mit N Knoten. Unterschiedlich ist die Datenzufuhr und –abfuhr, in einigen Fällen seriell, in anderen parallel. Aufgrund der systolischen Realisierung ergibt sich bei der parallelen Datenzufuhr bzw. –abfuhr ein zeitlicher Offset. Die gezeigten Ergebnisse werden in Anlehnung an bekannte Sortieralgorithmen [73] als Insertion–, Selection– und Bubble–Sortierer bezeichnet [61].

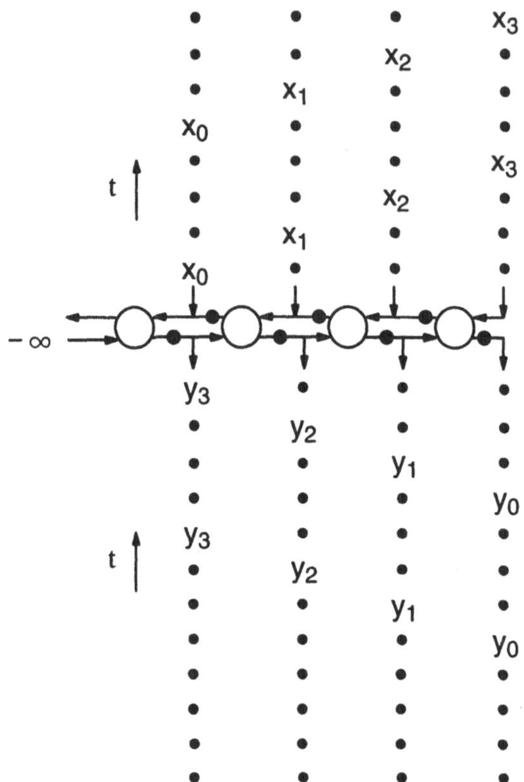

Bild 5.3.11:   Signalflußgraph eines Sortierers nach Projektion in diagonaler Richtung

Spezialfall

Ein Sonderfall ist die Abbildung des Abhängigkeitsgraphen in einen Signalflußgraphen mit gleicher Knotenzahl. Hierbei ist die Prozessorbasis eine Einheitsmatrix.

$$p = c \qquad E = D \tag{5.3.27}$$

Der Schedule–Vektor s wird so bestimmt, daß die Kanten gewünschte Verzögerungen erhalten. Für systolische Strukturen muß jede Kante eine Verzögerung größer Null haben. Dies bedeutet, daß (5.3.22) für alle Kanten d_m eine Verzögerung größer Null liefern muß.

5.3.5 Multiprojektion

Das bisher beschriebene Projektionsverfahren ermöglicht nur die Abildung eines n–dimensionalen Abhängigkeitsgraphen auf einen $(n-1)$– dimensionalen Signalflußgraphen. Will man die Dimension des Zielarrays weiter verringern, so ist dies durch eine Projektion angewandt auf den Signalflußgraphen möglich. Alle Knoten des Signalflußgraphen, die aufeinander abgebildet werden, dürfen nicht zum gleichen Zeitpunkt gültige Daten haben. Wie bei dem einführenden Beispiel der Matrix–Vektor–Multiplikation erläutert, kann dies dadurch geschehen, daß alle Knoten in Projektionsrichtung durch eine neue Zeiteinteilung (Retiming) nicht zum gleichen Zeitpunkt aktiv sind. Eine Änderung der Zeiteinteilung und die nachfolgende Projektion soll für den Fall weiter erläutert werden, daß alle Knoten in Projektionsrichtung einen kleinen Zeitoffset erhalten. Die Größe des Zeitoffsets hängt von der maximalen Zahl N_u der Knoten in Projektionsrichtung ab. Es sei τ die Verzögerung im ursprünglichen Signalflußgraphen und τ' die Verzögerung im neuen Signalflußgraphen. Dann muß folgende Bedingung für die Basistaktperioden [61] eingehalten werden.

$$\tau_0 \geq \tau_0' + \tau_0'(N_u - 1)s^T u \qquad (5.3.28)$$

In dieser Beziehung ist s der Schedule–Vektor des gegebenen Signalflußgraphen und u der Projektionsvektor der geplanten Projektion. Der Ausdruck
$$(N_u - 1)s^T u$$
gibt die maximale Zeitdifferenz zwischen erstem und letztem Knoten in Projektionsrichtung an.

Man möchte weiterhin die Verzögerungszeit als ganzzahlige Vielfache eines gemeinsamen Taktes beschreiben. Da τ_0' die kleinere Zeitspanne ist, soll sie von nun an als Referenz gelten und die Verzögerung τ_0 wird als ganzzahliges Vielfaches von τ_0' beschrieben.

$$\tau_0 = K\tau_0' \qquad (5.3.29)$$

Aus (5.3.28) wird somit

$$K \geq 1 + (N_u - 1)s^T u \qquad (5.3.30)$$

In den meisten Anwendungen bietet sich für K folgender Wert an

$$K = N_u s^T u \qquad (5.3.31)$$

Unter Berücksichtigung der neuen Zeitskalierung ist eine erneute Projektion möglich. Der für die erneute Abbildung zu verwendende Schedule–Vektor sei s'. Der neue Zeitablauf ist eine Überlagerung aus Zeitskalierung und linearer Projektion. Für die Abbildungsmatrix gilt somit

$$M' = \begin{bmatrix} K & s'^T \\ 0 & \Pi^T \end{bmatrix} \tag{5.3.32}$$

Diese Abbildungsmatrix gilt für Transformation von Zeit, Prozessorindex, Kantenverzögerung und Kanten. Analog zu (5.3.18) und (5.3.26) folgt für die Abbildung

$$\begin{bmatrix} t' \\ p' \end{bmatrix} = M' \begin{bmatrix} t \\ p \end{bmatrix}$$

$$\begin{bmatrix} \mathcal{T}' \\ E' \end{bmatrix} = M' \begin{bmatrix} \mathcal{T} \\ E \end{bmatrix} \tag{5.3.33}$$

Für alle Kanten des transformierten Signalflußgraphen muß die Kausalitätsbedingung eingehalten werden. Analog zu (5.3.22) muß gelten

$$\tau'(e'_m) = K\tau(e_m) + s^T e_m \geq 0 \quad \forall e_m \quad e_m = col_m E \tag{5.3.34}$$

Für Rückführungen auf sich selbst ($e'_m = 0$) oder für systolische Realisierungen müssen alle Kanten eine Verzögerung aufweisen. In diesen Fällen ist die Gleichheitsbeziehung nicht zulässig.

Der neue Schedule–Vektor muß so gewählt werden, daß die in (5.3.17) formulierte Eindeutigkeit erfüllt ist. Dies bedeutet, daß alle in Projektionsrichtung aufeinander abzubildenden Knoten zu unterschiedlichen Zeiten aktiv sein müssen. Da aufgrund vorheriger Projektionen und der Zeitskalierung die Knoten des Signalflußgraphen zu spezifischen Zeiten aktiv sind, ist die Bedingung (5.3.24) in diesem Fall nicht ausreichend. Sofern die Gleichheitsbeziehung der Kausalitätsbedingungen (5.3.34) zugelassen wird, erfüllt die Abbildungsmatrix (5.3.32) meist auch die Eindeutigkeit.

Es ist offensichtlich, daß die Abbildungsmethode mehrfach angewandt werden kann und somit durch k–fache Projektion ein Abhängigkeitsgraph auf einen Signalflußgraphen mit der Dimension $n–k$ überführt werden kann. Problematisch ist die Größe des Design–Raums, denn es gibt für jeden Abbildungsschritt mehrere zulässige Vektoren s und mögliche Projektionsrichtungen u. Zur Unterstützung des Entwurfsprozesses sind in der Literatur mehrere CAD–Programme vorgestellt worden [74], [75], [76], [77], [78].

Die Projektion eines Signalflußgraphen soll anhand eines Beispiels erläutert werden. Bild 5.3.12 zeigt den ursprünglichen Signalflußgraphen. Einige Kanten haben keine Verzögerungen. Die Anzahl der Verzögerungstakte wird durch die Gewichte an den entsprechenden Kanten angegeben. Der zu verwendende Schedule–Vektor sei

$$s' = \begin{bmatrix} 0 \\ 1 \end{bmatrix}$$

und der Projektionsvektor

$$u = \begin{bmatrix} 0 \\ 1 \end{bmatrix}$$

Die Anzahl der Knoten in Projektionsrichtung beträgt $N_u = 4$ und mit (5.3.30) gilt als kleinster Wert von K

$$K = 4$$

Mit der Prozessorbasis

$$\Pi^T = [1 \ \ 0]$$

gilt eine Abbildungsmatrix (5.3.32)

$$M' = \begin{bmatrix} 4 & 0 & 1 \\ 0 & 1 & 0 \end{bmatrix}$$

Für die Kanten des gegebenen Signalflußgraphen gilt

$$\begin{bmatrix} \mathcal{J} \\ E \end{bmatrix} = \begin{bmatrix} 2 & 0 & 1 & 0 \\ 1 & 0 & 0 & -1 \\ 0 & 1 & -1 & 1 \end{bmatrix}$$

Nach Transformation mit M' ergeben sich folgende Kanten für den neuen Signalflußgraphen

$$\begin{bmatrix} \mathcal{J}' \\ E' \end{bmatrix} = \begin{bmatrix} 8 & 1 & 3 & 1 \\ 1 & 0 & 0 & -1 \end{bmatrix}$$

Der in Bild 5.3.12 gezeigte Signalflußgraph enthält diese Kanten und Verzögerungen.

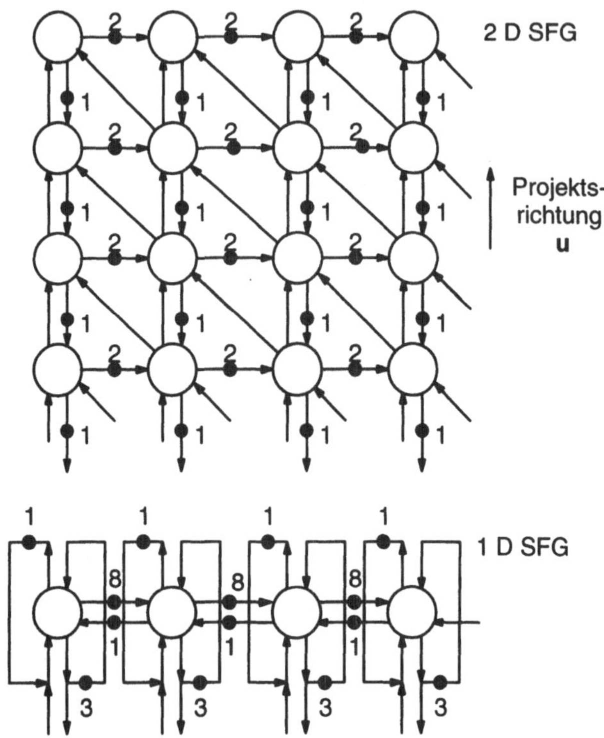

Bild 5.3.12: Beispiel einer Abbildung eines 2D SFG auf einen 1D SFG

Spezialfall

Ein Sonderfall ist die Abbildung auf ein Prozessorelement. Die Beziehung (5.3.30) enthält einen Faktor K zur Zeitskalierung. Die Größe von K wird nach (5.3.29) von der Anzahl der Knoten in Projektionsrichtung bestimmt. Eine Projektion in Achsrichtung hat als gültigen Wert von K

$$K = N_j$$

wobei N_j die maximale Anzahl der Knoten in der j–Richtung ist. Durch fortgesetzte Multiprojektion in Achsrichtung des Indexraumes ist ein möglicher Schedule–Vektor

$$s^T = \begin{bmatrix} 1 & N_1 & N_1 N_2 & ... & N_1 N_2 ... N_{n-1} \end{bmatrix} \qquad (5.3.35)$$

Dieser Schedule–Vektor legt die Zeitpunkte der Datenzufuhr und –abfuhr fest. Es ist klar, daß durch Änderung der Reihenfolge der Multiprojektion weitere zulässige Schedule–Vektoren formuliert werden können.

5.4 Erweiterungen der Abbildungsverfahren

5.4.1 Partitionierung

Das im vorherigen Abschnitt vorgestellte Projektionsverfahren führt auf Architekturen deren Abmessungen vom Algorithmus bestimmt werden. Die diskutierte Matrix–Vektor–Multiplikation kann als 2D Array, 1D Array oder mit einem PE realisiert werden. Die Abmessungen des 2D Arrays sind $n \cdot n$ PEs, wenn eine $n \cdot n$ Matrix vorliegt. Die Länge des 1D Arrays beträgt n PEs oder mehr, je nach Projektionsrichtung. Gewünscht werden Abbildungen auf Arrays mit vorgegebener fester Größe. Die Partitionierung ist ein Weg zur Abbildung auf problemabhängige vorgegebene Größen von Arrays.

In der Literatur werden grundsätzlich zwei Ansätze unterschieden [65], [79], [80]:

  1. LPGS (locally parallel globally sequential)
  2. LSGP (locally sequential globally parallel)

Neben diesen beiden gibt es noch andere, wie die geometrische Faltung und algorithmenspezifische Abbildungen. Nachfolgend sollen die beiden oben genannten Partitionierungsverfahren weiter erläutert werden.

LPGS–Partitionierung

Der Abhängigkeits– bzw. Signalflußgraph eines Algorithmus wird in Blöcke einer vorgegebenen Größe aufgeteilt. Die Abmessungen eines Blockes entsprechen dabei den Abmessungen des Zielarrays. Bild 5.4.1 zeigt auf der linken Seite schematisch eine derartige Aufteilung für einen 2D Graphen. In diesem Bild ist angenommen, daß ein $4 \cdot 6$ Graph durch ein $2 \cdot 2$ Array realisiert werden soll. Die Knoten des Graphen werden in Blöcke mit den Abmessungen $2 \cdot 2$ aufgeteilt. Jeder dieser Blöcke wird wie ein Superknoten behandelt. Das gegebene Beispiel hat $2 \cdot 3$ solcher Superknoten, die mit dem bekannten Abbildungsverfahren auf einen Superknoten abgebildet werden. Sollen auch innerhalb des Superknotens alle Kanten Verzögerungen enthalten, so muß dies beim zeitlichen Ablauf von Datentransfer und Steuerung berücksichtigt werden. Das Ergebnis der Abbildung nach der Partitionierung ist auf der rechten Seite von Bild 5.4.1 gezeigt.

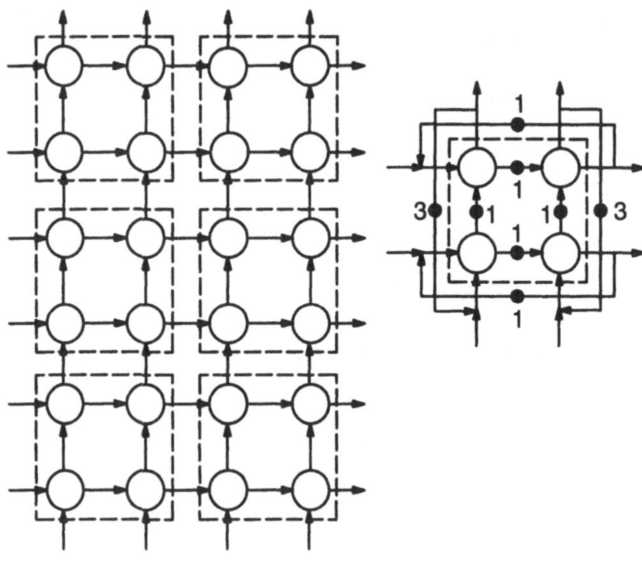

Bild 5.4.1: Beispiel einer LPGS–Partitionierung

Die Merkmale dieses Verfahrens lassen sich folgendermaßen zusammenfassen. Die Struktur des Arrays bleibt erhalten. Das erhaltene Array ist ein Ausschnitt des vollständigen Arrays. Im lokalen Bereich innerhalb des Blocks sind die Strukturen und das Timing unverändert. Extern wird Zusatzhardware (Register, Multiplexer, Steuerungslogik) benötigt. Ferner ist die Datenzufuhr und –abfuhr geändert.

LSGP–Partitionierung

Bei diesem Verfahren wird der Graph so aufgeteilt, daß die Zahl und Anordnung der Blöcke identisch mit dem Zielarray ist. Benachbarte Knoten innerhalb eines Blockes werden auf einen Knoten abgebildet (clustering) und innerhalb des Blockes wird somit eine sequentielle Abarbeitung realisiert. Bild 5.4.2 zeigt auf der linken Seite eine derartige Aufteilung für einen 2D Graphen. Wie zuvor ist angenommen, daß ein $4 \cdot 6$ Graph durch ein $2 \cdot 2$ Array realisiert werden soll. Die Knoten des Graphen werden so aufgeteilt, daß die Zahl der Blöcke $2 \cdot 2$ ist. Jeder Block enthält dann $2 \cdot 3$ Knoten. Innerhalb jedes Blockes werden die Knoten mit dem bekannten Abbildungsverfahren auf einen Knoten abgebildet. Aufgrund der Datenabhängigkeiten zwischen den Blöcken muß ein zeitlicher Versatz zwischen diesen berücksichtigt werden. Wie das Ergebnis auf der rechten Seite von Bild 5.4.2 zeigt, verbleibt eine Anordnung mit $2 \cdot 2$ Knoten.

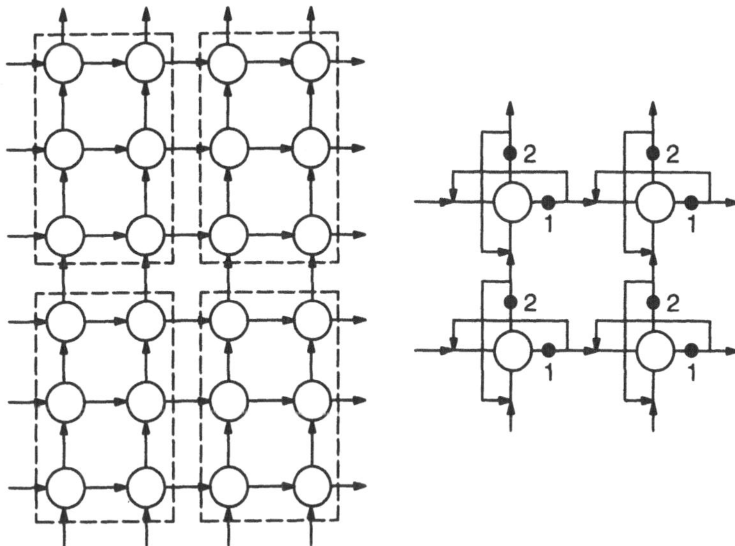

Bild 5.4.2: Beispiel einer LSGP–Partitionierung

Kennzeichnend für dieses Verfahren ist, daß lokal strukturelle Änderungen mit Zusatzhardware (Register, Multiplexer) erfolgen. Die Zahl der Register wird von den Abmessungen des Blockes bestimmt. Die Rückführung von Zwischenergebnissen erfolgt hier lokal, während dies bei der LPGS–Partitionierung global erfolgt.

Formale Beschreibung der Abbildung

Es sei vorläufig von einem 2D Abhängigkeitsgraphen ausgegangen, der durch Partitionierung in einen 2D Signalflußgraphen vorgegebener Abmessungen überführt werden soll. Die Partitionierung durch Aufteilung in Blöcke ist eine Erweiterung der Dimension des Indexraumes. Man erhält einen Blockindex und einen Knotenindex innerhalb des Blockes.

Die Knoten c werden in Knoten c_{part} nach der Partitionierung überführt. Ein Satz von Parametern λ legt die Partitionierungsfunktion

$$c_{part} = f(\lambda, c) \tag{5.4.1}$$

fest. Jeder Indexpunkt i_k des ursprünglichen Graphen wird durch zwei Indexpunkte j_{2k-1} und j_{2k} des partitionierten Graphen beschrieben. Die Abbildungsfunktion lautet:

$$i_k = \lambda_k \, j_{2k-1} + j_{2k} \quad \lambda_k \in \mathcal{N} \tag{5.4.2}$$

Mit Hilfe der Division mit λ_k werden aus i_k die Werte j_{2k-1} und j_{2k} bestimmt. Der erste Wert ist der ganzzahlige Quotient, der zweite der Rest, welcher betragsmäßig kleiner als λ_k ist.

Der ursprüngliche Abhängigkeitsgraph habe $n_1 \cdot n_2$ Knoten. Das Zielarray habe $m_1 \cdot m_2$ Knoten. Aus dem Quotienten von n_k und m_k wird ein Parameter μ_k abgeleitet.

$$\mu_k = \left\lceil \frac{n_k}{m_k} \right\rceil \tag{5.4.3}$$

Es sei angenommen, daß die ursprüngliche Indizierung von $0 \ldots n_k{-}1$ erfolgt. Für die beiden Partitionierungsverfahren gilt dann

$$\begin{aligned} LPGS: &\quad \lambda_k = m_k \\ LSGP: &\quad \lambda_k = \mu_k \end{aligned} \tag{5.4.4}$$

Mit (5.4.1) wird ein 2D Abhängigkeitsgraph in einen 4D Graphen überführt.

$$\begin{bmatrix} i_1 \\ i_2 \end{bmatrix} \Rightarrow \begin{bmatrix} j_1 \\ j_2 \\ j_3 \\ j_4 \end{bmatrix} \tag{5.4.5}$$

Mit den Methoden der Projektion bzw. Multiprojektion aus dem Abschnitt 5.3 wird der neue 4D Abhängigkeitsgraph in einen 2D Signalflußgraphen überführt. Diese Transformation lautet allgemein

$$\begin{bmatrix} t \\ p \end{bmatrix} = M c_{part} \tag{5.4.6}$$

wobei M die Zusammenfassung zweier örtlicher Projektionen enthält. Wie zuvor kann M in zwei Anteile aufgeteilt werden.

$$M = \begin{bmatrix} s^T \\ \Pi^T \end{bmatrix} \tag{5.4.7}$$

Für die beiden Fälle LPGS und LSGP können mögliche Lösungen für die Prozessorbasis Π und den Schedule–Vektor s bestimmt werden.

LPGS–Abbildung

Im Falle von LPGS verbleibt nach der Projektion ein $m_1 \cdot m_2$ Array, das mit j_2 und j_4 indiziert wird. Entsprechend gilt für die Prozessorbasis zur Projektion

$$\Pi^T = \begin{bmatrix} 0 & 1 & 0 & 1 \\ 0 & 1 & 0 & 1 \end{bmatrix} \tag{5.4.8}$$

Alle $\mu_1 \cdot \mu_2$ Blöcke müssen aufeinander projeziert werden. Dies bedeutet, daß zwischen ihnen ein zeitlicher Versatz erzeugt werden muß. Wird der Zeitversatz erst in Richtung i_1 und dann in Richtung i_2 erzeugt, so gilt ein Schedule–Vektor

$$s^T = [1 \ 0 \ \mu_1 \ 0] \qquad (5.4.9)$$

Dies korrespondiert zu der Lösung, die in (5.3.35) gezeigt wurde. Wird die Zuordnung der Achsrichtungen zum Zeitversatz vertauscht, so ist

$$s^T = [\mu_2 \ 0 \ 1 \ 0] \qquad (5.4.10)$$

ein gültiger Schedule–Vektor.

Bei den beiden vorher gezeigten Schedule–Vektoren befinden sich alle Knoten des erzeugten $m_1 \cdot m_2$ Arrays in der gleichen Zeitebene. Sollen auch zwischen den Knoten des erzeugten Arrays Einheitsverzögerungen vorhanden sein, so erhöht sich die Verzögerung zwischen den Blöcken entsprechend der Abmessung des Blockes um m_1 bzw. m_2. Der Schedule–Vektor nach (5.4.9) wird verändert in

$$s^T = [m_1 \ 1 \ \mu_1 m_1 \ 1] \qquad (5.4.11)$$

Für den Schedule–Vektor nach (5.4.10) gilt entsprechend

$$s^T = [\mu_2 m_2 \ 1 \ m_2 \ 1] \qquad (5.4.12)$$

LSGP–Abbildung

Im Falle von LSGP erfolgt die Indizierung des $m_1 \cdot m_2$ Arrays mit j_1 und j_3. Daher gilt für diesen Fall eine Prozessorbasis

$$\Pi^T = \begin{bmatrix} 1 & 0 & 1 & 0 \\ 1 & 0 & 1 & 0 \end{bmatrix} \qquad (5.4.13)$$

Alle Knoten innerhalb eines Blockes sollen auf einen Ergebnisknoten projeziert werden. Hierzu ist eine Zeiteinteilung nötig, bei der alle durch j_2 und j_4 indizierten Knoten zu verschiedenen Zeiten aktiv sind. Analog zu der Lösung von (5.3.35) führen die beiden nachfolgenden Schedule–Vektoren zu dem gewünschten Zeitversatz.

$$s^T = [0 \ 1 \ 0 \ \mu_1] \qquad (5.4.14)$$

$$s^T = [0 \ \mu_2 \ 0 \ 1] \qquad (5.4.15)$$

Die beiden genannten Schedule–Vektoren führen zu dem gewünschten Zeitversatz innerhalb des Blockes. Jedoch wird nicht die Datenabhängigkeit zwischen den Blöcken berücksichtigt. Jeder Block hat Abmessungen von $\mu_1 \cdot \mu_2$. Somit kann ein nachfolgender Block je nach Achsrichtung erst nach μ_1 bzw. μ_2 Takten vom Vorgänger Zwischenergebnisse übernehmen. Unter Berücksichtigung dieser Datenabhängigkeiten müssen (5.4.14) bzw. (5.4.15) geändert werden in

$$s^T = [\mu_1 \ 1 \ \mu_1 \mu_2 \ \mu_1] \qquad (5.4.16)$$

$$s^T = [\mu_1 \mu_2 \; \mu_2 \; \mu_2 \; 1] \tag{5.4.17}$$

Ergänzende Betrachtungen

Bisher wurde davon ausgegangen, daß 2D Abhängigkeitsgraphen durch die Partitionierung auf 2D Signalflußgraphen abgebildet werden. Hat der Abhängigkeitsgraph eine Dimension größer als 2, so werden nach (5.4.2) zwei Indizes aufgespalten, die anderen bleiben unverändert. Entsprechend den vorstehenden Beziehungen erfolgen zunächst Projektionen mit den aufgespaltenen Indizes. Mit den Methoden der Multiprojektion werden anschließend noch Projektionen mit den verbleibenden Indizes durchgeführt. Prinzipiell besteht auch die Möglichkeit, die LPGS– und LSGP–Partitionierung zu mischen. Dies bedeutet, daß in der einen Achsrichtung eine Projektion entsprechend LPGS und in der anderen entsprechend LSGP erfolgt.

Die Partitionierungsverfahren können auch als eine hierarchische Strukturierung aufgefaßt werden. Ein großes reguläres Array wird in homogene Blöcke aufgeteilt. Diese Blöcke setzen sich wiederum aus regulär vernetzten Knoten zusammen. In der Signalverarbeitung können viele Verfahren in mehrere Teilverfahren aufgespalten werden. Jedes Teilverfahren kann für sich als Abhängigkeitsgraph formuliert und durch Abbildungsverfahren in einen anwendungsspezifischen Array–Prozessor überführt werden. Werden alle Teilverfahren unabhängig voneinander behandelt, so ist nicht gewährleistet, daß die Datentransfers zwischen den Teilmodulen direkt möglich sind. Unter Umständen passen die zeitlichen Folgen der Ergebnisse des Vorgängers und der Eingaben des Nachfolgers nicht zusammen. Durch eine hierarchische Darstellung und gemeinsame Abbildung kann dieses Datentransferproblem unter Umständen automatisch gelöst werden. Es existieren hierbei auch Beispiele bei denen nicht über die Gesamtanordnung eine lineare Zeiteinteilung möglich ist, sondern nur in jedem Teilbereich. Die speziellen Bedingungen des Datentransfers erfordern dann häufig spezielle Speicheranordnungen zur Umformatierung des Datenstromes.

Als ein Signalverabeitungsverfahren, das in Teilverfahren zerlegt werden kann, sei eine 2D Lineartransformation betrachtet. Hierbei gilt

$$Y = A \; X \; A^T \tag{5.4.18}$$

wobei A, X, Y Matrizen mit $n \cdot n$ Elementen und X die Eingabedaten, Y Ergebnisdaten sind. Mit den Regeln der Matrixtransponierung kann (5.4.18) umgeformt werden.

$$Y = A \; (A \; X^T)^T \tag{5.4.19}$$

Dies bedeutet, daß eine 2D Lineartransformation durch zweimalige Anwendung von 1D Transformationen realisiert werden kann. Zuerst werden n Vektoren von X^T mit A multipliziert. Das Ergebnis wird transponiert und erneut mit A multipliziert. Die Teilverfahren sind hierbei Matrix–Vektor–Multiplikation, Transponierung und Matrix–Vektor–Multiplikation. Die Transponierung wird durch einen Umformatierungsspeicher realisiert. Die Kaskadenstruktur der Teilverfahren ist in Bild 5.4.3 gezeigt. Bei der Projektion der Matrix–Vektor–Multiplikations–Bereiche verändern sich automatisch die Datentransferbedingungen für den Transponierungsspeicher.

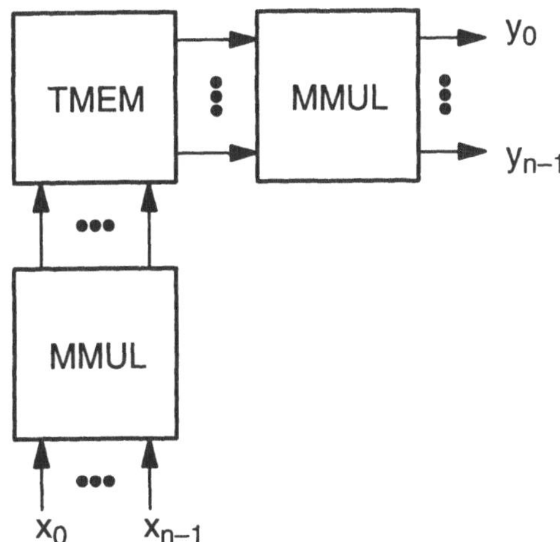

Bild 5.4.3: Realisierung einer 2D Transformation durch Kaskadierung zweier 1D Transformationen
MMUL: Matrix–Vektor–Multiplikation
TMEM: Transponierungsspeicher

5.4.2 Projektion von Knoten mit unterschiedlichen Operationen

Bisher wurde davon ausgegangen, daß alle Knoten des Abhängigkeitsgraphen die gleichen Operationen durchführen. Die Abbildung auf den Signalflußgraphen berücksichtigte nur die Datenabhängigkeiten. Durch den Einsatz von Verzögerungsgliedern (Register) und Multiplexern in den Datenleitungen wird der korrekte zeitliche Ablauf gewährleistet. In der Signalverarbeitung existieren jedoch viele Algorithmen, bei denen neben den Datenabhängigkeiten auch unterschiedliche Operationen durchzuführen sind. Als Beispiel sei die Multiplikation auf Bitebene betrachtet.

Die zu berücksichtigenden Operationen der Multiplikation sind die Multiplikation auf Bitebene (UND) und die Addition auf Bitebene (VA). Die zugehörigen Knoten seien mit M (Multiplikation) und A (Addition) bezeichnet. Die Multipliziererrealisierungen im Kapitel 3.3 zeigen verschiedene Verknüpfungen dieser Basiszellen. Beim Wallace–Tree– und Dadda–Multiplizierer werden die M– und A–Zellen separaten Bereichen zugeordnet und vernetzt. Beim Carry–Save–Array–Multiplizierer werden, wo strukturell naheliegend, M– und A– Zellen zu MA–Zellen verknüpft (s. Bild 4.1.10)

Als ein weiteres Beispiel eines Algorithmus mit unterschiedlichen Basisoperationen sei die Ermittlung eines L_1–Abstandsmaßes betrachtet. Ein derartiges Verfahren wird beim Template–Matching für die Mustererkennung oder beim Block–Matching für die Bewegungsschätzung verwendet. Es soll ein Abstandsmaß zwischen zweidimensionalen Blöcken X und Y bestimmt werden. Für rechteckige Blöcke gilt als Verallgemeinerung von (1.1.7)

$$D = \sum_{i_1=0}^{N_1-1} \sum_{i_2=0}^{N_2-1} |x(i_1, i_2) - y(i_1, i_2)| \tag{5.4.20}$$

Basisoperationen sind die Differenzbildung, die Betragsbildung und die Addition. Differenz–, Betragsbildung und Addition seien zusammen in einer AD–Zelle realisiert. Die Addition ist eine assoziative Operation, d.h. sie kann in beliebiger Reihenfolge implementiert werden. Aufgrund dieser Assoziativität ergeben sich Strukturen mit verschiedenen Vernetzungen. In Bild 5.4.4 ist eine Anordnung mit horizontaler Bildung von Teilsummen und vertikaler Summation der Teilsummen gezeigt.

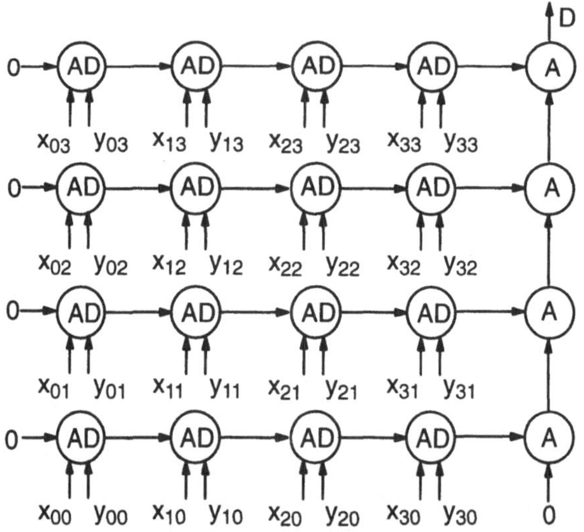

Bild 5.4.4:   Abhängigkeitsgraph eines Blockmatchers (N_1=N_2=4)

Bei einer Projektion des 2D–Graphen von Bild 5.4.4 auf einen 1D–Signalflußgraphen sind die unterschiedlichen Knotentypen zu berücksichtigen. Im Falle einer vertikalen Projektion werden nur gleichartige Knoten aufeinander abgebildet. In Bild 5.4.5 ist ein zugehöriger 1D–Signalflußgraph mit systolischem Zeitablauf gezeigt. Im Falle einer horizontalen Projektion werden zwei Typen von Knoten aufeinander abgebildet (s. Bild 5.4.6). Bei einer Realisierung wird folglich ein umschaltbarer Prozessor benötigt. Beiden Operationen ist die Addition gemeinsam. Daher reicht es aus, in einem Knoten auch nur einen Addierer zu realisieren.

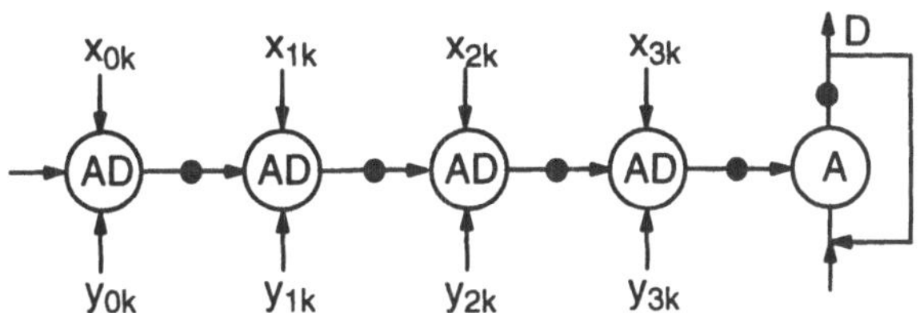

Bild 5.4.5:   Signalflußgraph des Blockmatchers nach vertikaler Projektion

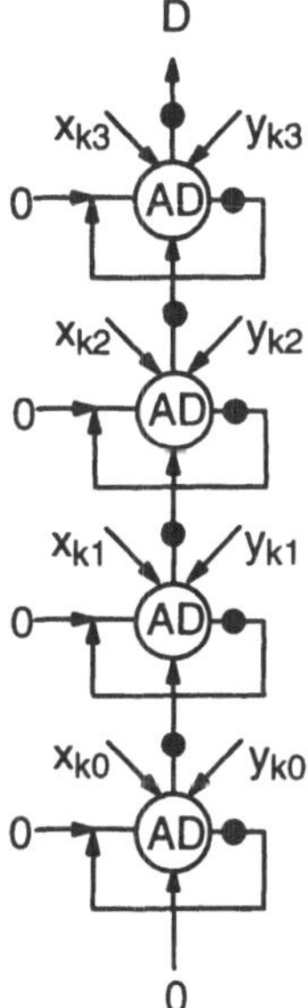

Bild 5.4.6:   Signalflußgraph des Blockmatchers nach horizontaler Projektion

Als ein weiteres Beispiel mit Abbildung unterschiedlichern Knoten sei der Einsatz von NOP-Knoten (no operation) zur Verbesserung der Datenzufuhr und -abfuhr bei systolischen Arrays behandelt. Durch die Projektion von Abhängigkeitsgraphen auf Signalflußgraphen passiert es häufig, daß Daten nicht an äußeren, sondern inneren Knoten zu- bzw. abgeführt werden müssen. Abhängigkeitsgraphen können vielfach durch NOP-Knoten so erweitert werden, daß das Datentransferproblem deutlich vermindert wird.

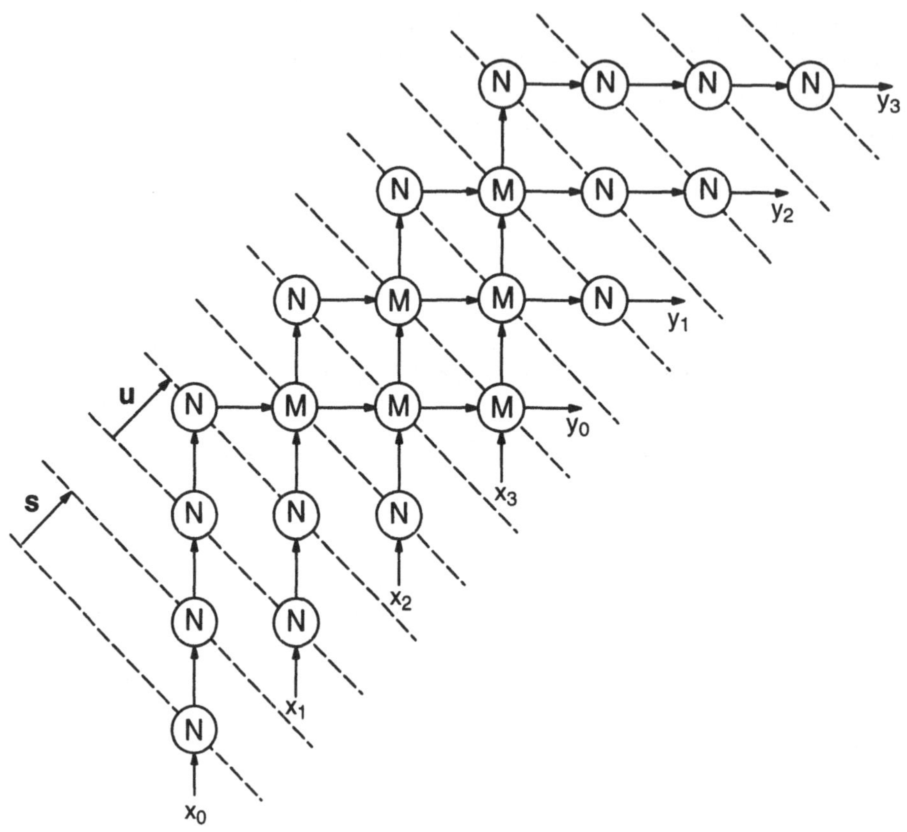

Bild 5.4.7:   Erweiterter Abhängigkeitsgraph des Sortierers mit Darstellung äqui-
temporaler Linien
M: Min/Max–Selektor
N: NOP–Knoten

Für das Beispiel der Sortierung führte die Projektion mit

$$u = \begin{bmatrix} 1 \\ 1 \end{bmatrix}$$

auf einen Signalflußgraphen mit parallelem Datentransfer (Bild 5.3.11). Durch den
Einsatz von NOP–Knoten kann eine Implementierung mit seriellem Datentransfer
erreicht werden. In Bild 5.4.7 ist der durch NOP–Knoten erweiterte Abhängigkeitsgraph gezeigt. Die NOP–Knoten sind durch N gekennzeichnet, die Knoten zur Max/
Min–Entscheidung mit M. Die Erweiterung wurde so durchgeführt, daß bei der vor-
gesehenen Projektionsrichtung nur der rechte Knoten externe Datentransfers hat.

Die Knoten entlang der Diagonalen wurden ebenfalls in NOP–Knoten verwandelt, da aufgrund des Vergleichs mit $-\infty$ das Ergebnis im voraus bekannt ist und dieser Knoten die Daten von horizontal nach vertikal umlenkt. Der sich nach Projektion ergebende Signalflußgraph ist in Bild 5.4.8 gezeigt. Durch ein zusätzlich erzeugtes Steuersignal müssen die Knoten zwischen einem Transfermodus (NOP) und aktiven Betrieb (Vergleich) zyklisch in einem besonderen Zeitablauf umgeschaltet werden.

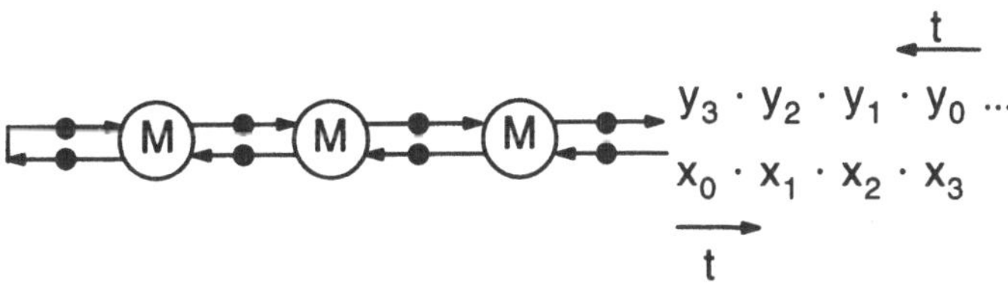

Bild 5.4.8:   Signalflußgraph des Sortierers mit umschaltbaren Knoten

5.5 Realisierungsaspekte und Optimierung

Die bisher erläuterten Verfahrensschritte betreffen die Beschreibung des Algorithmus, die Formulierung der Datenabhängigkeiten als Abhängigkeitsgraph und die Abbildung auf einen Signalflußgraphen. Um einen schleifenfreien Abhängigkeitsgraphen zu erhalten, müssen die Algorithmen im Single–Assignment–Code formuliert werden. Dieser Abhängigkeitsgraph kann weiter verändert werden zur Erzielung lokaler Datenabhängigkeiten (Lokalisierung) und vorgegebener Abmessungen des Arrays (Partitionierung). Für die Zuweisung der Operationen zu Prozessoren und Zeitpunkten der Ausführung sind lineare Abbildungsverfahren vorgestellt worden. Der Vollständigkeit halber sei erwähnt, daß auch nichtlineare Abbildungsverfahren möglich sind. Allerdings lassen sich für nichtlineare Methoden nicht so generelle Lösungswege beschreiben. In vielen Fällen ist es dabei erforderlich, sich an die besondere Problemstellung anzupassen.

Die Abbildungen zwischen Abhängigkeitsgraphen und Signalflußgraphen haben einen äußerst großen Lösungsraum. Für eine Realisierung interessant sind diejenigen Strukturen, die auch das Datentransferproblem lösen. Bei Signalverarbeitungsaufgaben sind einige Parametersätze fortlaufend neu zuzuführen und für diese werden jeweils Ergebnisse berechnet. Nur Strukturen, die diese Datenzufuhr bzw.

Datenabfuhr berücksichtigen, offerieren eine hohe Auslastung der Prozessorelemente.

Aus dem Signalflußgraphen lassen sich leicht Schaltungsstrukturen der Prozessorelemente und deren Vernetzung ableiten. Die Operationen in den Knoten des Signalflußgraphen werden durch dedizierte Module für diese Operationen implementiert. Die Verzögerungen auf den Kanten des Signalflußgraphen werden durch Register von D–FFs realisiert. Die Register werden den Ein– bzw. Ausgängen der Prozessorelemente zugeordnet. Die zeitgesteuerten Selektionen an den Kanten und die Umschaltung zwischen verschiedenen Operationen wird durch Multiplexer realisiert. Die erzielbare Durchsatzrate wird von der maximalen Verzögerung zwischen zwei Registern bestimmt. Ist die Forderung an die Durchsatzrate höher, so muß durch Pipelining eine höhere Durchsatzrate erreicht werden. Durch eine Zeitskalierung wird die Anzahl der Register erhöht und durch einen Delay–Transfer wird der Anteil der Logik und damit die Verzögerung zwischen zwei Registern verringert. Damit alle betroffenen Leitungen beim Delay–Transfer richtig berücksichtigt werden, sollte dies mit der Cut–Set–Methode durchgeführt werden.

Die Zeitabläufe zur Steuerung können direkt aus der Abbildung zwischen Abhängigkeitsgraph und Signalflußgraph abgeleitet werden. Bei periodischer Signalverarbeitung sind auch die Steuersignale periodisch. Angesteuert durch den maximalen Takt erzeugen Steuerwerke die erforderlichen Signale. Die Synthese von derartigen Steuerwerken ist in der Literatur zum Entwurf sequentieller Schaltungen beschrieben [20], [81]. Eine spezielle Struktur eines Steuerwerkes, die besonders für die periodischen Steuersignale bei Array–Prozessoren geeignet ist, zeigt Bild 5.5.1. Der mod–N–Zähler ist ein synchroner Zähler, der fortlaufend von 0 bis $N-1$ zählt. Der Decoder besteht aus UND–Gattern zur Erkennung spezieller Zählerstände. Für Impulse, die eine Taktperiode lang sind, werden am Ausgang D–FFs verwendet. Zur Erzeugung längerer Impulse werden RS–FFs benutzt.

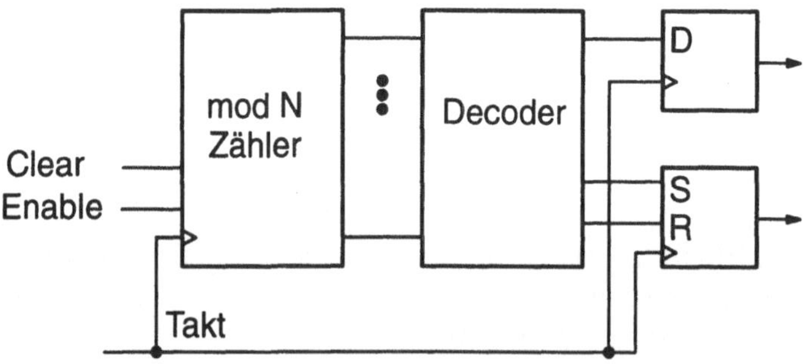

Bild 5.5.1:   Beispiel eines Steuerwerks für anwendungsspezifische Array–Prozessoren

Prinzipiell besteht die Möglichkeit, die Steuerung zentral oder lokal zu implementieren. Da die Verzögerungen im Steuerteil vielfach deutlich geringer sind als im Datenpfad, bietet sich für Array–Prozessoren mit moderaten Abmessungen eine zentrale Steuerung an. Für große skalierbare Arrays ist eine aufwendigere lokale Steuerung nötig. In diesem Falle erhält man Netzwerke mit lokalem Austausch von Daten und Steuerinformationen. Der Entwurf der Array–Prozessoren kann in unterschiedlicher Auflösung (Granularität) erfolgen. In den vorherigen Abschnitten wurde von einem Wort–Level ausgegangen, d.h. Abtastwerte, Zwischenwerte und Ergebniswerte wurden einheitlich als Ganzes gesehen. Werden die Daten aufgelöst bis auf die Bitebene und die Zusammenhänge der Bitebenen untereinander bei dem Abbildungsprozeß berücksichtigt, so spricht man von Bit–Level–Design [82], [61]. Für komplexe Systeme ist eine weitere Strukturierung durch Hierarchisierung und Einfügung einer Ebene der Teilverfahren erforderlich. Man spricht dann auch von einer Block–Ebene [69].

Der Entwurf der Array–Prozessoren führt auf viele alternative Lösungen. Gesucht ist eine optimale Struktur. Kriterien zur Formulierung des Optimums sind anwendungsspezifisch. Einige Kriterien sind nachfolgend aufgelistet.

Rechenzeit: Das Zeitintervall zwischen Beginn der ersten Berechnung und Ende der letzten Berechnung für einen Datensatz.

Taktrate: Maximale Taktfrequenz zum Betrieb des Arrays. Die Taktrate wird aus der maximalen Verzögerungszeit zwischen zwei Registern bestimmt.

Block–Pipeline–Intervall: Das Zeitintervall zwischen dem Beginn zweier aufeinanderfolgender Datenblöcke.

Array–Größe: Dies ist ein Maß für den Hardware–Aufwand. Es kann vereinfacht die Anzahl der Prozessorelemente oder genauer die Anzahl der Transistoren bzw. die Siliziumfläche sein. Bei der genauen Spezifikation des Hardware–Aufwands sind neben den Beiträgen der Datenpfade auch die Steuerungsanteile zu berücksichtigen.

I/O–Kanäle: Anzahl paralleler Datenkanäle zur Zufuhr der Daten bzw. zum Transport der Ergebnisse.

Durchsatzrate: Anzahl der verarbeiteten Datensätze je Zeiteinheit. Die Durchsatzrate ist proportional zum Kehrwert des Block–Pipeline–Intervalls.

Die häufigsten Optimierungskriterien sind kleinste Array–Größe bei vorgegebener Durchsatzrate oder höchste Durchsatzrate bei gegebener Array–Größe. In Anlehnung an das Effizienzmaß aus dem Kapitel 4.2 könnte auch der Quotient aus Durchsatzrate und Array–Größe verwendet werden. Der prinzipielle Designfluß zum Entwurf anwendungsspezifischer Array–Prozessoren ist in Bild 5.5.2 gezeigt.

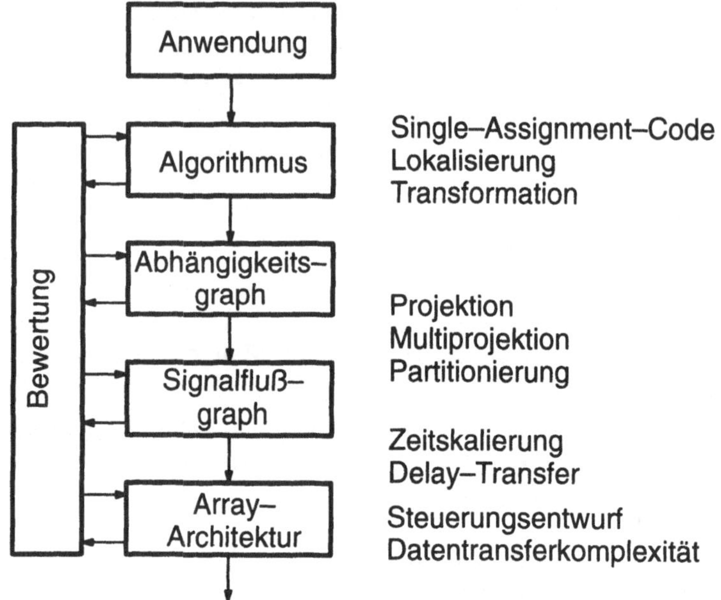

Bild 5.5.2: Ablauf des Entwurfs von Array–Prozessoren

Ausgehend von der Anwendung wird der anzuwendende Algorithmus beschrieben, und über die Darstellungen von Abhängigkeitsgraph und Signalflußgraph wird eine Array–Architektur gewonnen. Durch Veränderung der Abbildungsteilschritte werden mehrere Alternativen entworfen. Mit Hilfe einer Bewertung der Architekturen wird eine Optimierung angestrebt. In Bild 5.5.2 sind zusätzlich einige hier behandelte Teilverfahren angegeben. Zur Unterstützung des Entwurfsprozesses wurden CAD–Werkzeuge entwickelt. Stellvertretend für derartige Werkzeuge seien die Referenzen [74], [75], [76], [77], [78] genannt.

5.6 Aufgaben

1. Es sind Realisierungen zur Matrix–Multiplikation zu ermitteln. Abweichend von der Darstellung in Bild 5.2.1 sei die Indizierung abgeändert. Es gelte

$$c_{ij} = \sum_{k=0}^{N-1} a_{ik} b_{kj}$$

Ferner sei von einer systolischen Zeitzuordnung ausgegangen, d.h. zwischen sämtlichen Knoten des Abhängigkeitsgraphen befindet sich ein Verzögerungselement.

$$s = \begin{bmatrix} 1 \\ 1 \\ 1 \end{bmatrix}$$

Durch Projektionen ist der 3D Abhängigkeitsgraph in 2D Signalflußgraphen abzubilden.

a. Das sich ergebende 2D Array soll so beschaffen sein, daß die Koeffizienten der Matrix A in den Knoten fest gespeichert sind, die Koeffizienten von B an einem Rand des Arrays zugeführt und die Ergebnisse an einem Rand des Arrays abgeholt werden können. Es ist der Projektionsvektor u und die Datenzu– und –abfuhr zu ermitteln. Das Array ist zusammen mit dem zeitlichen Ablauf der Daten für $N = 3$ zu skizzieren.

b. Abweichend zu a. ist nun ein 2D Array zu bestimmen, bei dem auch die Elemente von A über den Rand zugeführt werden.

2. Mit Hilfe systolischer Arrays soll die Kreuzkorrelation zweier Zahlenfolgen $x(\cdot)$ und $y(\cdot)$ ermittelt werden.

$$u(k) = \sum_{i=0}^{N-1} y(i - k)\, x(i) \qquad mit \; -k_0 \leq k \leq k_0$$

a. Der Algorithmus ist in Programmform zu beschreiben. Das Programm ist so zu gestalten, daß alle Anweisungen im Single–Assignment–Code formuliert sind und Datenzugriffe nur in lokalen Nachbarschaften erfolgen (Lokalisierung).

b. Es ist ein Abhängigkeitsgraph für den Algorithmus zu entwickeln. Der Abhängigkeitsgraph ist für $k_0 = 2$ und $N = 4$ zu skizzieren.
Hinweis: Der Indexraum soll durch die Variablen i und k gebildet werden.

c. Es ist ein Schedulevektor für einen systolischen Ablauf zu ermitteln, d.h. allen Kanten des Abhängigkeitsgraphen wird eine Verzögerung ≥ 1 zugeordnet.

d. Der 2D Abhängigkeitsgraph ist unter Verwendung des vorher ermittelten Schedulevektors so auf einen 1D Signalflußgraphen abzubilden, daß die $x(i)$ parallel zugeführt und die $u(k)$ seriell abgeführt werden.

e. Alternativ zu d. ist ein 1D Signalflußgraph zu ermitteln, bei dem die $x(i)$ und $y(i)$ seriell zugeführt und die $u(k)$ parallel abgeführt werden.

f. Wie ist die Lösung von e. abzuändern, damit Autokorrelationsfunktionen einer Folge $x(i)$ bestimmt werden?

3. Es sind Multipliziererstrukturen für die Multiplikation positiver Zahlen zu entwickeln. Die Operanden seien

$$a_i \quad i = 0, 1, \ldots, n - 1$$

$$b_j \quad j = 0, 1, \ldots, n - 1$$

und die Produktbits

$$p_k \quad k = 0, 1, \ldots, 2n - 1$$

Zur Vereinfachung sei nachfolgend von $n = 4$ ausgegangen.

a. Es ist ein Abhängigkeitsgraph zu entwickeln. Alle Prozessorknoten sollen die bitweise Multiplikation (UND) und einen Volladdierer enthalten. Nicht benötigte Funktionen der Knoten sollen durch äußere Beschaltung eliminiert werden. Die Überträge der Volladdierer sollen in Richtung der i–Achse weitergeleitet werden. Durch Einführung von NOP–Knoten soll ein reguläres Array mit zur Verfügungstellung aller Ergebnisbits in der Ebene $j = n - 1$ erstellt werden.

b. Der 2D Abhängigkeitsgraph ist auf einen 1D Signalflußgraphen abzubilden. Hierbei soll von einem systolischen Schedulevektor ausgegangen werden. Bei dem sich ergebenden Signalflußgraphen sollen die a_i parallel und die b_j seriell zugeführt werden.

c. Abweichend zu b. soll die gleiche Abbildung unter Verwendung eines Schedulevektors durchgeführt werden, der nur in j–Richtung eine Verzögerung von 1 aufweist. Der zeitkritische Pfad der Lösungen von b. und c ist zu vergleichen.

d. Aufgrund der Assoziativität der Addition können im Abhängigkeitsgraphen die Überträge der Volladdierer auch in Richtung der j–Achse weitergeleitet werden. Wie ändern sich die Lösungen von b. und c. bei einem derartig modifizierten Abhängigkeitsgraphen?

e. Durch Anwendung der Multiprojektion ist ein 1D Array aus d. auf einen Knoten abzubilden. Der Zeitablauf für Eingabe und Ausgabe ist zu skizzieren.

4. Es wird eine Realisierung für das Skalarprodukt g zweier Vektoren $\boldsymbol{a}$ und $\boldsymbol{b}$ gesucht.

$$g = \boldsymbol{a}^T \boldsymbol{b} = \sum_{k=0}^{n-1} a_k b_k$$

Es seien a_k und b_k positive m–bit Dualzahlen. Auf Bitebene lautet das Skalarprodukt

$$g = \sum_{k=0}^{n-1} \sum_{j=0}^{m-1} \sum_{i=0}^{m-1} a_{ki} \, b_{kj} \, 2^{i+j}$$

Gesucht wird eine systolische Realisierung auf Bitebene.

a. Es ist der 3D Abhängigkeitsgraph zu ermitteln. Dieser Abhängigkeits-
    graph ist so zu gestalten, daß die jeweiligen Produktbits entlang der j–
    Achse zur Verfügung stehen. Da das Produkt $a_k b_k$ bereits $2m$ bit benötigt
    und n Produkte akkumuliert werden, sind entlang der j–Achse
    $2m + \log_2 n$ Knoten erforderlich. In der i–Achse werden m und in der k–
    Achse n Knoten benötigt. Der Abhängigkeitsgraph ist für die i–j–Ebene
    und die j–k–Ebene für die speziellen Zahlen $m = 3$ und $k = 4$ zu skizzie-
    ren. Es ist zu beachten, daß in der i–j–Ebene die Übertragsbits in j–Rich-
    tung und die Summenbits entlang der Diagonalen $[-1, 1, 0]^T$ verlaufen.
    In der j–k–Ebene sollen die Summenbits in k–Richtung und die Übertrags-
    bits in j–Richtung verlaufen. Es sind gleiche Knoten aus UND–Verknüp-
    fung und VA–Zellen zu verwenden. Durch entsprechende äußere Beschal-
    tung ist die erforderliche Funktion zu erzielen. Der Indexraum ist
    vollständig zu füllen, d.h. nicht besetzte Plätze werden durch Knoten mit
    NOP–Funktion gefüllt.

b. Es ist ein Schedulevektor für einen systolischen Zeitplan zu bestimmen.

c. Durch Projektion in i–Richtung ist ein 2D Array zu ermitteln.

d. Das erhaltene 2D Array ist durch Multiprojektion in k–Richtung auf ein
    1D Array zu reduzieren.

5. Es ist ein Abhängigkeitsgraph zur Lösung eines Gleichungssystems zu ermit-
    teln. Durch eine Vorverarbeitung ist die Matrix der Koeffizienten auf Dreiecks-
    form gebracht worden. Es gelte

$$Ax = b$$

wobei x ein Vektor mit n Elementen und A eine Dreiecksmatrix ist, bei der alle
Diagonalelemente ungleich Null und alle Elemente unterhalb der Diagonalen
gleich Null sind. Die rekursive Lösung der Gleichung lautet

$$x_i = \frac{b_i - \displaystyle\sum_{j=i+1}^{n-1} a_{ij} \, x_j}{a_{ii}}$$

a. Es ist ein 2D Abhängigkeitsgraph unter Verwendung von zwei Knotenty-
    pen SD (Subtraktion/Division) und MA (Multiplikation/Addition) zu er-
    mitteln.

b. Wie lautet ein Schedulevektor für einen systolischen Zeitablauf?

c. Welches sind die zeitbestimmenden Elemente zur Festlegung der Durchsatzrate?

d. Durch Projektion soll der Abhängigkeitsgraph auf ein 1D Array überführt werden. Hierbei sollen nur Knoten gleichen Typs aufeinander abgebildet werden.

e. Durch Pipelining soll die Durchsatzrate des 1D Arrays erhöht werden. Das Pipelining ist so zu gestalten, daß die maßgebende Verzögerungszeit die eines Carry–Ripple–Addierers bzw. Subtrahierers ist. Welche Durchsatzrate wird in etwa als Funtion von n erreicht, wenn die Elemente a_{ij} m bit und b_i $2m$ bit haben und die Division auf m bit Ergebnisse führen soll?

6. Mit Hilfe eines Matching–Verfahrens ist zu bestimmen, an welcher Stelle in einem Datenblock y für ein gegebenes Muster x die größte Ähnlichkeit gegeben ist. Als Abstandsmaß wird die L1–Norm verwendet. Das Muster x habe n Werte, der Datenblock y habe $n + k$ Werte. Der Algorithmus der Suche kann formal wie folgt beschrieben werden

$$u_j = \sum_{i=0}^{n-1} |x_i - y_{i+j}| \qquad j = 0,\dots,k-1$$

$$(v_j, w_j) = \begin{cases} (j, u_j) & u_j < w_{j-1} \\ (v_{j-1}, w_{j-1}) & \text{sonst} \end{cases} \qquad j = 0, 1, \dots, k-1$$

$$\text{Anfangswert:} \quad (v_{-1}, w_{-1}) = (0, \infty)$$

Der erste Ausdruck gibt die Berechnung des Abstandes für alle möglichen Positionen j an. Der nachfolgende Ausdruck gibt die Bestimmung des minimalen Abstandes w und der Position v, an der der Minimalwert auftritt, an.

a. Es ist ein Abhängigkeitsgraph für das 1D Matching–Verfahren zu entwickeln. Hierbei sind zwei Typen von Knoten zu verwenden. Die zwei Knotentypen seien mit AD (Addition von Absolutwerten von Differenzen) und M (Minimumbestimmung) bezeichnet. Die Knoten M sollen in die Ebene $i = n$ plaziert werden und alle Daten y_j sollen in der Ebene $i = 0$ zugeführt werden.

b. Das 2D Array soll auf ein 1D Array mit einem Knoten M und n Knoten AD überführt werden. Mit Hilfe des bekannten Projektionsvektors ist die Prozessorbasis und ein gültiger Schedulevektor zu bestimmen.

c. Mit Hilfe des Partitionsverfahrens soll eine Abbildung auf ein Array mit 2 Knoten M und $2n$ Knoten AD erzielt werden. Hinweis: n sei gerade. Es ist die neue Indizierung und die Abbildungsmatrix zu bestimmen.

7. Für einen 4D Abhängigkeitsgraphen ist eine Abbildungmatrix zur Abbildung auf einen 3D Signalflußgraphen zu bestimmen. Für die Datenabhängigkeitsmatrix gilt:

$$D = \begin{bmatrix} 1 & 1 & 0 & 1 \\ 0 & 1 & 0 & 0 \\ 0 & 0 & 1 & 1 \\ 0 & 0 & 1 & 0 \end{bmatrix}$$

    a. Es ist ein Schedulevektor zu ermitteln, der für alle Kanten eine Verzögerung von 1 erzeugt.

    b. Es ist die Bedingung für gültige Projektionsvektoren unter Berücksichtigung des Egebnisses von a. anzugeben.

    c. Für einfache gültige Projektionsvektoren sind zugehörige Prozessorbasen zu entwickeln. Es sind ein Projektionsvektor und die zugehörigen Prozessorbasen für eine Abbildung auf einen rückführungsfreien Signalflußgraphen anzugeben.

6 Filterstrukturen

Einen wesentlichen Teil der digitalen Signalverarbeitung repräsentieren digitale Filter [1], [2], [5]. Filter werden eingesetzt im Bereich der Vorverarbeitung zur Reduktion des Rauschens und zur Anhebung charakteristischer Eigenschaften. Ein Beispiel hierzu ist die Kantenanhebung in Bildern. Im Bereich der Quellencodierung werden Filter zur Bandaufspaltung und zur Interpolation benutzt [8]. Frequenzmultiplex–Übertragungsverfahren benötigen Filter zur Bandbegrenzung und zur Bandaufspaltung. Filter werden bei digitalen Modulatoren zur Pulsformung eingesetzt. Sigma–Delta–A/D– und –D/A–Wandler verwenden digitale Filter zur Dezimation und Interpolation. Weiterhin werden Filter zur Echounterdrückung und als Equalizer verwendet. Die Aufzählung der Einsatzgebiete ist ein Indikator für die Bedeutung und vielfältige Verwendung von digitalen Filtern.

Man unterscheidet lineare, nichtlineare und adaptive Filter. Sofern möglich werden lineare Filter bevorzugt eingesetzt, weil sie von der Theorie umfassend behandelt werden können. Insbesondere äquivalente Betrachtungen im Zeit– und Frequenzbereich werden bei diesen Filtern unterstützt. In der technischen Realisierung haben auch lineare Filter nichtlineare Effekte. Die Filter werden jedoch so realisiert, daß die nichtlinearen Effekte von untergeordneter Bedeutung sind.

In den nachfolgenden Abschnitten werden zunächst digitale Filter charakterisiert, der Entwurfsablauf kurz beschrieben und dann alternative Filterstrukturen für die Realisierung entwickelt. Es werden sowohl nichtrekursive Filter mit endlicher Impulsantwort als auch rekursive Filter behandelt. Bei den nichtrekursiven Filtern werden auch spezielle Strukturen für zweidimensionale Filter, Dezimations– und Interpolationsfilter vorgestellt.

6.1 Charakterisierung digitaler Filter

Lineare digitale Filter gehören zu der speziellen Klasse von Systemen, die als lineare zeitinvariante Systeme bezeichnet werden [1], [2]. Eine spezielle Eigenschaft dieser linearen zeitinvarianten Systeme ist, daß sie vollständig durch die Impulsantwort $h(\cdot)$ beschrieben sind. Die Impulsantwort $h(\cdot)$ ist die Reaktion eines Systems auf den Einheitspuls $\delta(\cdot)$.

$$\delta(k) = \begin{cases} 1 & \textit{für } \ k = 0 \\ 0 & \textit{sonst} \end{cases} \qquad (6.1.1)$$

Die Reaktion $y(\cdot)$ eines diskreten, linearen zeitinvarianten Systems auf eine Eingangsfolge $x(\cdot)$ wird über eine Faltungsoperation mit der Impulsantwort bestimmt.

Mit * als Faltungsoperator gilt

$$y(i) = h(i) * x(i) \tag{6.1.2}$$

Dieses ist eine Kurzschreibweise für

$$y(i) = \sum_{k=-\infty}^{+\infty} h(k)x(i-k) \tag{6.1.3}$$

Bisher wurde die Filterung im Zeitbereich formuliert. Neben der Darstellung im Zeitbereich ist für die Filterung die Betrachtung im transformierten Bereich (Bildbereich) erforderlich. Analog zu der Laplace–Transformation bei kontinuierlichen Signalen wird bei den diskreten Signalen die Z–Transformation verwendet. Für die Z–Transformierte der Impulsantwort gilt

$$H(z) = \mathbf{Z}[h(k)] = \sum_{k=-\infty}^{+\infty} h(k)z^{-k} \tag{6.1.4}$$

Auf gleiche Weise kann auch die Z–Transformierte der Eingangsfolge $x(\cdot)$ und der Ausgangsfolge $y(\cdot)$ formuliert werden. Eine vollständige Zusammenstellung der charakteristischen Eigenschaften der Z–Transformation kann der einschlägigen Literatur entnommen werden [1], [2], [83].

Zwei wichtige Eigenschaften im Zusammenhang mit der Filterung sind der Verschiebungssatz

$$x(k - k_0) \quad \bullet\!\!-\!\!\circ \quad z^{-k_0}X(z) \tag{6.1.5}$$

und daß eine Faltung im Zeitbereich ein Produkt im Bildbereich wird.

$$x(i) * h(i) \quad \bullet\!\!-\!\!\circ \quad X(z)\,H(z) \tag{6.1.6}$$

Die Z–Transformierte von $h(\cdot)$ ist somit der Quotient der Z–Transformierten von der Ausgangsfolge geteilt durch die Z–Transformierte der Eingangsfolge.

$$H(z) = \frac{Y(z)}{X(z)} \tag{6.1.7}$$

Die Funktion $H(z)$ wird daher auch als Übertragungsfunktion eines Systems bezeichnet. Zur Betrachtung im Frequenzbereich wird die diskrete Fourier–Transformation herangezogen. Durch Auswertung der Z–Transformierten auf dem Einheitskreis erhält man den Übergang zur diskreten Fourier–Transformation.

$$z = e^{j\omega} \tag{6.1.8}$$

Durch Einsetzen von (6.1.8) in die Z–Transformierte der Impulsantwort erhält man den Frequenzgang der Übertragungsfunktion

$$H(e^{j\omega}) = \sum_{k=-\infty}^{+\infty} h(k)e^{-j\omega k} \qquad (6.1.9)$$

Aufgrund der spezifischen Eigenschaften von Exponentialfunktionen mit imaginärem Argument ist die Übertragungsfunktion periodisch in ω. Die Periode ist $\omega = 2\pi$ bzw. $f = 1$. Es ist zu beachten, daß hier von einer normierten Frequenz ausgegangen wird. Es werden im Prinzip diskrete Folgen mit normierten Abtastintervallen $T = 1$ berücksichtigt. Eine Skalierung auf reale Abtastintervalle T' geschieht mit der Beziehung

$$\omega = \omega' T' \qquad (6.1.10)$$

Die Filter werden entsprechend ihrer Impulsantwort eingeteilt in solche mit begrenzter Impulsantwort und solche mit unendlich ausgedehnter Impulsantwort. Entsprechend dem amerikanischen Sprachgebrauch werden diese hier als FIR (finite impulse response) und als IIR (infinite impulse response) bezeichnet.

Für ein FIR–Filter mit einer Länge der Impulsantwort von N Abtastwerten gilt

$$y(i) = \sum_{k=0}^{N-1} h(k)x(i-k) \qquad (6.1.11)$$

Die zugehörige Übertragungsfunktion lautet

$$H(z) = \sum_{k=0}^{N-1} h(k)z^{-k} \qquad (6.1.12)$$

Nach (6.1.11) ist jeder Ausgangswert ein gewichteter Mittelwert von Eingangsdaten. Ein derartiges Filter wird deshalb auch als Moving–Average–Filter (MA) bezeichnet.

IIR–Filter werden üblicherweise im Zeitbereich durch Differenzengleichungen dargestellt.

$$y(i) = \sum_{j=1}^{M} a(j)y(i-j) + \sum_{k=0}^{N-1} b(k)x(i-k) \qquad (6.1.13)$$

Mit den Regeln der Z–Transformation folgt als zugehörige Übertragungsfunktion

$$H(z) = \frac{B(z)}{A(z)} = \frac{\displaystyle\sum_{k=0}^{N-1} b(k)z^{-k}}{1 - \displaystyle\sum_{j=1}^{M} a(j)z^{-j}} \qquad (6.1.14)$$

Für den Fall $B(z) = 1$ ist ein Ausgangswert $y(i)$ eine lineare Regression von vergangenen Ausgangswerten. Ein derartiges Filter wird deshalb auch als Autoregressives Filter (AR) bezeichnet. Die allgemeine Funktion nach (6.1.14) ist aus einem Moving–Average– und einem Autoregressiven Filter zusammengesetzt. Es wird daher auch als Autoregressives Moving–Average–Filter (ARMA) bezeichnet.

Der Frequenzgang der Übertragungsfunktion nach (6.1.9) kann in einen Amplitudengang (Betrag) und Phasengang aufgeteilt werden. In vielen Anwendungen sind Filter mit linearer Phase gewünscht.

$$\phi(\omega) = \alpha\omega \qquad (6.1.15)$$

Filter mit linearer Phase haben eine konstante Verzögerung entsprechend der Steigung des Phasenganges. FIR–Filter mit linearer Phase sind charakterisiert durch eine symmetrische Impulsantwort [1], [2].

$$h(k) = h(N - 1 - k) \qquad k = 0, 1, \dots N - 1 \qquad (6.1.16)$$

Der Entwurfsablauf von Filtern kann in fünf Teilschritte gegliedert werden. Diese Teilschritte sind:

1. Spezifikation der Filtercharakteristik

2. Approximation des Wunschfrequenzganges

3. Quantisierung

4. Architekturentwurf

5. Schaltungs– und Layoutentwurf

Die gewünschten Filtercharakteristiken werden vielfach im Frequenzbereich spezifiziert. Durchlaß– und Sperrbereich mit zugehörigen Toleranzen wurden festgelegt.

Im Fall von linearphasigen FIR–Filtern kann der Amplitudengang als Polynom formuliert werden. Eine bestmögliche Annäherung an einen Wunschfrequenzgang ist mit den Methoden der Tschebyscheff–Approximation möglich. Ein bekanntes Programm nach Parks und Mc Clellan [84], [85] kann hierfür eingesetzt werden. Rekursive Filter werden vielfach durch Transformationen aus analogen Filtern gewonnen [1], [2]. Am häufigsten wird hierbei die bilineare Transformation benutzt.

Bei der technischen Realisierung müssen Filterkoeffizienten und Signale mit einer begrenzten Anzahl von Bits repräsentiert werden. Die Quantisierung der Filterkoeffizienten verändert den Frequenzgang. Die Auswirkung der Quantisierung und die Berücksichtigung beim Entwurf wird in der Literatur beschrieben [1], [2]. Als Effekte bei der Begrenzung der Bitzahl zur Darstellung der Signale können rekursive Filter Grenzzyklen erzeugen. Ferner sind auch Überlaufeffekte zu berücksichtigen.

Nach genauer Feststellung der zu realisierenden Filter ist der nächste Schritt der Architekturentwurf. Es werden nachfolgend spezielle Filterarchitekturen sowie mehrere Alternativen mit ihren besonderen Eigenschaften vorgestellt. Filterrealisierungen mit allgemein programmierbaren Prozessoren werden in einem späteren Abschnitt diskutiert.

6.2 1D FIR–Filterstrukturen

6.2.1 Signalflußgraph des 1D FIR–Filters

Aus der Formulierung der Faltung im Zeitbereich (6.1.11) kann direkt eine Realisierung abgeleitet werden. Diese wird in der Literatur als Direktform I bezeichnet. Eine allgemeine Filterstruktur hierzu zeigt Bild 6.2.1. Sie besteht aus einer Filterarithmetik und einer Verzögerungsschaltung. Die Filterarithmetik beinhaltet Multiplizierer und Addierer. Die Verzögerungsschaltung soll parallel mehrere Abtastwerte zur Verfügung stellen, und zwar den aktuellen Abtastwert und $N-1$ verzögerte Abtastwerte.

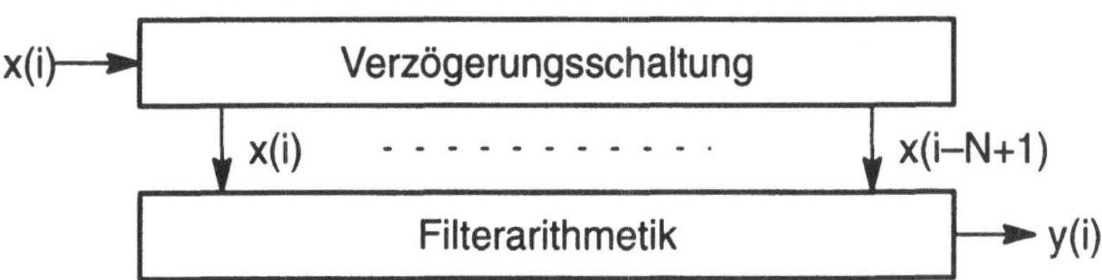

Bild 6.2.1: Allgemeine FIR–Filterstruktur

Der Signalflußgraph der Direktform I ist in Bild 6.2.2 gezeigt. Wie in der Literatur zu Filterstrukturen üblich, ist hier abweichend zu den Darstellungen in Kap. 4 und 5 die Verzögerung um ein Taktintervall durch z^{-1} und die Multiplikation durch ein Dreieck dargestellt.

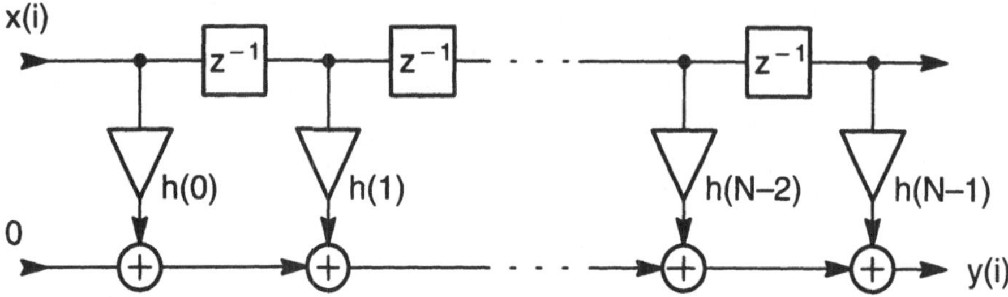

Bild 6.2.2: Signalflußgraph eines FIR–Filters in Direktform I

Durch Ausnutzung der Assoziativität der Addition kann eine weitere Struktur zur Filterrealisierung gewonnen werden. Sie wird als Direktform II bezeichnet. Anhand von Bild 6.2.3 kann diese Struktur abgeleitet werden.

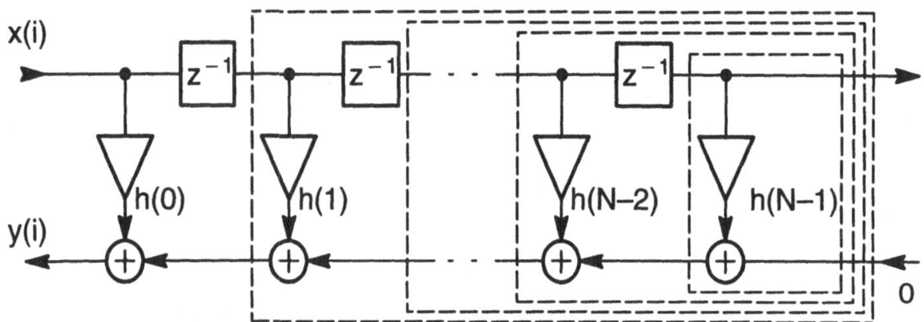

Bild 6.2.3: Verschiebung von Verzögerungselementen in einem FIR–Filter mit der Cut–Set–Methode

Die Reihenfolge der Addition zur Bestimmung des Ausgangswertes ist geändert, und mit der Cut–Set–Methode werden Verzögerungselemente vom obereren Pfad in den unteren Pfad verschoben. Zuführende Pfade erhalten eine negative Verzögerung, wegführende Pfade eine positive Verzögerung. Der sich ergebende Signalflußgraph der Direktform II ist in Bild 6.2.4 gezeigt.

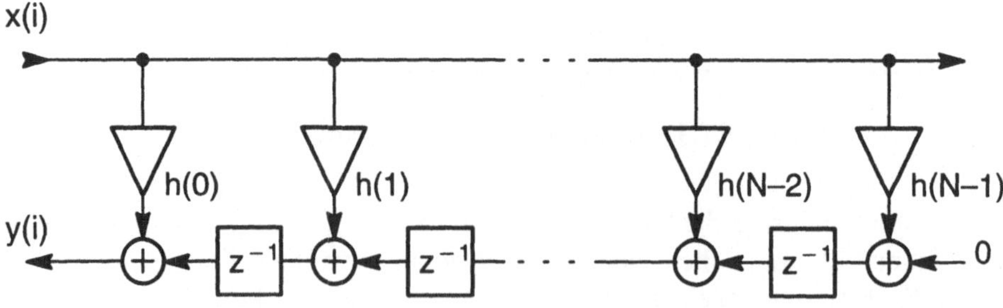

Bild 6.2.4: Signalflußgraph eines FIR–Filters in Direktform II

Die Direktform II kann auch anhand der Linearität der Funktion abgeleitet werden. Die Übertragungsfunktion $H(z)$ ist ein Polynom in z^{-1}. Polynome können nach dem Hornerschema auf zwei Arten dargestellt werden. Beide sind nachfolgend verwendet.

$$\begin{aligned} Y(z) &= \left[(...(h(N-1)z^{-1} + ... + h(1))z^{-1} + h(0)\right] X(z) \\ &= \left[h(0) + z^{-1}(h(1) + ... + z^{-1}h(N-1))...)\right] X(z) \end{aligned} \qquad (6.2.1)$$

Von rechts nach links interpretiert bedeutet die erste Form, daß ein Eingangswert erst verzögert und dann mit einem Koeffizienten multipliziert wird. Die zweite Form bedeutet, daß ein Eingangswert erst mit einem Koeffizienten multipliziert wird, und dann die erhaltenen Teilergebnisse verzögert werden. Unter korrekter Berücksichtigung der Delay–Operatoren und der Reihenfolge der Operationen können aus den beiden Zeilen von (6.2.1) die Direktformen I und II abgeleitet werden.

6.2.2 Realisierung für niedrige Durchsatzraten

Ein FIR–Filter kann direkt entsprechend dem Signalflußgraphen in Bild 6.2.2 realisiert werden. Es sei T_s das Zeitintervall zwischen zwei Abtastwerten. Eine Realisierung ist in dieser Struktur dann möglich, wenn die Verzögerung des zeitkritischen Pfades geringer ist als die Zeit T_s. Der zeitkritische Pfad besteht aus einem Multiplizierer, N Addierern und einem Register

$$T_{D,max} = T_{D,MUL} + T_{D,NADD} + T_{D,REG} \qquad (6.2.2)$$

Für eine Realisierung in dieser Struktur muß gelten

$$T_s > T_{D,max} \qquad (6.2.3)$$

Ist das Zeitintervall T_s wesentlich größer als die Verzögerungszeit $T_{D,max}$, so können die operativen Elemente mehrere Operationen nacheinander durchführen. Gilt beispielsweise

$$T_s > N \cdot T_{D,max} \qquad (6.2.4)$$

so können alle erforderlichen Operationen auf einen Multiplizierer und einen Addierer abgebildet werden. Da alle Addierer und Multiplizierer in einer Zeitebene aktiv sind, ist es erforderlich, mit den in Abschnitt 5.3.5 gezeigten Methoden einen zeitlichen Offset zu erzwingen. Da N Addierer/Multiplizierer aufeinander abgebildet werden, muß nach (5.3.29) und (5.3.30) eine Überabtastung um den Faktor N erfolgen. Der Schedule–Vektor muß in Projektionsrichtung eine Einheitsverzögerung zwischen den Addierern erzeugen. Einen Signalflußgraph nach Projektion in horizontaler Richtung zeigt Bild 6.2.5.

Die Realisierung erfordert zwei zyklische Speicher, einen für die eingehenden Abtastwerte und einen für die Koeffizienten. Es ist zu beachten, daß durch die Projektion nur die operativen Teile (MUL, ADD) verringert werden. Die Aufwendungen für Speicher und Steuerung nehmen zu.

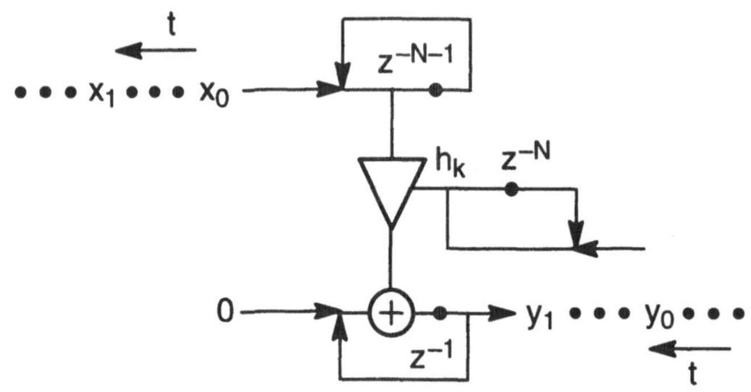

Bild 6.2.5:   Signalflußgraph eines FIR–Filters mit einer MAC–Einheit

6.2.3 Realisierung für hohe Durchsatzraten

Vergleich von Realisierungen in Direktform
Für hohe Durchsatzraten bietet sich zunächst die direkte Realisierung der Signalflußgraphen nach Bild 6.2.2 und Bild 6.2.4 an. Es ist nicht so naheliegend wie es scheint, welche der beiden Strukturen am günstigsten ist. Für einen Vergleich wird die Anzahl der Bits zur Darstellung der Werte benötigt. Werden keinerlei Abschneidungen von Bits bei den Ergebnissen vorgenommen, so gelte:

$$\begin{array}{ll}
\textit{Abtastwerte } x(i): & m_x \textit{ bit} \\
\textit{Koeffizienten } h(k): & m_c \textit{ bit} \\
\textit{Ergebnis } y(i): & m_x + m_c + \log_2 N \textit{ bit}
\end{array}$$

Vergleicht man den Aufwand zwischen Direktform I und II, so ist festzustellen, daß aufgrund der größeren Wortbreite im Summenpfad die Direktform II einen höheren Registeraufwand hat. Der Zusatzaufwand beträgt in Anzahl von D–FFs:

$$n_{D-FF} = N(m_c + \log_2 N) \tag{6.2.5}$$

Für die Verzögerung der zeitkritischen Pfade gilt:
Direktform I:

$$T_{D,max} = T_{D,MUL} + T_{D,NADD} + T_{D,REG}$$

Direktform II:

$$T_{D,max} = T_{D,MUL} + T_{D,ADD} + T_{D,REG}$$

Die Verzögerung einer Kette von N Addierern ist nicht um den Faktor N größer als die Verzögerung eines einzelnen Addierers, da gleichzeitig Summen– und Übertragssignale die Anordnung durchlaufen. Die Verzögerungsdifferenz beider Addiereranordnungen beträgt

$$T_{D,NADD-ADD} = (N - 1)T_{D,VA} \qquad (6.2.6)$$

Es ist allerdings zu berücksichtigen, daß bei der Direktform II der Eingang gleichzeitig N Multiplizierer treiben muß, während es bei der Direktform I nur 1 Multiplizierer ist. Diese erhöhte Lastkapazität sorgt dafür, daß die Zeitdifferenz der zeitkritischen Pfade geringer wird. Es gilt näherungsweise

$$T_{D,Diff} = (N - 1)(T_{D,VA} - m_c\tau_L) \qquad (6.2.7)$$

Filter mit hoher Durchsatzrate werden beispielsweise für Videosignalverarbeitungen benötigt. Hierbei werden im allgemeinen Filterkoeffizienten von $8\ldots 10$ bit verwendet. Für derartige Koeffizientenwortbreiten haben Filter in der Direktform II geringe Vorteile bezüglich der Durchsatzrate, jedoch einen erhöhten Aufwand an D–FFs. Aufgrund nicht so dominanter Vorteile der Direktform II werden in der Praxis Filter häufig in der Direktform I realisiert.

Systolische Strukturen

Ein besonderer Nachteil der Filterrealisierung in einer Direktform ist die Abhängigkeit der Verzögerungszeit und damit der Durchsatzrate von der Anzahl der Filterkoeffizienten N. Durch den Einsatz von Pipeline–Registern können systolische Anordnungen erzeugt werden, bei denen dies nicht gilt. Derartige Anordnungen können erweitert werden, ohne daß die Durchsatzrate verändert wird. Man bezeichnet dies als Skalierbarkeit. Mit Hilfe der Cut–Set–Methode können Pipeline–Register eingezogen werden. Es kann eine Struktur gewonnen werden, bei der die Eingangswerte und die Ergebniswerte gegenläufig sind. In Bild 6.2.6 ist gezeigt, wie diese Struktur aus Bild 6.2.4 gewonnen wird.

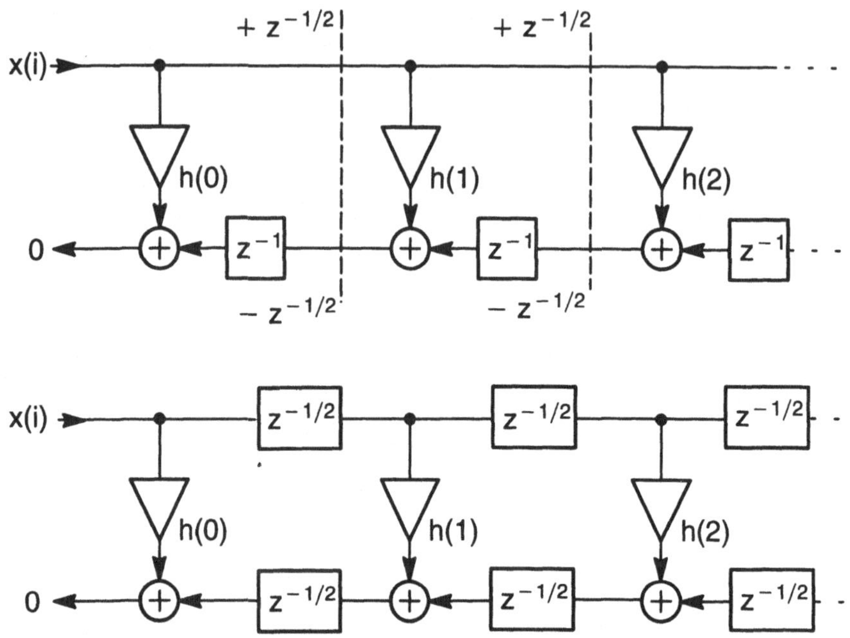

Bild 6.2.6:   Systolische Filterstruktur mit gegenläufigen Ein- und Ausgangssignalen

Die zugehörige Periodendauer zu $z^{-1/2}$ ist halb so groß wie die zu z^{-1}. Dies bedeutet, daß das Filter im Vergleich zu den eingehenden und sich ergebenden Daten mit doppeltem Takt betrieben wird. Da der maximale Takt von den Verzögerungen der Multiplizierer und Addierer bestimmt wird, weist eine derartige Filterstruktur eine halbierte Durchsatzrate auf. Bei Verwendung eines Zweiphasentaktes und Realisierung von getakteten Speicherelementen nach Bild 4.2.3 können Verzögerungselemente $z^{-1/2}$ realisiert werden ohne Halbierung der Durchsatzrate.

Sind bei einer Filterstruktur Eingangswerte und Ergebniswerte gleichläufig, so werden in beiden Pfaden Register eingefügt. Das bestehende Register wird verdoppelt und in den Pfad ohne Register wird eins eingefügt. Je nach Reihenfolge der Abarbeitung der Filterkoeffizienten ergeben sich zwei unterschiedliche Strukturen (s. Bild 6.2.7). Diese Strukturen werden von der Direktform I bzw. II abgeleitet. Die Verzögerung z^{-2} repräsentiert zwei getaktete Register.

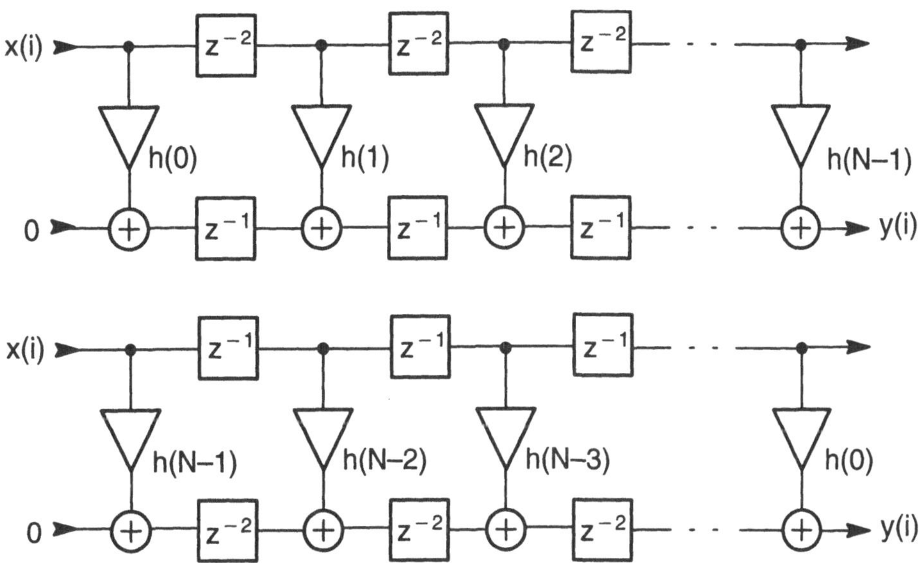

Bild 6.2.7: Systolische Filterstrukturen mit gleichläufigen Ein– und Ausgangssignalen

Filterrealisierung für feste Koeffizienten

In einem Filter benötigen die Multiplizierer eines Filters die größte Fläche. Sofern
Filter für vorher festgelegte Koeffizienten zu realisieren sind, kann die Kenntnis dieser speziellen Koeffizienten dazu verwendet werden, den Aufwand für die Multiplizierer zu reduzieren. Eine CSD–Darstellung der Koeffizienten führt auf eine minimale Zahl von Non–Zeros und kann einheitlich für positive und negative
Koeffizienten verwendet werden. Für die CSD–Darstellung eines Koeffizienten $h(k)$
gilt:

$$h(k) = \sum_{j=0}^{m_c-1} h_j(k)\, 2^j \qquad h_j \in \{-1, 0, 1\} \tag{6.2.8}$$

Durch Einsetzen in (6.1.11) folgt

$$y(i) = \sum_{k=0}^{N-1}\sum_{j=0}^{m_c-1} h_j(k) \cdot x(i-k)\, 2^j \tag{6.2.9}$$

Diese Beziehung gilt ganz allgemein für verschiedene Zahlendarstellungen.
Sie kann auch für Koeffizienten verwendet werden, die durch einen modifizierten
Booth–Algorithmus codiert sind oder die in einer Zweierkomplementdarstellung ge-

geben sind. In allen Fällen sind die Ziffern aus der Menge { −1,0,1 } zu verwenden. Im Falle der Zweierkomplementdarstellung hat nur die Vorzeichenstelle negatives Gewicht. Die Beziehung (6.2.9) enthält die Produkte mit den Ziffern der Koeffizienten. Das Ergebnis des Produktes mit einer Ziffer mit dem Wert Null ist im voraus bekannt und kann gestrichen werden. Bei einem Produkt mit 1 ist der Abtastwert direkt zu verwenden. Das Produkt mit −1 kann durch ein bitweises Komplement des Abtastwertes (Einer−Komplement) und der Addition einer 1 in der untersten Bitebene vom Abtastwert realisiert werden. Die Vorzeichenstellen der Teilergebnisse müssen ausreichend erweitert werden, damit sich bei den nachfolgenden Additionen das korrekte Ergebnis einstellt. Der erforderliche Shift entsprechend dem Produkt mit 2 kann durch eine zugehörige Verdrahtung der Bitebenen realisiert werden (verdrahteter Shift). Eine Multipliziererrealisierung für FIR−Filter mit festen Koeffizienten, die die vorstehenden Aussagen berücksichtigt, zeigt Bild 6.2.8. In dem Term $g(k)$ sind alle zu addierenden Einsen von negativen Ziffern zusammengefaßt. Aufgrund der Assoziativität und Kommutativität der Addition können alternativ die einzelnen Addierer auch in dem horizontal verlaufenden Ergebnispfad eingefügt werden [86].

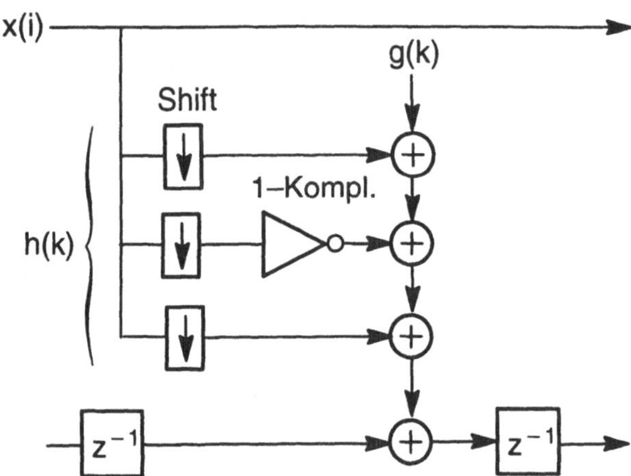

Bild 6.2.8:   Multipliziererrealisierung für FIR−Filter mit festen Koeffizienten

Bit−Plane−Filter

Bei einer Filterrealisierung nach (6.2.9) werden die Koeffizienten bis auf die Bitebene aufgelöst und das Ergebnis wird durch fortgesetzte Addition der Abtastwerte unter Berücksichtigung der Gewichtung durch die Ziffern und Verschiebung entsprechend der Bitebene berechnet. Im Falle einer Implementierung für feste Koeffizienten werden speziell die Additionen für Koeffizientenziffern Null unterdrückt. Es ist jedoch offensichtlich, daß lineare Addierer−Arrays zur Implementierung des Ergebnispfades von FIR−Filtern geeignet sind, und zwar für Anordnungen mit veränderbaren als auch festen Koeffizienten [86], [87].

Aufgrund der Assoziativität der Addition kann die Reihenfolge der Summation in (6.2.9) vertauscht werden. Es gilt dann

$$y(i) = \sum_{j=0}^{m_c-1} 2^j \sum_{k=0}^{N-1} h_j(k)x(i-k) \qquad (6.2.10)$$

Die innere Summe hat die übliche Struktur eines FIR–Filters, jedoch werden nur Koeffizienten aus dem eingeschränkten Wertevorrat $\{-1, 0, 1\}$ verwendet. Die innere Summe repräsentiert ein Filter für eine Bitebene der Koeffizienten. Es wird deshalb als Bit–Plane–Filter bezeichnet. Ein Bit–Plane–Filter ist somit durch

$$y_j(i) = \sum_{k=0}^{N-1} h_j(k)x(i-k) \qquad j = 0,...m_c - 1 \qquad (6.2.11)$$

gegeben.

Ein vollständiges Filter muß durch m_c Bit–Plane–Filter realisiert werden. Naheliegend nach (6.2.10) ist eine parallele Realisierung mit Zusammenfassung der m_c Teilergebnisse in einen Addiererbaum.

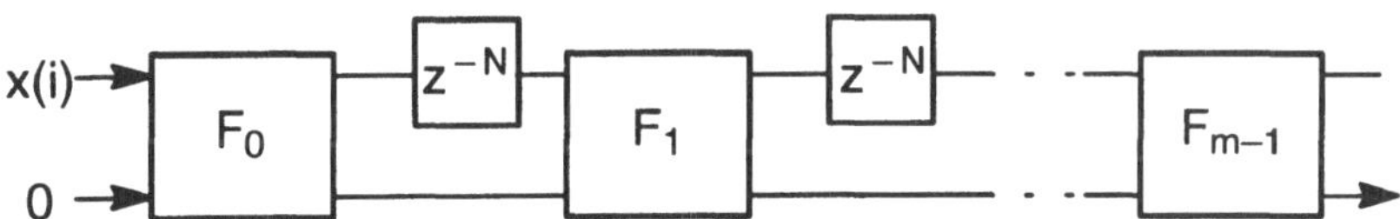

Bild 6.2.9: Kaskadenrealisierung von Bit–Plane–Filtern. *Fj* ist ein Bit–Plane–Filter in Direktform II für die Bitebene *j*

Eine Alternative stellt eine Kaskadenrealisierung dar. Hierbei ist jedoch die Verzögerung zwischen Eingang und Ausgang in den Pfaden des Bit–Plane–Filters zu beachten. Wird das Bit–Plane–Filter in Direktform II realisiert, so muß der Abtastwert $x(i)$ zusätzlich um N Takte verzögert werden. Die generelle Architektur einer Kaskadenrealisierung eines FIR–Filters in Bit–Plane–Struktur zeigt Bild 6.2.9 (s. auch [86], [88]). Eine Auflösung herunter bis auf die Basiszellen ist in Bild 6.2.10 dargestellt. Vereinfachend wird in diesem Bild von 2 Koeffizienten mit 3 Bitebenen und einer 3 bit Darstellung der Eingangsabtastwerte ausgegangen. Die besondere Behandlung negativer Ziffern ist in diesem Bild unterdrückt.

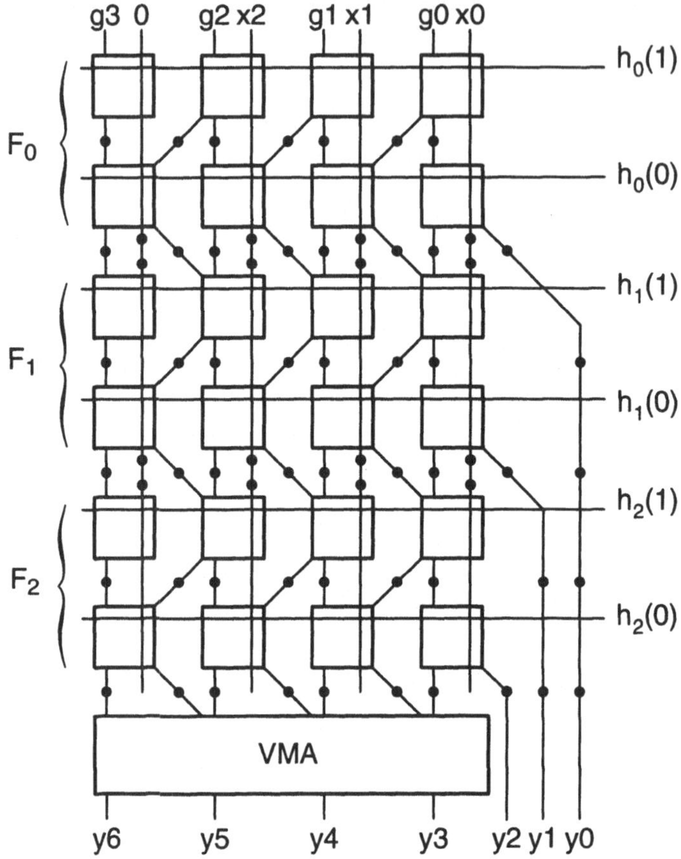

Bild 6.2.10:   Pipelined Carry Save Bit–Plane–Struktur

Für die Realisierung der Mehrfachaddition sind Carry–Save–Addierer–Strukturen besonders gut geeignet. Sie wurden deshalb angewandt. In dem Bild sind wegen der angenommenen 3 Bitebenen auch 3 Bit–Plane–Filter realisiert, wobei mit der niedrigsten Bitebene begonnen wird. Am Ausgang eines jeden Bit–Plane–Filters ist das unterste Ergebnisbit bereits das endgültige Ergebnisbit und braucht daher bei den weiteren Additionen nicht mehr berücksichtigt werden. Hieraus folgt, daß die Anzahl der Basiszellen in einer Bit–Plane–Architektur kleiner wird.

$$n_{Zellen} = (m_x + \log_2 N)m_c \cdot N \qquad (6.2.12)$$

Langsamstes Element in der Kette ist der abschließende Vektor–Merging–Adder. Durch intensives Pipelining dieses abschließenden Addierers kann erreicht werden, daß der die Durchsatzrate bestimmende Pfad aus einem Volladdierer und einem D − FF besteht. Dies zeigt, daß durch Pipelining FIR–Filter für höchste Durchsatzraten realisiert werden können.

$$R_{T,max} = \frac{1}{T_{D,VA} + T_{D,FF}} \qquad (6.2.13)$$

Verteilte Arithmetik

Für eine begrenzte Anzahl von festen Filterkoeffizienten besteht die Möglichkeit einer tabellenorientierten Implementierung. Diese wird als verteilte Arithmetik bezeichnet [89].

Die Filterfunktion eines FIR–Filters kann nach (6.1.11) als ein Skalarprodukt eines Vektors h von N Filterkoeffizienten mit einer gleich großen Anzahl von Abtastwerten $x(i)$ aufgefaßt werden. Der Vektor $x(i)$ ist ein Ausschnitt von N Elementen aus der Folge $x(\cdot)$, wobei der Index i den ersten Wert kennzeichnet. In Vektorschreibweise gilt für ein FIR–Filter

$$y(i) = h^T x(i) \qquad (6.2.14)$$

So wie jeder Abtastwert in die Ziffern der einzelnen Bitebenen aufgespalten werden kann, ist dies auch für den Vektor $x(i)$ möglich. Im Falle einer m–bit Darstellung gilt

$$y(i) = h^T[x_{m-1}\ x_{m-2}\ \cdots\ x_1 x_0] \qquad (6.2.15)$$

wobei x_j ein Vektor ist, der die Bitebene j von x repräsentiert. Es sei angenommen, daß jeder Abtastwert $x(\cdot)$ in einer Zweierkomplementdarstellung repräsentiert sei. In diesem Fall wird der Wert von $x(\cdot)$ nach (3.1.12) berechnet. Dies angewandt auf (6.2.15) führt auf

$$y(i) = -h^T x_{m-1}(i)2^{m-1} + \sum_{j=0}^{m-2} h^T x_j(i)2^j \qquad (6.2.16)$$

Der erste Term wird negativ bewertet, da die Vorzeichenstelle in einer Zweierkomplementdarstellung negatives Gewicht hat. Es sei nun eine Funktion F definiert, die das Skalarprodukt aus Impulsantwort und Bitebenenvektor darstellt.

$$F[x_j(i)] = h^T x_j(i) = \sum_{k=0}^{N-1} h(k)x_j(i-k) \qquad (6.2.17)$$

Die Funktion F befindet sich m–mal in (6.2.16) und hat N Bit als unabhängige Variable. Sofern N nicht zu groß ist, kann F in einem ROM als Tabelle realisiert werden. Bild 6.2.11 zeigt eine zugehörige Realisierung. Beginnend mit dem niederwertigsten Bit werden nacheinander Bitebenenvektoren zugeführt. Am Ausgang des ROMs steht die Funktion nach (6.2.17) zur Verfügung. In einem nachfolgenden Akkumulator werden die Teilergebnisse summiert. Der Wert für die Vorzeichenstelle wird subtrahiert. Die Rückführung über das Schieberegister SR muß so verdrahtet werden, daß eine Verschiebung um eine Bitebene entsprechend dem Produkt mit 2 berücksichtigt wird. In jedem Zyklus hat das niederwertigste Bit im Akkumulator den endgültigen Wert. Nach m Zyklen stehen die verbleibenden Ergebnisbits im Schieberegister zur Verfügung. Am Eingang der Anordnung ist ein Parallel–Serien–Wandler und eine Registerkette erforderlich, welche die Umformatierung von einer sequentiellen Datenzufuhr in die parallelen Bitebenen durchführt.

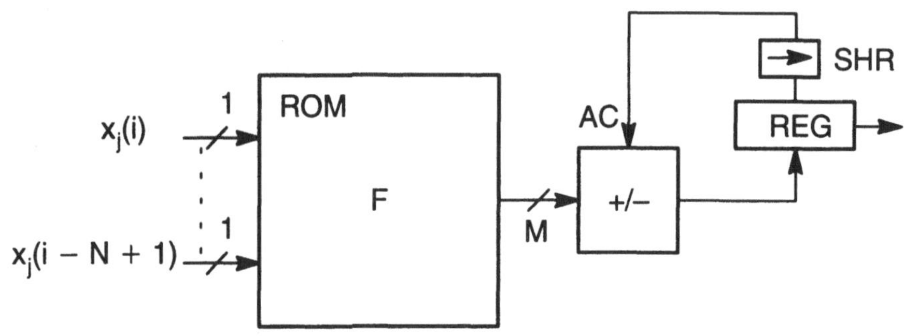

Bild 6.2.11: Filterrealisierung mit verteilter Arithmetik

Die Speichergröße des ROMs wächst expotentiell mit der Anzahl der Koeffizienten N. Die Anzahl der Ausgangsbits M hängt theoretisch von $\log N$ und der Anzahl der Koeffizienten m_c ab.

$$M \leq m_c + \log_2 N \qquad (6.2.18)$$

Berücksichtigt man jedoch, daß die Filterkoeffizienten entsprechend der Distanz vom Zentrum der Impulsantwort amplitudenmäßig stark abnehmen, und daß die Impulsantwort meist so gewählt wird, daß für konstante Amplituden Eingang und Ausgang den gleichen Wert haben, so kann M als wesentlich kleiner abgeschätzt werden.

$$M \approx m_c + 1 \qquad (6.2.19)$$

Für die Speicherkapazität des ROMs gilt

$$N_{sp} = M \cdot 2^N \qquad (6.2.20)$$

Es besteht prinzipiell die Möglichkeit, für zu große N die verteilte Arithmetik mit mehreren parallelen ROMs zu realisieren. Jedes ROM hat dann eine Untermenge des Bitebenenvektors und die parallel ermittelten Teilergebnisse müssen dann noch in einem Addiererbaum zusammengefaßt werden.

Linearphasige FIR–Filter

Filter mit linearphasiger Übertragungsfunktion weisen eine konstante Gruppenlaufzeit auf. Filter mit diesen Eigenschaften sind für Anwendungen aus der Videosignalverarbeitung und der Übertragungstechnik gewünscht. Entsprechend (6.1.16) haben derartige Filter eine symmetrische Impulsantwort. Die Multiplizierer eines Filters repräsentieren meist den wesentlichen Aufwand. Durch Ausnutzung dieser Symmetrie kann der Multipliziereraufwand fast halbiert werden. Durch Spiegelung der Signalflußgraphen an dem Symmetriepunkt der Koeffizienten kann eine modifizierte Struktur für die Direktform I und II abgeleitet werden (Bild 6.2.12). Es ist jedoch anzumerken, daß die Ausnutzung der Symmetrie bei Filtern mit hohen Durchsatzraten (Carry–Save–Technik mit extensivem Pipelining) nur geringe Vorteile liefert [86].

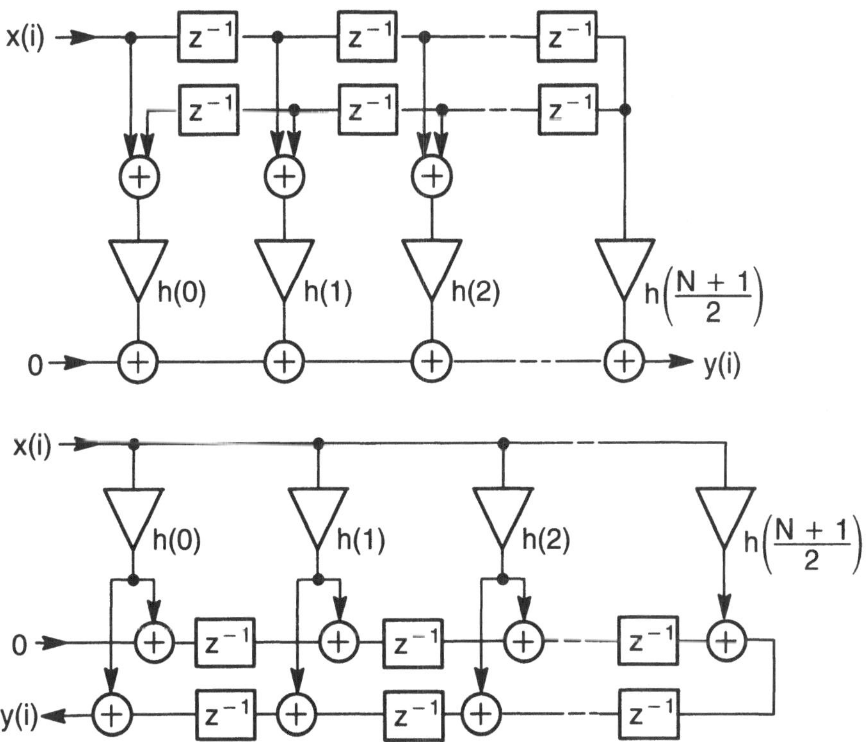

Bild 6.2.12:   Modifizierte Signalflußgraphen für linearphasige FIR–Filter (*N* ungerade)

6.3 2D FIR–Filter

Im Bereich der Bildsignalverarbeitung werden Filter eingesetzt, die in beiden Dimensionen (horizontal wie vertikal) eine Filterung durchführen [3], [6]. Bilddaten wie auch Impulsantwort werden entsprechend zweifach indiziert. Die Faltung mit einer Impulsantwort nach (6.1.11) ist somit für zwei Dimensionen zu erweitern.

$$y(i,j) = \sum_{l=0}^{M-1} \sum_{k=0}^{N-1} h(k,l)\, x(i-k, j-l) \qquad (6.3.1)$$

Auch die Z–Transformation muß hierfür zweidimensional formuliert werden. Die 2D Z–Transformation von (6.3.1) lautet

$$Y(z_1, z_2) = H(z_1, z_2)\, X(z_1, z_2) \qquad (6.3.2)$$

Für die Übertragungsfunktion gilt in diesem Fall

$$H(z_1, z_2) = \sum_{l=0}^{M-1} \sum_{k=0}^{N-1} h(k,l)\, z_1^{-k}\, z_2^{-l} \qquad (6.3.3)$$

Die Indizierung sei so gewählt, daß der erste Index in horizontaler Richtung, der zweite Index in vertikaler Richtung angewandt wird. Entsprechend stellt z_1^{-1} bzw. z_2^{-1} eine Verzögerung um 1 Abtastintervall in horizontaler bzw. vertikaler Richtung dar. Bei zeilensequentieller Datenzufuhr, wie sie im allgemeinen bei Bildsignalen benutzt wird, ist z_2^{-1} dann die Verzögerung einer Bildzeile.

Die innere Summe von (6.3.3) kann als ein 1D Filter für einen festen Wert der Variablen l interpretiert werden. Es sei

$$H_l(z_1) = \sum_{k=0}^{N-1} h(k,l)\, z_1^{-k} \qquad (6.3.4)$$

Durch Einsetzen in (6.3.3) folgt

$$H(z_1, z_2) = \sum_{l=0}^{M-1} H_l(z_1)\, z_2^{-l} \qquad (6.3.5)$$

Dies bedeutet, daß das 2D Filter durch M 1D Filter realisiert wird, die in vertikaler Richtung entsprechend der Verzögerung z_2^{-1} angeordnet sind. Eine hieraus folgende Filterstruktur zeigt das Bild 6.3.1.

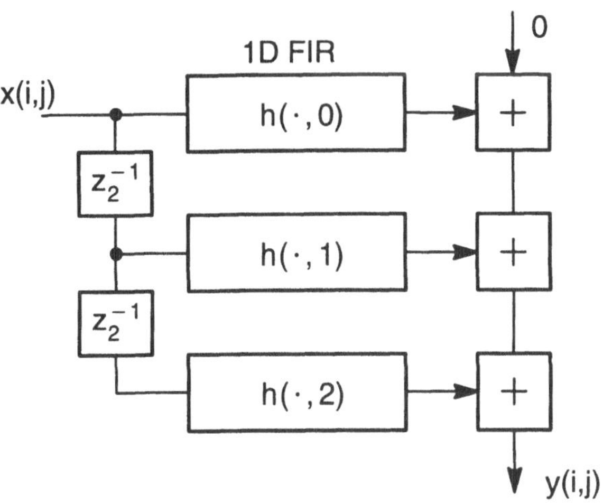

Bild 6.3.1: Realisierung eines 2D Filters durch M parallele 1D Filter ($M=3$)

Die Filterarithmetik besteht beim 2D Filter aus $N \cdot M$ MA–Zellen (Multiplikation/Addition). Separierbare 2D Filter führen zu einer Reduktion der Filterarithmetik auf $(N+M)$ MA–Zellen. Bei separierbaren Filtern kann die 2D Impulsantwort in das Produkt zweier 1D Impulsantworten aufgespalten werden.

$$h(k, l) = h_1(k) \cdot h_2(l) \tag{6.3.6}$$

Für die Übertragungsfunktion gilt dann auch das Produkt eines horizontalen und eines vertikalen Filters.

$$H(z_1, z_2) = H_1(z_1) \cdot H_2(z_2) \tag{6.3.7}$$

Dies bedeutet, daß die ankommenden Daten zuerst mit dem Filter H_1 in horizontaler Richtung und danach die Ausgangsdaten mit H_2 in vertikaler Richtung gefiltert werden. Aufgrund der Linearität kann die Reihenfolge dieser beiden Filter auch vertauscht werden. Bild 6.3.2 zeigt eine Implementierung eines separierbaren 2D Filters. Die beiden Filter haben prinzipiell die gleiche Struktur. Jedoch wird bei zeilensequentiellen Bilddaten jede Verzögerung in H_2 durch einen Zeilenspeicher realisiert.

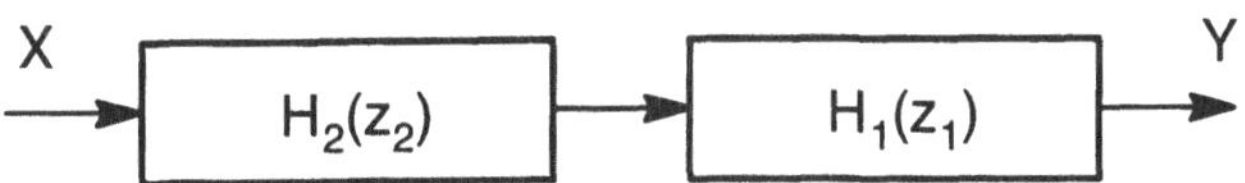

Bild 6.3.2: Realisierung eines separierbaren 2D Filters als Kette zweier 1D Filter

6.4 Polyphasenfilterstrukturen

Werden die Filterkoeffizienten durch Abtastung der Impulsantwort in mehrere Einzelfilter aufgespalten, so werden die daraus abgeleiteten Filter als Polyphasenfilter bezeichnet [90], [91]. Für eine Filterstruktur mit M parallelen Pfaden wird eine gegebene Impulsantwort $h(k)$ durch eine Division der Indizes in M Impulsantworten $h_n(m)$ überführt. Hierbei ist n die Nummer des Teilfilters.

$$h_n(m) \;=\; h(k) \quad \forall k \;\; mit \;\; n \;=\; k \bmod M$$
$$m \;=\; \lfloor k/M \rfloor \tag{6.4.1}$$

Es ist zu beachten, daß der Index von h jetzt Teilfilter und nicht Bitebenen wie in Bild 6.2.8 charakterisiert. In Bild 6.4.1 ist die Unterabtastung einer Impulsantwort für $M = 2$ skizziert. Für die neu gewonnenen Impulsantworten gelten Faltungen entsprechend

$$y_n(i) \;=\; \sum_{m=0}^{K_n} h_n(m)x(i - Mm - n)$$
$$K_n \;=\; \left\lfloor \frac{N-1-n}{M} \right\rfloor \tag{6.4.2}$$

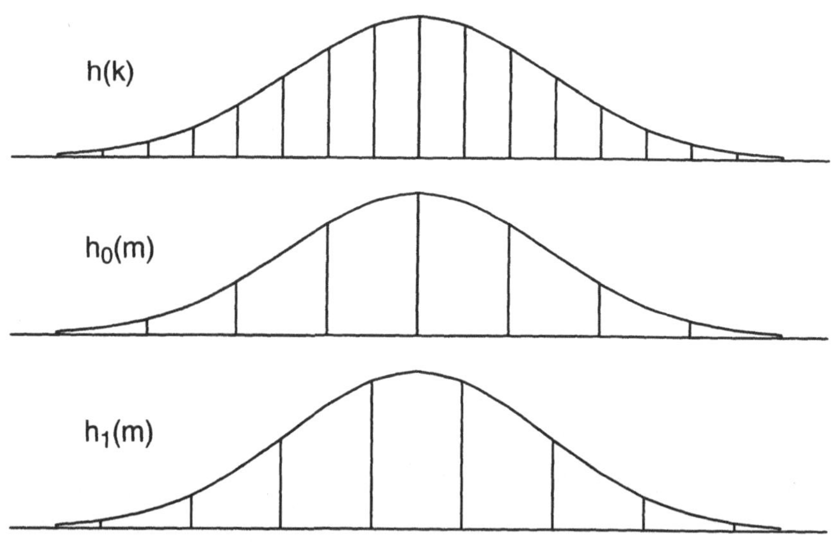

Bild 6.4.1: Aufspaltung einer Impulsantwort in zwei Polyphasenfilter

Die Gesamtausgangsfolge ist die Summe aller Teilausgangsfolgen.

$$y(i) \;=\; \sum_{n=0}^{M-1} y_n(i) \tag{6.4.3}$$

Durch Anwendung der Z–Transformation auf (6.4.2) und (6.4.3) kann eine zugehörige Beziehung für die Übertragungsfunktion abgeleitet werden.

$$H(z) = H_0(z^M) + z^{-1}H_1(z^M) + \dots z^{-M+1}H_{M-1}(z^M) \qquad (6.4.4)$$

Dies bedeutet, daß jedes Teilfilter auf Verzögerungselementen mit dem *M*–fachen Takt basiert. Die Teilfilter untereinander werden mit einem gegenseitigen zeitlichen Versatz betrieben. Dieser Versatz korrespondiert zu den Startwerten bei der Faltung der Teilfilter.

Polyphasenstrukturen können effizient bei der Abtastratenwandlung eingesetzt werden. Filter zur Reduktion des Abtasttaktes werden als Dezimationsfilter, solche zur Erhöhung des Abtasttaktes als Interpolationsfilter bezeichnet. Von besonderer Bedeutung sind Dezimations– und Interpolationsfilter für ganzzahlige Faktoren. Rationale Faktoren zur Abtastratenwandlung erhält man durch Kombination dieser beiden Filter.

6.4.1 Dezimationsfilter

Die Unterabtastung einer Folge um einen festen Faktor *M* (Dezimation) kann nicht einfach durch Unterdrückung von Originalabtastwerten erfolgen. Wie bei jedem allgemeinen Abtastvorgang wird ein periodisches Spektrum erzeugt mit einer Periode entsprechend der Abtastfrequenz. Zur Vermeidung von Aliasing–Störungen durch Faltung der Spektren muß vor der Unterabtastung ein digitaler Tiefpaß eingesetzt werden.

Die Zusammenhänge und charakteristischen Architekturen werden nachfolgend für einen Dezimationsfaktor 2 erläutert. Die Ergebnisse können auf beliebige ganzzahlige Faktoren übertragen werden.

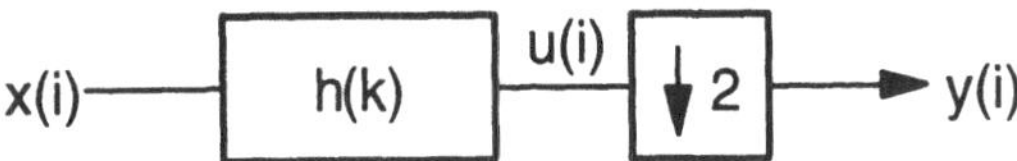

Bild 6.4.2: Dezimationsfilter für eine Abtasttaktreduktion mit dem Faktor 2

In Bild 6.4.2 ist die prinzipielle Anordnung für eine Dezimation gezeigt. Eine Eingangsfolge *x* wird gefiltert und von der gefilterten Folge *u* wird nur jeder 2. Wert für die Ausgangsfolge verwendet. Das verwendete Symbol soll die Abtastung im Verhältnis 2:1 darstellen. Die spektrale Darstellung der drei Folgen *x*, *u*, *y* ist in Bild 6.4.3 gezeigt. Es sei f_s die Abtastfrequenz der Eingangsfolge und f_s^* die Abtastfrequenz der Ausgangsfolge. Die Eingangsfolge sei bandbegrenzt auf $f_s/2$. Nach Unterabtastung mit dem Faktor 2 wird $f_s/2$ die neue Abtastfrequenz f_s^*. Zur Vermeidung von Aliasing muß das Filter eine Bandbegrenzung bei $f_s/4$ durchführen.

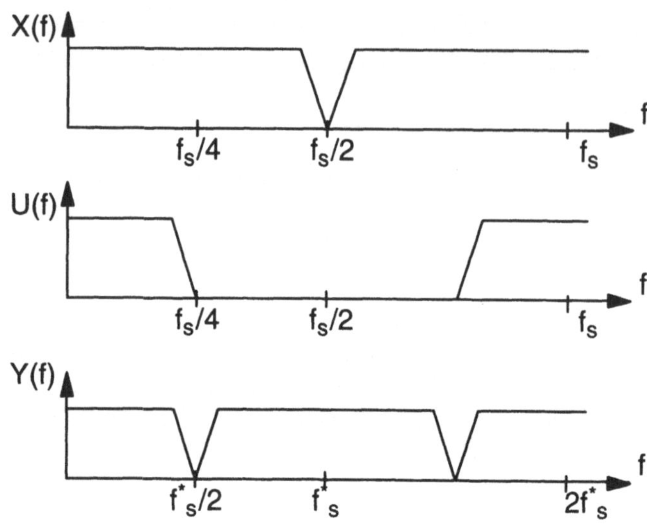

Bild 6.4.3: Spektrale Darstellung der Dezimation

Es sei i der fortlaufende Index von x, j der fortlaufende Index von y und es sollen die geraden Indexwerte von x mit denen von y zusammenfallen, d.h. $i = 2j$. Unter Verwendung von (6.4.2) gilt dann

$$y(i) = \sum_{m=0}^{K_0} h_0(m)x(2j-2m) + \sum_{m=0}^{K_1} h_1(m)x(2j-2m-1) \qquad (6.4.5)$$

Das Ergebnis ist, daß h_0 und h_1 disjunkte Teilmengen von x falten, d.h. die gerade indizierten Werte von x werden mit h_0, die ungerade indizierten Werte von x werden mit h_1 gefaltet. Die entsprechende Aufteilung der Folge x kann durch einen vom Abtasttakt gesteuerten Schalter (Kommutator, Demultiplexer) erfolgen. Die Umsetzung in eine entsprechende Schaltungsstruktur zeigt Bild 6.4.4. Die Teilfilter enthalten die durch Abtastung gewonnenen Impulsantworten mit halbierter Koeffizientenzahl.

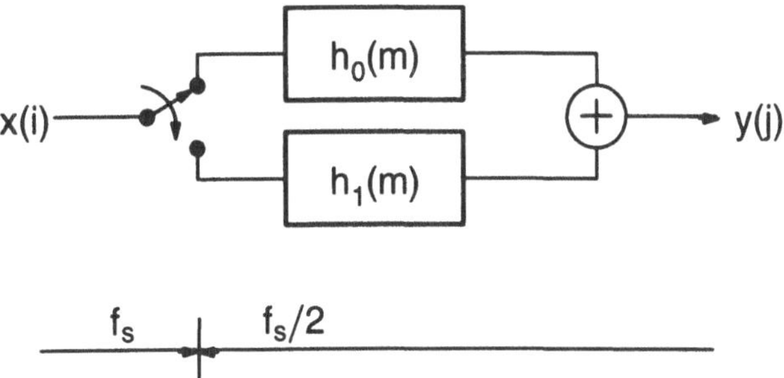

Bild 6.4.4: Dezimationsfilter in Polyphasenstruktur und Eingangskommutator

In der Ursprungsstruktur nach Bild 6.4.2 befindet sich der Abtaster am Ausgang und nur jeder 2. berechnete Wert u wird verwendet. Das Filter wird mit dem Abtasttakt der Eingangsfolge betrieben. In der Struktur nach Bild 6.4.4 wird ein Kommutator am Eingang verwendet und die beiden Filterteile werden mit dem halbierten Takt betrieben. Hierdurch erhöht sich die erzielbare Durchsatzrate um den Faktor 2. Der Aufwand in Anzahl von Multiplizierern und Addierern ist gleich.

6.4.2 Interpolationsfilter

Bei einer Interpolation mit einem festen Faktor M werden $M-1$ neue Abtastwerte zwischen zwei bestehenden Abtastwerten berechnet. Die Berechnung der Zwischenwerte kann durch eine gewichtete Summe der bestehenden Abtastwerte erfolgen, d.h. ein lineares Filter beschreibt den Interpolationsvorgang. Ähnlich wie vorher soll speziell $M = 2$ weiter verfolgt werden.

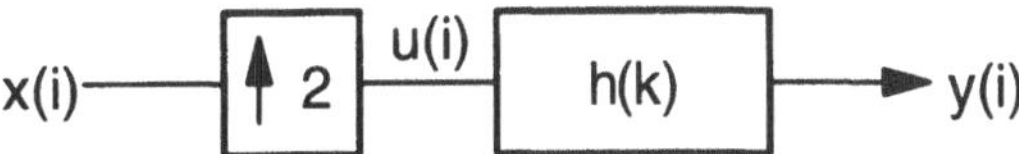

Bild 6.4.5: Interpolationsfilter für eine Abtasttakterhöhung mit dem Faktor 2

Eine Anordnung zur Interpolation mit einem linearen Filter zeigt Bild 6.4.5. Der erste Block charakterisiert die Abtasttakterhöhung um einen Faktor 2. Der Abtasttakt wird durch Einfügung von Nullen an den zu interpolierenden Stellen verdoppelt. In einem nachfolgenden Filter werden diese mit Null repräsentierten Abtastwerte interpoliert. Den Interpolationsvorgang im Spektralbereich zeigt Bild 6.4.6. Durch die Einfügung von Nullen ändert sich das Spektrum nicht, nur die Abtastrate wird verdoppelt, d.h. $f_s^* = 2f_s$. Das Spektrum $U(f)$ hat die Periode $f_s^*/2$ und nicht f_s^*. Die Periode im Spektrum hat einen Bezug zu dem zeitlichen Abstand zwischen aufeinanderfolgenden Abtastwerten. Da jeder zweite Wert von u Null ist, ändert sich die

Periode im Spektrum nicht. Durch Eliminierung des spektralen Bereiches um $f_s*/2$ wird ein neues Spektrum mit der Periode f_s* erzeugt. Die zugehörige zeitliche Folge kann keine periodischen Nullstellen mehr haben.

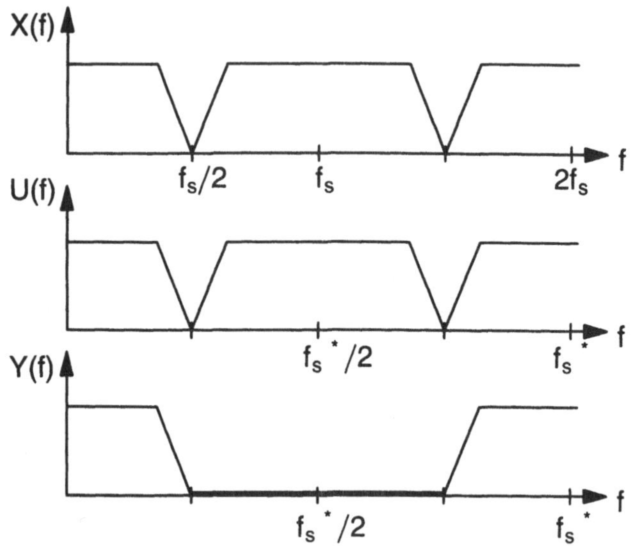

Bild 6.4.6: Spektrale Darstellung der Interpolation

Die durch Einfügung von Nullen erzeugte Folge u sei so indiziert, daß jeder gerade indizierte Abtastwert auf einen Eingangswert und jeder ungerade indizierte Wert auf eine Null führt.

$$u(2j) = x(i)$$
$$u(2j + 1) = 0 \tag{6.4.6}$$

Wird nun in Anlehnung an (6.4.2) das Filter in zwei Teile aufgespalten, so wird der eine Teil wegen (6.4.6) immer mit Nullen gefaltet. Eine Folge von Nullen liefert auch nach Filterung Nullen. Entsprechend gilt für gerade und ungerade indizierte Ausgangswerte folgende Beziehung

$$y(2j) = \sum_{m=0}^{K_0} h_0(m)u(2j-2m)$$
$$y(2j+1) = \sum_{m=0}^{K_1} h_1(m)u(2j+1-2m-1) \tag{6.4.7}$$

Zusammen mit (6.4.6) bedeutet dies, daß die Eingangsfolge x mit den beiden Teilimpulsantworten gefaltet werden muß, um zwei aufeinanderfolgende Ergebniswerte zu ermitteln. Die zugehörige Filterstruktur zeigt Bild 6.4.7. Die beiden Teilfilter werden mit dem Eingangstakt betrieben, während bei der ursprünglichen Struktur das Filter mit dem Ausgangstakt verarbeitet wird. Somit wird bei der neuen Struktur das Filter mit einem reduzierten Takt betrieben. Der Aufwand in Anzahl von Multiplizierern und Addierern ist in beiden Strukturen gleich. In der ursprünglichen Struktur war die Hälfte der Filtereingangswerte Null und dies führt zu 50 % zu vernachlässigenden Teilprodukten. In der neuen Struktur tauchen derartige Teilprodukte nicht auf.

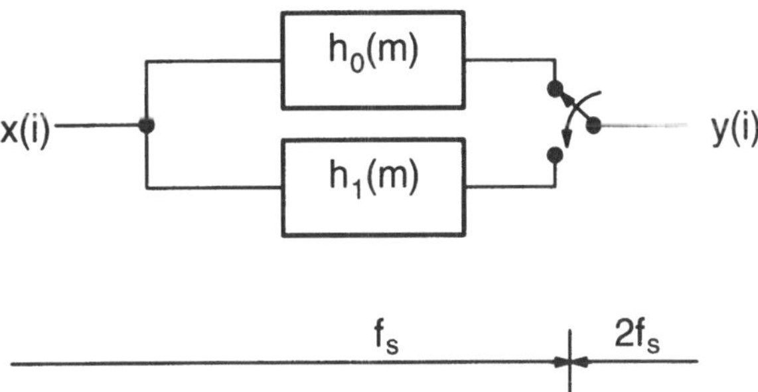

Bild 6.4.7: Interpolationsfilter in Polyphasenstruktur und Ausgangskommutator

6.4.3 Filterbänke

Durch Filterbänke wird ein Eingangssignal in mehrere parallele Signale mit unterschiedlichen Frequenzbändern aufgeteilt. Entsprechend der reduzierten Bandbreite wird der Abtasttakt der Ausgangssignale reduziert. Eine Filterbank zur spektralen Aufspaltung wird als Analysefilter bezeichnet. Die Umkehrung einer Zusammenfassung mehrerer paralleler Signale mit unterschiedlichen Frequenzbändern zu einem Signal wird als Synthesefilter bezeichnet. Anwendungen solcher Filter sind vielfältig [90]. Die Teilbandcodierung [8] benötigt beispielsweise derartige Filterbänke.

Zur Vereinfachung sei wie in den beiden vorherigen Abschnitten eine Filterbank mit zwei Bändern, einem Tiefpaß und einem Hochpaß betrachtet. Die Grundstruktur eines Analysefilters und eines Synthesefilters ist in Bild 6.4.8 gezeigt. Wie in der einschlägigen Literatur üblich hat der Tiefpaß den Index 0 und der Hochpaß den Index 1 [90]. Die Filter sind möglichst so zu gestalten, daß eine Reihenschaltung von Analyse– und Synthesefilterbank das Ursprungssignal fehlerfrei rekonstruiert. Dies wird als perfekte Rekonstruktion bezeichnet.

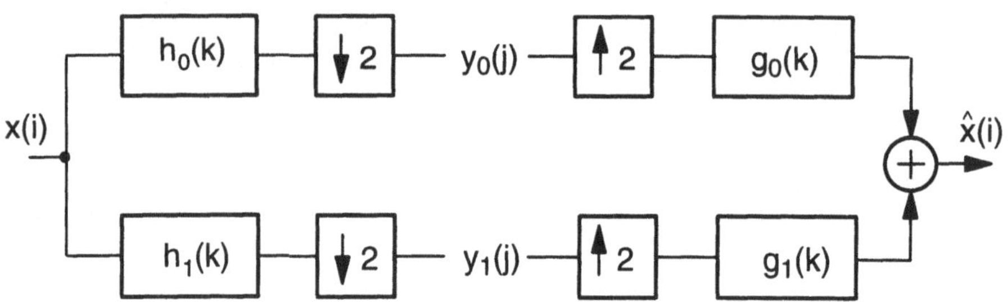

Bild 6.4.8: Zweikanalige Analyse– und Synthesefilterbank

Die Filterung und Unterabtastung des Analysefilters kann in der z–Ebene wie folgt beschrieben werden [90]:

$$Y_0(z^2) = \frac{1}{2}[H_0(z)X(z) + H_0(-z)X(-z)]$$
$$Y_1(z^2) = \frac{1}{2}[H_1(z)X(z) + H_1(-z)X(-z)]$$

(6.4.8)

Der Faktor 1/2 wird durch die Dezimierung verursacht. Das Spektrum ist in der Amplitude halbiert. Durch die Unterabtastung mit dem Faktor 2 wird ein um π versetztes Spektrum erzeugt. In der z–Ebene wird dies durch das negative Vorzeichen gekennzeichnet. Das Argument z^2 von Y_0, Y_1 berücksichtigt die Skalierung der Frequenzachse zwischen Eingang und Ausgang aufgrund der Dezimation.

Die Funktion des Synthesefilters kann wie folgt in der z–Ebene formuliert werden:

$$\hat{X}(z) = G_0(z)Y_0(z^2) + G_1(z)Y_1(z^2)$$

(6.4.9)

Durch Einsetzen von (6.4.8) in (6.4.9) erhält man die Beziehung zwischen Ausgangssignal $\hat{X}(z)$ und Eingangssignal $X(z)$.

$$\hat{X}(z) = F_0(z)X(z) + F_1(z)X(-z)$$

(6.4.10)

mit

$$F_0(z) = \frac{1}{2}[G_0(z)H_0(z) + G_1(z)H_1(z)]$$
$$F_1(z) = \frac{1}{2}[G_0(z)H_0(-z) + G_1(z)H_1(-z)]$$

(6.4.11)

Die Funktion $F_0(z)$ beschreibt das Übertragungsverhalten. Die erzeugten Alias–Anteile sind durch die Funktion $F_1(z)$ charakterisiert. Für eine aliasingfreie Filterbank muß gelten

$$F_1(z) = 0 \tag{6.4.12}$$

Eine Filterbank mit perfekter Rekonstruktion weist nur ein Verzögerungsverhalten auf. Somit gilt dann

$$F_0(z) = z^{-k} \tag{6.4.13}$$

Aus der Literatur sind mehrere Lösungen zur Bestimmung von Filterfunktionen bekannt, die die beiden Bedingungen erfüllen [90], [92], [93]. Die Bedingung (6.4.13) wird in einigen Fällen nur angenähert und nicht ganz erfüllt. Der Lösungsansatz mit Standard–QMF–Filtern (QMF = Quadrature Mirror Filter) von [92] lautet:

$$\begin{aligned}
H_1(z) &= H_0(-z) \\
G_0(z) &= 2H_0(z) \\
G_1(z) &= -2H_0(-z)
\end{aligned} \tag{6.4.14}$$

Durch Einsetzen in (6.4.11) wird für die Übertragungsfunktion abgeleitet

$$F_0(z) = H_0^2(z) - H_0^2(-z) \tag{6.4.15}$$

Verfahren zur Bestimmung von Filterfunktionen, die die Bedingung (6.4.13) erfüllen sind bekannt [90].

Wichtig für die Realisierung ist, daß Hochpaß und Tiefpaß nach (6.4.14) eine spezielle Beziehung zueinander haben. Beide Filter haben betragsmäßig gleiche Koeffizienten. Die gerade indizierten Koeffizienten haben gleiche Vorzeichen, die ungerade indizierten Koeffizienten von einander abweichende Vorzeichen.

Bei einer Polyphasenaufspaltung in zwei Teilfilter gilt unter Berücksichtigung von (6.4.4)

$$\begin{aligned}
H_0(z) &= H_{00}(z^2) + z^{-1} H_{01}(z^2) \\
H_1(z) &= H_{00}(z^2) - z^{-1} H_{01}(z^2)
\end{aligned} \tag{6.4.16}$$

Die Doppelindizierung der Polyphasenfilter ist nun erforderlich, da 0 und 1 sowohl zur Unterscheidung von Tiefpaß und Hochpaß als auch der beiden Teilfilter verwendet werden. Eine (6.4.16) entsprechende Beziehung gilt auch für die Synthesefilter. Durch Einsetzen in die Funktion des Synthesefilters (6.4.9) wird ermittelt:

$$\begin{aligned}
\hat{X}(z) &= G_{00}(z^2) \, [Y_0(z^2) - Y_1(z^2)] \\
&\quad + z^{-1} G_{01}(z^2) \, [Y_0(z^2) + Y_1(z^2)]
\end{aligned} \tag{6.4.17}$$

Für die Realisierung einer Zweikanalfilterbank wird mit (6.4.16) und (6.4.17) eine aufwandsgünstige Polyphasenstruktur abgeleitet [90]. Die Struktur entspricht weitgehend derjenigen von Dezimations– und Interpolationsfiltern. Für die zweikanalige Analyse und Synthese ist jedoch nur ein Subtrahierer zusätzlich erforderlich.

Durch die spezielle Beziehung (6.4.14) zwischen Hochpaß und Tiefpaß wird somit der Realisierungsaufwand praktisch halbiert. Die Verzögerungsanforderungen bezüglich der Durchsatzrate sind wie bei Dezimations– und Interpolationsfiltern halbiert.

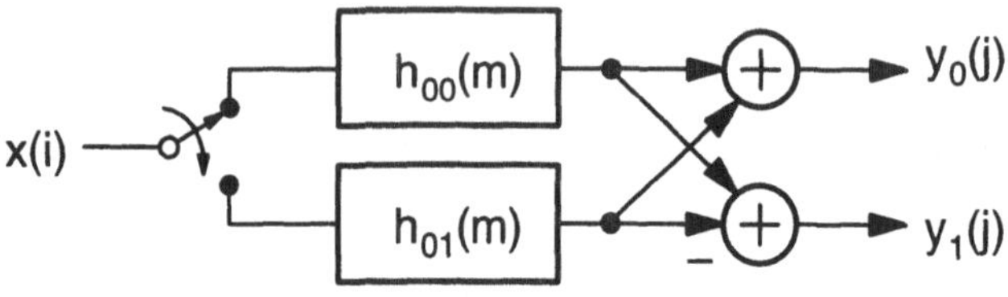

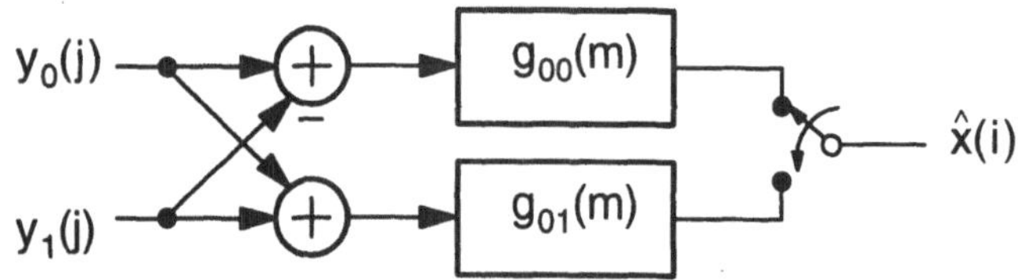

Bild 6.4.9: Zweikanalige Analyse– und Synthesefilterbank in Polyphasenstruktur

Es wurden zur Erläuterung der prinzipiellen Beziehungen Zweikanalfilterbänke diskutiert. Es ist einleuchtend, daß durch Kaskadenschaltung von Zweikanalfilterbänken auch Mehrkanalfilterbänke realisiert werden können. Die gezeigten Realisierungsgewinne sind dann mehrfach umsetzbar.

6.5 IIR–Filterstrukturen

Rekursive Filter können im allgemeinen vorgegebene Selektionsaufgaben mit einem geringeren Filtergrad erfüllen als nichtrekursive FIR–Filter [1], [2]. Die besondere Selektionsforderung kann durch einen möglichst steilen Übergang von Durchlaß– zu Sperrbereich oder durch eine große Sperrdämpfung gegeben sein. Der geringere Filtergrad der rekursiven Filter führt auf eine geringere Anzahl von Koeffizienten und somit auch zu einer geringeren Zahl von Multiplizierern bei einer direkten Realisierung. Aufgrund der nicht perfekten Linearität weisen rekursive Filter jedoch häufig Stabilitätsprobleme auf. Bei Speicherung spezieller Werte in Registern treten bei Eingangssignal Null periodische Oszillationen (Grenzzyklen) auf [94]. Diese Grenzzyklen können durch besondere Maßnahmen amplitudenmäßig begrenzt oder sogar ganz vermieden werden. Äußerst günstige Stabilitätseigenschaften bei gleichzeitig relativ geringen Genauigkeitsanforderungen an die Koeffizienten weisen die Wellendigitalfilter [95] auf.

Dieser Abschnitt beschränkt sich auf die Diskussion der Durchsatzrate einfacher rekursiver Strukturen und der Vorstellung einiger Maßnahmen zur Erhöhung der Durchsatzrate.

6.5.1 Rekursive Filter in Direktform

Die rekursiven Filter können nach (6.1.13) durch die Summe eines rein rekursiven Teils und eines nichtrekursiven Teils dargestellt werden. Dies bedeutet, daß ein allgemeines rekursives Filter durch eine Kettenschaltung eines nichtrekursiven FIR–Filters und eines rein rekursiven IIR–Filters (autoregressives Filter AR) realisiert werden kann. Diese Kettenschaltung ist zwar keine Realisierung mit minimaler Zahl von Speicherelementen, soll aber hier zur Ermittlung der Durchsatzrate weiter betrachtet werden.

Das vorgeschaltete FIR–Filter habe die Koeffizienten $b(k)$ und die Ausgangsfolge $u(i)$. Nach (6.1.13) gilt

$$u(i) = \sum_{k=0}^{N-1} b(k)x(i - k) \qquad (6.5.1)$$

Für das nachgeschaltete autoregressive Filter folgt

$$y(i) = \sum_{j=1}^{M} a(j)y(i - j) + u(i) \qquad (6.5.2)$$

Für den Sonderfall, daß das Gesamtfilter autoregressiv ist, sind die Koeffizienten $b(k)$ mit Ausnahme des ersten gleich Null und

$$u(i) = x(i) \qquad (6.5.3)$$

Eine Direktform des autoregressiven Filters nach (6.5.2) zeigt Bild 6.5.1. Die erzielbare Durchsatzrate dieser Struktur wird von der Verzögerungszeit des zeitkritischen Pfades bestimmt, der aus einem Multiplizierer, M Addierern und einem Register besteht.

$$T_{D,\max} = T_{D,MUL} + T_{D,MADD} + T_{D,REG} \qquad (6.5.4)$$

Die Durchsatzrate beträgt

$$R_T \le \frac{1}{T_{D,\max}} \qquad (6.5.5)$$

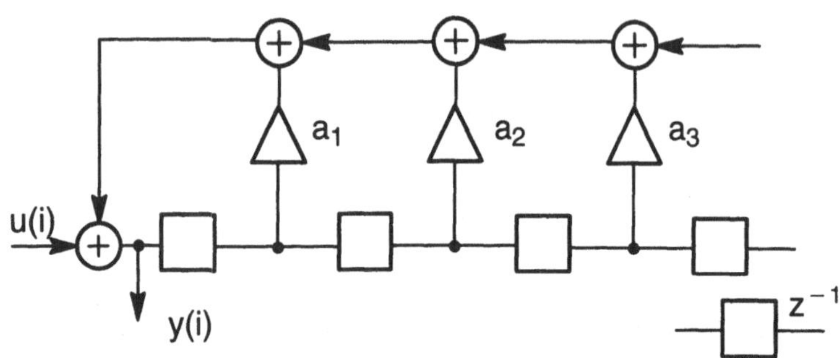

Bild 6.5.1: Autoregressives Filter in Direktform

Auch der Einsatz von Pipelining liefert praktisch keine deutliche Verbesserung der Durchsatzrate. Aufgrund der gegenläufigen Pfade liefert die Cut–Set–Methode nur eine Aufteilung der Verzögerung. In Bild 6.5.2 ist eine Filterstruktur gezeigt, bei der das Verzögerungselement in zwei Hälften aufgeteilt ist. In der neuen Struktur ist die Addiererkette zwar aufgebrochen, jedoch muß das Filter mit doppeltem Takt betrieben werden. Die Verzögerung des zeitkritischen Pfades ist nun

$$T_{D,\max} = T_{D,MUL} + T_{D,ADD} + T_{D,REG} \tag{6.5.6}$$

Aufgrund der Taktverdopplung gilt jedoch für die Durchsatzrate

$$R_T \le \frac{1}{2T_{D,\max}} \tag{6.5.7}$$

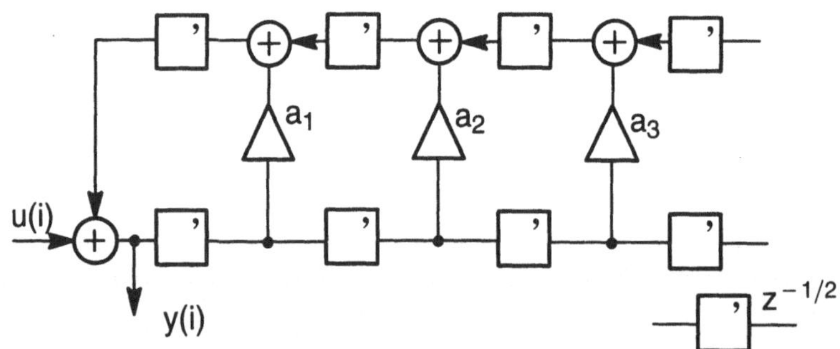

Bild 6.5.2: Autoregressives Filter nach Delayaufspaltung mit der Cut–Set–Methode

Bei moderaten Größen des Filtergrades *M* hat diese Form des Pipelining keine Verbesserung, sondern eine Verschlechterung der Durchsatzrate bewirkt. Es zeigt sich also, daß im Gegensatz zu den FIR–Filtern das Pipelining bei rekursiven Strukturen nicht zu der gewünschten Erhöhung der Durchsatzrate führt. Es sind jedoch besondere Maßnahmen entwickelt worden, die auch bei rekursiven Filtern eine Erhöhung der Durchsatzrate ermöglichen [86], [96].

6.5.2 MSB–First–Arithmetik

Eine Maßnahme zur Verbesserung der Durchsatzrate ist die Änderung der Reihenfolge der Berechnung der Ergebnisbits. Im Regelfall geschieht dies von LSB (least significant bit) nach MSB (most significant bit). Durch Berechnung der Ergebnisbits in umgekehrter Reihenfolge und dem Einsatz von Pipelining kann die Verzögerung des maßgebenden Pfades verringert werden. Zur Vereinfachung der Darstellung soll diese Technik anhand eines Filters 1. Ordnung vorgestellt werden. Für ein derartiges Filter gilt die Beziehung

$$y(i) = a(1)\, y(i - 1) + u(i) \qquad (6.5.8)$$

Ferner soll in den nachfolgenden Skizzen die Anzahl der Bits für $y(i)$, $a(i)$ und $u(i)$ auf 4 beschränkt werden. Es sollen positive und negative Zahlendarstellungen ermöglicht werden.

$$
\begin{aligned}
y &= y_0 \cdot y_{-1}\, y_{-2}\, y_{-3} & -1 &\le y < 1 \\
u &= \cdot u_{-1}\, u_{-2}\, u_{-3}\, u_{-4} & -1/2 &\le u < 1/2 \\
a &= \cdot a_{-1}\, a_{-2}\, a_{-3}\, a_{-4} & -1/2 &\le a < 1/2
\end{aligned}
\qquad (6.5.9)
$$

In einer Zweierkomplementdarstellung hat die oberste Bitebene negatives Gewicht (Vorzeichenstelle). Der Wertevorrat der Ergebnisbits schließt somit prinzipiell auch die −1 mit ein.

In Bild 6.5.3 ist ein rekursives Filter 1. Ordnung unter Verwendung eines Pezaris–Array–Multiplizierers gezeigt. Aufgrund der Addition von u mußte der Multiplizierer nach Bild 3.3.16 modifiziert werden. Bei einem negativ bewerteten Ergebnisbit ist bei der nächst höheren Ebene eine −1 zu addieren (s. Vorzeichenerweiterung). In dem Bild ist auch erkennbar, daß der Multiplizierer doppelt so viele Bits liefert wie in der Rekursion weiterverwendet werden. Dieser Abschneidevorgang ist ein maßgebender Anteil der Nichtlinearität in rekursiven Filtern.

Der zeitkritische Pfad geht senkrecht durch die Mitte des Arrays und dann waagerecht durch den abschließenden Addierer. Im Falle von m bits kann die Verzögerung des zeitkritischen Pfades vereinfacht wie folgt beschrieben werden.

$$T_{D,\max} = T_{D,UND} + m(T_{D,VA,ss} + T_{D,VA,cc}) + T_{D,REG} \qquad (6.5.10)$$

Dies ist im wesentlichen die Verzögerungszeit des Multiplizierers.

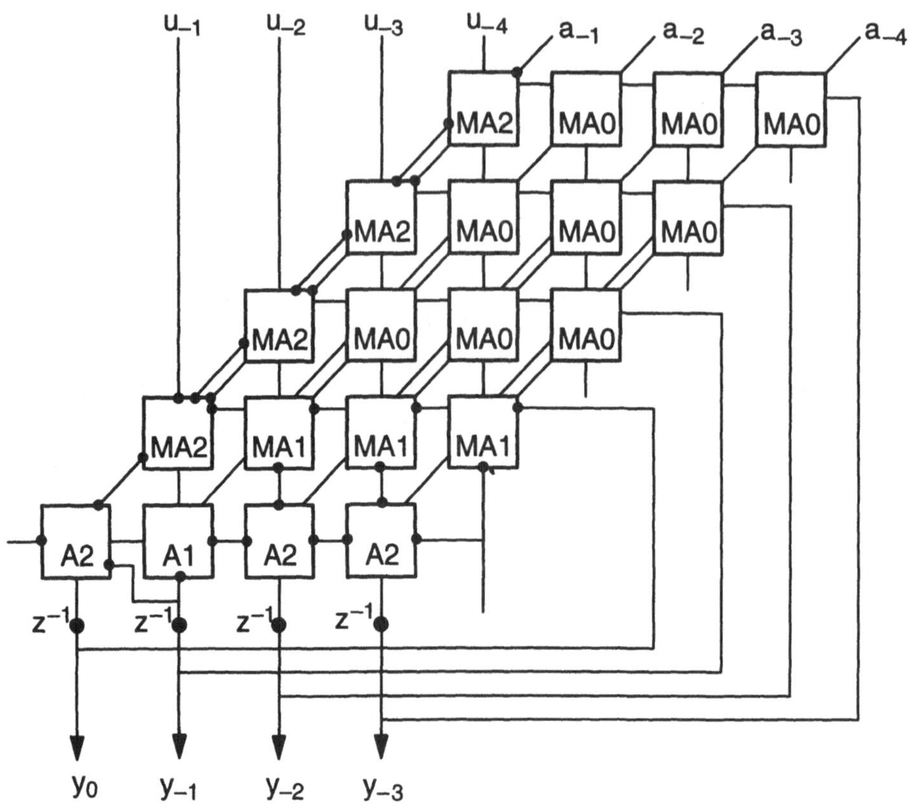

Bild 6.5.3:   Rekursives Filter 1. Ordnung auf der Basis eines Pezaris–Array–Multiplizierers

Die Reihenfolge der Addition mehrerer Zahlen ist beliebig. So können beim Multiplizierer die Partialprodukte durch Multiplikation mit dem MSB–Bit zuerst und die Partialprodukte durch Multiplikation mit dem LSB–Bit zuletzt addiert werden. Hierdurch ändert sich die Form der Raute und das Produkt der höchstwertigsten Bits wird als erstes durchgeführt. Zum endgültigen Wert des höchsten Bits können allerdings die niedrigsten Bits noch beitragen. Durch eine redundante Darstellung der jeweiligen Bitebenen kann diese Abhängigkeit aufgebrochen werden. Im Falle einer Zweierkomplementdarstellung gilt für eine redundante Darstellung der Wertevorrat

$$y_j \in \{-1, 0, 1\} \tag{6.5.11}$$

Das redundante Ergebnis einer Bitebene muß in diesem Falle durch zwei Bits codiert werden. Es existieren mehrere Möglichkeiten zur Codierung des Wertevorrates nach (6.5.11). Zwei davon sind in Tabelle 6.5.1 gezeigt. Die erste Tabelle zeigt eine Codierung mit Vorzeichen (s = sign) und Betrag (m = magnitude), die zweite eine Codierung mit positiver (p) und negativer (n) Bewertung. Die mögliche negative Null ist bei der ersten Tabelle nicht berücksichtigt.

Tabelle 6.5.1: Codierung des Wertevorrates $\{-1, 0, 1\}$

s	m	Wert		p	n	Wert
0	0	0		0	0	0
0	1	1		0	1	−1
1	0	−		1	0	1
1	1	−1		1	1	0

Das Produkt der Ziffer der Bitebene j mit dem Koeffizienten a liefert den Wertevorrat

$$y_j a \in \{-a, 0, a\} \tag{6.5.12}$$

Diese 3 Zahlen des Wertevorrats sind stellenwertverschoben zu addieren. Anstatt der Subtraktion von a kann das Zweierkomplement von a addiert werden. Dies bedeutet, daß bei negativer Ziffer das bitweise Komplement von a zuzüglich einer Eins (Vorzeichen s) in der unteren Bitebene addiert werden muß.

Eine Realisierung eines rekursiven Filters mit einer MSB–First–Technik zeigt Bild 6.5.4. Jede Bitebene ist pn–codiert. Durch die geänderte Reihenfolge der Multiplikation hat sich auch die Rautenform des Arrays verändert. Das Multiplikationselement ist durch die Einführung negativer Ziffern komplexer geworden. Es ist nicht mehr eine UND–Verknüpfung, sondern eine gesteuerte Selektion zwischen a_j und $\bar{a}_j$. Die zweite Zeile des Arrays von Bild 6.5.4 ist in Bild 6.5.5 genauer dargestellt. Multiplikationselemente und Additionselemente wurden hierbei separiert.

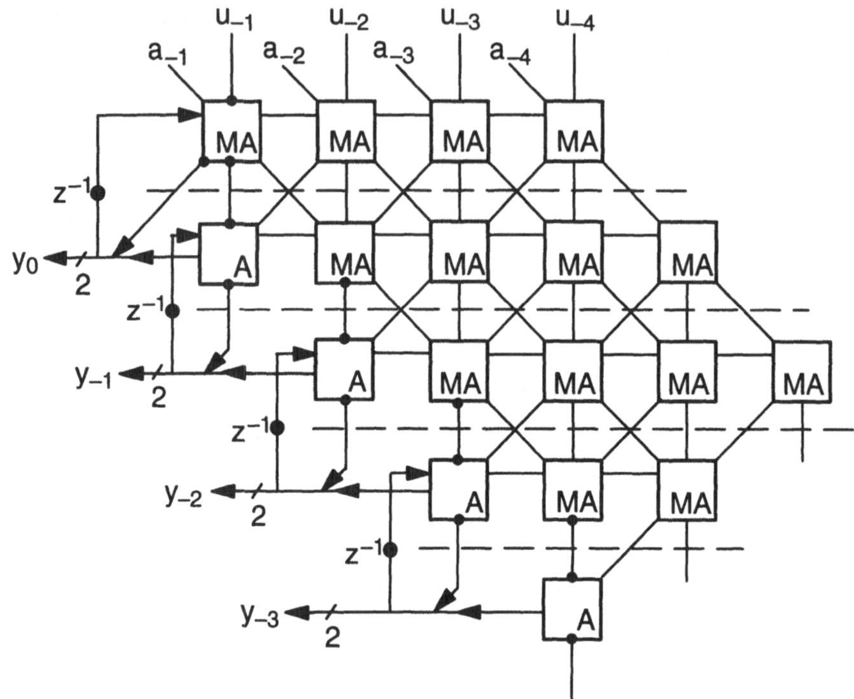

Bild 6.5.4: MSB–First–Filterstruktur für ein rekursives Filter 1. Ordnung

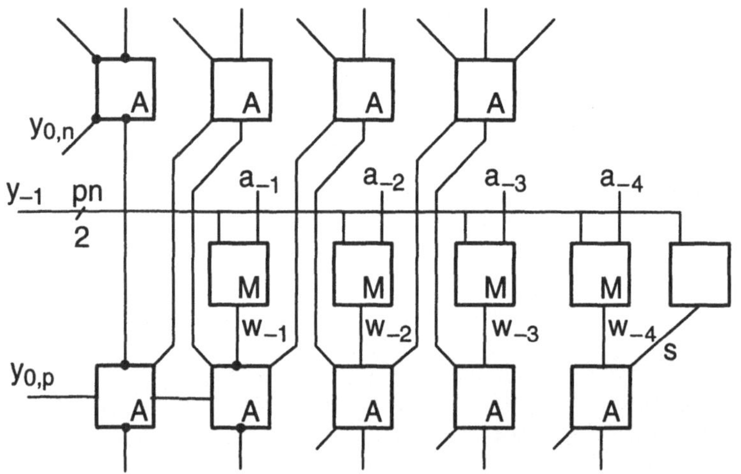

Bild 6.5.5: Ausschnitt aus der MSB–First–Filterstruktur

Die Logikfunktion des Multiplikationselementes wird unter Verwendung der
Funktionstabelle in Tabelle 6.5.1 abgeleitet als

$$w' = p\bar{n}a_k \vee \bar{p}n\bar{a}_k \qquad (6.5.13)$$

Für das zu addierende Sign–Bit gilt die Funktion

$$s = \bar{p}n \qquad (6.5.14)$$

Die vorher gezeigte Logikfunktion gilt für Filterrealisierungen mit einstellbaren Filterkoeffizienten (programmierbare Filter). Im allgemeinen sind die Koeffizienten a für ein zu realisierendes Filter fest vorgegeben. In diesem Fall vereinfacht sich das Multiplikationselement je nach dem Wert von a_k wieder zu einer UND–Verknüpfung.

$$w' = \begin{cases} \bar{p}n & a_k = 0 \\ p\bar{n} & a_k = 1 \end{cases} \qquad (6.5.15)$$

Wird, wie in Bild 6.5.4 bereits gestrichelt angedeutet, jedes Verzögerungselement mit der Cut–Set–Methode aufgespalten, so besteht der zeitkritische Pfad aus einem Multiplikationselement, einem Volladdierer und einem D–FF.

$$T_{D,\max} = T_{D,ME} + T_{D,VA,ss} + T_{D,FF} \qquad (6.5.16)$$

Aufgrund der Verzögerungsaufspaltung bestimmt sich aus $T_{D,max}$ nur die halbe Durchsatzrate

$$R_T \leq \frac{1}{2T_{D,max}} \qquad (6.5.17)$$

Die Durchsatzrate eines rekursiven MSB–First–Filters hängt nicht mehr von der Wortbreite m des Multiplizierers ab. Im Vergleich zu der Struktur nach Bild 6.5.3 erhöht sich die Durchsatzrate näherungsweise um den Faktor $m/2$.

Das Ergebnis des MSB–First–Filters ist in einer redundanten Zahlendarstellung repräsentiert. Zur Überführung in eine übliche nichtredundante Darstellung ist ein zusätzlicher Carry–Ripple–Addierer erforderlich. Dieser Carry–Ripple–Addierer muß vollständig gepipelined werden, damit dieser Addierer nicht das bestimmende Element der Durchsatzrate wird. Neben der hier verwendeten *pn*–Codierung der SD–Ziffern wird in der Literatur [96] auch eine *sm*–Codierung (Vorzeichen/Betrag) verwendet.

Die bisherigen Darstellungen beschränken sich auf Filter 1. Ordnung. Durch Reihenschaltung zweier Elemente 1. Ordnung erhält man ein autoregressives Element 2. Ordnung (Bild 6.5.6). Dieses kann mit der gleichen Technik wie vorher dargestellt realisiert werden. Komplexe Filter werden zweckmäßig durch eine Kaskadenschaltung von Biquad–Elementen realisiert. Ein Biquad–Element ist ein allgemeines rekursives Filter dessen Zähler– und Nennerpolynom kleiner gleich 2 ist. Es hat maximal 5 Koeffizienten a_1, a_2, b_0, b_1 *und* b_2.

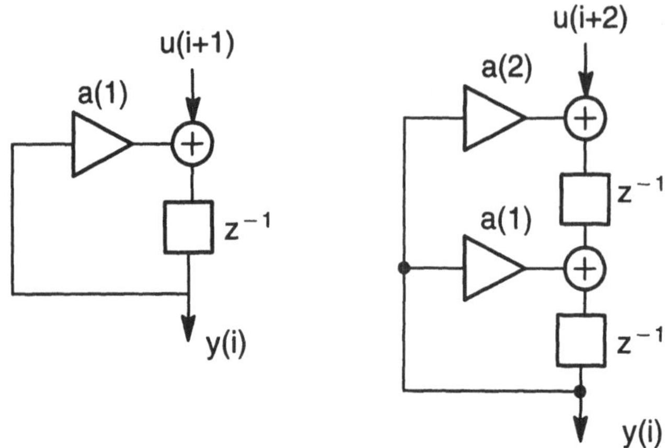

Bild 6.5.6: Autoregressive Filter 1. und 2. Ordnung in Direktform II

6.5.3 Look–Ahead–Technik

Als Alternative zu der vorher erläuterten MSB–First–Technik sind in der Literatur [97] Filtermodifikationen vorgestellt worden, die die Zeitbedingungen im rekursiven Pfad reduzieren. Es handelt sich hierbei um Look–Ahead–Techniken und Pol/ Nullstellen–Kompensationen.

Bei der Look–Ahead–Technik wird die allgemeine Lösung vorangegangener Ausgangswerte in die rekursive Beziehung eingesetzt und so eine neue rekursive Gleichung gewonnen, die nicht vom vorherigen Ausgangswert, sondern von früheren Ausgangswerten abhängen.

Für ein rekursives Filter 1. Ordnung ergeben sich nach (6.5.8) für aufeinanderfolgende Ausgangswerte folgende Beziehungen:

$$y(i - 2) = a(1)y(i - 3) + u(i - 2)$$
$$y(i - 1) = a(1)y(i - 2) + u(i - 1)$$
$$y(i) \quad\; = a(1)y(i - 1) + u(i)$$

Durch Einsetzen der vorherigen Lösung in die nachfolgende erhält man neue rekursive Differenzengleichungen.

$$y(i) = a^2(1)y(i - 2) + a(1)u(i - 1) + u(i) \qquad (6.5.18)$$

$$y(i) = a^3(1)y(i - 3) + a^2(1)u(i - 2)$$
$$+ a(1)u(i - 1) \qquad (6.5.19)$$
$$+ \quad u(i)$$

Der rekursive Pfad von (6.5.18) hat eine Verzögerung von 2 Takten, der von (6.5.19) eine Verzögerung von 3 Takten. Ganz allgemein kann ein rekursiver Pfad mit einer beliebigen Zahl von p Takten Verzögerung erzeugt werden. Mit der Cut–Set–Methode können die zugehörigen p Register aufgespalten und auf verschiedene Ebenen des Multiplizierers verteilt werden.

Die Vorteile des rekursiven Pfades müssen mit Zusatzaufwendungen für einen neuen nicht rekursiven Anteil bezahlt werden. Die Übertragungsfunktionen zu (6.5.18) und (6.5.19) zeigen, daß bei diesem Verfahren zusätzliche Pole und Nullstellen erzeugt werden, die sich kompensieren.

Die Übertragungsfunktion des ursprünglichen rekursiven Filters lautet

$$H(z) = \frac{1}{1 - a\,z^{-1}} \tag{6.5.20}$$

Die beiden modifizierten Übertragungsfunktionen sind nachfolgend dargestellt.

$$H'(z) = \frac{1 + a\,z^{-1}}{1 - a^2\,z^{-2}} \tag{6.5.21}$$

$$H''(z) = \frac{1 + a\,z^{-1} + a^2\,z^{-2}}{1 - a^3\,z^{-3}} \tag{6.5.22}$$

Letztlich müssen alle Übertragungsfunktionen gleich sein. Dies bedeutet, daß für (6.5.21) und (6.5.22) die Division von Nennerpolynom geteilt durch Zählerpolynom als Quotienten das Nennerpolynom von (6.5.20) liefert.

Für rekursive Filter höherer Ordnung als 1 gibt es prinzipiell zwei Vorgehensweisen. Die eine ist das mehrfache Einsetzen früherer Ausgangswerte in die Differenzengleichung. Dies wird als Clustered–Look–Ahead bezeichnet. Die andere ist die Modifikation eines jeden Poles der Übertragungsfunktion.

$$\frac{1}{z - a} \quad \Rightarrow \quad \frac{H_D(z)}{z^p - a^p} \tag{6.5.23}$$

Dies wird als Scattered–Look–Ahead bezeichnet.

Ein Problem der Look–Ahead–Techniken ist, daß aufgrund endlicher Genauigkeiten in der Realisierung die Pol/Nullstellen–Kompensation nicht perfekt ist. Dies führt nicht nur zu einer Veränderung der Übertragungsfunktion, sondern in vielen Fällen auch zu Stabilitätsproblemen.

6.6 Aufgaben

1. In einem FIR–Filter mit N Koeffizienten sind N Produkte zu addieren. Dieser N–Operanden–Addierer kann unterschiedlich realisiert werden.

   a. Entsprechend der Direktform I soll der N–Operanden–Addierer durch eine lineare Anordnung von Carry–Ripple–Addierern realisiert werden. Es ist der Aufwand und die Verzögerung für gegebene Wortbreiten m_c und m_x zu bestimmen. Der Aufwand ist in Anzahl von Volladdierern anzugeben. Für die Verzögerungszeit eines Volladdierers ist davon auszugehen, daß der Summenpfad im Vergleich zum Carrypfad den doppelten Wert hat.

   b. Es ist der Teil a. für eine Anordnung mit Carry–Save–Addierern durchzuführen.

   c. Der N–Operanden–Addierer soll durch einen CSA–Addiererbaum realisiert werden. Es ist Aufwand und Verzögerung zu bestimmen.

   d. Durch Pipelining soll die Durchsatzrate erhöht werden. Welche der 3 Anordnungen ist bezüglich Aufwand bzw. Durchsatzrate zu bevorzugen?

2. Es soll ein FIR–Filter mit einer festen Filterfunktion entwickelt werden. Die Filterfunktion habe 4 Filterabgriffe mit den folgenden Koeffizienten

$$ h = \left[\frac{1+\sqrt{3}}{8}; \quad \frac{3+\sqrt{3}}{8}; \quad \frac{3-\sqrt{3}}{8}; \quad \frac{1-\sqrt{3}}{8} \right] $$

   Für die Realisierung werden die reellwertigen Koeffizienten auf 5 bit Genauigkeit quantisiert. Die quantisierten Filterkoeffizienten lauten

$$ h_d = \frac{1}{32} \left[11; \quad 19; \quad 5; \quad -3 \right] $$

   a. Es sind die Filterkoeffizienten in CSD–Darstellung zu formulieren.

   b. Als arithmetische Grundzellen sollen Carry–Save–Addierer verwendet werden. Es ist ein Addiererbaum zur Realisierung der Filterfunktion zu entwerfen. Die Wortbreite der Eingangssignale $x(i)$ betrage 8 bit.

   c. Die unbenutzten Eingänge der Addierer sind derart zu beschalten, daß die erforderlichen Einsstellen zur Realisierung der 2er–Komplementbildung vorhanden sind (entsprechend dem Term $g(k)$ in Bild 6.2.8). Darüber hinaus soll durch Beschaltung unbenutzter Eingänge die Arithmetik den konstanten Wert 0,5 zum Ausgabewert addieren. Diese Addition ermöglicht eine Rundung des Ergebnisses auf 8 bit durch Abschneiden der Nachkommastellen. Es ist zunächst davon auszugehen, daß die Ausgabewerte stets im Bereich [0;255] liegen.

   d. Wie muß die Logikfunktion des Limiters beschaffen sein, der bei Verlassen des erlaubten Wertebereichs [0;255] den Ausgabewert auf die kleinste bzw. größte erlaubte Zahl begrenzt?

3. Für eine Datenübertragung soll eine Teilbandcodierung vorgenommen werden. Es ist die Analyse– und die Synthesefilterbank zu entwerfen. Als Filterfunktion soll ein QMF–Filter mit 10 Filterabgriffen verwendet werden. Die Tiefpaßfilterfunktion des Analysefilters hat die Koeffizienten

$$h_{QMF,\,TP} = \frac{1}{512}\,[8;\,-1;\,-43;\,44;\,248;\,248;\,44;\,-43;\,-1;\,8]$$

   a. Die Filterfunktionen des Hochpaßfilters in der Analysefilterbank sowie die Filterfunktionen des Synthesefilters sind zu ermitteln.

   b. Die Teilbandfilter sollen in einer Polyphasenstruktur entsprechend Bild 6.4.9 realisiert werden. Die Funktionen der arithmetischen Blöcke sind zu bestimmen.

   c. Die Wortbreite der Signale $x(i)$, $y_0(i)$, $y_1(i)$, und $\hat{x}(i)$ betrage 8 bit. Es ist ein arithmetisches Modul zu entwerfen, welches für die Funktionen $h_{00}(m)$, $h_{01}(m)$, $g_{00}(m)$ und $g_{01}(m)$ verwendet werden kann. Wie sind die Eingänge dieses Moduls zu beschalten?

4. Es ist ein rekursives Filter 1. Ordnung in MSB–First–Architektur zu realisieren. Ausgangspunkt ist die in Bild 6.5.4 und Bild 6.5.5 gezeigte Struktur.

   a. Anstatt der *pn*–Codierung soll eine *sm*–Codierung der Ausgangsziffern erfolgen. Welche Logikfunktion überführt eine *pn*–Codierung in eine *sm*–Codierung? Wie ist die Logikfunktion des Multiplikationselementes abzuändern? Die beiden Lösungen sind bezüglich Aufwand und Durchsatzrate zu vergleichen.

   b. Anordnungen zur Umwandlung redundanter Zahlendarstellungen mit *pn*– oder *sm*–Codierung in nichtredundante Zweierkomplementdarstellungen sind zu ermitteln.

   c. Die Eingangswerte u und der Koeffizient a eines rekursiven Filters 1. Ordnungen seien positiv. Es ist eine MSB–First–Filterstruktur auf der Basis eines Carry–Save–Multiplizierers zu bestimmen. Eine redundante Zahlendarstellung aus Carry– und Summenbit mit einem Wertevorrat $\{0, 1, 2\}$ für die Ausgangsziffern ist zu verwenden.

5. Ein autoregressives Filter 2. Ordnung soll mit Hilfe der Look–Ahead–Technik realisiert werden. Es ist hierbei von Koeffizienten $a(1) = \frac{\sqrt{3}}{2}$ und $a(2) = -\frac{1}{4}$ auszugehen.

   a. Mit der Methode des Clustered–Look–Ahead sollen durch fortgesetztes Einsetzen in die Differenzengleichungen neue Differenzengleichungen bestimmt werden, die im rekursiven Teil Verzögerungen von 2, 3 und 4 Takten haben. Es sind die zugehörigen Signalflußgraphen zu skizzieren und die Hardwareaufwendungen zu vergleichen. Mit der Cut–Set–Methode sind Delay–Verschiebungen durchzuführen und Aussagen über die erzielbare Durchsatzrate zu machen.

b.   Analog zu a. ist eine Scattered–Look–Ahead–Technik durchzuführen. Die Ergebnisse sind miteinander zu vergleichen.

7 Realisierungen der diskreten Fourier–Transformation

Die diskrete Fourier–Transformation (DFT) ist Basis vieler Spektralanalyseverfahren. Die Spektralanalyse kann beispielsweise zur Schätzung von Systemparametern und zu der Berechnung der Übertragungsfunktion von Modellfiltern verwendet werden. Viele Anwendungen aus Gebieten wie Seismologie, Radartechnik und Sonartechnik benutzen Spektralanalyseverfahren auf der Basis der diskreten Fourier–Transformation. Eine wichtige Eigenschaft der Fourier–Transformation, daß eine Faltung im Zeitbereich einer Multiplikation im Frequenzbereich entspricht, wird vielfach ausgenutzt. Insbesondere schnelle Algorithmen (FFT) unterstützen die schnellere Durchführung von Faltungen.

Im nachfolgenden Abschnitt werden einige Charakteristiken der DFT diskutiert und die Transformationsbeziehungen der DFT dargestellt. Ein weiterer Abschnitt behandelt die direkte Implementierung der DFT. Anschließend werden die schnelle Fourier–Transformation (FFT) erläutert und zugehörige Realisierungen abgeleitet.

7.1 Charakteristik der DFT

In der Literatur [1], [2] ist gezeigt, wie die diskrete Fourier–Transformation aus der üblichen Fourier–Transformation abgeleitet werden kann. In Anlehnung an die Darstellung von Pearson [98] soll hier kurz das Wesentliche dargestellt werden.

Es sei $x(t)$ ein kontinuierliches Signal und $X(jf)$ die zugehörige Fourier–Transformierte. Die Wirkung des Abtastvorganges von $x(t)$ kann wie folgt beschrieben werden.

$$comb_T \cdot x(t) \quad \bullet\!\!-\!\!\circ \quad rep_{1/T}\, X(jf) \qquad (7.1.1)$$

Hierbei ist $comb_T$ eine Folge von Dirac–Impulsen im Abstand T und $rep_{1/T}(\cdot)$ steht für "repeat", d.h. die periodische Wiederholung der Funktion im Abstand $1/T$ und die Addition aller versetzten Funktionen. Die Aussage von (7.1.1) ist, daß eine kontinuierliche Abtastung in einem Zeitintervall T auf ein Spektrum führt, das periodisch mit der Frequenz $1/T$ ist. Die Addition mehrerer Spektralanteile (Aliasing) entfällt, wenn $X(jf)$ bandbegrenzt ist mit den Grenzen $\pm\, 1/(2T)$.

Die Fourier–Transformation ist symmetrisch, d.h. daß die Multiplikation des Spektrums mit einer Folge von Dirac–Impulsen (Abtastung im Frequenzbereich) auf ein periodisches Zeitsignal führt.

$$rep_T \, x(t) \quad \bullet\!\!-\!\!\circ \quad comb_{1/T} \cdot X(jf) \qquad (7.1.2)$$

Dies ist die Aussage der Fourier–Reihendarstellung. Eine periodische Zeitfunktion mit der Periode T hat nur Spektralanteile an Vielfachen der Frequenz $1/T$. Handelt es sich bei $x(t)$ um eine zeitlich beliebig ausgedehnte Funktion, so müssen alle sich bei der Wiederholung überlappenden Anteile akkumuliert werden. Durch Multiplikation mit einer Fensterfunktion (Rechteckfenster) angepaßter Länge wird die periodische Fortsetzung eines Intervalls der Länge T der Zeitfunktion erreicht. Es gilt dann

$$rep_T \, [w_T(t) \cdot x(t)] \quad \bullet\!\!-\!\!\circ \quad comb_{1/T} \, [W_T(jf) * X(jf)] \qquad (7.1.3)$$

Dies bedeutet, daß diskrete Frequenzlinien des Spektrums ermittelt werden, welche sich aus der Faltung des Spektrums des zu untersuchenden Signals und des Spektrums der Fensterfunktion ergeben.

Die beiden Vorgänge Abtastung und periodische Fortsetzung können nun kombiniert werden. Mit den Beziehungen (7.1.1) und (7.1.3) folgt:

$$rep_{NT} \, [comb_T \cdot (w_{NT}(t) \cdot x(t))] \quad \bullet\!\!-\!\!\circ$$

$$comb_{1/NT} \cdot rep_{1/T} \, [W_{NT}(jf) * X(jf)] \qquad (7.1.4)$$

Die periodische Fortsetzung einer Folge von Abtastwerten führt auf eine Abtastung des periodischen Spektrums, welches sich aus dem Ausschnitt des Zeitsignals ergibt. Aufgrund des periodischen Spektrums genügen N Spektralwerte zur Charakterisierung von N periodisch fortgesetzten Abtastwerten. Es ist zu beachten, daß Spektralwerte zugehörig zum untersuchten Zeitausschnitt bestimmt werden. Es handelt sich um ein sogenanntes Kurzzeitspektrum. Selbst wenn dieser Zeitausschnitt sich spektral wie die unendlich ausgedehnte Zeitfunktion verhält, wird noch die Faltung mit dem Spektrum der Fensterfunktion die Spektralwerte verändern.

Die diskrete Fourier–Transformation ist die Fourier–Transformation einer periodisch fortgesetzten Eingangsfolge der Länge N. Das Abtastintervall wird zu $T = 1$ normiert und entsprechend folgt, daß für die Periode im Spektrum die Frequenz $f = 1$ bzw. Kreisfrequenz $\omega = 2\pi$ gilt. Zur Entnormierung sind die Frequenzwerte nur mit $1/T$ zu multiplizieren.

Es seien $x(\,\cdot\,)$ die Werte der Eingangsfolge und $y(\,\cdot\,)$ die zugehörigen Spektralwerte. Unter Berücksichtigung der Beziehungen der Fourier–Reihendarstellung folgt für die Ermittlung der Spektralwerte [1], [2]

$$y(k) = \sum_{m=0}^{N-1} w^{mk} \, x(m) \qquad k = 0, 1, \ldots N - 1$$

$$w = e^{-2nj/N}$$

$$j = \sqrt{-1} \tag{7.1.5}$$

Die inverse Berechnung der Abtastwerte aus den Spektralwerten erfolgt mit

$$x(m) = \sum_{k=0}^{N-1} w^{-mk} \, y(k) \qquad m = 0, 1, \ldots N - 1 \tag{7.1.6}$$

7.2 Direkte Implementierung der DFT

Die Berechnung der DFT nach (7.1.5) kann als Matrix–Vektor–Produkt aufgefaßt werden. Ein Vektor von N Werten von $x(\cdot)$ wird mit einer Matrix W mit den Koeffizienten w^{mk} multipliziert

$$y = Wx \tag{7.2.1}$$

Für $N = 8$ ist nachfolgend die besondere Struktur dieses Matrix–Vektor–Produktes dargestellt.

$$
\begin{bmatrix} y(0) \\ y(1) \\ y(2) \\ y(3) \\ y(4) \\ y(5) \\ y(6) \\ y(7) \end{bmatrix}
=
\begin{bmatrix}
1 & 1 & 1 & 1 & 1 & 1 & 1 & 1 \\
1 & w^1 & w^2 & w^3 & w^4 & w^5 & w^6 & w^7 \\
1 & w^2 & w^4 & w^6 & 1 & w^2 & w^4 & w^6 \\
1 & w^3 & w^6 & w^1 & w^4 & w^7 & w^2 & w^5 \\
1 & w^4 & 1 & w^4 & 1 & w^4 & 1 & w^4 \\
1 & w^5 & w^2 & w^7 & w^4 & w^1 & w^6 & w^3 \\
1 & w^6 & w^4 & w^2 & 1 & w^6 & w^4 & w^2 \\
1 & w^7 & w^6 & w^5 & w^4 & w^3 & w^2 & w^1
\end{bmatrix}
\cdot
\begin{bmatrix} x(0) \\ x(1) \\ x(2) \\ x(3) \\ x(4) \\ x(5) \\ x(6) \\ x(7) \end{bmatrix}
\tag{7.2.2}
$$

In der oben stehenden Matrix wird die Periodizität der komplexen e–Funktion berücksichtigt. Aufgrund der periodischen Eigenschaften gilt

$$w^{jN+i} = w^i \qquad j \in \mathbb{Z} \tag{7.2.3}$$

Die Realisierung einer Matrix–Vektor–Multiplikation kann mit den in Kapitel 5 gezeigten Methoden erfolgen. Entsprechend Bild 5.3.4 ist eine Realisierung mit N^2 Prozessorelementen möglich. Bild 5.3.5 zeigt eine Struktur als 1D Array und Bild 5.3.6 eine Realisierung mit einem PE. Durch Anwendungen von Partitionierungsmethoden sind auch zwei– und eindimensionale Arrays mit Abmessungen kleiner N möglich. Bild 7.2.1 zeigt ein 1D Array bei dem die Ergebnisse in N parallelen PEs akkumuliert werden. Diese Ergebnisse stehen in einem zeitlichen Offset zur Verfügung und können sequentiell über Schalter auf einen Ergebnis–Bus weitergeleitet werden. Die Schalter in Bild 7.2.1 werden über ein Zeigersignal zyklisch geschaltet.

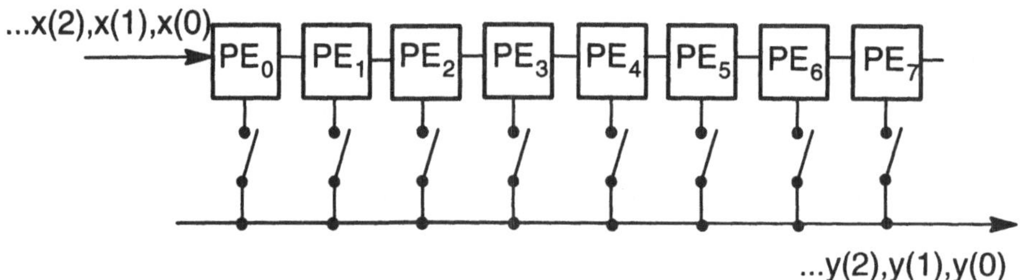

Bild 7.2.1: 1D DFT–Array für $N = 8$

Das Prozessor–Element ist in Bild 7.2.2 gezeigt. Es besteht aus einem Multiplizierer und einem Addierer. Zu beachten ist, daß es sich um eine zeitvariable Gewichtsfunktion handelt, da der Index m mit jedem Takt zyklisch verändert wird.

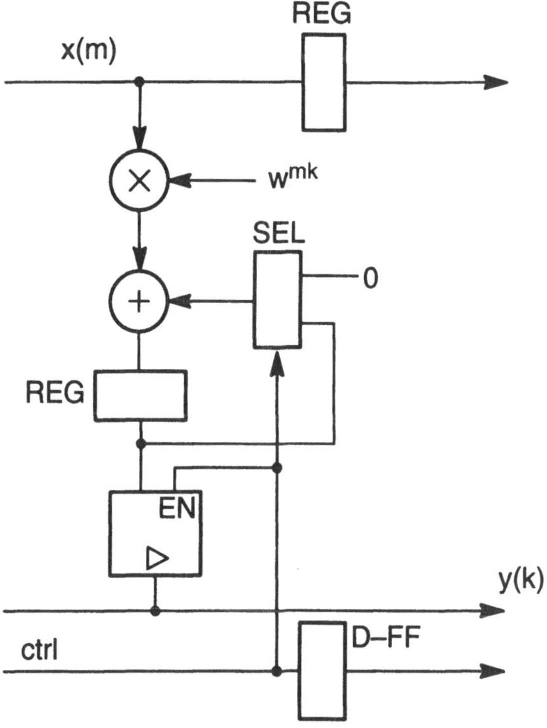

Bild 7.2.2: PE eines 1D DFT–Arrays

Da w komplex ist, müssen in dem PE komplexwertige Ergebnisse berechnet werden. Für die Multiplikation zweier komplexer Zahlen in Komponentenform gilt

$$x \cdot a = u$$
$$(x_r + jx_i)\,(a_r + ja_i) = (x_r a_r - x_i a_i) + j(x_i a_r + x_r a_i) \qquad (7.2.4)$$

Dies bedeutet, daß die Multiplikation zweier komplexer Zahlen durch 4 reellwertige Multiplikationen und 2 reellwertige Additionen realisiert wird. Bild 7.2.3a zeigt die zugehörige Struktur. Berücksichtigt man ferner, daß eine komplexe Addition durch 2 reellwertige Additionen zu realisieren ist, so folgt für ein DFT–PE ein Aufwand von 4 Multiplizierern und 4 Addierern. Dies ist im Vergleich zu der reellwertigen Matrix–Vektor–Multiplikation ein 4facher Aufwand.

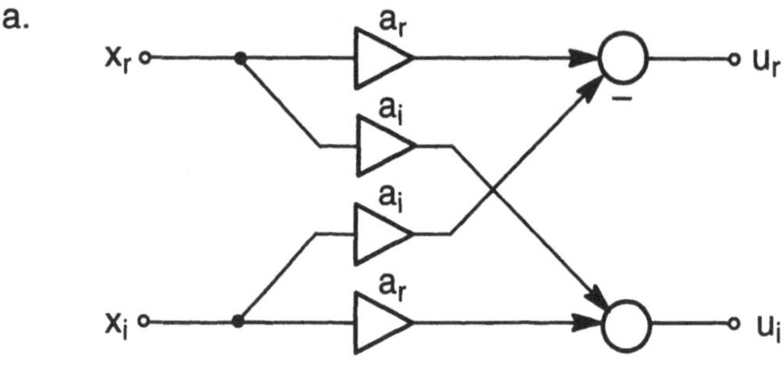

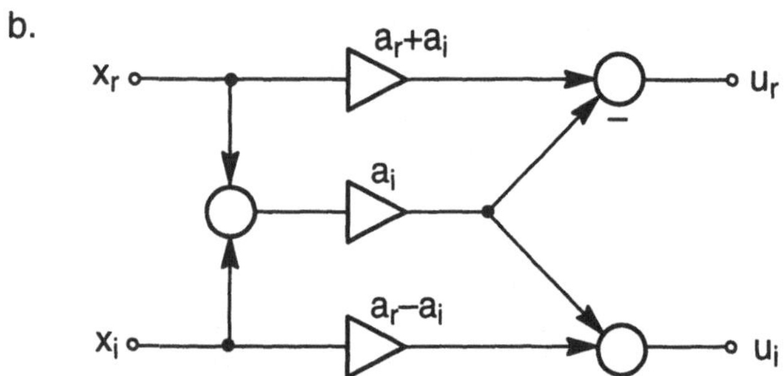

Bild 7.2.3: Strukturen zur Realisierung der komplexen Multiplikation $u = xa$
a. Direkte Realisierung mit 4 reellen Multiplizierern
b. Modifizierte Struktur mit 3 reellen Multiplizierern [100]

Die DFT reeller Signalfolgen $x(m)$ führt auf eine Vereinfachung mit insgesamt 2 Multiplizierern und 2 Addierern. Anhand der Beziehung (7.2.2) folgt für reelle $x(m)$, daß $y(0)$ und $y(N/2)$ reell sind. Mit

$$w^i = (w^{N-i})^* \qquad 1 \le i < N \tag{7.2.5}$$

kann ferner abgeleitet werden, daß

$$y(i) = y^*(N - i) \tag{7.2.6}$$

wobei y^* konjugiert komplex zu y ist. Anstatt $2N$ unabhängiger Komponenten (Real– und Imaginärteil) treten in diesem Fall somit nur N unabhängige Komponenten auf.

Die komplexe Multiplikation hat inherent spezielle Abhängigkeiten, die zur Reduktion des Aufwandes verwendet werden können. Es bestehen mehrere Möglichkeiten, die komplexe Multiplikation anstatt mit 4 nur mit 3 Multiplikationen durchzuführen [99], [100]. Die Beziehung (7.2.4) kann beispielsweise alternativ durch den nachfolgenden Ausdruck ersetzt werden.

$$u = [x_r(a_r + a_i) - (x_r + x_i)a_i] +$$
$$j[x_i(a_r - a_i) + (x_r + x_i)a_i] \tag{7.2.7}$$

Bild 7.2.3b zeigt die zugehörige Hardwarestruktur. Dies bedeutet, daß letztlich ein PE einer DFT mit 3 Multiplikationen und 5 Additionen realisiert werden kann. Der zeitkritische Pfad besteht aus 1 Multiplizierer und 3 Addierern. Die Verzögerungszeit dieser Stufen bestimmt die Durchsatzrate. Wie bereits in den Kapiteln 4 und 5 gezeigt, kann die Durchsatzrate durch Pipelining weiter erhöht werden.

7.3 Schnelle Fourier–Transformation

Die schnelle Fourier–Transformation führt auf eine Verringerung der Rechenoperationen durch eine hierarchische Aufteilung in Transformationen kürzerer Folgen. Abgeleitet aus dem Englischen wird für die schnelle Fourier–Transformation die Abkürzung FFT (Fast Fourier Transform) verwendet. Es bestehen zwei Basisalgorithmen für die FFT. Der eine wird "decimation in frequency" (DIF), der andere wird "decimation in time" (DIT) genannt [1], [2]. Es wird hier der DIF–Algorithmus beispielhaft erläutert.

Das Grundprinzip ist die fortlaufende Aufteilung in Folgen kürzerer Länge durch Division der Länge durch die Primfaktoren von N. Meistens ist N eine Zweierpotenz, so daß eine Folge der Länge N mehrfach halbiert wird. Wird die Summe nach (7.1.5) in zwei Summen halber Länge aufgeteilt, so kann bei der zweiten Summe nach den Regeln der Potenzrechnung ein gemeinsamer Faktor vorgezogen werden.

$$y(k) = \sum_{m=0}^{N/2-1} w^{mk} x(m) + w^{(N/2)k} \sum_{m=0}^{N/2-1} w^{mk} x(m + N/2) \tag{7.3.1}$$

Da $w^{N/2}$ einer Drehung von 180° entspricht, kann der Faktor der zweiten Summe weiter vereinfacht werden.

$$w^{(N/2)k} = (-1)^k \tag{7.3.2}$$

Unter Berücksichtigung dieses speziellen Faktors können beide Summen wieder zusammengefaßt werden.

$$y(k) = \sum_{m=0}^{N/2-1} w^{mk} [x(m) + (-1)^k x(m + N/2)] \tag{7.3.3}$$

Eine Aufteilung von k in gerade und ungerade Werte führt auf folgende beide Ausdrücke:

$$y(2r) = \sum_{m=0}^{N/2-1} [x(m) + x(m + N/2)]\, w^{m2r}$$

$$y(2r + 1) = \sum_{m=0}^{N/2-1} [x(m) - x(m + N/2)]\, w^{m} \cdot w^{m2r} \qquad (7.3.4)$$

$$r = 0, 1, \ldots N/2 - 1$$

Mit den Abkürzungen

$$x'_0(m) = x(m) + x(m + N/2)$$
$$x'_1(m) = [x(m) - x(m + N/2)]\, w^{m} \qquad (7.3.5)$$

folgt für (7.3.4)

$$y(2r) \quad = \sum_{m=0}^{N/2-1} x'_0(m) w^{m2r}$$

$$y(2r + 1) = \sum_{m=0}^{N/2-1} x'_1(m) w^{m2r} \qquad (7.3.6)$$

Durch Vergleich mit der ursprünglichen Definition der DFT nach (7.1.5) stellt man fest, daß eine DFT einer Länge von N in zwei DFTs der Länge $N/2$ überführt werden kann. Hierzu ist es erforderlich, einerseits die Summe der Abtastwerte im Abstand $N/2$ zu bilden und andererseits die Differenz der Abtastwerte im Abstand $N/2$ zu bilden und mit w^{m} zu multiplizieren.

Ist N eine Zweierpotenz, so können die DFTs halber Länge weiter halbiert werden. Dies kann so lange durchgeführt werden, bis keine Halbierung mehr möglich ist. In Bild 7.3.1 ist ein Signalflußgraph gezeigt, der für $N = 8$ die erforderlichen Operationen zeigt. Die fortlaufende Halbierung nach jeder Stufe ist dadurch zu erkennen, daß fortgesetzte Operationen unabhängig von jeder Teilmenge durchgeführt werden.

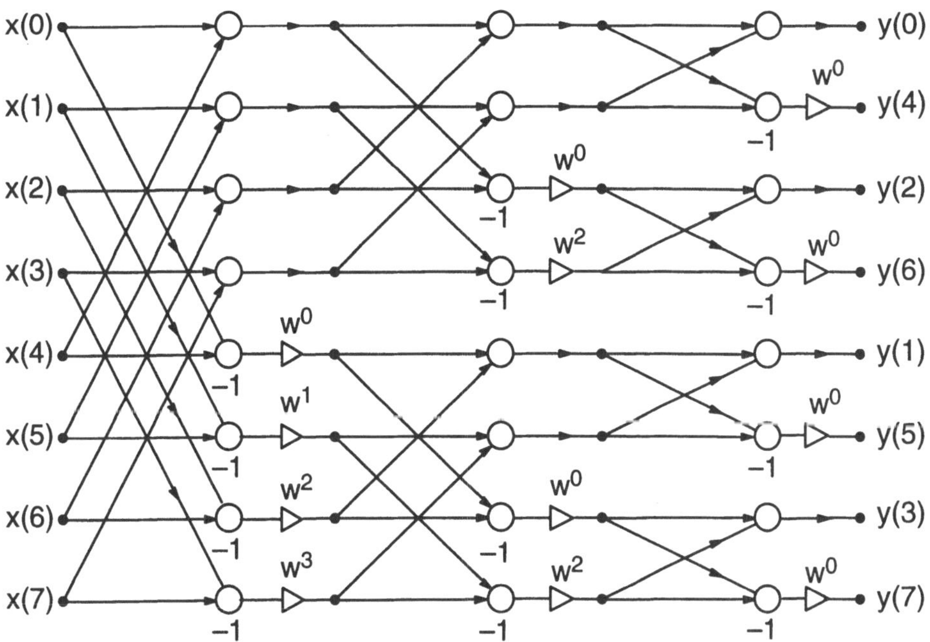

Bild 7.3.1: SFG der DFT für eine DIF–Dekomposition

Jede Stufe des Signalflußgraphen erfordert $N/2$ komplexe Additionen, Subtraktionen und Multiplikationen. Da insgesamt nur $\log_2 N$ Stufen benötigt werden, ist der Gesamtaufwand deutlich reduziert. Eine Gegenüberstellung der komplexen Rechenoperationen ist in Tabelle 7.3.1 gezeigt. In dieser Tabelle sind Additionen und Subtraktionen zu Additionen zusammengefaßt. Außerdem wird berücksichtigt, daß für Faktoren wie w^0 und w^4 keine Multiplikation erforderlich ist.

Tabelle 7.3.1: Anzahl der komplexen Operationen von DFT und FFT

DFT		FFT	
MUL	ADD	MUL	ADD
$(N-2)^2$	N^2	$N/2\log_2 N-(N-1)$	$N\log_2 N$

Die FFT hat eine sich wiederholende Grundstruktur, die aufgrund der speziellen Anordnung als Butterfly bezeichnet wird. Ein Butterfly–PE ist in Bild 7.3.2 gezeigt. Zugeführt werden zwei komplexe Daten und ein Exponentialterm, der sich in Komponentenform aus cos– und sin–Termen zusammensetzt. Als Ergebnis werden zwei komplexe Daten weitergegeben. Wie bereits im vorherigen Abschnitt ausgeführt, müssen die komplexen Operationen durch mehrere reellwertige Operationen realisiert werden. Unter Berücksichtigung der Struktur nach Bild 7.3.2 erfordert ein Butterfly–PE insgesamt 3 reelle Multiplikationen und 7 reelle Additionen. Da der Aufwand für Multiplizierer deutlich größer ist als der Aufwand für Addierer wird bei gleicher Durchsatzrate durch eine FFT der Realisierungsaufwand näherungsweise um

$$\alpha \approx \frac{2N}{\log_2 N} \tag{7.3.7}$$

reduziert.

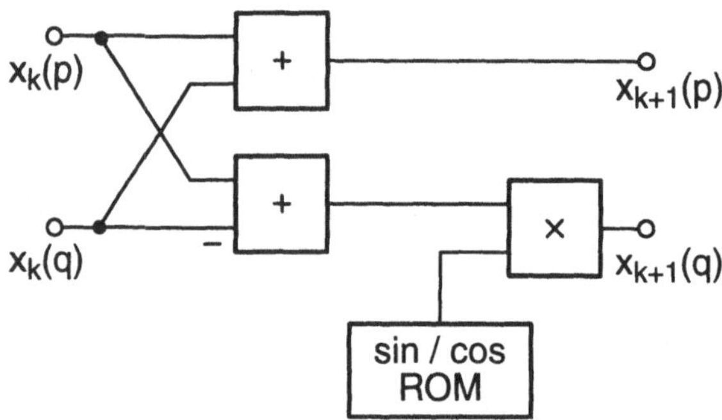

Bild 7.3.2: Butterfly–PE

Ein spezielles Problem der FFT ist der nicht so reguläre Datentransport. Bild 7.3.3 zeigt die Vernetzung der Butterfly–PEs für $N = 8$. Werden die Butterfly–PEs so angeordnet, daß in jeder Stufe zunächst die PEs mit niedriger Potenz in w kommen, so erhält man eine Anordnung mit gleichem Kommunikationsnetz zwischen jeder Stufe. Dieses Kommunikationsnetz wird im Englischen mit Perfect Shuffle (perfektes Mischen) bezeichnet, denn es werden jeweils die Paare

$$0, N/2$$
$$1, N/2+1$$
$$\bullet$$
$$\bullet$$
$$\bullet$$
$$N/2-1, N$$

gebildet und den PEs zugeführt. In Bild 7.3.4 ist die Auswirkung der Umsortierung auf die Struktur gezeigt.

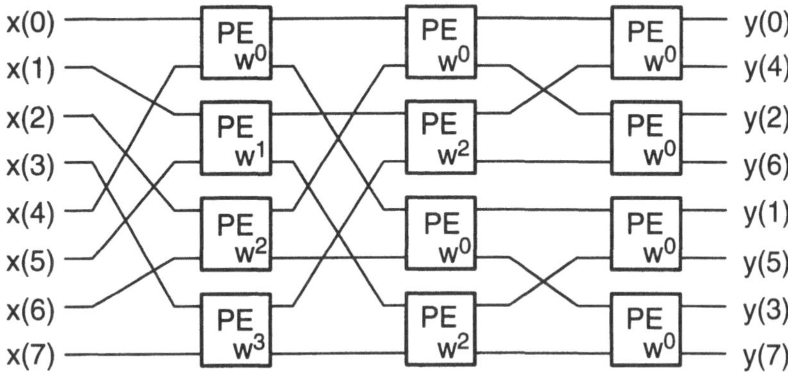

Bild 7.3.3: 2D Array von Butterfly–PEs zur Realisierung der FFT

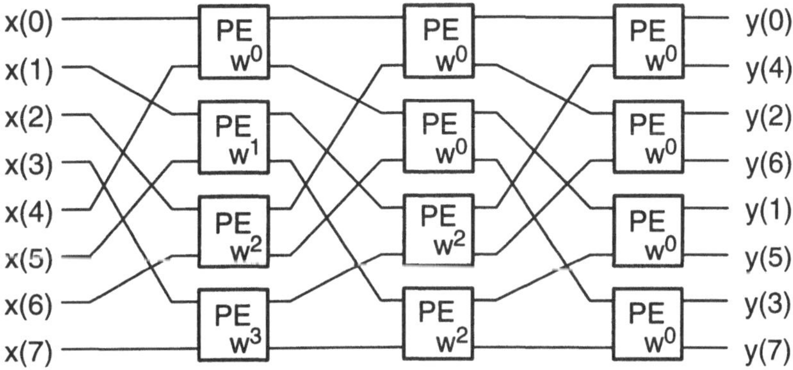

Bild 7.3.4: Modifiziertes 2D Array von Butterfly–PEs mit gleichem Kommunikationsnetzwerk zwischen den Stufen

Für Realisierungen mit nicht so hohen Anforderungen an die Durchsatzrate besteht die Möglichkeit der Projektion auf eine Anordnung mit geringerer Zahl von Butterfly–PEs. Eine horizontale Projektion führt auf $N/2$ PEs mit Erniedrigung der Durchsatzrate um den Faktor $\log_2 N$ im Vergleich zum 2D Array. Die vertikale Projektion liefert $\log_2 N$ PEs und eine Erniedrigung der Durchsatzrate um den Faktor $N/2$. Ein einziges Butterfly–PE muß sequentiell $N/2 \log_2 N$ mal die Verarbeitung durchführen. In Tabelle 7.3.2 sind die wesentlichen Daten zusammengefaßt.

Tabelle 7.3.2: Anzahl der Butterfly–PEs n_{PE} und Faktor α_R zur Erniedrigung der Durchsatzrate für verschiedene Strukturen

Struktur	n_{PE}	α_R
2D–Array	$N/2 \log_2 N$	1
1D–Array	$N/2$	$\log_2 N$
1D–Array	$\log_2 N$	$N/2$
1 PE	1	$N/2 \log_2 N$

Wie bereits vorher angedeutet führt die FFT auf komplexe Kommunikationsstrukturen. Bild 7.3.5 zeigt die Anordnung nach horizontaler Projektion. Diese Struktur kann direkt aus Bild 7.3.4 abgeleitet werden. In dieser Struktur haben die PEs keine festen Koeffizienten, sondern diese ändern sich nach jedem Zyklus. Das globale Kommunikationsnetz ist insbesondere bei großen N von Nachteil.

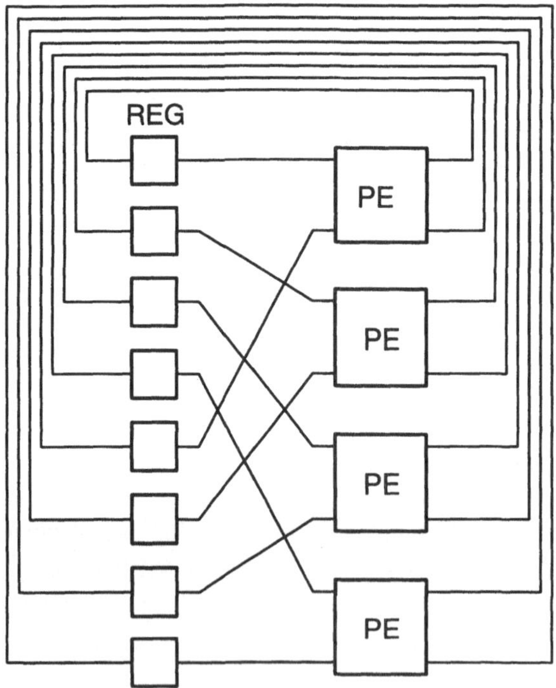

Bild 7.3.5: 1D Array von N/2 Butterfly–PEs nach horizontaler Projektion

Die Lage der PEs bei der vertikalen Projektion ist offensichtlich. Jedoch wird eine spezielle Schaltung zwischen den PEs zur Bereitstellung der korrekten Datenzufuhr benötigt. Von Stufe zu Stufe wird die Länge der Folge halbiert, auf welche die FFT angewandt wird. Die vorherige Stufe habe auf eine DFT der Länge $2n$ geführt. Entsprechend dem Perfect–Shuffle muß die Folge der Länge $2n$ halbiert werden und dem nachfolgenden PE der 1. und der $(n+1)$–te, danach der 2. und der $(n+2)$–te Wert zugeführt werden. In Bild 7.3.6 ist die erforderliche Datensortierung dargestellt. In dem Bild ist auch berücksichtigt, daß die Folge entsprechend der Lage des Mittenpunktes um n Takte verzögert werden muß.

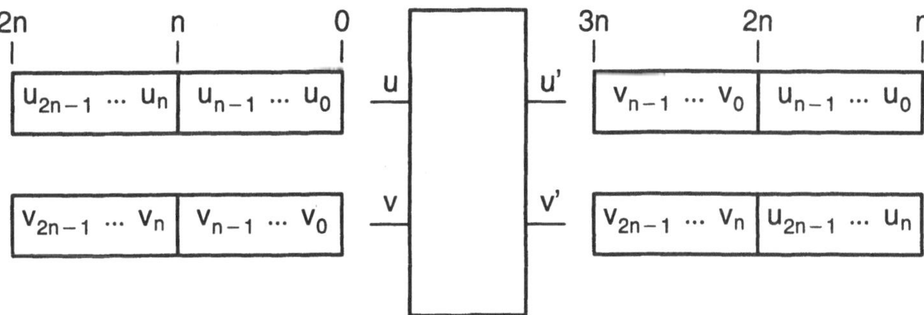

Bild 7.3.6: Spezifikation der Datenumformatierung in linearen FFT–Arrays

Aus dem Zeitablauf in Bild 7.3.6 kann direkt eine zugehörige Schaltung abgeleitet werden. Der Block $u_{n-1} \ldots u_0$ muß um n Takte verzögert werden. Sowie u_n anliegt, müssen die Werte aus dem Strom von u dem neuen unteren Strom v' zugeführt werden. Für n Takte werden die Werte von u parallel der nachfolgenden Butterfly–Stufe zugeführt. Im Anschluß daran werden parallel für n Takte die Werte von v dem nachfolgenden Butterfly–PE zugeführt. Hierzu muß der Block $v_{n-1} \ldots v_0$ um $2n$ Takte und der Block $v_{2n-1} \ldots v_n$ um n Takte verzögert werden. Die sich ergebende Hardwarestruktur zeigt Bild 7.3.7. Der Multiplexer (MUX) dient zum Umschalten zwischen den beiden Datenströmen. Nach jeweils n Takten erfolgt die Umschaltung.

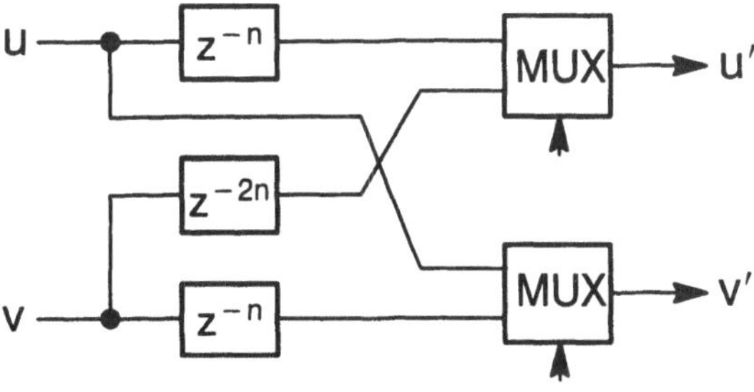

Bild 7.3.7: Zwischenspeicher zur Datenumformatierung in linearen FFT–Arrays

Durch Verschiebung von n Verzögerungselementen vom Eingang zum Ausgang bei dem oberen Multiplexer und durch Zusammenfassung zweier paralleler Verzögerungsblöcke im Eingangsstrom von v kann die Hardwarestruktur weiter vereinfacht werden (Bild 7.3.8). Diese neue Struktur wird als Delay–Kommutator bezeichnet. In dieser Anordnung schalten die Multiplexer für jeweils n Takte die beiden Datenströme alternierend parallel und kreuzweise durch.

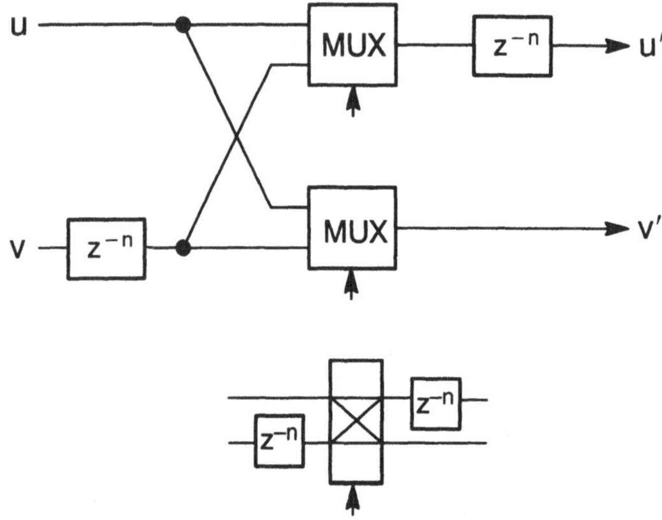

Bild 7.3.8: Delay–Kommutator: Prinzipieller Aufbau und vereinfachtes Symbol

Für die Datenzufuhr der ersten Stufe ist eine besondere Schaltung erforderlich. Ein eingehender Datenstrom von N Daten muß auf zwei Pfade mit jeweils $N/2$ Daten aufgeteilt werden. Aufgrund der Aufteilung auf zwei parallele Pfade muß auch die Taktrate halbiert werden. Die hierfür benötigte Schaltung ist ein Demultiplexer mit nachgeschaltetem FIFO–Speicher (FIFO – first in first out). In Bild 7.3.9 ist eine besondere Struktur gezeigt, die die Datenaufteilung bei synchroner Taktung und minimaler Speicherkapazität durchführt [101]. In dem Bild sind die Verzögerungen relativ zum Eingangstakt definiert. Das Bild charakterisiert den prinzipiellen Ablauf. Es gibt nicht die genaue technische Realisierung an.

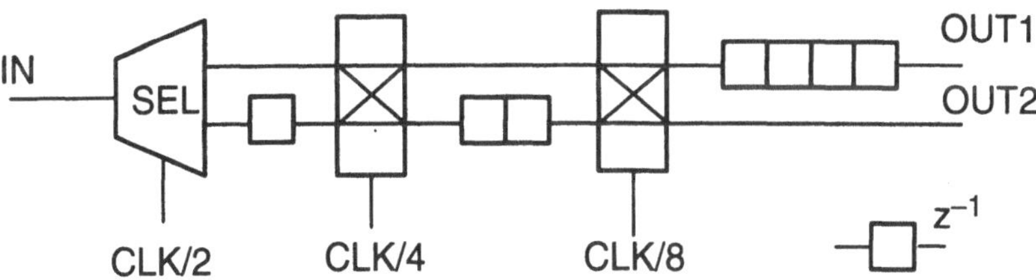

Eingangsdatenstrom

| 1 | 2 | 3 | 4 | 5 | 6 | 7 | 8 | a | b | c | d | e | f | g | h |

Ausgangsdatenströme

1	2	3	4	a	b	c	d
5	6	7	8	e	f	g	h

Bild 7.3.9: Aufspaltung eines seriellen Datenstromes in zwei Phasen mit einem synchronen FIFO. Beispiel für $N = 8$

Der gesamte FFT–Prozessor, der sich nach vertikaler Projektion ergibt, ist in Bild 7.3.10 gezeigt. Die Anordnung besteht aus $\log N$ PEs. Zwischen den PEs befinden sich die Delay–Kommutatoren. Die Steuersignale hierzu werden wegen der fortgesetzten Halbierung durch Frequenzteiler gewonnen. Dieses Beispiel zeigt deutlich, daß die Lösung der Datenzufuhr zu erheblichen Aufwendungen für Zwischenspeicher und Steuerung führt.

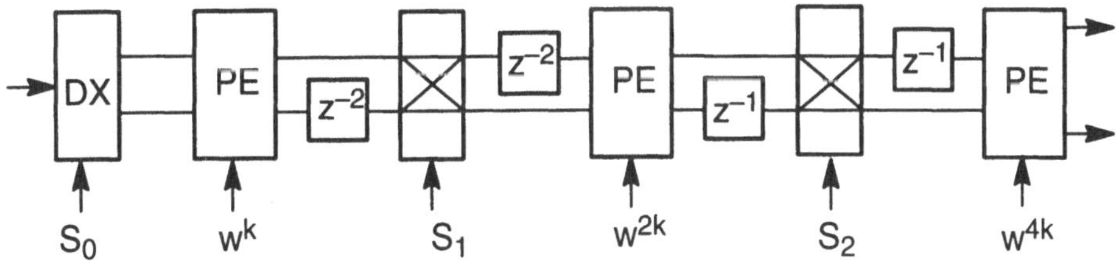

Bild 7.3.10: Lineares FFT–Array aus Butterfly–PEs und Delay–Kommutatoren

Bei Verwendung nur eines Butterfly–PEs zur Durchführung der FFT bietet sich zur Realisierung der Datenzufuhr und –abfuhr ein RAM–Speicher an. Bild 7.3.11 zeigt eine solche Anordnung. Das PE benötigt zwei Argumente. Daher ist ein Dual–Port–Memory zweckmäßig. Wie aus dem Signalflußgraphen in Bild 7.3.1 abgeleitet werden kann, ist ein Speicher mit einer Kapazität von N komplexen Daten ausreichend. Die Ergebnisse einer Butterfly–Operation können genau an den Speicherplatz zurückgeschrieben werden, dem sie entnommen wurden (In–Place–Verarbeitung). Das ROM zur Steuerung muß N unterschiedliche Koeffizienten liefern und die Ablaufsteuerung bereitstellen. Die Ablaufsteuerung dient im wesentlichen der Adressierung des Speichers während der Verarbeitungsphase. Spezielle Steuerungsergänzungen ermöglichen zum Ende einer Verarbeitung das gleichzeitige Lesen der Ergebnisse und das Einschreiben neuer Daten.

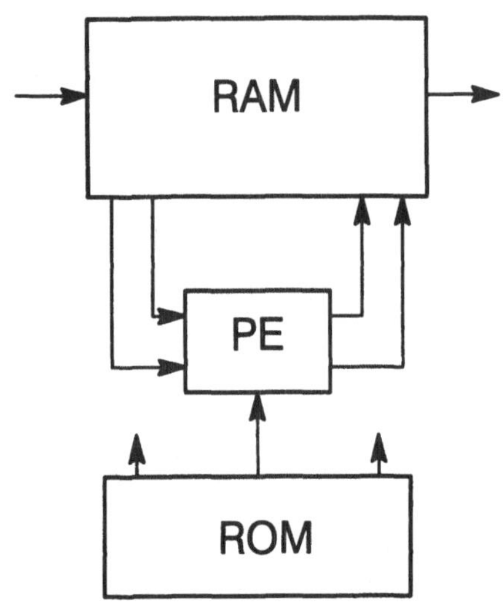

Bild 7.3.11: FFT–Realisierung auf der Basis eines Butterfly–PEs

Ein Vergleich der Hardwarestrukturen zur direkten Realisierung der DFT und zur Realisierung der FFT zeigt, daß die direkte Realisierung einfache, regelmäßige Strukturen liefert mit lokalen Verbindungen und einem geringen Steuerungsaufwand. Demgegenüber sind die FFT–Strukturen deutlich komplexer mit sehr aufwendigen Verdrahtungen oder speziellen Hardwareaufwendungen zur Bereitstellung der Datenzufuhr. Die Gesamtaufwendungen für die FFT sind jedoch trotzdem bei gleicher Durchsatzrate deutlich geringer.

7.4 Aufgaben

1. Es sollen die erzielbaren Durchsatzraten der verschiedenen Architekturen zur Realisierung der DFT abgeschätzt werden. Zur Vereinfachung der Untersuchung sei davon ausgegangen, daß das Verzögerungsverhalten von Multiplizierern und Addierern dominant ist und die Verzögerungsbeiträge anderer Komponenten wie z.B. Register und Multiplexer demgegenüber vernachlässigt werden. Die Verzögerungszeit eines n bit Addierers sei $n \cdot T_0$ und die eines $n \cdot n$–bit Multiplizierers $3n \cdot T_0$. Die Eingangswerte und die Koeffizienten seien

in Komponentenform mit jeweils m_{bit} dargestellt. Die Addierer zur Akkumulation seien so ausgelegt, daß die Zwischenergebnisse mit maximal $3\,m_{bit}$ dargestellt werden. Die erforderliche Reduktion auf $3\,m_{bit}$ erfolgt durch Abschneiden.

a.   Es ist allgemein die maßgebende Verzögerungszeit eines PEs nach Bild 7.2.2 und eines Butterfly–PE nach Bild 7.3.2 zu ermitteln.

b.   Welche Durchsatzrate wird bei Verwendung eines PEs erzielt? Es ist hierbei von den folgenden speziellen Zahlen auszugehen:
$m_{bit} = 8$, $N = 64$, $T_0 = 0,5\ ns$.

c.   Wie erhöht sich die Durchsatzrate durch Verwendung von 1D Arrays nach Bild 7.2.1, Bild 7.3.5 und Bild 7.3.10?

2.   Es ist zu untersuchen wie die Realisierung einer DFT aufgrund spezieller Randbedingungen vereinfacht werden kann.

a.   Wie sehr reduziert sich der Aufwand der direkten Realisierung nach Bild 7.2.2, wenn die Eingangsfolge reell ist?

b.   Es sei nun angenommen, daß die Eingangsfolge reell und gerade im Intervall der Länge N ist, d.h. $x(i) = x(N-i)$. Wie kann der Realisierungsaufwand der direkten Realisierung aufgrund dieser Kenntnis weiter reduziert werden?
Hinweis: Gleichung (7.2.5) ist zu berücksichtigen.

c.   Kann die spezielle Kenntnis über die in a. und b. genannten Eigenschaften auch im Falle einer FFT genutzt werden?

3.   Die erzielbare Durchsatzrate von Butterfly–PEs soll durch Pipelining erhöht werden. Es sei angenommen, daß das Butterfly–PE insgesamt 4 Pipeline–Stufen enthält.

a.   Damit in rekursiven Strukturen nach Bild 7.3.5 eine Erhöhung der Durchsatzrate möglich ist, sollen direkt nacheinander 4 Datenblöcke von N Werten eingespeist und dann gemeinsam verarbeitet werden. Der Ablauf der Verarbeitung ist für $N = 8$ zu skizzieren.

b.   Speicherstrategien für die Struktur nach Bild 7.3.11 sind zu entwickeln, wenn das PE Pipelinestufen enthält und das RAM insgesamt zwei Ports (Dual–Port–RAM) besitzt.

8 Programmierbare digitale Signalprozessoren

Speziell an eine Signalverarbeitungsaufgabe angepaßte Architekturen wurden bisher abgeleitet. Diese dedizierten Strukturen haben im allgemeinen den Vorteil eines minimalen Aufwandes für eine zu erreichende Durchsatzrate. Aufgrund der Anpassung der Architekturen an die Algorithmen erhält man bei zusammengesetzten Verfahren auch eine entsprechend zusammengesetzte Hardware. Wie in Kapitel 5 gezeigt besteht die Möglichkeit, unterschiedliche Signalverarbeitungsknoten aufeinander abzubilden. Dies ist jedoch nur zweckmäßig bei regulärem Datentransfer und ähnlichen Operationen, sonst führt dies nur zur Vervielfältigung der einzelnen Knoten.

Für Signalverarbeitungsaufgaben mit moderaten Anforderungen an die Durchsatzrate ist eine flexible Hardware gewünscht, die eine sequentielle Verarbeitung der Teilverfahren ermöglicht. Bezüglich der Flexibilität gibt es unterschiedliche Abstufungen: von einer Hardwarestruktur, die über wenige Parameterleitungen gesteuert eine begrenzte Zahl unterschiedlicher Funktionen ermöglicht, bis zu einer Anordnung, die in Hochsprachen programmiert praktisch alle Algorithmen implementieren kann.

Ein programmierbarer Prozessor hat nicht nur den Vorteil einer einheitlichen Anordnung zur Implementierung zusammengesetzter Verfahren, sondern kann auch effizient für das Prototyping eingesetzt werden, da die Aufwendungen für die Softwareentwicklung im allgemeinen geringer sind als die Entwicklung dedizierter Hardware. Trotz der technologischen Fortschritte bieten Mikroprozessoren für viele Signalverarbeitungsaufgaben keine ausreichende Leistungsfähigkeit. Es wurden daher speziell für die digitale Signalverarbeitung programmierbare Prozessoren entwickelt. Diese werden als DSP-Prozessoren (DSP = Digital Signal Processing) bezeichnet.

Im nachfolgenden Abschnitt werden die Architekturen von DSP-Prozessoren erläutert. Es wird gezeigt, durch welche Maßnahmen die Signalverarbeitungsleistung erhöht wird. Ferner werden die Architekturmerkmale einiger am Markt verfügbarer DSP-Prozessoren zusammengestellt. Anhand von Programmierbeispielen für einen Mikroprozessor und einen DSP-Prozessor werden dann die Architekturvorteile demonstriert. Als Programmierbeispiele dienen ein FIR-Filter und eine DFT. Der Ablauf zur Entwicklung von Signalverarbeitungssystemen auf der Basis von DSP-Prozessoren wird erläutert und Mittel zur Unterstützung des Entwurfs von derartigen Systemen vorgestellt.

8.1 Architekturen von DSP–Prozessoren

8.1.1 Architekturen von Standard–Rechnern

Die Basis–Architekturen von Standard–Rechnern und Mikroprozessoren haben als wesentliches Merkmal den gemeinsamen Speicher für Programm und Daten. Man spricht hier von einer Von–Neumann–Architektur [102]. Durch den gemeinsamen Speicher von Programm und Daten erhält man eine flexible Nutzung des Speichers, da Daten und Programm gegenseitig in ihrem Umfang austauschbar sind. Auch die Lage von Daten und Programm innerhalb des Speichers ist beliebig wählbar. Sie können auch miteinander verschachtelt sein. Im Prinzip ist es sogar möglich, das Programm während des Betriebes dynamisch zu ändern.

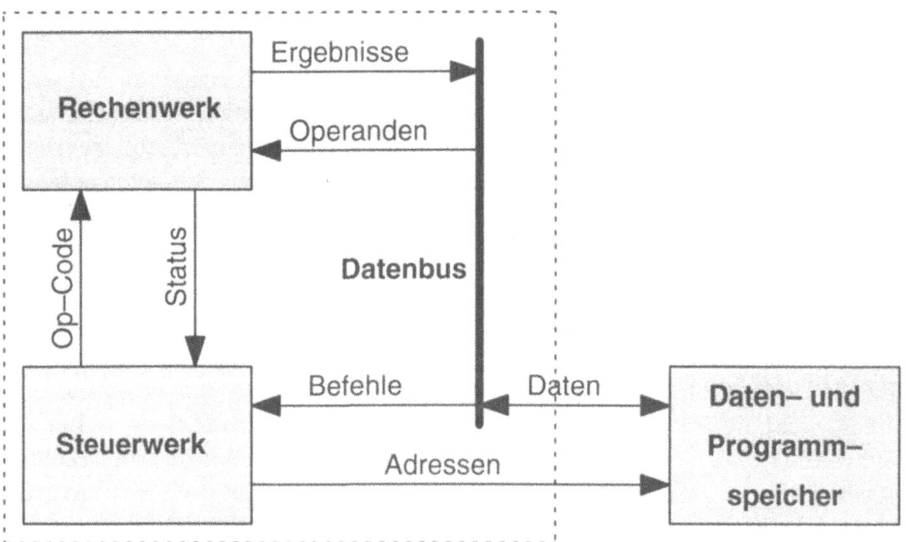

Bild 8.1.1: Architektur eines Standardrechners

Neben dem Daten– und Programmspeicher enthält der Standard–Rechner ein Rechen– und ein Steuerwerk. In Bild 8.1.1 ist die Grundstruktur eines derartigen Rechners gezeigt. Wesentliches Element des Rechenwerks ist die ALU. ALU ist die Abkürzung von "arithmetic logic unit". Eine ALU kann alle arithmetischen Basisoperationen und bitweise logische Verknüpfungen durchführen. Die Struktur einer ALU in Bitslice–Technik ist in Bild 8.1.2 gezeigt. Die Struktur entspricht weitgehend der eines Carry–Ripple–Addierers (Bild 3.2.1). Der Operations–Code (Op– Code) wird expandiert (decodiert) und die einzelnen Steuerbits (Ctrl) legen die Funktion für die einzelnen Elemente fest. Jede Bitebene hat die gleiche Funktion.

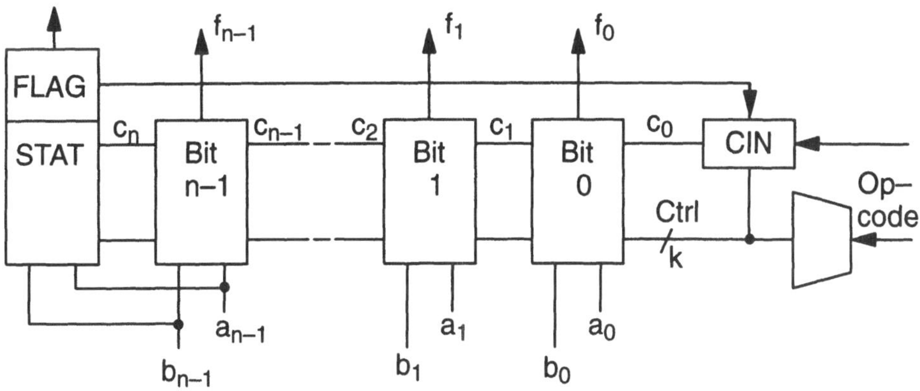

Bild 8.1.2: Arithmetisch logische Einheit (ALU)

Basiselement für die bitweise logische Verknüpfung zweier Operanden ist der programmierbare Logikfunktionsblock. Eine Realisierung in Schalterlogik zeigt Bild 8.1.3. Die zugehörige Logikfunktion lautet

$$F = g_0 \bar{a}_i \bar{b}_i \ \vee\ g_1 a_i \bar{b}_i \ \vee\ g_2 \bar{a}_i b_i \ \vee\ g_3 a_i b_i \qquad (8.1.1)$$

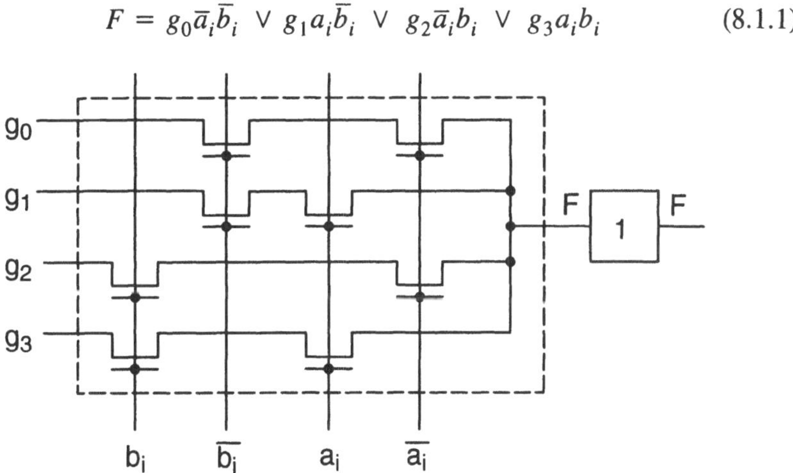

Bild 8.1.3: Programmierbarer Logikfunktionsblock

Die Funktion enthält die 4 Minterme, die zu den 2 Variablen a_i, b_i gehören. Durch das spezielle Bitmuster von

$$G = (g_0, g_1, g_2, g_3) \qquad (8.1.2)$$

werden Minterme aktiviert oder deaktiviert. Durch $G = (0, 1, 1, 0)$ erhält man die XOR–Verknüpfung. Entsprechend gilt für $G = (0, 0, 0, 1)$ die UND–Verknüpfung und für $G = (0, 1, 1, 1)$ die ODER–Verknüpfung. Durch Wahl von G können alle 16 möglichen Logikfunktionen von zwei Variablen eingestellt werden.

Für die Realisierung arithmetischer Operationen muß neben den Operandenbits a_i, b_i auch das Übertragsbit c_i berücksichtigt werden. Zusätzlich zu dem Ergebnisbit f_i muß auch das Übertragsbit c_{i+1} erzeugt werden. Im Falle der Addition ist für das Summenbit die zweimalige XOR–Verknüpfung erforderlich. Dies kann durch zwei Logikfunktionsblöcke nach Bild 8.1.3 erfolgen. Einer der Logikfunktionsblöcke erzeugt dabei das Propagate–Signal. Für das Übertragssignal c_{i+1} ist ein weiterer Funktionsblock (Kill–Signal) und eine Übertragslogik in Anlehnung an Bild 3.2.7 erforderlich [16]. Letztlich besteht also eine Bitslice aus 3 Logikfunktionsblöcken und einer Übertragslogik [16].

Da jeder Logikfunktionsblock durch entsprechende Programmierung verschiedene Funktionen realisiert, ist einsichtig, daß zusammen mit einer ergänzenden Logik CIN, mit der c_0 gesetzt wird, auch die Subtraktion möglich ist. Ferner kann A bzw. B auf 0 oder -1 gesetzt werden und deshalb auch die Erhöhung um 1 (Inkrement) oder Erniedrigung um 1 (Dekrement) realisiert werden. Wird derartig programmiert, daß ein Operatorbit Übertragsbit wird und die Übertragsbits als Ergebnisbits abgebildet werden, so führt die ALU eine Verschiebung um eine Position nach links durch (Shift left). Die ALU enthält noch eine ergänzende Logik zur Gewinnung von Status–Bits durch Auswertung der obersten Bitebene. Statusinformationen wie positiv, negativ, Überlauf usw. können so abgeleitet werden. Die ALU ist somit in der Lage auch Vergleichsoperationen durchzuführen.

Die Multiplikation und die Division können auf Additionen bzw. Subtraktionen zurückgeführt werden. Bei der Multiplikation wird durch Einbeziehung eines Multiplikator–Bits die Addition so gesteuert, daß entweder der Multiplikand oder Null addiert wird. Bei der Division steuert das höchste Übertragsbit, ob der Divisor nachfolgend subtrahiert oder addiert wird (nonrestoring Division). Diese beiden Operationen benötigen insgesamt n Zyklen bei einem n bit langen Wort. Für derartige Operationen werden ergänzende Register zur Zwischenspeicherung sowie ein kleines Steuerwerk (Mikroprogramm–Steuerwerk) zur Ablaufsteuerung benötigt. Auch beliebige Schiebeoperationen bzw. Rotationen können nicht in einem Zyklus durchgeführt werden und müssen über das Mikroprogramm–Steuerwerk gesteuert werden. Es ist also festzuhalten, daß eine ALU etliche Befehle in einem Zyklus absolviert, daß jedoch einige Befehle existieren, die mehrere Zyklen benötigen. In Tabelle 8.1.1 sind einige wichtige Basisoperationen einer ALU aufgelistet.

Tabelle 8.1.1: Auswahl von ALU–Operationen

Operation	Beschreibung
Arithmetische Operationen	
$A + B$	Addition
$A + B + C_{in}$	Addition mit Carry
$A - B$	Subtraktion
$A - B - C_{in}$	Subtraktion mit Carry
$-A$	Zweierkomplement
$A + 1$	Inkrement
$A - 1$	Dekrement
$2 \cdot A$	Shift nach links
$\begin{cases} A + B & \text{Cond} = 1 \\ A & \text{Cond} = 0 \end{cases}$	Multiplikationselement
$\begin{cases} A - B & \text{Cond} = 1 \\ A + B & \text{Cond} = 0 \end{cases}$	Divisionselement
Bitweise logische Operationen	
$A \wedge B$	Logisches UND
$A \vee B$	Logisches ODER
$A \oplus B$	XOR (Antivalenz)
$A \odot B$	XNOR (Äquivalenz)
$\neg\, A$	Nicht (Einerkomplement)
A	Transport von Operand A
0	Null (Clear)
1	Eins (Preset)

Zur Erläuterung des Programmablaufs eines Standard–Rechners in einer Struktur nach Bild 8.1.1 sei zunächst von einer einfachen Rechnervariante ausgegangen. Es ist angenommen, daß alle benötigten Sprungadressen und Operandenadressen im Anschluß an den eigentlichen Befehl aufgelistet seien. Dies bedeutet, daß eine Addition 4 Speicherplätze belegt, nämlich den Befehl, zwei Operandenadressen und eine Ergebnisadresse. Für einen Programmausschnitt für die Addition gilt somit:

```
PC →        ADD
            # A
            # B
            # C
```

Der zugehörige Programmablauf könnte wie folgt mit einem Pseudo–Programm beschrieben werden.

```
LOAD        (PC) +,      IR
DECODE
LOAD        (PC) +,      RADR
LOAD        (RADR),      RA
LOAD        (PC) +,      RADR
LOAD        (RADR),      RB
EXECUTE
LOAD        (PC) +,      RADR
STORE       RC,          (RADR)
```

Es bedeuten dabei:

LOAD	Lesen einer Speicherzelle und Speichern in einem Register des Steuer– bzw. Rechenwerks
DECODE	Decodierung der Instruktion im Register IR
EXECUTE	Ausführung der Operation
STORE	Speicherung eines Registerinhalts in einer Speicherzelle
PC	Programmzähler
( )	Inhalt des Registers wird als Adresse verwendet
(PC) +	Im Anschluß an die Teiloperation wird der Programmzähler inkrementiert

Weiterhin ist RADR ein Register, das auf dem Adreßbus arbeitet und RA, RB, RC sollen Register des Rechenwerks sein. Die einzelnen Phasen des Programmablaufs zeigen, daß für eine Operation mit zwei Operanden insgesamt 7 Lese– und Schreibbefehle erforderlich sind. Es sind dies das Lesen der Instruktion, der Adressen der Operanden, der Operanden, der Adresse für das Ergebnis und das Speichern des Ergebnisses. Das diskutierte Beispiel zeigt, daß für die Durchführung einer arithmetischen Operation ein großer Overhead an Lese– und Schreiboperationen erforderlich ist. Schon in den ersten Rechnerrealisierungen wurden daher Maßnahmen zur Verringerung der Lese– und Schreiboperationen eingeführt. Den Rechenwerken wurden lokale Register zugeordnet. Im Rahmen einer Verarbeitung ist es dann vielfach möglich, die Adressen der Operanden und des Ergebnisses in lokalen Registern als Zeiger zu speichern. Hierdurch werden die 9 Zyklen des Beispiels auf 6 reduziert, da 3 Leseoperationen von Adressen entfallen. Durch Vergrößerung der Instruktionswortbreite kann erreicht werden, die Instruktionen mit Adreßinformationen der Operanden zu versehen. Befinden sich sogar die Operanden in lokalen Registern und wird auch das Ergebnis lokal gespeichert, so kann bei entsprechender Gestaltung des Rechenwerks die Anzahl der Zyklen bis auf 3 (Load, Decode, Execute) reduziert werden. Es ist hierbei angenommen, daß über Multiplexer gesteuert die Registerinhalte direkt dem Rechenwerk zugeführt bzw. das Ergebnis direkt in einem wahlfreien Register abgespeichert wird.

Als weitere Maßnahme zur Verbesserung der Rechenleistung dient das Instruktions–Pipelining [103]. Während der Decodierung einer Instruktion wird bereits vorausschauend die nächste Instruktion gelesen. Während der Ausführung der Operation wird die nachfolgende Instruktion decodiert. In Bild 8.1.4 ist ein überlappender Ablauf des Instruktions–Pipelining gezeigt. Es ist hier vorausgesetzt, daß die Ausführung der Operation nur einen Zyklus benötigt. Das Instruktions–Pipelining eignet sich besonders für Rechner mit einfachen Instruktionen, die 1 Zyklus zur Ausführung benötigen. Diese Rechner werden als RISC–Computer (RISC = reduced instruction set computer) bezeichnet. Rechner mit komplexen Instruktionen, die über ein Mikroprogrammsteuerwerk gesteuert eine unterschiedliche Anzahl von Zyklen benötigen, werden demgegenüber als CISC–Computer (CISC = complex instruction set computer) bezeichnet.

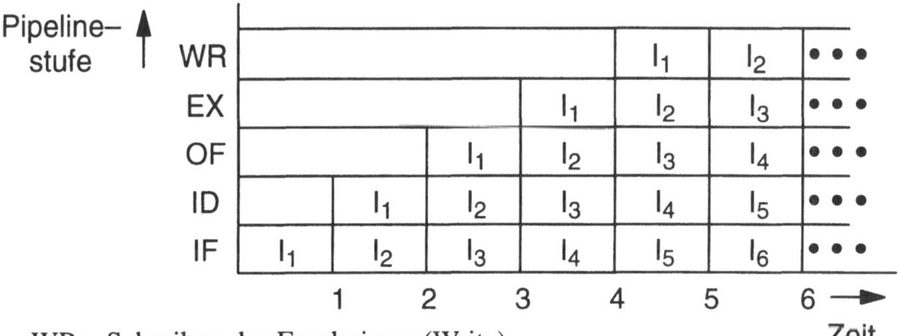

WR: Schreiben des Ergebnisses (Write)
EX: Ausführen der Instruktion (Execute)
OF: Lesen der Operanden (Operanden Fetch)
ID: Decodieren der Instruktion (Instruction Decode)
IF: Lesen der Instruktion (Instruction Fetch)

Bild 8.1.4: Ablaufdiagramm zum Instruktionspipelining

Die Speicherzyklen für einen kleinen RAM–Speicher innerhalb eines Chips sind deutlich kürzer als außerhalb über eine Busleitung. Es werden daher auf den Prozessor–Chips zusätzlich lokale Speicher untergebracht. Diese lokalen Speicher können wahlfrei adressierbare Registerfelder oder RAM–Speicher sein. In diesen lokalen Speichern können Ausschnitte des Programms oder Datenfelder gespeichert werden. Durch eine entsprechende Programmierung können die lokalen Speicher effizient genutzt und die Anzahl der Speicherzugriffe zum externen Speicher deutlich verringert werden.

8.1.2 Maßnahmen zur Steigerung der Signalverarbeitungsleistung

In dem vorherigen Abschnitt wurde gezeigt, daß zur Durchführung von Operationen sehr viele Schreib– und Leseoperationen des externen Speichers erforderlich sind. Insbesondere können Instruktionen und Daten nur sequentiell gelesen werden. Für die Signalverarbeitung wurde deshalb eine Architektur mit separaten Speichern für Programm und Daten vorgeschlagen. Diese Architektur ist in Bild 8.1.5 gezeigt. Sie wird als Harvard–Architektur bezeichnet [104].

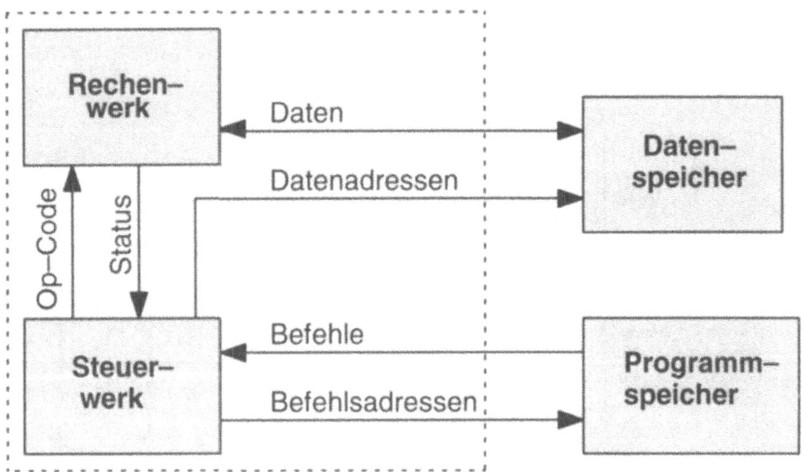

Bild 8.1.5: Harvard–Architektur

Damit eine Harvard–Architektur tatsächlich einen parallelen Instruktions– und Datenstrom bereitstellt, muß die Steuerung entsprechend gestaltet werden. Anhand Bild 8.1.6 soll ein derartiger Ablauf erläutert werden. Eine Instruktion wird aus dem Instruktionsspeicher gelesen und in das Instruktionsregister geschrieben. Die Instruktion wird decodiert und über Steuerleitungen wird der Datenpfad zur Durchführung des entsprechenden Befehls gesteuert. Wie vielfach üblich wird das Rechenwerk alternativ als Datenpfad bezeichnet. Der Datenpfad enthält alle Elemente zur Durchführung der Operationen und Registerspeicher. Während der Ausführung des Befehls in dem Datenpfad kann, gesteuert von einem Adreßrechner in Vorbereitung zu dem nächsten Zyklus, das nächste Datum gelesen werden. Ein derartig vorbereitendes Lesen eines Datums ist nur in speziellen Programmabschnitten möglich.

Hierzu muß vor Ablauf eines Zyklus über den Instruktionsdecoder der Adreßrechner programmiert werden. Der Instruktionssequenzer legt die Adresse der als nächstes zu lesenden Speicheradresse für die Instruktionen fest. Im Regelfall ist dies die nächste Adresse (Inkrement). Da bedingte und unbedingte Sprünge in den Instruktionen enthalten sind, wird der Instruktionssequenzer vom Instruktionsdecoder gesteuert. Zur Berechnung relativer Sprünge und der Inkrementierung (+1) und Dekrementierung (−1) benötigt der Sequenzer eine kleine Recheneinheit. Weiterhin ist noch ein Stackregister erforderlich, in dem die Rücksprungadressen im Falle von Unterprogrammen aufgehoben werden.

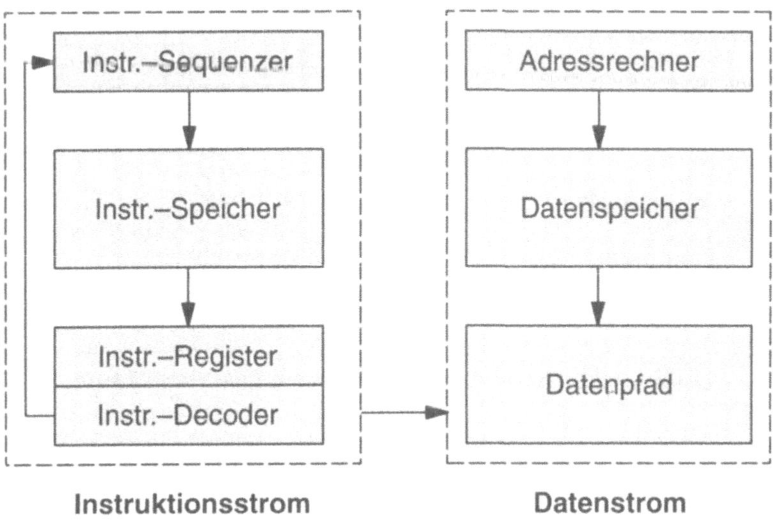

Bild 8.1.6: Paralleler Instruktions– und Datenstrom

Die meisten der durchzuführenden Operationen haben zwei Operanden. Bei Verwendung nur eines Datenspeichers wird der Instruktionsstrom unterbrochen, da beide Operanden nacheinander in die Eingangsregister des Datenpfades geschrieben werden müssen. Ferner muß der Adreßrechner zwei Datenzeiger verwalten. Für einen effizienten Datenstrom werden daher zwei Datenspeicher und zwei Adreßrechner verwendet (s. Bild 8.1.7). Dem Datenpfad können dann in einem Zyklus beide Operanden zugeführt werden.

Viele Verfahren der Signalverarbeitung enthalten im Kern faltungsähnliche Algorithmen. Es müssen hierbei fortlaufend jeweils zwei Operanden multipliziert und die Multiplikationsergebnisse akkumuliert werden. Die im vorherigen Abschnitt vorgestellte ALU benötigt für die Multiplikation zweier n–bit Wörter n Zyklen. Zur Beschleunigung der Multiplikation können Array–Multiplizierer aus dem Abschnitt 3.3 eingesetzt werden. Es bietet sich hier der Booth–Array–Multiplizierer an. Er unterstützt die Zweierkomplement–Multiplikation und hat ein günstiges Produkt aus Fläche und Verzögerungszeit.

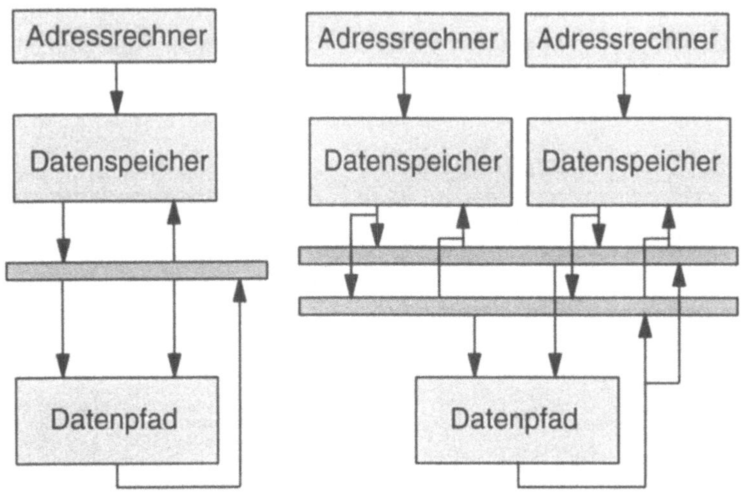

Bild 8.1.7: Datenverarbeitung mit ein und zwei Bussen

Ein weiteres Element, das bei der Verarbeitung häufig benötigt wird, ist der Shift. Eine ALU kann beliebige Shifts nur über mehrere Zyklen durchführen. Zum schnellen Ablauf des Shifts sollten besondere Hardwareanordnungen eingesetzt werden. Ein Barrel–Shifter ist eine Anordnung, mit der über Steuerleitungen einge- stellte Shifts schnell durchgeführt werden können [16], [17].

Aus den vorstehenden Betrachtungen folgt, daß der Datenpfad neben einer ALU auch einen Array–Multiplizierer und Hardware–Shifter enthalten sollte. In Bild 8.1.8 ist ein Datenpfad gezeigt, in der eine ALU um diese Einheiten ergänzt wurde. Durch entsprechende Steuerung der Multiplexer kann erreicht werden, daß die beiden Operanden X und Y direkt der ALU zugeführt werden. Wird der linke Mul- tiplexer umgeschaltet, so erscheint am Eingang der ALU das Multiplikationsergeb- nis vom Array–Multiplizierer. Die ALU kann transparent geschaltet werden, d.h. das Multiplikationsergebnis ist dann direkt am Ausgangsregister verfügbar. Über den rechten Multiplexer ist eine Rückführung des Ergebnisses der ALU möglich. Die ALU kann somit auch als Akkumulator arbeiten. Es ist zu beachten, daß das Multi- plikationsergebnis doppelt lang ist. Sollen k Produkte ohne Begrenzungseffekte ak- kumuliert werden, so benötigt die ALU $2n + \log k$ bit. Nicht alle in Bild 8.1.8 gezeig- ten Shifter müssen wahlfrei beliebige Schiebeoperationen durchführen. Für den Ausgangsshifter ist dies im allgemeinen vorgesehen. Die anderen unterstützen nur besondere Shifts wie z.B. 2, 8, 16. Zum Abspeichern der Ergebnisse in den Datenspeicher muß im Falle eines größeren Akkumulationsergebnisses die Begrenzung auf n bit und $2n$ bit unterstützt werden. Bei $2n$ bit sind hierzu zwei Schreibzyklen erforderlich.

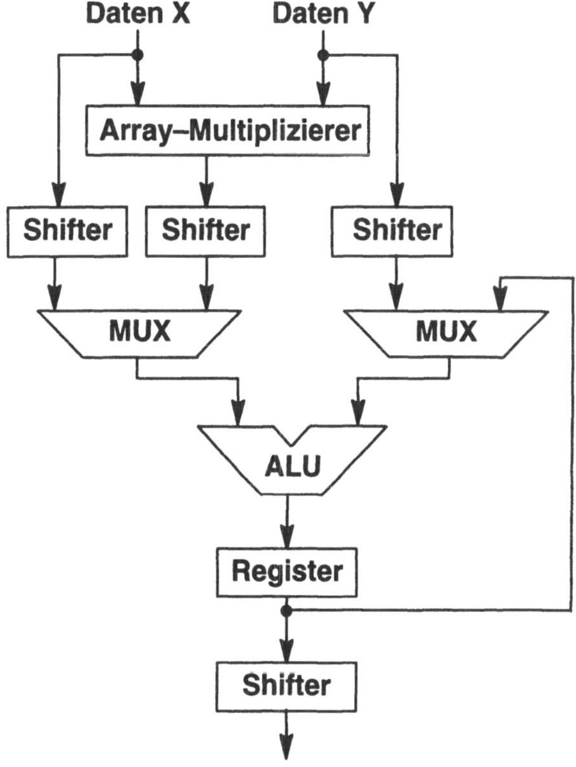

Bild 8.1.8: Datenpfad auf der Basis einer Kombination von MUL und ALU

Bild 8.1.9 zeigt eine Alternative zur Realisierung des Datenpfads. Der Array–Multiplizierer ist zusammen mit dem Akkumulator separat realisiert. Man bezeichnet dies, abgeleitet aus Multiplikation und Akkumulation, auch als MAC–Einheit. Die ALU braucht hier nur die Wortbreite der Daten X und Y zu unterstützen.

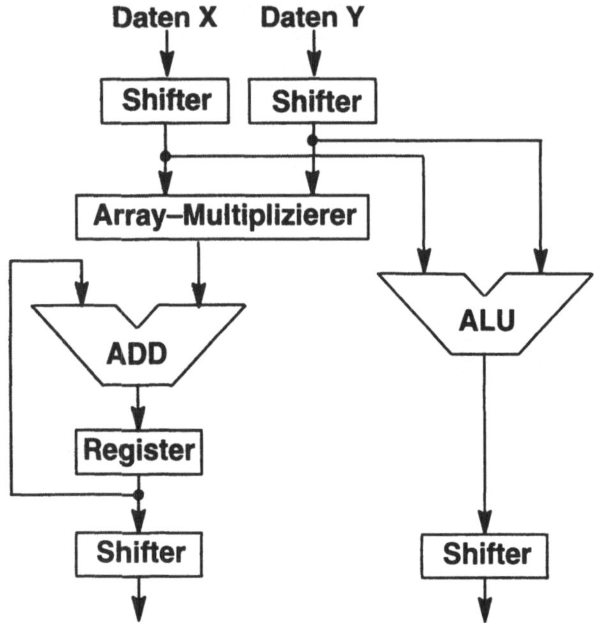

Bild 8.1.9: Datenpfad mit MAC–Einheit und separater ALU

Der Adreßrechner für die Daten muß einerseits die direkte Adressierung unterstützen, d.h. die Adresse wird von der Instruktion bereitgestellt. Die beiden anderen wichtigen Modi sind die Erhöhung um 1 (Inkrement) und Erniedrigung um 1 (Dekrement). Weiterhin wird eine Modulo–Arithmetik im Falle periodischer Wiederholungen benötigt. Für die schnelle Fourier–Transformation ist noch ein Bit–Reverse–Arithmetik wichtig. Hierbei werden die Bitebenen gegenseitig vertauscht. Einen Adreßrechner, der die angesprochenen Adreßmodi unterstützt, zeigt Bild 8.1.10.

Sofern eine Faltung durchgeführt wird, muß der Prozessor entsprechend der Länge der zu faltenden Daten die gleiche Operation durchführen. Nur die Adreßrechner sind aktiv und verändern die Datenzeiger. Zur Unterstützung einer solchen Operation ist im Steuerwerk ein Schleifenzähler erforderlich. Hierzu ist nur ein Zähler zu implementieren, dessen Zählerstand am Anfang gesetzt wird und der mit jedem Zyklus dekrementiert wird.

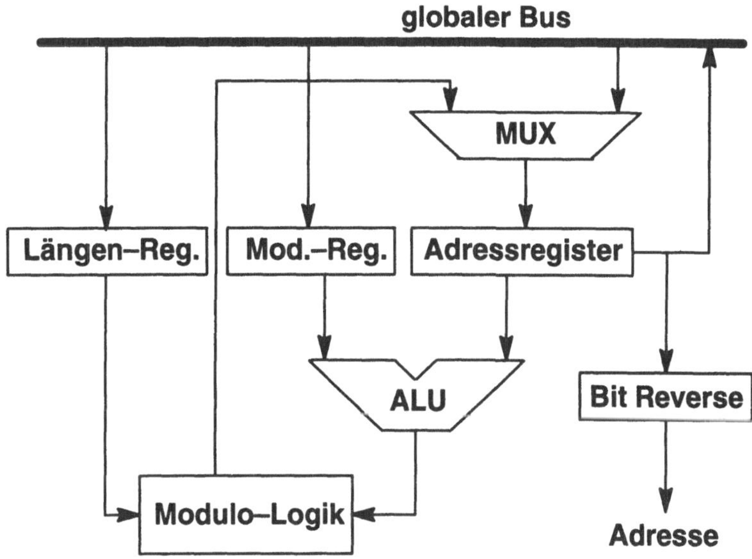

Bild 8.1.10: Adreßrechner für einen Signalprozessor

Die besonderen Maßnahmen zur Erhöhung der Rechenleistung seien kurz zusammengestellt. Es ist eine Harvard–Architektur mit separatem Daten– und Programmspeicher zu verwenden. Die Operationen des Datenpfades sind überlappend mit Lese– und Schreibabläufen des Speichers durchzuführen. Durch Verdopplung der Datenspeicher und Erweiterung der zugehörigen Bussysteme wird insbesondere die Zwei–Operandenoperation unterstützt. Zur Beschleunigung der Operationen in dem Datenpfad sollte eine dedizierte Implementierung von Multiplizierern und Shiftern eingesetzt werden. Weiterhin ist eine besondere Realisierung der Datenadreßrechner und eines Hardware–Schleifenzählers vorzusehen. Zur Beschleunigung des Speicherzugriffs sollten auf dem Chip lokale Speicher für Daten und Programm vorhanden sein. Ein hierarchisches Speichersystem mit kleinen Speichern auf dem Chip und externen großen Speichern verbessert wegen der unterschiedlichen Zugriffsraten die effektive Speicherbandbreite.

8.1.3 Charakteristiken verfügbarer DSP–Prozessoren

Dieser Abschnitt beschränkt sich auf Einprozessorsysteme. Diese werden nach
Flynn [105] in ihrer allgemeinen Struktur mit SISD (single instruction stream – single data stream) bezeichnet. Bild 8.1.11 zeigt das Prinzipbild eines SISD–Prozessors
in Harvard–Architektur. Der fortlaufende Fluß der Instruktionen aus dem Instruktionsspeicher IM bildet den Instruktionsstrom IS. Der Datenaustausch zwischen dem
Datenspeicher DM und dem Datenpfad DP bildet den Datenstrom DS. Der Datenpfad wird vielfach auch alternativ als Datenprozessor oder Prozessoreinheit (processing unit) bezeichnet. Das Steuerwerk (control unit) ist hier verallgemeinernd mit Instruktionsprozessor IP bezeichnet. Dies soll wiedergeben, daß komplexe
Adreßberechnungen im Steuerwerk erfolgen. Eine häufig benutzte alternative Bezeichnung ist Instruktionssequenzer. Am Markt verfügbare DSP–Prozessoren sind
Modifikationen der Grundstruktur nach Bild 8.1.11.

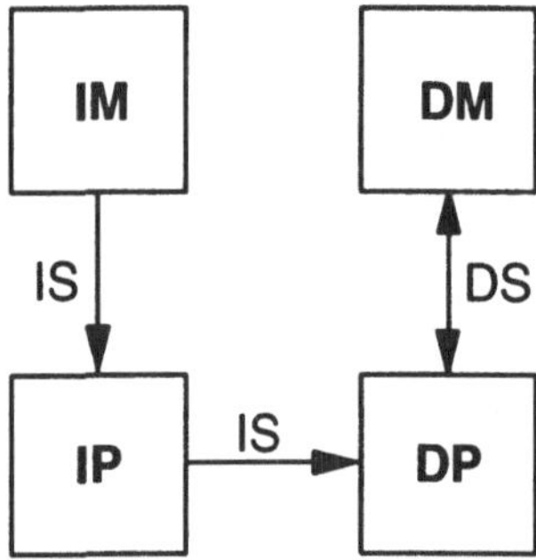

Bild 8.1.11: SISD–Prozessor in Harvard–Architektur

Einer der ersten DSP–Chips am Markt war der 1979 erschienene TMS 320C10
von der Fa. Texas Instruments [106]. Dieser Prozessor entsprach noch weitgehend
der Grundstruktur. Er enthält auf dem Chip einen Programmspeicher von 1.5 k Wörtern und einen Datenspeicher von 144 Wörtern. Der Datenpfad besteht aus einem
16 · 16 bit Multiplizierer, einer 32 bit ALU, einem 32 bit Akkumulator und einem
16 bit Barrel–Shifter. Die Struktur des Datenpfades entspricht der nach Bild 8.1.8.

Dieser erste DSP–Prozessor wurde im Laufe der Jahre weiterentwickelt. In
Bild 8.1.12 ist die Struktur des TMS 320C25 gezeigt [107]. Die integrierten Speicher
sind mehr als doppelt so groß und die Zykluszeit wurde mehr als halbiert. Der
Instruktionsspeicher kann auch als Datenspeicher, beispielsweise für Filterkoeffizienten, mit verwendet werden. Zur Vermeidung von Konflikten zwischen Daten–
und Instruktionszugriff wurde der Instruktionsprozessor mit einem Mini–Cache für
eine Instruktion versehen. Neue Varianten aus der TMS 320–Familie haben deutlich
vergrößerte integrierte Speicher, einen erheblich vergrößerten Adreßbereich für ex-

terne Speicher und eine weiter reduzierte Zykluszeit. Während die ersten TMS320 einen Prozessortakt von bis zu 5,5 MHz unterstützen, ermöglichen neue Versionen (C50) einen Prozessortakt von 50 MHz [107].

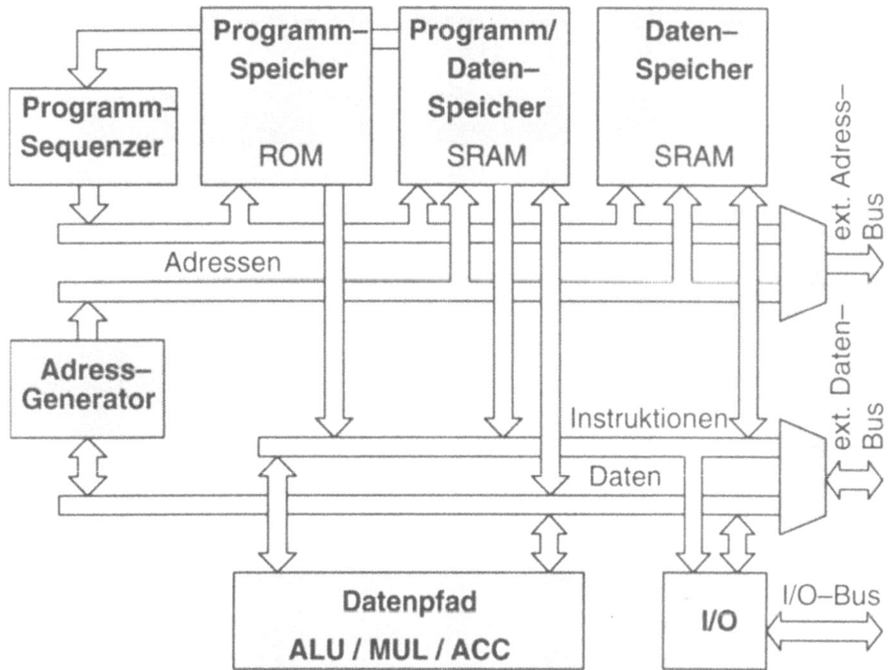

Bild 8.1.12: Blockdiagramm des TMS 320 C25

Zur Vermeidung von Zugriffskonflikten bei gemeinsamer Nutzung eines internen Speichers für Programm und Daten werden auch DSP–Prozessoren mit zwei Datenspeichern nach Bild 8.1.7 realisiert. Ein Beispiel ist der DSP 56000 von der Fa. Motorola [108]. Ein Blockdiagramm dieses Prozessors zeigt Bild 8.1.13.

Dieser Prozessor basiert abweichend zu anderen auf einer Wortbreite von 24 bit. Der Datenpfad hat eine Struktur nach Bild 8.1.9. Der Prozessor besitzt ein komplexes Adreßrechenwerk und eine Programmsteuerung mit Hardwareschleifenzähler. Aufgrund der großen Zahl interner Speicher werden intern mehrere Busse verwendet, die mit einem speziellen Umschaltnetzwerk verbunden werden können.

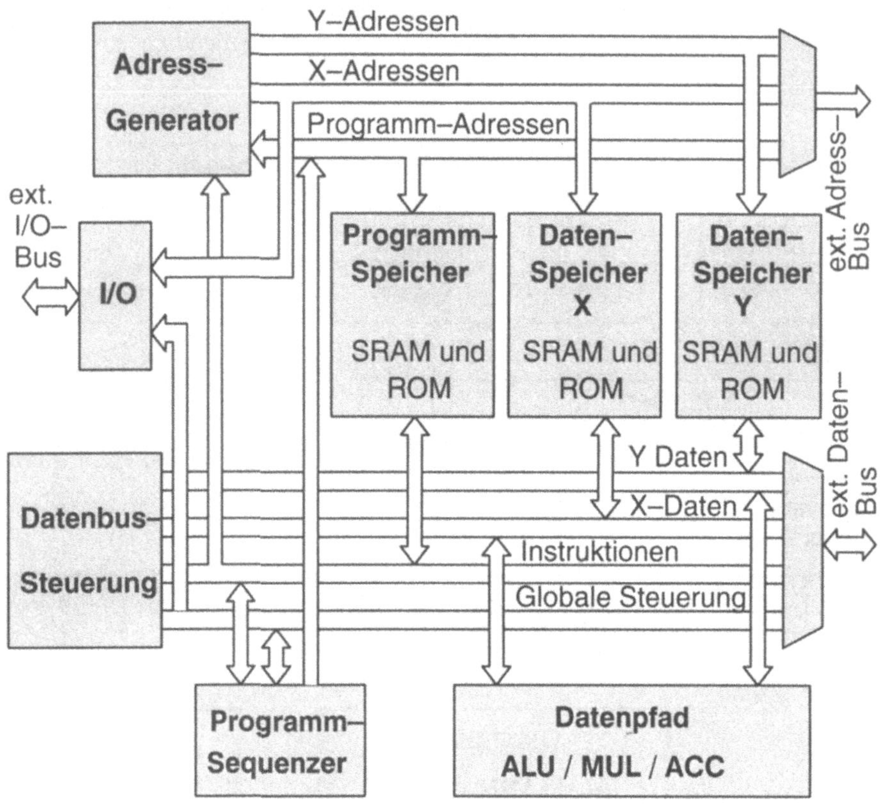

Bild 8.1.13: Blockdiagramm des DSP 56000

Als ein weiteres Beispiel sei der ADSP 2101 von der Fa. Analog Devices betrachtet (Bild 8.1.14) [110]. Der Datenpfad besteht aus drei unabhängigen Funktionseinheiten. Jede dieser Funktionseinheiten hat ein eigenes Eingangs- und Ausgangsregister. Dies vermeidet Zugriffskonflikte zwischen Quellen- und Empfangsregister. Über einen Ergebnisbus können Ergebnisse einer Funktionseinheit direkt ohne die Zwischenspeicherung in einem internen RAM–Speicher an eine Folgeeinheit weitergeleitet werden. Durch diese Maßnahme wird die Durchsatzrate für die Operationen erhöht. Der ADSP 2101 besitzt zwei Adreßrechenwerke für zwei Speicherbereiche. Zur Lösung von Zugriffskonflikten zwischen Instruktions- und Datenzugriff beim Programmspeicher ist der ADSP 2101 mit einem Cache–Speicher für 16 Instruktionen versehen.

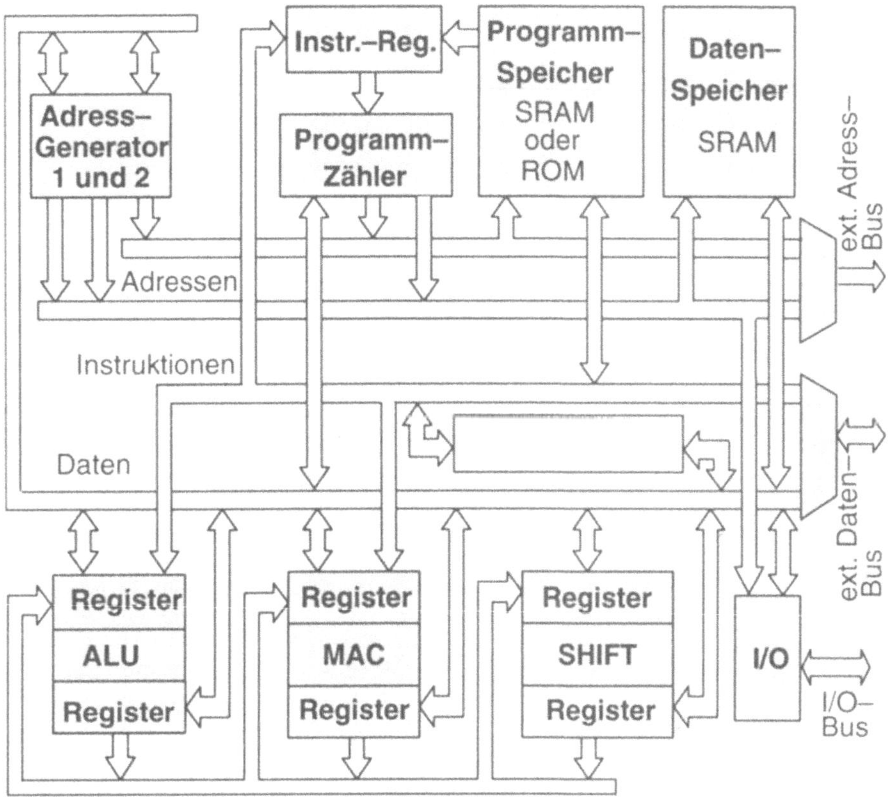

Bild 8.1.14: Blockdiagramm des ADSP 2101

Neuere DSP–Prozessoren enthalten zusätzliche Module für spezielle Funktionen [109], [110]. Ein typisches Element dieser Art ist ein integrierter Timer, der zur Takterzeugung für externe Module und periodische Interrupts verwendet werden kann. Die DSP56156 und DSP56166 enthalten zusätzlich A/D– und D/A–Umsetzer nach dem Delta–Sigma–Prinzip. Ferner existieren DSP–Chips mit speziellen Modulen zur Beschleunigung der Viterbi–Decodierung. Neben den bisher behandelten DSP–Prozessoren mit Festkomma–Arithmetik sind auch Prozessoren mit Gleitkomma–Arithmetik verfügbar. Diese haben entsprechend dem IEEE–Format 754 im allgemeinen 32 bit Wortbreite mit 24 bit Mantisse und 8 bit Exponent. Der erweiterte IEEE–Standard mit 11 bit Exponent wird nur von wenigen Prozessoren unterstützt. Eine Zusammenstellung charakteristischer Daten einer Auswahl verfügbarer DSP–Chips ist in Tabelle 8.1.2 und Tabelle 8.1.3 aufgelistet.

Tabelle 8.1.2: Auswahl von DSPs mit Festkomma–Arithmetik

Hersteller/ Bezeichnung	Zyklus– Zeit (ns)	Wortbreite (bit)	Integrierter Speicher (bit)		Ext. Spei– cher (bit)
			Daten	Progr./Daten	
Texas Instruments					
TMS320C10–25	180	16	144 RAM	1,5k ROM	8×16
TMS320C15–25	160	16	256 RAM	4k ROM	6×16
TMS320C16	114	16	256 RAM	8k ROM	8×16
TMS320C25	80	16	544 RAM	4k ROM	16×16
TMS320C50	20	16	10k RAM	2k ROM	$64k \times 16$
TMS320C52	20	16	1k RAM	4k ROM	$64k \times 16$
TMS320C53	20	16	4k RAM	16k ROM	$64k \times 16$
Motorola					
DSP56000	50	24	12k RAM 12k ROM	12k RAM 768 ROM	$64k \times 24$
DSP56001	30	24	12k RAM 12k ROM	12k RAM 768 ROM	$64k \times 24$
DSP56002	25	24	12k RAM 12k ROM	12k RAM 768 ROM	$64k \times 24$
DSP56156	33	16	32k RAM	32k RAM 1k ROM	$64k \times 16$
DSP56166	33	16	64k RAM	32k RAM 1k ROM	$64k \times 16$
AT & T					
DSP1610	25	16		128k RAM 8k ROM	$64k \times 16$
DSP1617	20	16		64k RAM 384k ROM	$64k \times 16$
DSP1618	20	16		64k RAM 256k ROM	$64k \times 16$
Analog Devices					
ADSP–2101	50	16	16k RAM	48k RAM	$16k \times 24$
ADSP–2161	60	16	8k RAM	192k ROM	$16k \times 24$
ADSP–2171	30	16	32k RAM	48k RAM	$16k \times 24$
ADSP–2181	30	16	256k RAM	384k RAM	$16k \times 24$

Tabelle 8.1.3: Auswahl von DSPs mit Gleitkomma–Arithmetik

Hersteller/ Bezeichnung	Zyklus– Zeit (ns)	Wortbreite (bit)	Integrierter Speicher (bit)		Ext. Spei– cher (bit)
			Daten	Progr./Daten	Parallel
Texas Instruments					
TMS320C30–40	50	32/8	2k RAM	4k ROM	16M × 32
TMS320C31–60	33	32/8	2k RAM	Boot Loader	16M × 32
TMS320C32–60	33	32/8	16k RAM	Boot Loader	16M × 32
TMS320C40–60	33	32/8	2k RAM	4k ROM	4G × 32
TMS320C44	50	32/8	2k RAM	4k ROM	128M × 32
Motorola DSP96002	50	32/11	32k RAM 64k ROM	32k RAM 2k ROM	2 × 4G × 32
Analog Devices ADSP–21020	33	32/8		1,5 k Cache	4G × 40
ADSP–21060 (Shark)	25	32/8		4M RAM	4G × 48

8.2 Programmierung von Signalverarbeitungsalgorithmen

Die Gewinne an Durchsatzrate durch die Architektur von Signalprozessoren sollen hier an zwei Beispielen dargestellt werden. Als günstiges Beispiel für einen DSP–Prozessor wird ein Programm für ein FIR–Filter vorgestellt. Ein zweites Beispiel ist die Programmierung eines Butterfly–Elements für eine FFT. Als DSP–Prozessor wird der DSP 56000 von der Fa. Motorola [108] und als CISC–Prozessor von der gleichen Firma der Mikroprozessor MC 68000 [111],[112] für den Vergleich verwendet. Der MC 68000 wurde erstmalig 1979 vorgestellt. Mitte der 80er Jahre war dieser neben dem Intel 8086 der Standard–Prozessor in den PCs. Zunächst wird ein Vergleich von DSP– und CISC–Prozessoren durchgeführt, wie sie 1986 verfügbar waren. Seit dieser Zeit hat es eine Weiterentwicklung gegeben. Es wird daher noch zusätzlich aufgezeigt, welche Veränderungen die neuen CISC–Prozessoren gebracht haben.

Die Beispielprogramme sind in Assembler programmiert. Eine Entwicklung der Programme im Detail sprengt den Rahmen dieses Buches. Die Programme werden in der endgültigen Form präsentiert, und es wird plausibel gemacht, welchen Einfluß die Architekturmerkmale auf das Programm haben.

8.2.1 FIR–Filter–Programm

Der Filteralgorithmus ist allein durch die Beziehung (6.1.11) gegeben. Es sei angenommen, daß alle Filterkoeffizienten $h(\cdot)$ in dem lokalen Speicher auf dem Prozessor gespeichert sind. Außerdem soll auch ein Ausschnitt aus der Eingangsfolge $x(\cdot)$ in dem lokalen Speicher gehalten werden. Die Anzahl der gespeicherten Elemente $x(\cdot)$ sei größer als die Länge N der Impulsantwort, so daß während des Programmablaufs keine Daten von außen nachgeladen werden müssen. Der Nachladevorgang von Eingangsdaten und die Weiterverwendung der Ergebnisdaten wird nicht gezeigt. Es wird nur der Kernbereich zur Filterung präsentiert.

In Bild 8.2.1 ist das Filterprogramm für den MC 68000 aufgelistet. Das Programm besteht aus 3 Abschnitten. Dem Initialisierungsbereich mit dem Laden von Startadressen und der Initialisierung des Schleifenzählers folgt die eigentliche Filterschleife mit Multiplikation und Akkumulation. Zum Schluß wird das Ergebnis abgespeichert und der Start eines neuen Zyklus vorbereitet. Durch die Kommentare wird die Bedeutung der einzelnen Instruktionen erklärt. Mit angegeben ist die Anzahl der erforderlichen Prozessorzyklen. Durch Addition der Prozessorzyklen für die Schleife folgt

$$M_{CYC,Loop} = N \cdot 100 \tag{8.2.1}$$

Die hohe Zahl 100 ergibt sich insbesondere durch die große Zyklenzahl für die Multiplikation. Aber selbst die Addition und das Laden des Koeffizienten benötigen deutlich mehr als einen Zyklus. Unter Vernachlässigung der verbleibenden Zyklen des Restprogramms soll aus den Schleifendaten die maximal erreichbare Abtastrate bestimmt werden, die noch in Echtzeit ablaufen könnte.

$$f_{S,max} = \frac{f_{CLK}}{M_{CYC,Loop}} \tag{8.2.2}$$

Unter der Annahme einer Impulsantwort von $N = 128$ und einer Prozessortaktfrequenz von 16 MHz ergibt sich als maximal verarbeitbare Abtastrate 1,2 kHz. Dies bedeutet, daß der Prozessor MC 68000 noch nicht einmal in der Lage ist, die Filterung von Sprachsignalen (übliche Abtastrate 8 kHz) durchzuführen.

Instruktion		Operanden	Prozessor-zyklen	Kommentar
	MOVE.L	D0,A0	4	Lade Datenstartadr.
	MOVE.L	D1,A1	4	Lade Koeff.–Startadr.
	MOVE.W	#N,D2	8	Init. Schleifenzähler
	CLR.L	D3	6	Lösche Akku
LP:	MOVE.W	(A1)+,D4	8	Lade Koeffizient
	MULS	(A0)+,D4	74	Multipl. mit Daten
	ADD.L	D4,D3	8	Akkumulation
	DBRA	D2,LP	10/14	Schleifenende ?
	MOVE.L	D3,(A2)+	12	Ergebnis speichern
	ADDQ.L	#2,D0	4	Neue Startadr. Daten

Bild 8.2.1: FIR–Filter–Programm für MC 68000

In Bild 8.2.2 ist die entsprechende Filterroutine für den DSP–Prozessor 56000 gezeigt. Die übliche Struktur der Assemblerprogramme mit Instruktionsfeld und Operandenfeld ist hier um X–Bus– und Y–Bus–Transporte erweitert, da zeitgleich zu der Durchführung von Operationen im Rechenwerk Daten über die Busse in Eingangsregister des Rechenwerks geladen werden können. Ferner fällt die geringe Zyklenzahl auf. Durch Optimierung der Prozessorlogik und Vermeidung eines Mikroprogrammsteuerwerks wird dies erreicht. Die eigentliche Filterschleife besteht aus einem MAC–Befehl, da zeitgleich auch die nächsten Daten transportiert werden. Nicht erkennbar läuft im Hintergrund der Hardware–Schleifenzähler. Er wird mit dem vorherigen Befehl REP initialisiert. Die Prozessorzyklenzahl für die Schleife beträgt im vorliegenden Fall

$$M_{CYC,\, Loop} = N \cdot 1 \qquad (8.2.3)$$

Dies zeigt den deutlichen Architekturgewinn des DSP–Prozessors. Wird wie zuvor die maximal erreichbare Rate für die Echtzeitverarbeitung unter Verwendung von $N = 128$ und einem effektiven Prozessortakt von 10 MHz ermittelt, so erhält man 75 kHz. Der Prozessor selbst erhält einen Takt von 20 MHz, jedoch wird nur in zwei Taktphasen eine Operation durchgeführt. Das Ergebnis zeigt folglich, daß der Prozessor ohne weiteres für die Filterung von Audiosignalen (Abtastrate 48 kHz) verwendet werden kann.

Instr.	Operanden	X–Bus	Y–Bus	Zyklen	Kommentar
MOVE	#D_ADR,R0			1	R0 zeigt auf Daten
MOVE	#K_ADR,R4			1	R4 zeigt auf Koeff.
NOP		A1,X:(R1)+		1	vor. Ergebnis speichern
CLR	A	X:(R0)+,X0	Y:(R4)–,Y0	1	Akku löschen, Operanden laden
REP	#N			2	Init. Schleifenzähler
MAC	X0,Y0,A	X:(R0)+,X0	Y:(R4)–,Y0	1	Multipl. u. Akkumul.
RND	A			1	Ergebnis runden

Bild 8.2.2: FIR–Filter–Programm für DSP 56000

Gegenwärtig ist der Intel P5 (Pentium) der Standardprozessor für PCs [113]. Anhand dieses Prozessors soll demonstriert werden, welche Gewinne für die Signalverarbeitung durch veränderte Architekturen und moderne Halbleitertechnologien möglich sind. In Bild 8.2.3 ist das FIR–Filterprogramm für den P5 aufgelistet. Die Kommentare erklären die Funktion der einzelnen Instruktionen. Der P5 hat intern zwei Datenpfade, die mit U und V bezeichnet sind. Zur Bestimmung des Zeitbedarfs muß die Aufteilung zwischen den Datenpfaden und dem Scheduling der inneren Schleife berücksichtigt werden. Bild 8.2.4 zeigt die innere Schleife mit Scheduling und der erforderlichen Zyklenzahl. Die Anzahl der Prozessorzyklen der Schleife beträgt

$$M_{CYC,\,Loop} = N \cdot 13 \qquad (8.2.4)$$

Unter der Annahme einer Prozessortaktfrequenz von 133 MHz und einer Impulsantwort von $N = 128$ folgt eine maximal verarbeitbare Abtastrate von 79 kHz. Die erheblichen Gewinne der modernen Prozessoren können in zwei Anteile aufgespalten werden. Die Anzahl der Zyklen der inneren Schleife konnte von 100 auf 13 reduziert werden. Dies kann als ein Architekturgewinn von in etwa 8 interpretiert werden. Die Erhöhung des Prozessortaktes von 16 MHz auf 133 MHz entspricht einem Technologiegewinn auch von in etwa 8. Der Gesamtgewinn beträgt somit ca. 64.

```
FIR1xN:
        ;        allgemeine Registerinitialisierung
        ;
        lea     edi, [data]
        lea     esi, [result]

        ;        äußere Schleife
        ;
block:  mov     edx, edi
        mov     ecx, -4*N           ; Laufindex
        sub     edx, 4
        xor     eax, eax            ; Zwischenergebnis löschen
        xor     ebx, ebx            ; Akku löschen

        ;        innere Schleife
        ;
loop:   add     ebx, eax            ; Σ data*coeff
        add     edx, 4              ;Zeiger auf Eingangsdaten
                                    ;erhöhen
        mov     eax, [ecx+4*N+coeff] ; Koeffizient laden ...
        imul    eax, [edx]          ; ... mit Datum multiplizieren
        add     ecx, 4              ; Laufindex erhöhen
        jnz     loop                ; zurück zur inneren Schleife

        add     ebx, eax            ; Σ data*coeff
        mov     [esi], ebx          ; Ergebnis speichern
        add     edi, 4              ;Zeiger auf Eingangsdaten
                                    ;erhöhen
        add     esi, 4              ;Zeiger auf Ergebnisdaten
                                    ;erhöhen

        j..     block               ; zurück zur äußeren Schleife
```

Bild 8.2.3: FIR–Filter–Programm für Intel P5

	U–Pipeline	V–Pipeline	Zyklen
loop:	add ebx, eax	add edx, 4	1
	mov ea x, [ecx+4*N+coeff]		1
	imul eax, [edx]		10
	add ecx, 4	jnz loop	1

Bild 8.2.4: FIR–Filter Programmschleife mit Scheduling für den P5

In der gleichen Zeitspanne haben sich die einfachen DSP–Prozessoren auch weiterentwickelt. Der DSP 56002 wird gegenwärtig mit einem Prozessortakt von 40 MHz angeboten. Es existieren auch DSP–Prozessoren mit 50 MHz Taktrate. Man hat folglich einen Technologiegewinn von etwa 2,5. Direkte Architekturgewinne für das FIR–Filter sind geringfügig. Insgesamt betrachtet ist der Abstand zwischen CISC–Prozessoren und DSP–Prozessoren deutlich verringert.

8.2.2 DFT–Programm

Den Algorithmus zur Durchführung der DFT gibt Gleichung (7.1.5) an. Wie in dem Abschnitt 7.3 gezeigt, führt ein schneller Algorithmus zu einer erheblichen Reduktion der Rechenleistung. Er soll daher hier angewandt werden. Kernelement der FFT ist das Butterfly–Element. Deshalb wird nur der Programmausschnitt für eine Butterfly dargestellt. Neben der in Abschnitt 7.3 erläuterten FFT auf der Basis des DIF (decimation in frequency) Algorithmus gibt es die FFT auf der Basis des DIT (decimation in time) Algorithmus. Ein Programm für den DIT–Algorithmus wird gezeigt.

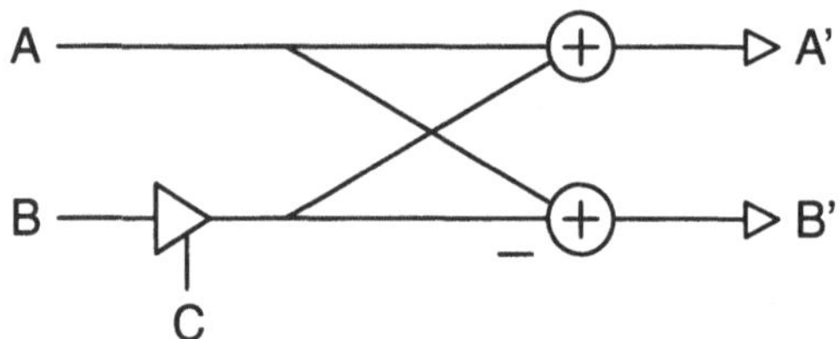

Bild 8.2.5: Radix–2–Butterfly für DIT–Algorithmus

Das zugehörige Butterfly–Element zeigt Bild 8.2.5. Es ist eine transponierte Form des Butterfly–Elements des DIF–Algorithmus. Einer der Eingangsoperanden wird mit einem komplexen Exponentialterm multipliziert und dann Summe und Differenz gebildet und abgespeichert. Ein zugehöriges Assemblerprogramm für den MC 68000 zeigt Bild 8.2.6. Die Anzahl der Zyklen für eine Butterfly beträgt

$$M_{CYC, FFT-PE} = 489 \tag{8.2.5}$$

Durch Beschränkung auf die reine Verarbeitungszeit des Butterfly–PEs und unter Vernachlässigung der Rechenzeit für Zeigerinitialisierungen usw. wird für eine noch in Echtzeit ablaufbare FFT eine maximale Abtastfrequenz von

$$f_{S,max} = \frac{2f_{CLK}}{\log_2 N \cdot M_{CYC,FFT-PE}} \tag{8.2.6}$$

ermittelt.

	Instruktion	Operanden	Prozessor–zyklen	Kommentar
	MOVE.W	#N,D7	8	Schleifenzähler
LP:	MOVE.W	(A0),D5	8	
	MULS	(A1)+,D5	74	Re{B} * Re{C}
	MOVE.W	(A0)+,D6	8	
	MULS	(A1),D6	74	Re{B} * Im{C}
	MOVE.W	(A0),D4	8	
	MULS	(A1),D4	74	Im{B} * Im{C}
	SUB.L	D4,D5	8	D5 = BrCr − BiCi
	MOVE.W	(A0),D4	8	
	MULS	−(A1),D4	74	Im{B} * Re{C}
	ADD.L	D4,D6	8	D6 = BrCi+BiCr
	CLR.L	D2	6	
	MOVE.W	(A2)+,D2	8	D2=Re{A}
	MOVE.L	D2,D3	4	D3=Re{A}
	ADD.L	D5,D2	8	D2=Re{A'}
	MOVE.L	D2,(A4)+	8	abspeichern
	ASL.L	#1,D3	10	D3=2*Re{A}
	SUB.L	D2,D3	8	D3=Re{B'}
	MOVE.L	D3,(A5)+	8	abspeichern
	CLR.L	D2	6	
	MOVE.W	(A2)+,D2	8	D2=Im{A}
	MOVE.L	D2,D3	4	D3=Im{A}
	ADD.L	D6,D2	8	D2=Im{A'}
	MOVE.L	D2,(A4)+	8	abspeichern
	ASL.L	#1,D3	10	D3=2*Im{A}
	SUB.L	D2,D3	8	D3=Im{B'}
	MOVE.L	D3,(A5)+	8	abspeichern
	DBRA	D7,LP	10/14	Schleife

Bild 8.2.6: Radix–2–Butterfly für den MC 68000

Unter der Annahme einer Blocklänge $N = 128$ folgt für den MC 68000 ($f_{CLK} = 16$ MHz) eine maximale ablaufbare Abtastrate von 9,4 kHz.

Ein moderner P5–Prozessor zeigt hier noch erhebliche Gewinne. Es ist eine Programmierung möglich, die auf 52 Zyklen für ein Butterfly–PE führt. Unter Berücksichtigung der deutlich höheren Prozessortaktrate von 133 MHz ist eine maximale Abtastrate von 370 kHz verarbeitbar.

Ein Assemblerprogramm für den DSP 56000 zeigt Bild 8.2.7. Erkennbar ist eine effiziente Implementierung mit wenigen Zyklen. Die Zyklenzahl beträgt in diesem Fall

$$M_{CYC,FFT-PE} = 9 \qquad (8.2.7)$$

Unter der Annahme eines Prozessortaktes von 20 MHz ergibt sich für eine Blocklänge von $N = 128$ eine maximal erzielbare Abtastrate von 320 kHz.

Instr.	Operanden	X–Bus	Y–Bus	Zyklen	Kommentar
MOVE		X:(R1),X1	Y:(R6),Y0	1	Daten und Koeff.
MOVE			Y:(R0),B	1	laden
MOVE		X:(R0)+,A		1	
DO	#N,END			3	Schleifenz. init.
MAC	Y0,X1,B	X:(R6)+,X0	Y:(R1)+,Y1	1	Re{B} * Im{C}
MACR	X0,Y1,B	A,X:(R5)+	Y:(R0),A	1	Im{B} * Re{C}
SUBL	B,A	X:(R0)+,B	B,Y:(R4)+	1	2*Im{A} – Im{A'}
MAC	X0,X1,B	X:(R0),A	A,Y:(R5)+	1	Re{B} * Re {C}
MACR	–Y0,Y1,B	X:(R1),X1	Y:(R6)+,Y0	1	Im{B} * Im{C}
SUBL	B,A	B,X:(R4)+	Y:(R0)+,B	1	2*Re{A} – Re{A'}
END					
MOVE		A,X:(R5)+		1	Ergebnis speich.

Bild 8.2.7: Radix–2–Butterfly für den DSP 56000

Der Vergleich zwischen CISC– und DSP–Prozessor liefert auf der Basis verfügbarer Bauelemente von 1986 deutliche Architekturgewinne für die DSP–Prozessoren. Moderne CISC–Prozessoren haben diesen Abstand erheblich verringert. Die Zyklenzahl unterscheidet sich noch um einen Faktor von ca. 5. Da am Markt CISC–Prozessoren mit sehr hohem Prozessortakt (133 MHz) verfügbar sind, verringert sich der Abstand bei unterschiedlichem Prozessortakt weiter.

Die Durchführung der Multiplikation mit CISC–Prozessoren erfordert deutlich mehr als einen Zyklus. Speziell die FFT kann daher etwas effizienter realisiert werden, wenn die komplexe Multiplikation anstatt mit 4 durch 3 reelle Multiplikationen implementiert wird (siehe Bild 7.2.3). Für DSP–Prozessoren liefert eine derartige Modifikation keinen Vorteil, da sowohl die Multiplikation als auch die Addition einen Zyklus benötigen.

8.3 Architekturoptimierung mit einfachen Modellen

Es besteht der Wunsch, den Einfluß von Architekturparametern quantitativ zu untersuchen. Aufgrund der komplexen Abhängigkeit ist eine genaue Berücksichtigung der Einflußgrößen äußerst aufwendig. Es sollen daher Untersuchungen anhand einfacher Modellierungen durchgeführt werden.

Wie am Ende des Abschnittes 8.1 dargelegt, führen mehrere Architekturmaßnahmen zu der hohen Leistungsfähigkeit von DSP–Prozessoren. Zur Vereinfachung der Untersuchungen werden daher die Einflußgrößen einzelnd betrachtet, d.h. es wird ein Parameter variiert, während die anderen einen festen Wert haben. Die Programmierbeispiele in dem Abschnitt 8.2 zeigen, daß auch ein Einfluß von den zu implementierenden Algorithmen gegeben ist. Es müssen daher auch die Algorithmen modelliert werden. Die Algorithmen werden für diese Untersuchungen durch statistische Verteilungen von charakteristischen Bereichen bzw. Instruktionen beschrieben.

Als Leistungsmaß einer Architektur wird die Durchsatzrate verwendet. Ein weiteres wichtiges Kriterium ist die Architektureffizienz. Es werden nachfolgend der Einfluß des Instruktions–Pipelinig und die Verbesserung der Leistungsfähigkeit durch Multiplizierer, Barrelshifter und lokale Speicher betrachtet.

8.3.1 Instruktions–Pipelining

Zur Ausführung einer Instruktion in einem Prozessor sind mehrere Schritte erforderlich. Diese sind im einzelnen:

    a. Adressieren und Auslesen des Instruktionsspeichers und Einlesen der Instruktion in den Instruktionssequenzer (IF: Instruktion Fetch)

    b. Decodierung der Instruktion (ID: Instruction Decode)

    c. Adressierung und Lesen der Operanden aus dem Datenspeicher (OF: Operands Fetch)

    d. Ausführung der Instruktion im Datenpfad (EX: Execute)

    e. Adressierung und Schreiben des Ergebnisses in den Datenspeicher (WR: Write)

Erst nach Durchführung dieser Schritte kann die Ausführung einer nachfolgenden Instruktion gestartet werden. Die Zeit T_{INS}, die für die Ausführung einer Instruktion benötigt wird, ergibt sich somit aus der Summe der Ausführungszeiten der vorher genannten Schritte.

$$T_{INS} = T_{IF} + T_{ID} + T_{OF} + T_{EX} + T_{WR} \qquad (8.3.1)$$

Zur Vereinfachung der Untersuchungen sei in diesem Abschnitt davon ausgegangen, daß die Ausführungszeit T_{EX} der Operationen im Datenpfad für alle Operationen gleich ist. Wie in Bild 8.1.4 gezeigt, kann durch Pipelining die effektive Durchsatzrate erhöht werden. Im Falle des Pipelining werden zwischen den Hardwarekomponenten, die der Ausführung der Teilschritte dienen, Register eingefügt. Aufgrund der Verzögerungszeiten der Register für das Schreiben und Lesen der Inhalte muß zusätzlich eine Verzögerungszeit T_{REG} bei der Ausführungszeit berücksichtigt werden. Im Falle eines Pipelining nach Bild 8.1.4 gilt daher für die Ausführungszeit einer Instruktion

$$T_{INS,PIPE} = \max[T_{IF}, T_{ID}, T_{OF}, T_{EX}, T_{WR}] + T_{REG} \qquad (8.3.2)$$

Die vorstehende Beziehung gilt für 5 Pipeline–Stufen. Es ist möglich, die Anzahl der Pipeline–Stufen zu reduzieren, indem aufeinanderfolgende Teilschritte zusammengefaßt werden. Beispielsweise können die Stufen IF und ID oder auch EX und WR zusammengefaßt werden. Zur Erhöhung der Durchsatzrate kann die maximale Verzögerungszeit durch Aufteilung weiter verringert werden. So kann die Zeit T_{EX} für die Ausführung der Operation in zwei Taktphasen aufgeteilt werden. Bei dem DSP 56000 werden 5 Taktphasen verwendet, eine für IF und ID, eine für OF, zwei für EX und eine für WR.

Wird vereinfachend von einer gleichmäßigen Aufteilung der Ausführungszeit T_{INS} auf N_{PIPE} Pipeline–Stufen ausgegangen, so gilt für die Zeit im Pipelining

$$T_{INS,PIPE} = \frac{T_{INS}}{N_{PIPE}} + T_{REG} \qquad (8.3.3)$$

Die effektive Ausführungszeit des Instruktionspipelining $T_{INS,PIPE}$ ist gleichzeitig die Zeitdauer T_{CLK} einer Periode des verwendeten Taktes. Die Rechenzeit $T_{INS,PIPE}$ kann nur dann erreicht werden, wenn die Ausführung einer Instruktion unabhängig von einer mit weniger als N_{PIPE} Taktzyklen zuvor gestarteten Instruktion ist. Abhängigkeiten von vorherigen Instruktionen sind bei bedingten Sprüngen, bedingten Anweisungen und Verwendung von vorherigen Ergebnissen gegeben. Die Ausführungszeit von abhängigen Instruktionen kann durch Forwarding [103] vermindert werden. Zur Vereinfachung der Diskussion wird hier davon ausgegangen, daß für abhängige Instruktionen erst alle Stufen absolviert werden müssen, bevor die nächste gestartet wird. Für diesen Fall erhöht sich daher die Ausführungszeit der Instruktion auf

$$T_{INS,abh} = T_{INS} + N_{PIPE} \cdot T_{REG} \qquad (8.3.4)$$

Es sei $P_{U,INS}$ die Wahrscheinlichkeit für unabhängige Instruktionen in einem Programm. Für die effektive Ausführungszeit gilt dann unter Berücksichtigung von (8.3.3) und (8.3.4)

$$T_{INS,PIPE} = \left(\frac{T_{INS}}{N_{PIPE}} + T_{REG}\right)P_{U,INS}$$
$$+ (T_{INS} + N_{PIPE} \cdot T_{REG})(1 - P_{U,INS}) \tag{8.3.5}$$

Die Durchsatzrate eines Prozessors ist die Anzahl der zu verarbeitenden Abtastwerte je Zeiteinheit. Die effektive Zeit je Instruktion ist daher noch mit den Instruktionen je Abtastwert zu multiplizieren. Es gilt

$$R_T = \frac{1}{T_{INS} \cdot n_{INS/OP} \cdot n_{OP/SAMPLE}} \tag{8.3.6}$$

Die Anzahl der Operationen je Abtastwert $n_{OP/SAMPLE}$ ist vom Algorithmus abhängig. Für sogenannte Low–Level–Algorithmen ist dies eine feste Zahl, die einfach bestimmt werden kann. Bei Low–Level–Algorithmen sind aufgrund fester Datenabhängigkeiten alle durchzuführenden Operationen im voraus bekannt. Es existieren also keine datenabhängigen Verzweigungen und Operationen. Typische Beispiele für Low–Level–Algorithmen sind Filter und Transformationen. Für die beiden in Abschnitt 8.2 behandelten Algorithmen gilt

$$\begin{aligned}FIR - Filter: \quad & n_{OP/SAMPLE} = 2N\\ FFT: \quad & n_{OP/SAMPLE} = 5\log N\end{aligned} \tag{8.3.7}$$

Der Faktor 5 bei der FFT ergibt sich aus 10 reellwertigen Operationen je Butterfly-Element.

Die Anzahl der Instruktionen je Operation $n_{INS/OP}$ ist ein statistischer Wert, der vom Datenpfad des Prozessors und vom Algorithmus abhängt. Für die innere Schleife des FIR–Filters liefern die Beispielprogramme folgende Werte:

$$\begin{aligned}MC68000: \quad & n_{INS/OP} = 4\\ DSP56000: \quad & n_{INS/OP} = 0,5\end{aligned} \tag{8.3.8}$$

Auf der Basis des Butterfly–Elements gilt:

$$\begin{aligned}MC68000: \quad & n_{INS/OP} = 2,7\\ DSP56000: \quad & n_{INS/OP} = 0,7\end{aligned} \tag{8.3.9}$$

Diese beiden Beispiele zeigen deutlich die Abhängigkeit vom Prozessortyp und vom Algorithmus. Für den Prozessor MC 68000 ist die Verwendung einer Kennzahl $n_{INS/OP}$ nicht korrekt, denn die Annahme einer gleichen Ausführungszeit für alle Instruktionen ist nicht gegeben. Die Programmbeispiele in Bild 8.2.1 und Bild 8.2.6 zeigen erhebliche Unterschiede in der Anzahl der Prozessorzyklen zur Durchführung von Instruktionen.

Die tatsächlichen Instruktionen je Operation übersteigen die Werte von (8.3.8) und (8.3.9), da nur Kernroutinen berücksichtigt sind. Es fehlen der Transport von Datenblöcken in die lokalen Speicher und die jeweiligen Initialisierungsroutinen.

Geht man davon aus, daß die Anzahl der Instruktionen je Operation und die Anzahl der Operationen je Abtastwert nicht vom Pipelining beeinflußt sind, folgt für die Durchsatzrate mit Pipelining

$$R_{T,PIPE} \sim \frac{1}{T_{INS,PIPE}} \qquad (8.3.10)$$

Dies bedeutet, daß die effektive Zeit je Instruktion maßgebend für die Durchsatzrate ist. Durch Untersuchung der Nullstelle der Ableitung von (8.3.5) nach N_{PIPE} kann die optimale Stufenzahl ermittelt werden. Sie beträgt

$$N_{PIPE,OPT} = \sqrt{\frac{1}{\delta_{REG}} \cdot \frac{P_{U,INS}}{1 - P_{U,INS}}} \qquad (8.3.11)$$

δ_{REG} ist der Quotient T_{REG}/T_{INS}. Unter Verwendung typischer Werte kann eine optimale Stufenzahl zahlenmäßig ermittelt werden. Für $P_{U,INS} = 0{,}9$ und $\delta_{REG} = 1/30$ gilt $N_{PIPE,OPT} \approx 16$. Es ist somit eine große Zahl von Pipeline–Stufen anzustreben. Es ist zu beachten, daß die Anzahl der maximal einsetzbaren Pipeline–Stufen in der Regel durch die verwendete Halbleitertechnologie begrenzt ist. So ist beispielsweise das Einziehen von Pipeline–Stufen in Speichern nur unter ganz besonderen Voraussetzungen möglich. Im allgemeinen werden bei RAM–Speichern keine Pipeline–Stufen vorgesehen. Durch diese Begrenzung werden in der Praxis nicht mehr als 7 Pipeline–Stufen eingesetzt.

Durch das Einziehen von Pipeline–Stufen wird der Gesamtaufwand vergrößert. Im Sinne von (4.2.4) müßte also noch untersucht werden, ob auch die Effizienz verbessert wird. Dies würde also bedeuten, daß die Durchsatzrate je eingesetzter Siliziumfläche verbessert wird. Aus (4.2.12) wird abgeleitet, daß die Effizienz so lange verbessert wird, wie die relative Zunahme an Durchsatzrate größer ist als die relative Zunahme an Fläche.

Die Zunahme der Siliziumfläche für das Pipelining wird durch zusätzliche Registerstufen verursacht und ist daher proportional zur Stufenzahl. Es sei

$$A_{Si,PIPE} = A_{Si,1}[1 + (N_{PIPE} - 1)\alpha_{REG}] \qquad (8.3.12)$$

Durch Kombination mit (8.3.10) und (8.3.5) kann der Effizienzgewinn ermittelt werden. Unter Verwendung von (4.2.12) folgt für die Effizienzänderung

$$\frac{d\eta}{\eta} = \left(\frac{P_{U,INS}}{N_{PIPE}^2} - \delta_{REG}(1 - P_{U,INS}) - \alpha_{REG}\right)dN_{PIPE} \qquad (8.3.13)$$

Bei der optimalen Stufenzahl muß der Klammerausdruck Null sein. Die Beziehung (8.3.11) wird entsprechend in

$$N_{PIPE,OPT} = \sqrt{\frac{P_{U,INS}}{(1 - P_{U,INS})\delta_{REG} + \alpha_{REG}}} \qquad (8.3.14)$$

modifiziert.

Unter Verwendung von $\alpha_{REG} = 0{,}02$ und der vorher benutzten Zahlen für δ_{REG} und $P_{U,INS}$ wird als optimaler Wert

$$N_{PIPE,OPT} \approx 6$$

ermittelt. Dies entspricht der in der Praxis häufig verwendeten Stufenzahl.

8.3.2 Spezielle arithmetische Module

In dem vorherigen Abschnitt wurde vereinfachend angenommen, daß jede Instruktion die gleiche Ausführungszeit T_{EX} hat. Wie insbesondere die Programmbeispiele in Bild 8.2.1 und Bild 8.2.6 zeigen, gilt dies im allgemeinen nicht. Soll in einer Bestimmung der Durchsatzrate die unterschiedliche Anzahl von Taktzyklen berücksichtigt werden, so muß die Beziehung (8.3.6) auf Taktzyklen bezogen werden. Es gilt dann

$$R_T = \frac{1}{T_{CLK} \cdot n_{CYC/OP} \cdot n_{OP/SAMPLE}} \qquad (8.3.15)$$

Die Anzahl der Zyklen je Operation $n_{CYC/OP}$ ist hierbei wie zuvor eine statistische Größe (Mittelwert), die sowohl vom Algorithmus als auch von der Realisierung des Datenpfades abhängt. Die Anzahl der Zyklen je Operation kann wie folgt ermittelt werden

$$n_{CYC/OP} = \sum_{OP} n_{CYC}(OP)\, P(OP) \qquad (8.3.16)$$

Hierbei ist $n_{CYC/OP}$ die Anzahl der Zyklen für die spezielle Operation OP und $P(OP)$ die Wahrscheinlichkeit für das Auftreten von OP in einem Algorithmus. Die Programmbeispiele haben gezeigt, daß neben Instruktionen, die Operationen auf den Daten zur Folge haben, auch Instruktionen existieren, die keine Operationen bewirken. Beispiele hierzu sind reine Datentransfers, das Initialisieren von Programmschleifen und Programmverzweigungen. Diese Instruktionen seien zu NOP–Instruktionen (NOP = no operation) zusammengefaßt. Die Anzahl der Zyklen für die NOP–Instruktionen erhöhen die mittlere Zyklenzahl, d.h. (8.3.16) muß modifiziert werden in

$$n_{CYC/OP} = \sum_{OP} n_{CYC}(OP)\, P(OP) + n_{CYC/NOP}\, h_{NOP/OP} \qquad (8.3.17)$$

wobei $h_{NOP/OP}$ das Verhältnis von NOP–Instruktionen zu OP–Instruktionen ist.

Es sei zunächst angenommen, daß der Datenpfad nur eine ALU enthält. Dann wird durch alle Operationen, welche trotz Pipelining der Steuerung mehr als einen Zyklus benötigen, die effektive Zahl der Zyklen vergrößert und entsprechend die Durchsatzrate vermindert. Wird die ALU um weitere Module ergänzt, wie Multiplizierer und Barrel–Shifter, so wird speziell für diese Operationen die Anzahl der Zyklen vermindert. Die Änderung der mittleren Zyklenzahl durch Einfügung eines Multiplizierers und eines Barrel–Shifters in den Datenpfad beträgt

$$\begin{aligned} \Delta n_{CYC/OP} = &\ \Delta n_{CYC}(\text{MUL}) \cdot P(\text{MUL}) \\ &+ \Delta n_{CYC}(\text{SHIFT}) \cdot P(\text{SHIFT}) \end{aligned} \qquad (8.3.18)$$

Die Beziehung zeigt das naheliegende Ergebnis, daß die Gewinne in Verminderung der mittleren Zyklenzahl an die Wahrscheinlichkeit für das Auftreten der Operationen gekoppelt sind. Wird der Multiplizierer mit einem Akkumulator verbunden, so können in einem Zyklus zwei Operationen (MUL,ACC) absolviert werden und die mittlere Zyklenzahl für gekoppelte Multiplikations / Akkumulations–Operationen noch weiter reduziert werden.

Durch die Einfügung weiterer Module in den Datenpfad vergrößert sich die erreichbare Periodendauer für den Taktzyklus, die von der maximalen Verzögerung abhängt. Die Vergrößerung der Verzögerung ergibt sich durch die zusätzlichen Multiplexer und die erhöhte Verzögerung des Multiplizierers im Vergleich zur ALU.

Anhand von Zahlen sollen die erzielbaren Gewinne verdeutlicht werden. Es sei von einem FIR–Filter ausgegangen. In diesem Falle treten nur Multiplikationen und Additionen mit gleicher Wahrscheinlichkeit von 1/2 auf. Die Wortbreite der Eingangsdaten und Koeffizienten sei m und die ALU benötige m Zyklen für die $m \cdot m$ bit Multiplikation.

Unter der Annahme von einem Verhältnis $h_{NOP/OP} = 1$ gilt somit nach (8.3.17)

$$n_{CYC/OP} = \tfrac{1}{2} + m\tfrac{1}{2} + 1$$

Hierbei ist angenommen, daß jede Instruktion, die keine Operation beinhaltet, einen Zyklus benötigt.

Durch Verwendung einer MAC–Einheit mit einem halben Zyklus je Operation beträgt die neue Zyklenzahl je Operation

$$n_{CYC/OP}{}' = \tfrac{1}{2} \cdot \tfrac{1}{2} + \tfrac{1}{2} \cdot \tfrac{1}{2} + 1$$

Wird, wie das Beispiel des DSP 56000 zeigt, durch ergänzende Maßnahmen, wie paralleler Datentransfer, zusätzliche Adreßrechenwerke und Hardware–Loop–Zähler die Anzahl der *NOP*–Instruktionen in der Filterschleife auf Null gebracht, so erhält man

$$n_{CYC/OP}' = \frac{1}{2} \cdot \frac{1}{2} + \frac{1}{2} \cdot \frac{1}{2} = \frac{1}{2}$$

Sei ferner vereinfachend angenommen, daß der Datenpfad mit der MAC–Einheit im Vergleich zur ALU eine doppelte Zeitdauer für einen Zyklus benötigt, so zeigt dieses Beispiel folgendes Verhältnis der Durchsatzraten für $m=16$ bit

$$\frac{R_T'}{R_T} = \frac{1\left(\frac{1}{2} + 16\frac{1}{2} + 1\right)}{2 \cdot \frac{1}{2}} = 9,5$$

Das Zahlenbeispiel liefert eine Erhöhung der Durchsatzrate um einen Faktor von ungefähr 10.

Die Erweiterung des Datenpfades führt auch zu einer Vergrößerung der Siliziumfläche. Es ist nun die Frage, ob die Effizienz der neuen Anordnung gestiegen ist, d.h. daß die Zunahme der Durchsatzrate die Erhöhung der Siliziumfläche übersteigt. Durchgeführte Designs haben für einen 1 µm CMOS–Prozeß in etwa folgende Flächenwerte ergeben:

16 bit ALU	0,6 mm^2
16 bit MUL	1,3 mm^2
40 bit ACC	0,85 mm^2
40 bit SHIFTER	0,2 mm^2

Diese Zahlen zeigen eine erhebliche Zunahme der Siliziumfläche für den Datenpfad durch Multiplizierer, Akkumulator und Shifter. Zur Betrachtung der Effizienz muß jedoch die Siliziumfläche der gesamten Anordnung berücksichtigt werden. Der Hauptanteil der Chipfläche eines Signalprozessors wird für die Steuerung und lokale Speicher benötigt. Bei 80 mm^2 Gesamtchipfläche wird eine zusätzliche MAC–Einheit und ein Shifter die Fläche nur um ca. 3% vergrößern. Dieser moderaten Flächenzunahme steht ein erheblicher Gewinn der Durchsatzrate gegenüber.

Es sei angemerkt, daß die demonstrierten Rechnungen nur für einfache Modelle überschaubar sind. Komplexe Algorithmen erfordern aufwendige Rechenvorgänge und eine genauere Berücksichtigung der Architekturparameter.

8.3.3 On–Chip–Speicher

Der Einfluß der lokalen Speicher auf einen Signalprozessorchip (On–Chip–Speicher) soll kurz diskutiert werden. Die Zugriffszeiten des On–Chip–Speichers sind so ausgelegt, daß sie an das Zeitverhalten der anderen Module angepaßt sind. Zugriffe auf Speicherzellen des lokalen Speichers sind genauso schnell wie auf Register von internen Registerfiles. Da darüberhinaus bei DSP–Chips im Pipeline–Betrieb die Speicherzugriffe und Operationen gleichzeitig ablaufen, führen die Speicherzugriffe zu einer Erhöhung der effektiven Zyklenzahl je Operation.

Für die bisher diskutierten Beispiele FIR–Filter und FFT soll der Einfluß externer Speicherzugriffe erläutert werden. Es sei hierzu angenommen, daß die Zugriffszeit bei externen Speichern um einen ganzzahligen Faktor $n_{MEM,ACC,EX/IN}$ größer sei als bei internen Speichern. Dieser Faktor beträgt bei SRAMs in etwa 2 und kann bei DRAMs ungefähr 5 betragen. Bei der Programmierung der DSPs wird die erhöhte Zugriffszeit externer Speicher durch Einfügung von Wartezyklen abgefangen.

Es sei von einem FIR–Filter mit einer Impulsantwort der Länge N ausgegangen. Jeder Eingangsabtastwert wird dann für die Berechnung von N Ausgangswerten benötigt. Es sind somit $2N$ Lesevorgänge für jeden Eingangswert erforderlich, da auch die Filterkoeffizienten zu lesen sind. Unter Berücksichtigung eines Schreibvorganges für das Ergebnis beträgt die Anzahl der Speicherzugriffe je Abtastwert

$$n_{ACC,FIR} = 2N + 1 \tag{8.3.19}$$

Für jede MAC–Operation sind zwei Operanden zu lesen. Dies bedeutet ein Speicherzugriff je Operation. Für externe Speicherzugriffe erhöht sich somit die Zyklenzahl je Operation um

$$\Delta n_{CYC/OP} = n_{MEM,\,ACC,\,EX/IN} - 1 \tag{8.3.20}$$

Insbesondere für einen Prozessor mit einem optimierten Datenpfad von 1/2 Zyklus je Operation führt dies zu einer merkbaren Verringerung der Durchsatzrate.

Die Tabelle 8.1.2 und die Tabelle 8.1.3 zeigen, daß neue DSP–Chips die lokale Speicherung von Eingangsdaten und Koeffizienten für FIR–Filter mit bis zu 1000 Koeffizienten unterstützen. Für praktische Filtergrößen kann daher von internen Zugriffen ausgegangen werden. Dies bedeutet, daß auf einen externen Zugriff eines Eingangsabtastwertes N interne Zugriffe kommen. Da ferner die Koeffizienten lokal gespeichert werden, erniedrigt sich der Wert von (8.3.20) um einen Faktor von $1/2N$.

$$\Delta n_{CYC/OP}' = \frac{1}{2N}\left(n_{MEM,\,ACC,\,EX/IN} - 1\right) \tag{8.3.21}$$

Die Zugriffe auf externe Speicher haben in diesem Fall praktisch keinen Einfluß auf die Durchsatzrate.

Für die FFT sei davon ausgegangen, daß N Eingangswerte in den Spektralbereich überführt werden sollen. Nach Tabelle 7.3.2 sind für N Eingangswerte $N/2 \, \log N$ Butterfly–PEs erforderlich. Für jedes Butterfly–PE sind 3 komplexe Werte (A,B,C) zu lesen und 2 komplexe Werte (A',B') zu schreiben. Folglich sind 10 Speicherzugriffe je Butterfly–PE durchzuführen. Die Anzahl der Speicherzugriffe je Abtastwert beträgt somit

$$n_{ACC,FFT-PE} = 5\log_2 N \tag{8.3.22}$$

Dies bedeutet, daß die Anzahl der Speicherzugriffe identisch mit der Anzahl der Operationen ist. Somit gilt im Fall externer Speicherzugriffe auch für die FFT die gleiche Erhöhung der Zyklenzahl je Operation wie für das FIR–Filter (Glg. (8.3.20)). Bei Verwendung eines lokalen Speichers kommen auf jeden Zugriff eines Eingangswertes (Realteil und Imaginärteil) Zugriffe entsprechend (8.3.22). Somit verringert sich die Zyklenzahl je Operation auf

$$\Delta n_{CYC/OP}{}' = \frac{2}{5log_2 N}\left(n_{MEM,\,ACC,\,EX/IN} - 1\right) \tag{8.3.23}$$

Der Einfluß des lokalen Speichers ist nicht so dominant wie bei dem FIR–Filter. Jedoch wird auch hier die Durchsatzrate durch die lokalen Speicher merkbar verbessert.

Es ist festzuhalten, daß ein On–Chip–Speicher für alle Algorithmen von Vorteil ist, bei denen auf ein Datum mehrfach zugegriffen wird. Viele Algorithmen der Signalverarbeitung haben diese Eigenschaft. Man ist bestrebt, möglichst große Speicher auf den DSP–Chips unterzubringen. In aktuellen Realisierungen benötigt der On–Chip–Speicher ca. 50% der Siliziumfläche des gesamten Prozessors. Aufgrund des großen Flächenanteils für den Speicher führt ein On–Chip–Speicher nicht zu einer so deutlichen Verbesserung der Effizienz, wie das bei der Erweiterung des Datenpfades gegeben war.

8.4 Entwurfsunterstützung für DSP–Systeme

Zur Unterstützung des Entwurfs von DSP–Systemen werden sowohl Software–Werkzeuge als auch Entwicklungssysteme und Entwicklungsplatinen angeboten. Die Hersteller von DSPs bieten insbesondere Unterstützung für den Software–Entwurf. Zur Verfügung gestellt werden im allgemeinen Assembler, Linker, ANSI C–Compiler und Software–Simulatoren, die auf PCs oder Workstations ablauffähig sind.

Der Assembler übersetzt den mnemonischen Code und Makros in einen Objekt–Code. Der Linker verbindet den Objekt–Code verschiedener Programm–Module und erzeugt einen ausführbaren Maschinencode. Zur Unterstützung der Entwicklung von DSP–Programmen in Hochsprachen dienen ANSI C–Compiler. Optimierte Bibliotheksmodule für Standardroutinen und spezielle Anwendungen erhöhen die Effizienz des lauffähigen Programms. Die Software–Entwicklung auf gängigen Plattformen wie PCs und Workstations wird durch Software–Simulation ermöglicht. Die Simulatoren unterstützen einen interaktiven Entwurf auf der Instruktionsebene unter Verwendung der üblichen fensterorientierten graphischen Oberflächen. Zyklus für Zyklus können die Operationen und die Speicherinhalte verfolgt werden.

Mit In–Circuit–Emulatoren können DSP–Chips in dem Zielsystem untersucht werden. Hierbei wird sowohl die DSP–Software als auch das Zusammenspiel zwischen DSP und externen Hardwarekomponenten, wie z.B. Speicher, getestet. Emulationssysteme ermöglichen, den Programmablauf in einem Single–Step–Mode zu untersuchen. Es können Breakpoints gesetzt, Register– und Speicherinhalte abgebildet und der Programm–Code direkt modifiziert werden.

Am Markt werden auch vollständige DSP–Platinen angeboten. Diese Platinen enthalten neben dem DSP–Chip Speicher, A/D– und D/A–Wandler sowie Interfaces zu den Signalquellen, den Signalsenken und einem Host. Derartige Platinen sind meist für Anwendungen aus der Sprach– und Audiosignalverarbeitung fertig konfiguriert. Der Vorteil ist, daß keine Hardwareentwicklung nötig ist und der Hersteller neben der Hardware vielfach auch die Software bereitstellt. Derartige Platinen ermöglichen die schnelle Untersuchung spezieller Anwendungen der Signalverarbeitung.

8.5 Aufgaben

1. Es sollen zwei Prozessoren für die Implementierung spezieller Algorithmen verglichen werden. Zur Vereinfachung des Vergleichs sollen nur die erforderlichen Zyklen zur Durchführung arithmetischer Operationen gegenübergestellt werden. Für einige wichtige Operationen gelten die nachfolgend aufgelisteten Zyklenzahlen.

		Zyklenzahl	
Operation		Proz.1	Proz.2
ADD	Addition	1	1
SUB	Subtraktion	1	1
MUL	Multiplikation	16	1
MAC	MUL/ACC	16	1
ABS	Betrag	1	1
ASH k	Shift k–Stellen	k	1
CMP	Vergleich	1	1

a. Die Implementierung eines Match–Verfahrens ist zu untersuchen.

$$\sum_{i=1}^{N}\sum_{j=1}^{N}[x\,(i,j) - y\,(i,j)]^2$$

Welches Verhältnis der Zyklenzahlen ergibt sich?

b. Der Algorithmus des Match–Verfahrens wird wie nachfolgend gezeigt geändert.

$$\sum_{i=1}^{N}\sum_{j=1}^{N} |x\,(i,j) - y\,(i,j)|$$

Wie ändert sich die Aussage von a?

c. Es ist die Realisierung der Drehung eines Vektors nach der Beziehung (3.5.18) zu untersuchen. Die trigonometrischen Funktionen sin und cos sollen durch Polynomapproximationen nach (3.5.6) implementiert werden. Welche Zyklenzahlen stellen sich ein?

d. Die Vektordrehung soll alternativ durch ein CORDIC–Verfahren realisiert werden. Für den CORDIC sollen ganzzahlige Shiftfolgen mit jeweils 16 Schritten verwendet werden. Die Skalierung der Amplitude kann auch mit einer Multiplikation implementiert werden. Die erforderlichen Werte des arctan liegen im Speicher vor. Wie ändert sich das Ergebnis von c.?

2. Die maßgebenden Anteile eines Signalverarbeitungsverfahrens seien die Matrix–Vektor–Multiplikation und ein Matchverfahren nach Aufgabe 1b. (MAD–Verfahren). Für jeden Block von $N \cdot N$ Daten müssen $2N$ Matrix–Vektor–Multiplikationen durchgeführt werden. Die Matrix hat $N \cdot N$ Elemente. Für eine Minimierung des Abstandsmaßes muß das Match–Verfahren an $(1+2N)^2$ Suchpunkten untersucht werden. Es gelte $N=8$.

a. Es ist die Häufigkeitsverteilung der Operationen zu bestimmen und daraus die Zyklenzahl je Operation für die beiden in Aufgabe 1. genannten Prozessoren.

b. Aus den Angaben der beiden Algorithmen ist die Anzahl der Operationen je Eingangswert zu ermitteln. Welche Durchsatzrate stellt sich bei einem Verarbeitungstakt von 50 MHz ein?

c. Die Durchsatzrate soll genauer bestimmt werden. Hierzu soll die Anzahl der einzelnen Operationen mit den zugehörigen Zyklenzahlen multipliziert und akkumuliert werden. Wie kommt es zur Abweichung des Ergebnisses von 2b.?

d. Das Suchverfahren werde so modifiziert, daß nur noch $(1+8\log_2 N)$ Suchpunkte untersucht werden. Wie ändern sich die Ergebnisse von a. und b.?

e. Durch eine Ergänzung der Arithmetik mit einem an die Matchverfahren angepaßten Datenpfad soll die Durchführung des Matchverfahrens beschleunigt werden. Die Schaltungsstruktur des Datenpfades ist anzugeben. Wie erhöht sich die Durchsatzrate?

9 Multiprozessorsysteme

Die Fortschritte der Halbleitertechnologie und der Prozessorarchitekturen haben zu immer größeren Rechenleistungen von programmierbaren Prozessoren geführt. Trotz dieser Fortschritte überschreiten die Anforderungen vieler Signalverarbeitungsanwendungen die Rechenleistung, die von Einprozessorsystemen bereitgestellt werden. Eine naheliegende Lösung ist die Verwendung mehrerer Prozessoren. Programmierbare Prozessoren mit mehreren Datenpfaden werden hier als Multiprozessoren bezeichnet. Multiprozessoren sind Architekturen, die eine große Flexibilität bieten, da unter Programmkontrolle verschiedene Algorithmen ablaufen können.

Multiprozessorsysteme sind von der Implementierung aus betrachtet aufwendiger als anwendungsspezifische Arrayprozessoren. Sie sind immer dann die richtige Lösung, wenn die Flexibilität im Vordergrund steht. Dies ist bei Systemen gegeben, in denen eine Vielzahl unterschiedlichster Algorithmen mit der gleichen Hardware verarbeitet werden muß. Ein anderes Feld ist die Entwicklung von Algorithmen und die Demonstration der Signalverarbeitung unter Echtzeitbedingungen. Eine derartige Entwicklungsumgebung wird als Rapid Prototyping bezeichnet.

Im Rahmen dieses Buches wird das Gebiet der Multiprozessorsysteme nicht in die Tiefe gehend behandelt. Der interessierte Leser sei an das Standardwerk von Hwang und Briggs verwiesen [114]. Multiprozessoren speziell für Signalverarbeitungsaufgaben werden in [115] behandelt.

In einem nachfolgenden Abschnitt werden Basisstrukturen vorgestellt und klassifiziert. In einem weiteren Abschnitt wird die Leistungsfähigkeit verschiedener Multiprozessorstrukturen anhand einfacher modellhafter Berechnungen gegenübergestellt.

9.1 Architekturen von Multiprozessoren

Multiprozessorsysteme dienen der Erhöhung der Anzahl gleichzeitiger Operationen. Wie in früheren Abschnitten gezeigt, geschieht dies durch Parallelverarbeitung und Pipelining. In den Kapiteln 5,6 und 7 wurden Lösungen für Algorithmen mit festen Datenabhängigkeiten abgeleitet. In diesem Fall ist der Ablauf der Verarbeitung im voraus definiert und nicht von den Daten abhängig. In dem Kapitel 8 wurde gezeigt, wie die Parallelverarbeitung in Einprozessorsystemen realisiert werden kann. Bei den Multiprozessorsystemen werden mehrere Datenpfade gleichzeitig verwendet.

In Multiprozessorsystemen werden die einfachen Daten– bzw. Instruktionsströme durch mehrfache Ströme ersetzt. Nach Flynn sind für die Grundstrukturen der

Multiprozessorsysteme spezielle Bezeichnungen üblich [105]. Werden mehrfache Datenströme verwendet, so wird die zugehörige Anordnung mit SIMD (single instruction stream – multiple data stream) bezeichnet. Bei Verwendung mehrfacher Instruktionsströme lautet entsprechend die Bezeichnung MISD (multiple instruction stream – single data stream). Für mehrfache Daten– und Instruktionsströme gilt folglich die Bezeichnung MIMD. In Bild 9.1.1, Bild 9.1.2 und Bild 9.1.3 sind die prinzipiellen Strukturen zugehöriger Multiprozessorsysteme skizziert.

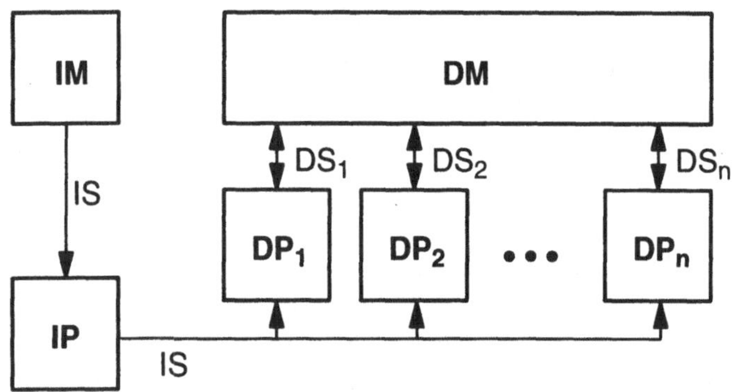

Bild 9.1.1: SIMD–Multiprozessorsystem

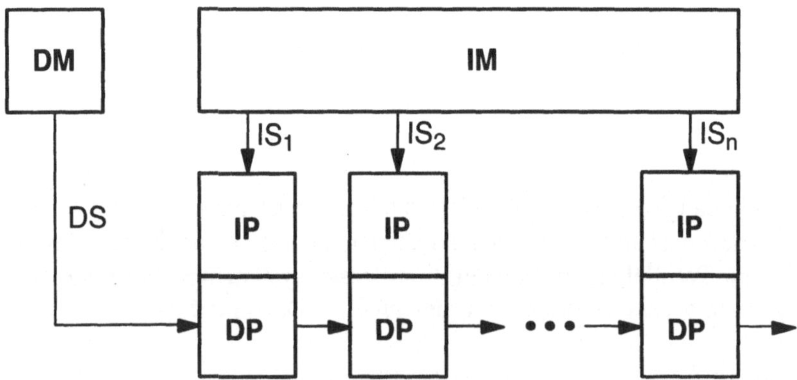

Bild 9.1.2: MISD–Multiprozessorsystem

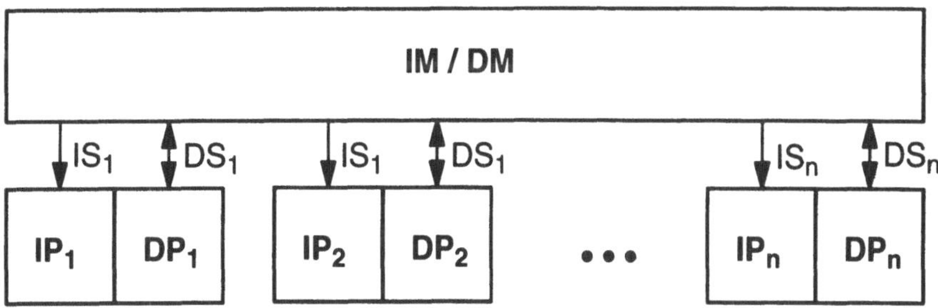

Bild 9.1.3: MIMD–Multiprozessorsystem

Den einzelnen Prozessorsystemen können Algorithmenmodelle zugeordnet werden. So sind SIMD Anordnungen günstig für Algorithmen bei denen die Daten entsprechend der Anzahl der Datenpfade aufgeteilt und alle Daten mit der gleichen Folge von Instruktionen bearbeitet werden. Ein Beispiel eines derartigen Algorithmus ist die Matrix–Multiplikation. Das Produkt nach (5.2.1) wird hierbei in mehrere Matrixvektorprodukte (5.2.3) aufgeteilt.

$$C = [c_0 c_1 \ldots c_{N-1}] = A[b_0\, b_1 \ldots b_{N-1}]$$
$$= [Ab_0, Ab_1 \ldots Ab_{N-1}] \tag{9.1.1}$$

Die Matrix B wird in N Vektoren aufgespalten. Den Datenpfaden werden unterschiedliche Vektoren b_i zugeordnet und parallel erfolgt in allen Datenpfaden die Berechnung des Matrixvektorprodukts Ab_i. Es ist offensichtlich, daß die volle Leistung nur erreicht wird, wenn die Anzahl n der Datenpfade ein Teiler ohne Rest der Dimension N der Matrix B ist.

Der MISD–Anordnung kann eine sequentielle Verarbeitung von Teilverfahren zugeordnet werden. Sie repräsentiert ein Pipelining. Werden nicht einzelne Daten, sondern Datenblöcke sequentiell verarbeitet, so wird dies als Macro–Pipelining bezeichnet. Programmierbare MISD–Anordnungen werden in der Praxis selten benutzt, da eine hohe Auslastung der einzelnen Datenpfade im allgemeinen nicht gegeben ist. Im Falle des Pipelining müßte über eine große Zahl von Algorithmen eine gleiche Zahl von im voraus festgelegten sequentiell zu bearbeitenden Operationen gegeben sein. Für das Macro–Pipelining müßte die Anzahl Teilverfahren und die Anzahl der Operationen in den Teilverfahren in etwa gleich groß und im voraus bekannt sein.

Eine MIMD–Anordnung ist die allgemeinste eines Multiprozessors. Sie unterstützt sowohl Parallelverarbeitung mit gleichen und unterschiedlichen Teilprogrammen als auch das Macro–Pipelining. Allerdings ist dies auch die aufwendigste Form, da Steuerwerke und Instruktionsspeicher mehrfach realisiert werden müssen.

Die Grundstrukturen der Multiprozessoren zeigen einen parallelen Zugriff auf den für Daten bzw. Instruktionen gemeinsam genutzten Speicher. Diese Speicher werden im Englischen als Shared Memory oder als Parallel–RAM (PRAM) bezeichnet. Ein gemeinsamer paralleler Speicher kann durch mehrere Speicherblöcke (memory moduls = MM) und ein Verbindungsnetzwerk realisiert werden. Die Anzahl der voneinander unabhängig les– und schreibbaren Speicherblöcke muß größer oder gleich der Anzahl der Ports zu den Datenpfaden sein. Im allgemeinen haben die Speichermodule nur ein Port, d.h. zur gleichen Zeit kann nur ein Datum (Wort) gelesen oder geschrieben werden. Die prinzipielle Anordnung eines parallelen Speichers zeigt Bild 9.1.4.

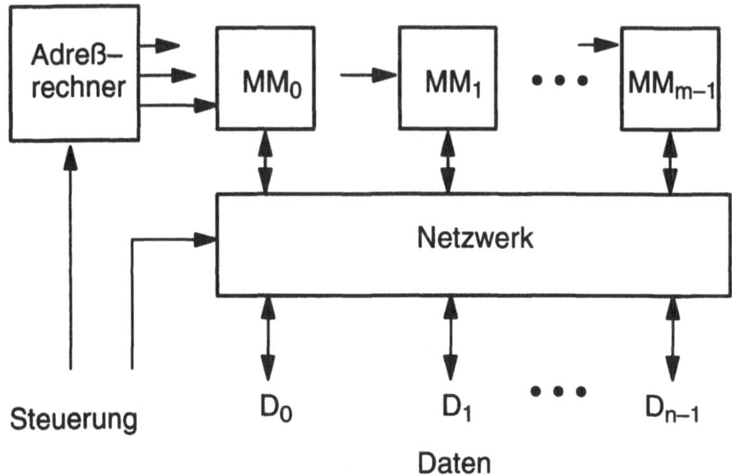

Bild 9.1.4:   Gemeinsamer Speicher eines Multiprozessorsystems mit parallelem Zugriff auf mehrere Speicherblöcke

Für das Verbindungsnetzwerk existieren mehrere Realisierungsformen. Eine vollständige Vernetzung liefert ein Kreuzschienenverteiler. Dieser wird hier wie im allgemeinen üblich, abgeleitet aus dem Englischen, als Crossbar–Netzwerk bezeichnet (Bild 9.1.5). Jeder von m Eingängen kann mit n Ausgängen verbunden werden. Die Schalter des Verbindungsnetzwerkes können nicht völlig wahlfrei geschaltet werden. Einem Ausgang darf nur das Datum von einem Eingang und nicht von mehreren Eingängen zugewiesen werden. Es ist allerdings möglich, daß ein Eingangsdatum mehreren Ausgängen zugewiesen wird (Broadcasting). Wird das Verbindungsnetzwerk in beiden Richtungen (Lesen und Schreiben des Speichers) verwendet, so muß eine Unsymmetrie in der Betriebsweise beachtet werden, da die Bedeutung von Ein– und Ausgang sich ändert. Ein paralleler Speicher benötigt eine komplexe Steuerung, da neben der Schaltinformation für das Netzwerk auch die Speicheradressen parallel für alle Module bereitgestellt werden müssen. In den meisten Fällen wird zur Vereinfachung eine Adreßberechnungseinheit verwendet, die allen Speichermodulen die gleiche Adresse liefert. Über weitere Leitungen können einzelne Speichermodule aktiviert und deaktiviert werden. Ein Crossbar–Netzwerk ist sehr aufwendig, da insgesamt $n \cdot m$ bidirektionale Schalter benötigt werden. Es existieren alternative Netzwerke, die mit einer geringeren Zahl von Schaltern auskommen.

Ein Beispiel hierzu sind einfache, mehrstufige Vertauschungsnetzwerke (Shuffle–Netzwerke). Derartige Vertauschungsnetzwerke können auch mehrstufig unter Verwendung einfacher Schalterfunktionen realisiert werden. In Bild 9.1.6 ist ein Omega–Netzwerk [116], [114] gezeigt. Es hat $\log n$ Stufen und in jeder Stufe $n/2$ Basisschalter. Zwischen jeder Stufe werden die Daten nach einem perfekten Mischen (Perfect Shuffle) ausgetauscht. Für eine reine Vertauschungsfunktion muß der Basisschalter zwei Funktionen (parallele Weiterleitung, kreuzweises Vertauschen) bereitstellen. Das Omega–Netzwerk kann prinzipiell auch Broadcast–Funktionen erfüllen. Hierzu muß jeder Basisschalter 4 Funktionen anbieten. Die zusätzlichen Funktionen sind das Broadcasting des unteren bzw. oberen Eingangswertes. Das Omega–Netzwerk wirkt sehr komplex. Der Aufwand ist allerdings von der Ordnung $O(n \log n)$, während das Crossbar–Netzwerk von der Ordnung $O(n^2)$ ist.

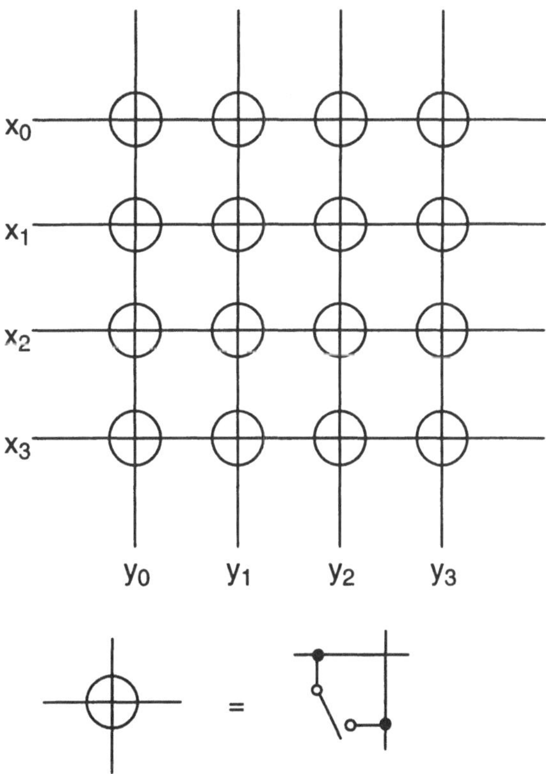

Bild 9.1.5: Crossbar–Netzwerk ($n = m = 4$)

Der vorher diskutierte globale parallele gemeinsame Speicher ermöglicht den Datenaustausch zwischen den einzelnen Prozessorknoten. Da der gemeinsame Speicher zusammen mit den Datenpfaden und Steuerwerken eine Einheit bildet, werden derartige Anordnungen als eng gekoppelte Multiprozessoren bezeichnet. Lose gekoppelte Multiprozessoren bestehen aus mehreren vollständigen Prozessoren, bei denen der Datenaustausch über Netzwerke in einem asynchronen Modus blockweise (Paketübertragung) erfolgt. Jeder Prozessorknoten hat einen Datenpfad, einen Instruktionsprozessor und einen lokalen Speicher für Daten und Instruktionen. Bei lose gekoppelten Multiprozessoren handelt es sich somit um MIMD–Prozessoren.

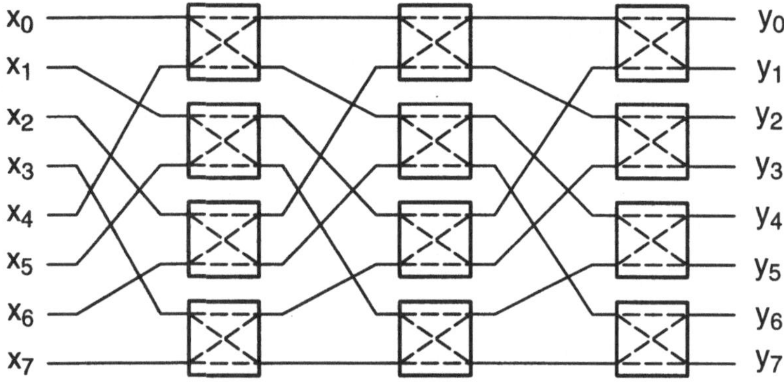

Bild 9.1.6: Vertauschungsnetzwerk für $n = 8$ (Omega–Netzwerk)

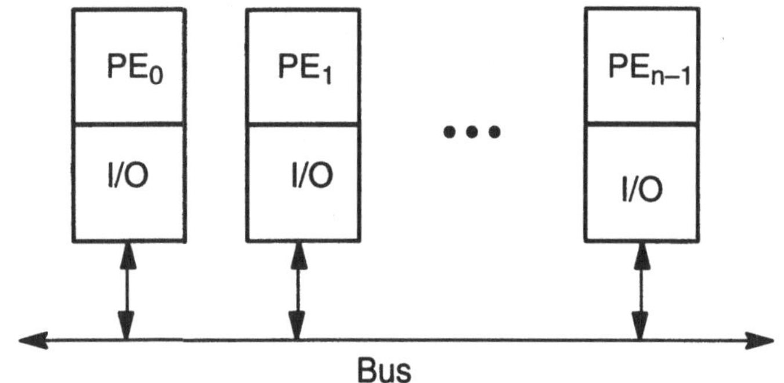

Bild 9.1.7: Kopplung von Prozessoren über einen Bus

Die einfachste Form der Vernetzung lose gekoppelter Prozessoren stellt ein Bussystem dar (Bild 9.1.7). Es gibt Bussysteme, bei denen über zusätzliche Steuer– und Adreßleitungen dafür gesorgt wird, daß keine Konflikte durch den gleichzeitigen Transfer mehrerer Prozessoren auftreten und der Zielprozessor für den Datentransfer eindeutig bestimmt wird. Zur Verminderung der Anzahl der Busleitungen werden auch Bussysteme ohne die zusätzlichen Steuerleitungen realisiert. In diesem

Falle wird jedes Datenpaket mit einem Header versehen, der die wichtigsten Informationen enthält. Bestandteil des Headers ist u.a. der Zielprozessor. Da keine separaten Steuerleitungen die Busbelegung regeln, sind zur Vermeidung von Belegungskonflikten besondere Maßnahmen erforderlich. Jeder Prozessor muß eine Einheit enthalten, die den Bus beobachtet und dafür sorgt, daß ein Transfer nur bei freiem Bus aufgenommen wird. Es kann dann trotzdem passieren, daß mehrere Einheiten zeitgleich die Headerübertragung starten. Aufgrund der Veränderung spezieller Informationsstellen in dem Header kann dies durch die Busbeobachtungseinheit erkannt und die Übertragung abgebrochen werden. Nach einer speziellen Zeitverzögerung kann die Prozessoreinheit die Übertragung neu starten. Das Ethernet ist ein derartiges Übertragungssystem mit serieller Übertragung der Daten– und Headerbits. Bei dem Ethernet werden Koaxialkabel zur Übertragung verwendet. Zur Erhöhung der Übertragungsrate werden bei Überbrückung geringer Entfernungen zwischen den Prozessoren auch bitparallele Bussysteme eingesetzt.

Das vorher erläuterte Bussystem ermöglicht zur gleichen Zeit nur den Datentransfer zu einem Prozessor. Zur Unterstützung des gleichzeitigen Datentransfers mehrerer Prozessoren werden Netzwerke verwendet. In Bild 9.1.8 ist ein 2D Gitternetz gezeigt. In diesem Fall ist der gleichzeitige Transfer zu Nachbarprozessoren möglich. Ein Transfer zu weiter entfernten Prozessorknoten erfogt über dazwischen liegende Prozessoren. Zur Verbesserung der Vernetzung kann das Gitter auf 3D würfelförmige Netze (Cube) oder auf höher dimensionale Hyper–Cubes erweitert werden [114].

Es existieren Prozessoren, die Einheiten zur Unterstützung der Verbindungsnetzwerke enthalten. Der INMOS–Transputer (T800, T9000) enthält auf dem Chip 4 Einheiten für den bitseriellen asynchronen Datenaustausch [117], [118]. Die Bittaktfrequenz während des Transfers beträgt 20 MHz. Aufgrund der 4 Ports ist eine Vernetzung der Transputer in einem 2D Gitter möglich. Der Datenaustausch ist unabhängig von dem eigentlichen Prozessor möglich, d.h. gleichzeitig zu den Operationen erfolgt der Datentransfer.

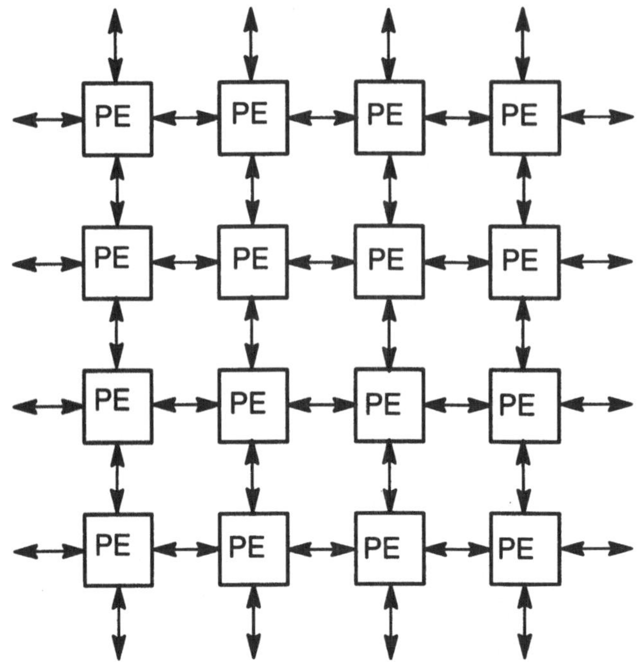

Bild 9.1.8: Prozessorverbindungen mit einem 2D Gitternetz

Der TMS320C40 ist ein DSP–Prozessor mit 6 Datentransfereinheiten auf dem Chip [119]. Dieser Prozessor ermöglicht also auch 3D würfelförmige Netze. Der Datentransfer erfolgt auf 8 bit parallelen Datenleitungen. Vier zusätzliche Leitungen dienen der Steuerung des Datentransfers. Bei einem maximalen Takt von 20 MHz bietet jedes Kommunikationsport eine asynchrone Transferrate von bis zu 20 Mbyte/s. Die Operationen in dem Datenpfad erfolgen unabhängig von dem DMA–Transfer über das Verbindungsnetzwerk. Hierdurch bleibt die hohe Rechenleistung des Prozessors trotz des Datentransfers erhalten. Der Datenpfad des C40 ist für 40 bit Gleitkomma–Operationen mit 25 MHz Takt realisiert. Zur Erzielung einer hohen Rechenleistung enthält der Datenpfad neben einer ALU eine dedizierte Implementierung eines Multiplizierers und eines Barrelshifters.

Lose gekoppelte Prozessoren eignen sich aufgrund des asynchronen paketorientierten Datenaustausches nur für spezielle parallele Algorithmen. Im Bereich der Bildverarbeitung werden viele Low–Level–Algorithmen angewandt, die besser für ein eng gekoppeltes System mit gemeinsamem Speicher geeignet sind. Die Fortschritte der Halbleitertechnologie machen es nun möglich, mehrere Signalprozessoren monolithisch zu realisieren. Ein Beispiel hierzu ist der TMS 320C80 [120]. Ein Blockdiagramm dieses Multiprozessors zeigt Bild 9.1.9. Es handelt sich um eine MIMD–Struktur mit 4 Festkomma–Signalprozessoren. Ein Crossbar–Netzwerk ermöglicht den schnellen Datenaustausch zwischen den Speichereinheiten und den

Prozessoren. Der On–Chip–Speicher hat insgesamt eine Kapazität von 50 kbyte. Bei dem Masterprozessor handelt es sich um einen allgemeinen RISC–Prozessor mit Gleitkomma–Rechenwerk. Der Masterprozessor führt Steuerungsaufgaben durch. Er steuert die Aufgabenverteilung der parallelen DSPs und überwacht die Kommunikation mit externen Prozessoren. Darüber hinaus führt er Teilaufgaben durch, die eine Gleitkomma–Berechnung erfordern. Die 4 parallelen DSPs haben die typische Struktur von Festkomma–DSPs. Sie unterstützen die Rechnung auf 8, 16, und 32 Bit Daten.

Neben den Multiprozessoren, die eine reine Zusammenschaltung von programmierbaren Modulen sind, werden auch Kombinationen von dedizierten Modulen und programmierbaren Prozessoren verwendet. Diese Strukturen werden als heterogene Multiprozessoren bezeichnet. Sie bieten sich immer dann an, wenn das Signalverarbeitungsverfahren Teilverfahren mit besonders hohen Rechenleistungsanforderungen, aber regulärer Struktur enthält. Ein typisches Beispiel für ein solches Teilverfahren ist ein Filter. Bei einem Filter sind alle durchzuführenden Operationen und Datenabhängigkeiten im voraus definiert. Da für jeden Abtastwert eine festgelegte Anzahl von Operationen durchzuführen ist, ergibt sich eine recht hohe Rechenleistung, die proportional zur Abtastrate ist. Wie in Kapitel 6 gezeigt, lassen sich aufgrund der Regularität des Verfahrens aufwandsgünstigere Strukturen gewinnen. Weil das Teilverfahren aufwandsgünstig realisiert werden kann, werden auch die Hardwareaufwendungen für das Gesamtverfahren geringer. Da die dedizierten Module in heterogenen Systemen bezüglich der Architektur und des Verfahrens festgelegt sind und nur wenige Parameter verändert werden können, weisen derartige Anordnungen eine geringere Flexibilität für Änderungen des Verfahrens auf. In Bild 9.1.10 ist als ein Beispiel ein heterogenes System zur Realisierung eines Videocodecs gezeigt [121]. Es besteht aus einem dedizierten Modul für die Bewegungsschätzung (BM–Modul), einem dedizierten Modul für die diskrete Cosinus–Transformation (DCT–Modul) und einem programmierbaren Prozessor, der alle verbleibenden Teilverfahren durchführt. Da die inverse DCT (IDCT) und die DCT strukturell gleich sind, dient das DCT–Modul auch zur Durchführung der IDCT.

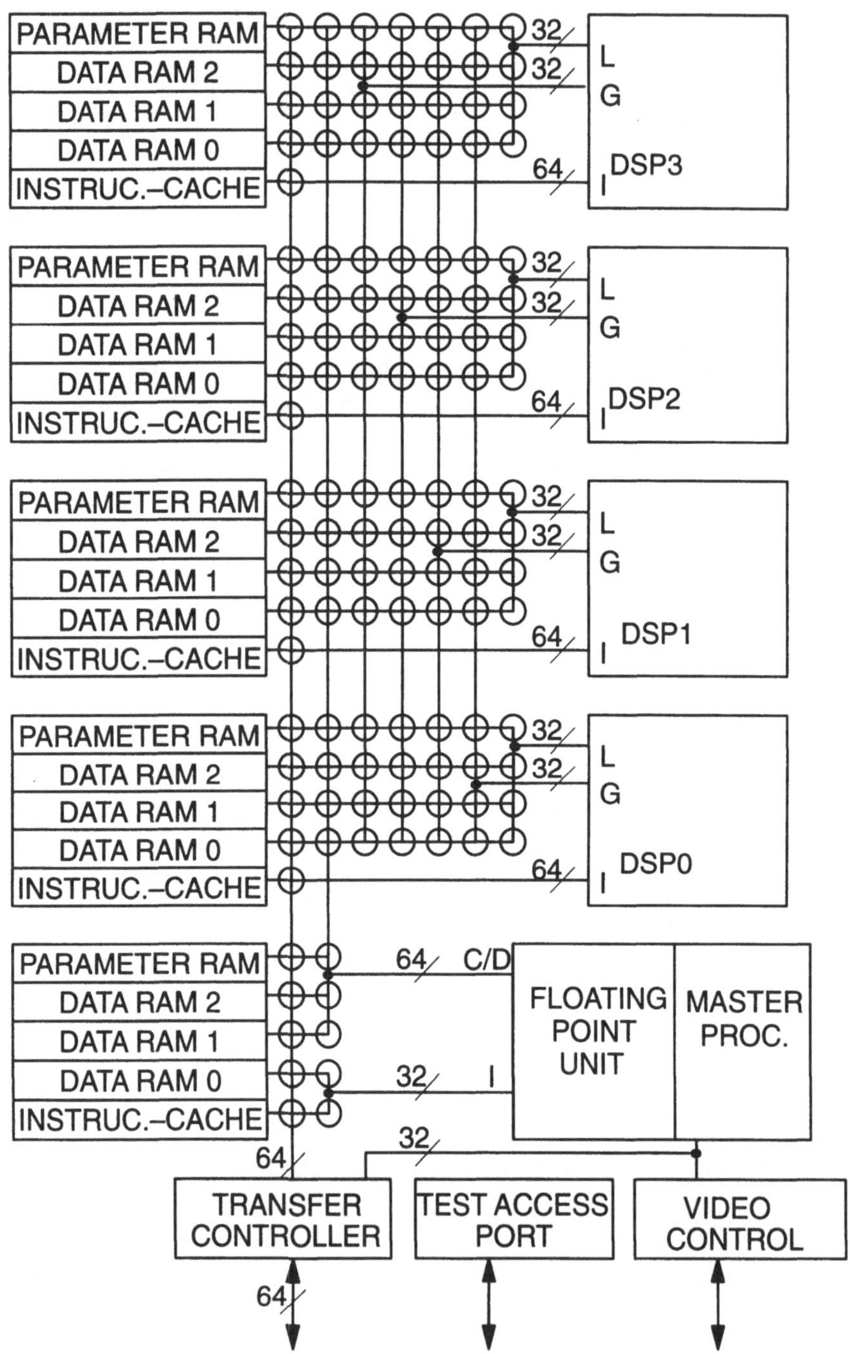

Bild 9.1.9: Blockdiagramm des Multiprozessors TMS 320 C80

Eine besondere Form der Kombination von dedizierten Modulen und programmierbaren Modulen stellen Coprozessor–Anordnungen dar. In diesem Fall wird jedem programmierbaren Prozessor eine spezielle Einheit, der Coprozessor, zugeordnet. Der Coprozessor arbeitet weitgehend autark. Der Datenaustausch zwischen programmierbaren Prozessor und Coprozessor kann über einen Dualport–Speicher oder auch über einen Bus erfolgen. Zur Steuerung des Coprozessors sind im allgemeinen nur wenige Leitungen erforderlich. Bild 9.1.11 zeigt eine prinzipielle Anordnung für ein derartiges Multiprozessorsystem.

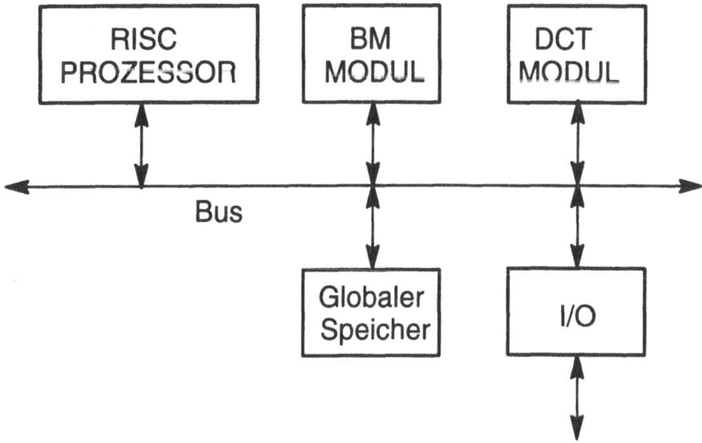

Bild 9.1.10:   Heterogener Videoprozessor aus programmierbarem Prozessor (RISC) und dedizierten Modulen

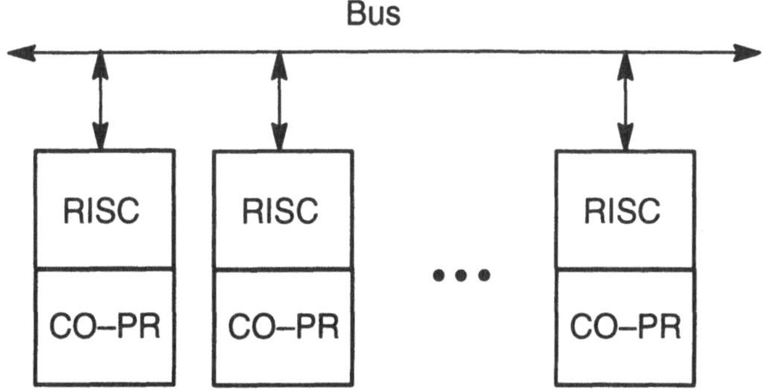

Bild 9.1.11:   Multiprozessor mit Prozessorknoten aus programmierbarem Prozessor (RISC) und dediziertem Coprozessor

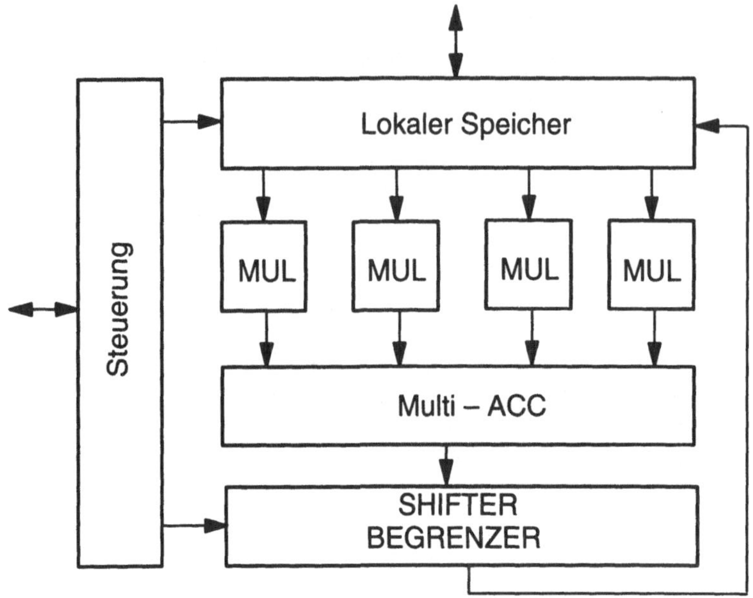

Bild 9.1.12:   Coprozessor für faltungsähnliche Operatoren

Einen speziellen Coprozessor für faltungsähnliche Operationen zeigt
Bild 9.1.12. Dieser Coprozessor unterstützt Algorithmen mit

$$\sum_{i=1}^{N} a_i b_i \qquad (9.1.2)$$

als Kernfunktion. Algorithmen von FIR–Filtern, Lineartransformationen und Korrelationsfunktionen haben einen derartigen Kern. Sofern solche Algorithmen den
Hauptanteil darstellen, ist eine derartige Struktur zweckmäßig.

Ein Vergleich mit dem C80 (Bild 9.1.9) macht die Vorteile deutlich. Auch dieser Prozessor unterstützt mit 4 parallelen Datenpfaden derartige Algorithmen. Jedoch sind die Hardwareaufwendungen deutlich höher. Einer recht einfachen Steuerung des Coprozessors stehen 4 aufwendige Programmsequenzer und
Instruktionsspeicher gegenüber. Auch die Gesamtaufwendungen für den Datenpfad
sind im Falle des Coprozessors geringer.

Der Nachteil des Coprozessors ist leicht zu erkennen. Eine Änderung des Signalverarbeitungsverfahrens mit einem deutlich verringerten Anteil von Teilverfahren mit Kernfunktionen nach (9.1.2) führt zu einem Einbruch der Durchsatzrate, da
die Verarbeitungsanteile zwischen Steuerprozessor und Coprozessor nicht mehr
ausgewogen sind. Die diskutierten Änderungen der Verfahren werden durch eine
Anordnung wie den C80 ohne weiteres unterstützt.

Man erkennt daraus, daß durch Anpassung an die Signalverarbeitungsverfahren aufwandsgünstige Realisierungen erreicht werden. Allerdings wird hierdurch die Flexibilität verringert, d.h. eine Anpassung an Verfahrensänderungen ist nur in begrenztem Umfang möglich. Es muß individuell entschieden werden, ob die Hardwareaufwendungen oder die Flexibilität Priorität hat.

9.2 Leistungsvergleich von Multiprozessorstrukturen

Entsprechend der Untersuchungen in dem Abschnitt 8.3 sollen hier quantitative Vergleiche von SIMD– und MIMD–Strukturen anhand einfacher Modelle erfolgen. Auch die Algorithmen müssen hierzu modelliert werden.

Es sei davon ausgegangen, daß eine Folge von Abtastwerten kontinuierlich verarbeitet werden muß. Die Folge der Abtastwerte sei in Blöcke einer festen Länge unterteilt und jeder Block werde auf die gleiche Art bearbeitet. Die Blockdaten werden in einem Datenspeicher zwischengespeichert und stehen der Verarbeitungseinheit parallel zur Verfügung. Die Bearbeitungszeit eines Blockes sei maßgebend für die Durchsatzrate. Eine eventuell mögliche überlappende Verarbeitung aufeinanderfolgender Blöcke sei nicht berücksichtigt.

Das Gesamtverfahren soll durch mehrere charakteristische Intervalle beschrieben werden. In einem ersten Ansatz können die Teilverfahren in solche ohne expliziten Parallelismus (skalare Verfahren) und solche mit expliziten Parallelismus (parallel verarbeitbare Verfahren) aufgeteilt werden. Innerhalb der skalaren Teilverfahren gibt es solche die untereinander keine Datenabhängigkeiten aufweisen und daher unabhängig voneinander ablauffähig sind. Diese sollen mit *SI* indiziert werden. Daneben gibt es skalare Teilverfahren, die Abhängigkeiten mit nachfolgenden Teilverfahren aufweisen, d.h. nach Absolvierung dieser Teilverfahren sind nachfolgende ablauffähig. Diese sollen mit *SS* indiziert sein. Die parallel verarbeitbaren Verfahren sollen einen Parallelismus durch Aufteilung der Daten bieten. Parallele Teilverfahren, die unabhängig von den Daten gleiche Instruktionen aufweisen, seien mit dem Index *P* charakterisiert. Daneben soll es Teilverfahren mit datenabhängigen Verzweigungen geben. Eine parallele Aufteilung der Daten soll möglich sein, allerdings sind unterschiedliche Instruktionen je nach Programmverzweigung durchzuführen. Diese Teilverfahren seien mit *D* indiziert.

Der Anteil der Operationen der einzelnen charakteristischen Intervalle an den Gesamtoperationen sei durch relative Häufigkeiten *P* beschrieben. Für modellhafte Berechnungen werden mehrere Vereinfachungen angenommen. In jedem Verfahrensintervall soll sich bei dem vorliegenden Datenpfad eine gleich große Anzahl von Zyklen je Operation ($n_{CYC/OP}$) einstellen. Maßgebend zur Bestimmung der Durchsatzrate ist dann nur noch die Zahl der Operationen je Block. Ferner wird für die Parallelverfahren eine beliebige Parallelisierbarkeit angenommen. Die Anzahl der sequentiell abzuarbeitenden skalaren Operationen je Block sei n_{SS}. Die Anzahl unabhängiger skalarer Verfahren betrage k_{SI} und jedes dieser Verfahren habe eine gleich große Anzahl der Operationen je Block und diese betrage n_{SI}. Die Anzahl der parallel verarbeitbaren Operationen je Block sei n_P. Die Anzahl der datenabhängigen Verzweigungen sei k_D und die Anzahl der Operationen je Block in jedem Zweig gleich groß und betrage n_D.

Die Anzahl der durchzuführenden Operationen je Block kann nach der Verfahrensmodellierung in vier Intervalle aufgeteilt werden.

$$
\begin{aligned}
n_{OP/BLOCK} &= n_{SS} + k_{SI}\, n_{SI} + n_P + n_D \\
&= n_{OP/BLOCK}\, (P_{SS} + k_{SI}\, P_{SI} + P_P + P_D)
\end{aligned} \tag{9.2.1}
$$

Dies berücksichtigt, daß für die Summe der relativen Häufigkeiten der 4 Anteile gilt

$$
P_{SS} + k_{SI}\, P_{SI} + P_P + P_D = 1 \tag{9.2.2}
$$

Die Durchsatzrate einer Einprozessormaschine ergibt sich aus dem Kehrwert der Verarbeitungszeit für einen Block.

$$
R_{T,1} = \frac{1}{T_{CLK} \cdot n_{CYC/OP} \cdot n_{OP/BLOCK}} \tag{9.2.3}
$$

In einem Multiprozessor mit der Parallelität n_{PAR} können durch Datenaufteilung die Operationen n_P parallel ablaufen. Eine MIMD–Struktur ermöglicht unterschiedliche Instruktionen in jedem Prozessor. Die Operationen n_D können somit auch parallel erfolgen. Im Falle einer SIMD–Struktur erhalten alle Prozessoren die gleichen Instruktionen. Eine Parallelverarbeitung von Zweigen mit unterschiedlichen Instruktionen ist nicht möglich. Die Operationen für jeden Zweig müssen sequentiell durchgeführt werden. Während der Verarbeitung der Verfahrenszweige muß ein Teil der Prozessoren deaktiviert werden, damit die Operationen an den korrekten Daten erfolgen. Die Aktivierung/Deaktivierung ergibt sich aus der Kenntnis der Datenverteilung und des Kriteriums für die Programmverzweigung. Die skalaren Anteile n_{SS} und n_{SI} können in einer SIMD–Struktur nur sequentiell ablaufen. Aufgrund der Möglichkeit unterschiedlicher Instruktionen in jedem Prozessor einer MIMD–Struktur unterstützt eine derartige Anordnung auch für die unabhängigen skalaren Anteile n_{SI} eine Parallelverarbeitung.

Aus den Überlegungen folgt für die Durchsatzrate eines MIMD–Systems

$$
R_{T,MIMD} = \frac{R_{T,1}}{P_{SS} + \dfrac{k_{SI}\, P_{SI}}{n_{PAR,SI}} + \dfrac{P_P + P_D}{n_{PAR}}} \tag{9.2.4}
$$

$$
n_{PAR,SI} = \min\,(n_{PAR}, k_{SI})
$$

Die Durchsatzrate erhöht sich mit zunehmender Parallelität. Allerdings stellt sich aufgrund der nicht parallelisierbaren Anteile P_{SS} ein Sättigungsverhalten ein. Die Anteile P_{SI} sind maximal mit k_{SI} parallelisierbar.

Im Falle des SIMD– Systems ist zu berücksichtigen, daß die skalaren Operationen nicht parallel erfolgen können. Auch bei den datenabhängigen Verzweigungen müssen die einzelnen Zweige unter Umständen sequentiell ablaufen. Die effektive Parallelität der datenabhängigen Verzweigungen reduziert sich somit mit der Anzahl der Zweige k_D.

$$R_{T,SIMD} = \frac{R_{T,1}}{P_{SS} + k_{SI}\, P_{SI} + \dfrac{P_P + k_D P_D}{n_{PAR}}} \qquad (9.2.5)$$

Die Abhängigkeit von der Parallelität ist ähnlich wie bei dem MIMD–System. Aufgrund der sequentiellen Verarbeitung der unabhängigen skalaren Teilverfahren und der datenabhängigen Verzweigungen ist jedoch die Durchsatzrate geringer. Ein Vergleich der Beziehung (9.2.4) und (9.2.5) zeigt, daß unter dem Aspekt der Durchsatzrate eine MIMD–Struktur zu bevorzugen ist. Da ein MIMD–System größere Hardwareaufwendungen erfordert, ist jedoch die Frage der Effizienz zu untersuchen.

Entsprechend der Struktur nach Bild 8.1.11 setzt sich die Siliziumfläche eines Einprozessorsystems aus 4 Anteilen zusammen.

$$A_{Si,1} = A_{IM} + A_{IP} + A_{DP} + A_{DM} \qquad (9.2.6)$$

Es sei nun vereinfachend angenommen, daß der gemeinsame Datenspeicher bei einem Multiprozessor proportional zu der Anzahl der parallelen Verarbeitungseinheiten zunimmt. Für die Flächen der Multiprozessoren gilt dann:

$$\begin{aligned}
A_{Si,MIMD} &= n_{PAR}\,(A_{IM} + A_{IP} + A_{DP} + A_{DM}) \\
&= n_{PAR}\, A_{Si,1}
\end{aligned} \qquad (9.2.7)$$

$$\begin{aligned}
A_{Si,SIMD} &= A_{IM} + A_{IP} + n_{PAR}\,(A_{DP} + A_{DM}) \\
&= (\alpha + n_{PAR}\,\beta)\, A_{Si,1}
\end{aligned} \qquad (9.2.8)$$

Wird mit Hilfe von (4.2.12) die Abhängigkeit der Effizienz von der Anzahl paralleler Einheiten untersucht, so erhält man für $n_{PAR} > k_{SI}$:

MIMD:

$$\frac{d\eta}{\eta} = \left[\frac{P_P + P_D}{n_{PAR}\,(P_{SS} + P_{SI}) + P_P + P_D} - 1 \right] \frac{dn_{PAR}}{n_{PAR}} \qquad (9.2.9)$$

SIMD:

$$\frac{d\eta}{\eta} = \left[\frac{P_P + k_D P_D}{n_{PAR}\,(P_{SS} + k_{SI}\,P_{SI}) + P_P + k_D P_D} - \frac{n_{PAR}\,\beta}{\alpha + n_{PAR}\,\beta}\right]\frac{dn_{PAR}}{n_{PAR}} \qquad (9.2.10)$$

Die Beziehung (9.2.9) zeigt, daß bei MIMD–Systemen die Effizienz mit Vergrößerung von n_{PAR} ständig abnimmt. Bei den SIMD–Systemen gibt es erst einen Anstieg der Effizienz und dann für große Werte von n_{PAR} einen Abfall. Bei den SIMD–Systemen gilt als optimaler Wert für n_{PAR}.

$$n_{PAR,OPT} = \sqrt{\frac{\alpha}{\beta} \cdot \frac{P_P + k_D P_D}{P_{SS} + k_{SI} P_{SI}}} \qquad (9.2.11)$$

Werden folgende Werte der Parameter angenommen

$$\alpha = \beta = 0,5$$

$$P_{SS} = 0{,}1 \qquad P_{SI} = 0{,}05 \quad k_{SI} = 4$$

$$P_P = 0{,}6 \qquad P_D = 0{,}1 \quad k_D = 2$$

so gilt

$$n_{PAR,OPT} \approx 2 \qquad (9.2.12)$$

Für die angenommenen Modellparameter erweist sich nur eine SIMD–Struktur mit wenigen Prozessoren als effizient. Aus diesem Grunde werden auch SIMD–Cluster als eine Kombination von SIMD und MIMD vorgeschlagen. Als SIMD–Cluster werden Anordnungen mit mehreren parallel arbeitenden SIMD–Systemen bezeichnet, wobei jedes SIMD–System nur wenige Knoten enthält.

Hilfreich zur Bewertung der jeweiligen Prozessorsysteme ist ein Diagramm, welches die Durchsatzrate in Abhängigkeit der Siliziumfläche darstellt. Durch Verknüpfung der Beziehung (9.2.4) und (9.2.7) bzw. (9.2.5) und (9.2.8) kann eine derartige Abhängigkeit abgeleitet werden. In Bild 9.2.1 ist die Abhängigkeit von Durchsatzrate und Siliziumfläche für die vorher spezifizierten Daten skizziert. Es ist erkennbar, daß die MIMD–Strukturen für die gleiche Siliziumfläche eine höhere Durchsatzrate bieten. Ursache für das günstigere Verhalten sind die im Falle des SIMD sequentiell abzuarbeitenden Verfahrensanteile *SI* und *D*.

Eine Modifikation der Modellparameter kann zu anderen Aussagen führen. Ein Parametersatz

$$\alpha = \beta = 0,5$$
$$P_{SS} = 0{,}2$$
$$P_P = 0{,}6 \qquad P_D = 0{,}2 \qquad k_D = 2$$

liefert als Ergebnis, daß die SIMD–Struktur für die gleiche Siliziumfläche eine höhere Durchsatzrate bietet. Bild 9.2.2 zeigt die zugehörige Beziehung von Durchsatzrate und Siliziumfläche.

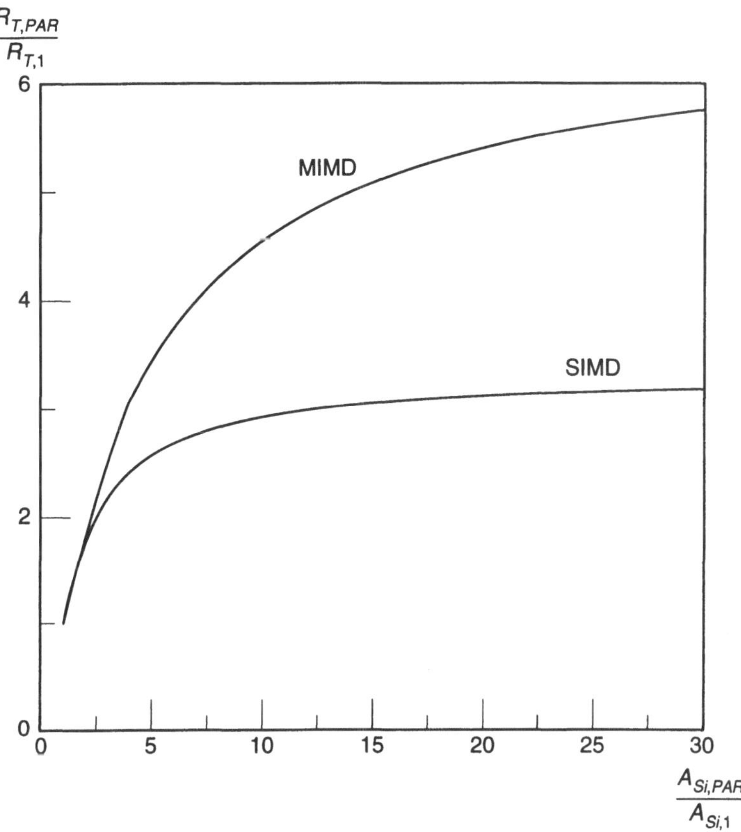

Bild 9.2.1: Durchsatzrate in Abhängigkeit der Siliziumfläche für MIMD– und SIMD–Strukturen. Modellparameter: $\alpha = \beta = 0,5$; $P_{SS} = 0,1$; $P_{SI} = 0,05$; $k_{SI} = 4$; $P_P = 0,6$; $P_D = 0,1$; $k_D = 2$

Aus den Betrachtungen folgt, daß die Durchsatzrate als Funktion der Fläche sehr wesentlich von den Modellparametern der Algorithmen beeinflußt wird. Haben Teilverfahren, die mit SIMD–Strukturen nicht parallelisierbar sind, einen dominanten Anteil, dann werden MIMD–Strukturen zu bevorzugen sein. Die Entscheidung muß immer individuell für die jeweils vorliegenden Verfahren getroffen werden.

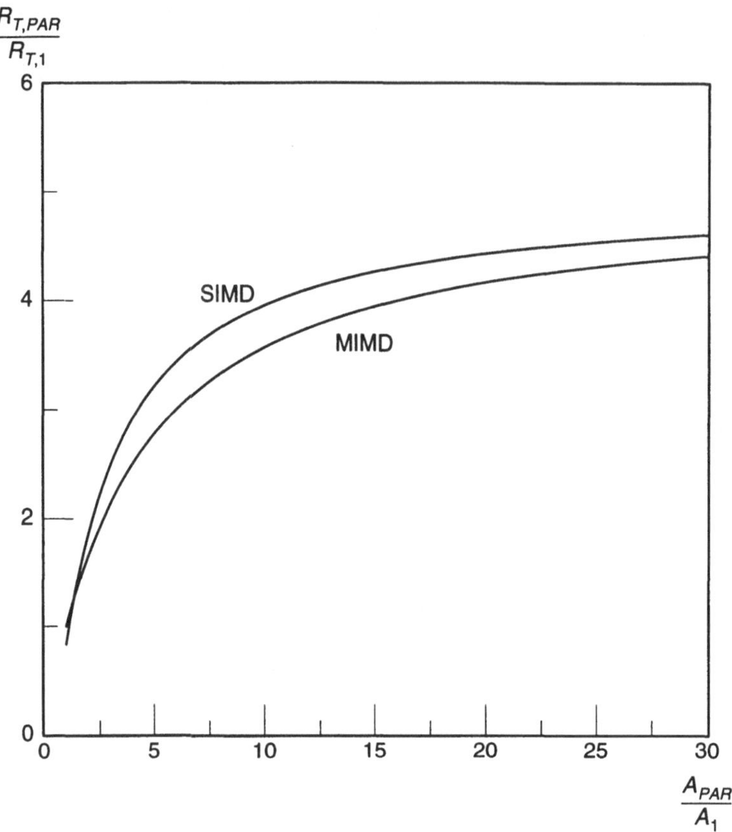

Bild 9.2.2:   Durchsatzrate in Abhängigkeit der Siliziumfläche für MIMD– und SIMD–Strukturen. Modellparameter: $\alpha = \beta = 0,5$; $P_{SS} = 0{,}2$; $P_P = 0{,}6$; $P_D = 0{,}2$; $k_D = 2$

Zur Verdeutlichung des Modellierungsverfahrens und der Optimierung sei ein konkreteres Beispiel betrachtet. Das Verfahren bestehe aus Matrix–Multiplikationen und nachfolgenden Schwellwertoperationen. Die Eingangsdaten seien in quadratische Blöcke mit den Abmessungen $N \cdot N$ aufgeteilt. Jeder Eingangsblock X werde von rechts und von links mit einer Matrix A multipliziert.

$$Y = A^T X A \qquad (9.2.13)$$

Die Elemente $y(i,j)$ der Matrix Y sollen mit einer Schwelle verglichen werden und sofern die Elemente größer als die Schwelle sind, mit einem Faktor b multipliziert werden.

$$y'(i,j) = \begin{cases} y(i,j)b & \text{für } y(i,j) > q \\ 0 & \text{sonst} \end{cases} \qquad (9.2.14)$$

Allerdings sollen die Schwellwertoperationen in einer besonderen Sequenz erfolgen und abgebrochen werden, wenn erstmalig die Schwelle unterschritten wird. Als Ergebnisse werden einer nachfolgenden Einheit nur die Elemente $y'(i,j)$ übertragen für die $y(i,j)$ oberhalb der Schwelle war. Eine mögliche Sequenz, den sogenannten Zick–Zack–Scan zeigt Bild 9.2.3. Die Eigenschaften der Matrix X seien derartig, daß im statistischen Mittel nach $4N$ Werten $y(i,j)$ erstmalig die Schwelle unterschritten wird.

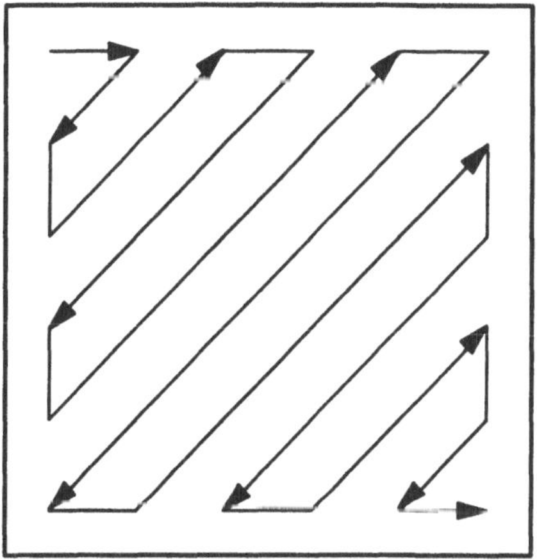

Bild 9.2.3: Zick–Zack–Scan in einem 2D Feld

Dieses Verfahren wird durch zwei Teilverfahren modelliert. Die Matritzenmultiplikationen können durch Datenaufteilung im großem Umfange parallelisiert werden. Dieser Teil hat für jeden Block von Eingangsdaten

$$n_p = 2N^3 \qquad (9.2.15)$$

MAC–Operationen. Das zweite Teilverfahren wird aufgrund der besonderen datenabhängigen Operationen als nicht parallelisierbar eingestuft. Für jedes Matrixelement oberhalb der Schwelle sind zwei Operationen (COMPARE, MUL) durchzuführen. Somit kann dieser Teil mit

$$n_{SS} = 8N \qquad (9.2.16)$$

Operationen modelliert werden. Selbst für relativ kleine Werte von N ist der parallelisierbare Anteil dominant. Für $N=8$ gilt beispielsweise

$$P_P = 0,94; \quad P_{SS} = 0,06$$

Es ist leicht nachzuvollziehen, daß für das spezifische Beispiel eine MIMD–Struktur keine Vorteile bietet, da keine Teilverfahren vorliegen bei denen MIMD günstiger bezüglich der Durchsatzrate ist.

Wegen der speziellen Matrixprodukte ist es zweckmäßig, die Matrizen X, A, XA und Y lokal zu speichern. Da die Speicherkapazität sich nicht mit der Erhöhung paralleler Datenpfade ändert, sei vereinfachend angenommen, daß nur die Datenpfade zur Erhöhung der Siliziumfläche beitragen. Sofern ein Datenpfad 20% der Gesamtfläche eines skalaren Prozessors hat, gilt als Parameter für die Flächenbeziehung

$$\alpha = 0,8 \quad \beta = 0,2$$

Die optimale Parallelität nach (9.2.11) beträgt für diesen Fall bei $N = 8$ dann

$$n_{PAR,OPT} = 8$$

Eine Überlegung zeigt, daß der entwickelte SIMD–Multiprozessor nicht die beste Lösung repräsentiert. Es ist während der Verarbeitung der skalaren Anteile nur ein Prozessor aktiv, die anderen sind deaktiviert. Dies stellt keine optimale Ausnutzung der Ressourcen dar. Im Falle des Multiprozessors haben die skalaren Anteile einen nicht mehr vernachlässigbaren Anteil. Eine Verbesserung kann durch die Kaskadenrealisierung eines SIMD–Prozessors erreicht werden. Der SIMD–Multiprozessor wird nun nur für die Matrixmultiplikation eingesetzt. In einer Kaskadenrealisierung bestimmt das langsamste Glied die Durchsatzrate. Es macht also keinen Sinn, den SIMD–Multiprozessor schneller als den skalaren Prozessor zu machen. Die Durchsatzraten beider Prozessoren sind gleich, wenn der SIMD–Prozessor eine Parallelität entsprechend dem Verhältnis der Operationen beider Teilverfahren aufweist.

$$n_{PAR} = \frac{n_P}{n_{SS}} = \frac{N^2}{4} \tag{9.2.17}$$

Für $N=8$ weist die neue Anordnung eine um den Faktor 16 erhöhte Durchsatzrate auf. Unter den vorher gemachten Annahmen erhöht sich die Siliziumfläche im Vergleich zum skalaren Prozessor um den Faktor 5 (4fache Fläche des SIMD–Multiprozessors plus 1 skalarer Prozessor). Die entsprechenden Zahlen für den reinen SIMD–Multiprozessor mit einer Parallelität von 8 sind Faktor 5,6 für die Durchsatzrate und Faktor 2,4 für die Fläche. Im Vergleich zum skalaren Prozessor weist die Kaskadenrealisierung somit eine Effizienzsteigerung von 3,2 auf, während die reine SIMD–Anordnung nur 2,3 aufweist.

Die diskutierte Kaskadenrealisierung deutet bereits auf erzielbare Gewinne von heterogenen Strukturen hin. Die Matrixoperationen eignen sich wegen ihrer Regularität für dedizierte Realisierungen mit systolischen Strukturen aus dem Kapitel 5. Dedizierte Strukturen können mit minimal erforderlichem Aufwand realisiert werden. Die Effizienz kann somit weiter gesteigert werden. Es kann gefolgert werden, daß Architekturanpassungen an das Problem zu einer Aufwandsminimierung führen.

9.3 Aufgaben

1. Implementierungen der DFT mit einem SIMD–Multiprozessorsystem sollen untersucht werden. Die DFT ist fortlaufend für Vektoren x mit N Werten durchzuführen. Die Anzahl der Datenpfade n und die Vektorlänge N seien Zweierpotenzen mit $n < N$. Die nachfolgenden Fragen sollen für spezielle Werte $N = 16$ und $n - 4$ behandelt werden. Der gemeinsame Datenspeicher soll aus n Speicherblöcken (MM) und einem Netzwerk für den parallelen Zugriff bestehen.

    a. Es sollen n Vektoren x gleichzeitig bearbeitet werden. Die Vektoren x und die Matrix W (7.2.1) sind zweckmäßig auf die Speicherblöcke zu verteilen. Der Ablauf der Speicherzugriffe und der Operationen ist zu formulieren. Welche Verbindungen muß das Netzwerk im zeitlichen Ablauf bereitstellen?

    b. Zeitgleich soll jetzt nur 1 Vektor x bearbeitet werden, d.h. die Elemente eines Vektors sind auf die Speicherblöcke aufzuteilen. Wie ändert sich der zeitliche Ablauf von Netzwerkverbindungen und Operationen?

    c. Die Verarbeitung soll durch Einsatz der FFT beschleunigt werden. Wie ändert sich der zeitliche Ablauf für Netzwerkverbindungen und Operationen für den Fall, daß n Vektoren x gleichzeitig bearbeitet werden?

    d. Wie im Aufgabenteil b. ist nun die zeitgleiche Bearbeitung nur eines Vektors x zu untersuchen. Welche Probleme stellen sich bei der Abwicklung der FFT ein?

2. Es sollen Realisierungen 2D digitaler Filter mit SIMD–Multiprozessorsystemen untersucht werden. Die 2D Impulsantwort sei nicht separierbar und habe $n_h \cdot n_v$ Koeffizienten. Die zu filternden Bilddaten seien durch $n_{P/L}$ (Bildpunkte pro Zeile) und $n_{L/F}$ (Zeilen pro Bild) charakterisiert. Die Bildwiederholfrequenz sei f_F. Die nachfolgenden Fragen sollen für die speziellen Werte $n_h = n_v = 5$, $n_{P/L} = n_{L/F} = 512$, $f_F = 25$ Hz behandelt werden. Es wird davon ausgegangen, daß die Bilddaten zeilensequentiell zur Verfügung gestellt werden, und eine besondere Behandlung der Bildränder nicht erfolgt. Es wird eine hierarchische Speicheranordnung mit größeren externen Speichern und kleineren lokalen Speichern, die den Datenpfaden zugeordnet sind, angenommen.

    a. Es soll eine Realisierung durch Aufgabenteilung erarbeitet werden, d.h. die Datenpfade übernehmen einen Teil der Operationen für jeden Ergebniswert. Welches ist eine sinnvolle Aufgabenteilung? Welche Parallelität ist implementierbar? Die Speicheranordnung mit den zugehörigen Daten ist zu beschreiben. Welche Datentransferrate zwischen Multiprozessor und externem Speicher ist erforderlich? Wie groß ist die minimale Speicherkapazität des lokalen Speichers?

b. Es soll eine Realisierung durch Datenverteilung erarbeitet werden, d.h. die Datenpfade führen alle Operationen für einen Ergebniswert durch, jedoch jeweils für andere Eingangsdaten. Welches ist eine sinnvolle Datenaufteilung? Welche Parallelität ist prinzipiell erzielbar? Das zugehörige Speicherkonzept ist zu erläutern und die sich ergebenden minimalen Speicherkapazitäten zu ermitteln.

c. Die Eingangsdaten sollen nun zunächst in einem Blockzeilenspeicher zwischengespeichert und dann in einem Mäander–Scan den Prozessoren zugeführt werden. Ein Blockzeilenspeicher ist ein RAM–Speicher für mehrere Zeilen. Den Mäander–Scan charakterisiert die nachfolgende Skizze.

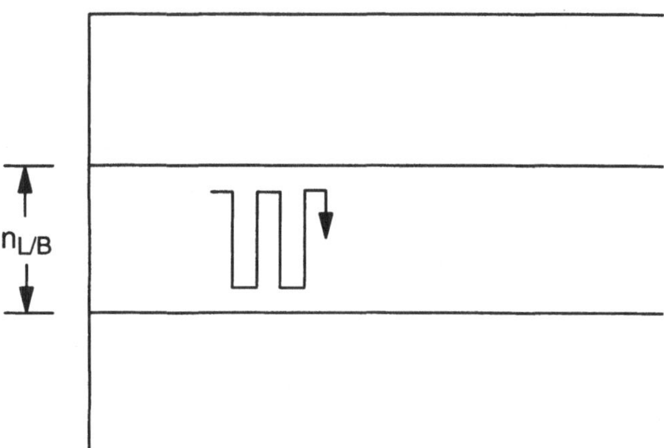

Die Zahl der Zeilen je Block $n_{L/B}$ muß größer als n_v sein. Für die speziellen Zahlenwerte sei von $n_{L/B} = 8$ ausgegangen. Der SIMD–Prozessor soll einen gemeinsamen Speicher haben. Die minimale Speicherkapazität des gemeinsamen Speichers ist für die Prozessoranzahlen

$$n_{PE,a} = n_{L/B} - n_v + 1$$

$$n_{PE,b} = (n_{L/B} - n_v + 1)^2$$

zu ermitteln. Welche Speicherkapazität muß der Blockzeilenspeicher haben und welche Datentransferrate zwischen Blockzeilenspeicher und Multiprozessor stellt sich ein?

3. Ein zu implementierendes Verfahren sei blockorientiert, d.h. für einen Block von Daten wiederholt sich periodisch die Verarbeitung. Entsprechend Ab-

schnitt 9.2 seien die Operationen je Block durch zwei Klassen charakterisiert, und zwar durch unabhängige skalare Operationen n_{SI} mit $k_{SI} = 1$ und beliebig parallelisierbare Operationen n_P.

a. Es sind Realisierungen mit reinen SIMD– und MIMD–Systemen zu vergleichen. Hierzu können die Beziehungen (9.2.4), (9.2.5), (9.2.7) und (9.2.8) benutzt werden, wobei für (9.2.8) $\alpha = \beta = 0,5$ angenommen sei. Es ist zu zeigen, daß für eine gegebene Siliziumfläche SIMD–Systeme die höchste Durchsatzrate bieten.

b. Eine MIMD–Struktur ermöglicht unterschiedliche Instruktionen in jedem Prozessorknoten. Eine alternative Implementierung ist derartig möglich, daß ein Prozessorknoten die skalaren Operationen n_{SI} und die verbleibenden Prozessorknoten gleichzeitig die parallelisierbaren Operationen n_P durchführen. Die äquivalenten Beziehungen zu (9.2.4) und (9.2.7) sind abzuleiten. Bei welcher Anzahl von Prozessorknoten n_{PE} wird die maximale Durchsatzrate erzielt? Für welche Anzahl n_{PE} ist diese Lösung günstiger (höhere Durchsatzrate bei gegebener Fläche)? Hierzu sei $n_P/n_{SI} = 16$ angenommen.
   Hinweis: Einer der beiden Operationsanteile dominiert die Verarbeitungszeit und entsprechend die Durchsatzrate.

c. Die SIMD–Struktur soll durch eine parallele Realisierung eines skalaren Prozessors und eines SIMD–Prozessors ersetzt werden. Die äquivalenten Beziehungen zu (9.2.5) und (9.2.8) sind abzuleiten. Bei welcher Anzahl von Prozessorknoten n_{PE} wird die maximale Durchsatzrate erzielt? Für welche Anzahl n_{PE} ist dies die günstigste Lösung?

4. Ein zu implementierendes blockorientiertes Verfahren habe unabhängige skalare Operationen n_{SI} ($k_{SI} = 1$) und parallelisierbare Operationen n_P. Die Parallelisierbarkeit sei auf $n_{PAR,max}$ beschränkt. Beispielsweise sei $n_{PAR,max} = 16$. Aufgrund des speziellen Verfahrens sind für Parallelisierungen unterhalb von $n_{PAR,max}$ nur Zweierpotenzen sinnvoll, d.h. $n_{PAR} \in \{1, 2, 4, 8, 16\}$
   Die Operationsanteile sollen ein Verhältnis $P_P/P_{SI} = 25$ haben.

   a. Es ist eine Realisierung mit reinen SIMD–Systemen zu untersuchen. Wie groß ist die maximal erzielbare Durchsatzrate? Bei welcher Parallelität der zulässigen Werte ergibt sich die höchste Effizienz? Wie groß ist dann die Durchsatzrate und der Flächenaufwand?

   b. Es soll nun eine parallele Realisierung aus einem skalaren Prozessor und einem SIMD–Prozessor verfolgt werden. Wie groß ist die maximal erzielbare Durchsatzrate? Bei welcher Prozessoranzahl ergibt sich die höchste Effizienz? Wie groß ist in diesem Fall die Durchsatzrate und der Flächenaufwand?

10 Implementierungsstrategien

Die Entwicklung von DSP–Systemen wird in einer speziellen Folge von Entwurfsphasen durchgeführt. In den einzelnen Entwicklungsphasen existieren unterschiedliche Entwurfebenen. Die Systemebene ist die höchste Ebene. Hier werden Systempartitionierungen und die Einbettung des speziellen Systems in die Umgebung betrachtet. Es folgt die Algorithmusebene bei der funktionale Beziehungen zwischen den Schnittstellendaten und den internen Daten beschrieben werden. In der darunterliegenden Architekturebene wird die Zusammenschaltung von Blöcken für die Durchführung der Datenoperationen und zur Speicherung formuliert. Die nachfolgende Schaltungsebene enthält die Verknüpfungen von Gattern und Transistoren. Die Optimierung von Logik und der Transistorabmessung ist hier eingeschlossen. Es folgt die Layout–Ebene, in der der physikalische Entwurf beschrieben wird. In der untersten Ebene, der Technologie–Ebene, werden Halbleitertechnologien sowie Gehäuse– und Montagetechniken für die Realisierung betrachtet.

Im allgemeinen wird der Entwurf in der Reihenfolge System, Algorithmus, Architektur, Schaltung durchgeführt. Wie aber etliche Beispiele in den vorangegangenen Kapiteln gezeigt haben, besteht eine Interaktion zwischen diesen Ebenen. Aufgrund der gegenseitigen Beeinflussung der Beschreibungsebenen sollten schon frühzeitig, also auf der Algorithmusebene, Modifikationen ermittelt werden, die zu einer Reduktion des Hardwareaufwandes führen. Inwieweit Modifikationen der Algorithmen Einfluß auf die Realisierung bzw. Verarbeitungszeit haben, hängt von der Art der Realisierung ab. Eine Realisierung mit vollkundenspezifisch entworfenen integrierten Schaltungen ermöglicht Eingriffe bis auf den Bit–Level. Realisierungen mit DSP–Prozessoren vom Markt lassen nur eine Programmoptimierung auf der Instruktionsebene zu.

In einem nachfolgenden Abschnitt werden Architekturmodifikationen an einigen Beispielen vorgestellt, die die Hardwareaufwendungen bzw. die Verarbeitungszeit vermindern. Ein zweiter Abschnitt zeigt Realisierungsalternativen und den zugehörigen Entwurfsablauf.

10.1 Algorithmusabhängige Architekturmodifikationen

Eine fortlaufende Verarbeitung von Signalen unter speziellen Zeitanforderungen führt auf die Durchsatzrate als maßgebende Größe. In Ergänzung zur Durchsatzrate können weitere charakteristische Daten, die einen Bezug zur Implementierung haben, formuliert werden.

Beispiele hierzu sind:

- Rechenleistung
- Speicherkapazität
- Regularität und Modularität
- Parallelität

Für einen gegebenen Algorithmus können die Operationen gezählt werden und durch Verknüpfung mit den Zeitanforderungen wird die Rechenleistung bestimmt. Bei der Rechenleistung werden alle Operationen gleich bewertet, d.h. Unterschiede im Aufwand der Realisierung und der Verarbeitungszeit sind nicht berücksichtigt. Trotz dieser Schwäche liefert die Rechenleistung brauchbare Schätzwerte. Aus dem Algorithmus kann abgeleitet werden, wie lange ein Datum nach erstmaligem Auftreten für die Verarbeitung zur Verfügung stehen muß (Lebensdauer). Aus der Lebensdauer aller Daten kann auf die minimale Speicherkapazität geschlossen werden. Aus der wiederholten Benutzung von Funktionsmodulen in Algorithmen wird auf die Regularität geschlossen. Wie in Kapitel 5 gezeigt, bieten reguläre Algorithmen viele alternative Realisierungen. Aufgrund der Modularität sind auch die Entwurfsaufwendungen verringert. Aus dem Algorithmus kann abgeleitet werden, welche Daten unabhängig voneinander verarbeitet werden können und welche Funktionseinheiten sich nicht gegenseitig beeinflussen. Hieraus können mögliche Parallelisierungsstrategien und Parallelisierungsgrade abgeleitet werden. Die vorstehende Diskussion soll andeuten, auf welche Art aus Algorithmen, die in Programmform oder als Graph gegeben sind, Kennwerte für die Realisierung ermittelt werden.

Aufgrund algebraischer Axiome und der Linearität können Algorithmen ohne das Ergebnis zu ändern strukturell modifiziert werden. Diese Modifikationen führen zu einer Änderung der Signalverarbeitungskennwerte und im gewünschten Sinne zu einer Erniedrigung des Aufwandes bzw. der Verarbeitungszeit.

Zunächst seien Transformationen auf der Basis der Distributivität und der Assoziativität betrachtet. Der Satz über die Distributivität lautet

$$a \cdot b + a \cdot c = a \cdot (b + c) \tag{10.1.1}$$

Die linke Seite benötigt 2 Multiplikationen und 1 Addition, während die rechte Seite nur 1 Multiplikation erfordert. Die Transformation von links nach rechts erspart eine Operation. Es ist zu beachten, daß dieser Gewinn auch bei anderen Algebren auftritt. Es existieren beispielsweise Algorithmen mit einer ADD–Compare–Select–Logik . Im Sinne der Distributivität kann auch hierbei eine Operation eingespart werden. Es gilt

$$\max\{a + b, a + c\} = a + \max\{b, c\} \tag{10.1.2}$$

In diesem Falle übernimmt die Addition die Rolle der Operation $\cdot$ und die Maximumauswahl die Rolle der Operation $+$.

Die Assoziativität besagt, daß die Reihenfolge, in der die zugehörige Operation durchgeführt wird, keine Rolle spielt. Für die Addition lautet dieser Satz

$$(a + b) + c = a + (b + c) \qquad (10.1.3)$$

Durch die Änderung der Reihenfolge wird keine Operation eingespart. Allerdings kann hierdurch in speziellen Fällen eine Operation aus dem zeitkritischen Pfad entfernt werden. Ein Beispiel hierzu zeigt Bild 10.1.1. Es wird der angedeutete, zeitkritische Pfad um eine Operation reduziert. Sofern es sich bei b und c um Konstanten und nicht um Variablen handelt, kann sogar eine Operation gespart werden.

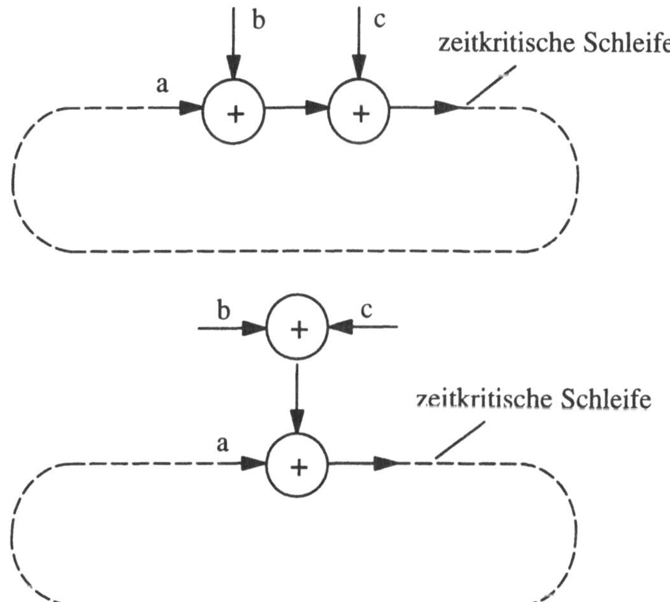

Bild 10.1.1: Modifikation einer zeitkritischen Schleife durch Anwendung der Assoziativität von Operanden

Die algebraischen Axiome und die daraus abgeleiteten Theoreme können auch bei zusammengesetzten Funktionen benutzt werden. Ein Beispiel hierzu ist die komplexe Multiplikation nach Bild 7.2.3. Es wird dort eine Alternative gezeigt, die einen Addierer mehr und einen Multiplizierer weniger hat. Für dedizierte Implementierungen ist dies eine Reduktion des Aufwandes für den Datenpfad. Es ist zu beachten, daß in der ursprünglichen Struktur für jeden Koeffizienten zwei Zahlenwerte (Re, Im), in der modifizierten Struktur jedoch drei Zahlenwerte (Re + Im, Im, Re − Im) zu speichern sind. Dies bedeutet eine Vergrößerung der Speicherkapazität. Den Minderaufwendungen im Datenpfad stehen also Mehraufwendungen im Speicher gegenüber. Für Realisierungen mit DSP–Prozessoren hat die modifizierte Struktur keinen Vorteil, da sowohl Multiplikation als auch Addition die gleiche Zahl von Zyklen benötigen. Es sei angemerkt, daß die Struktur nach Bild 7.2.3 auch für die Rotation in der Ebene gilt. Die gezeigten Modifikationen auf der Operationsebene können auf die Funktionsebene ausgeweitet werden. Ein Beispiel in Analogie zum Distributionssatz zeigt Bild 10.1.2.

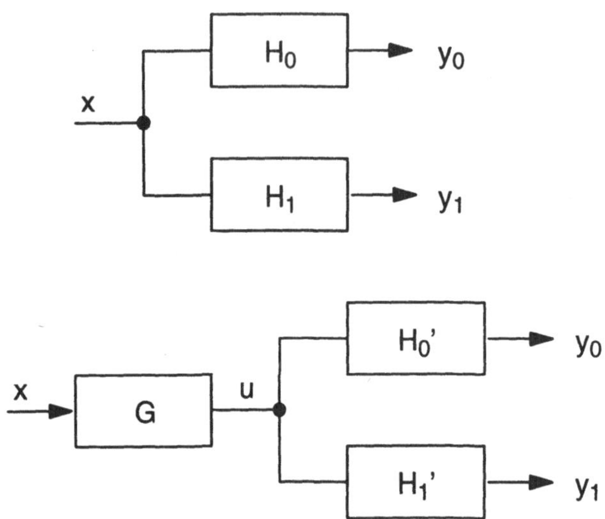

Bild 10.1.2: Modifikation von parallelen Verarbeitungseinheiten durch Herausziehen gemeinsamer Funktionsteile

Die Beziehung (10.1.1) kann so formuliert werden, daß gemeinsame Faktoren ausgeklammert werden. In Bild 10.1.2 werden gemeinsame Funktionsteile herausgezogen. Die Reduktionen bezüglich der Operationen sollen für Realisierungen von FIR–Filter abgeleitet werden. Es seien H_0 und H_1 FIR–Filter mit N Koeffizienten.

$$y_0(i) = \boldsymbol{h}_0^T \boldsymbol{x}\,(i)$$
$$y_1(i) = \boldsymbol{h}_1^T \boldsymbol{x}\,(i) \tag{10.1.4}$$

Die Abspaltung eines Teilfilters G entspricht im Frequenzbereich einem Produkt der Übertragungsfunktionen.

$$H_0(e^{j\omega}) = G(e^{j\omega})\, H_0'(e^{j\omega})$$
$$H_1(e^{j\omega}) = G(e^{j\omega})\, H_1'(e^{j\omega}) \tag{10.1.5}$$

Das Produkt im Frequenzbereich entspricht im Zeitbereich einer Kaskadierung.

$$u(i) = \boldsymbol{g}^T \boldsymbol{x}(i)$$
$$y_0(i) = \boldsymbol{h_0'}^T \boldsymbol{u}(i) \qquad (10.1.6)$$
$$y_1(i) = \boldsymbol{h_1'}^T \boldsymbol{u}(i)$$

Es sei angenommen, daß $\boldsymbol{h_0'}^T$ und $\boldsymbol{h_1'}^T$ jeweils $N-M$ Koeffizienten haben. Zum Erreichen des ursprünglichen Filtergrades benötigt $\boldsymbol{g}^T M+1$ Koeffizienten, wobei einer der Koeffizienten immer auf 1 gesetzt werden kann. Benötigte die ursprüngliche Struktur nach (10.1.4) noch $2N$ MAC–Operationen, so sind dies für die Struktur nach (10.1.6) nur noch $2N-M$ MAC–Operationen. Eine merkbare Ersparnis an Operationen wird somit erzielt.

Es existieren weitere Funktionen, die eine Kaskadenrealisierung mit vereinfachten Teilfunktionen erlauben. Viele der bekannten Lineartransformationen wie diskrete Fourier–, Hadamard– und diskrete Cosinus–Transformation [3] gehören dazu. Für die DFT ist eine Formulierung in Matrixschreibweise nach (7.2.1) möglich.

Die Matrix W der DFT kann nun in Teilmatrizen $W_0, W_1, ... W_{\log N}$ aufgespalten werden.

$$\begin{aligned} \boldsymbol{y} &= \boldsymbol{W}\boldsymbol{x} \\ &= \boldsymbol{W}_{\log N} ... \boldsymbol{W}_1 \boldsymbol{W}_0 \boldsymbol{x} \end{aligned} \qquad (10.1.7)$$

Für die Teilmatrizen existieren mehrere Alternativen. Eine mögliche Lösung kann über die FFT abgeleitet werden. Beispielsweise gilt für Matrix W_0 im Falle der FFT nach Bild 7.3.1 ($N = 8$).

$$\boldsymbol{W}_0 = \begin{bmatrix} 1 & 0 & 0 & 0 & 1 & 0 & 0 & 0 \\ 0 & 1 & 0 & 0 & 0 & 1 & 0 & 0 \\ 0 & 0 & 1 & 0 & 0 & 0 & 1 & 0 \\ 0 & 0 & 0 & 1 & 0 & 0 & 0 & 1 \\ w^0 & 0 & 0 & 0 & -w^0 & 0 & 0 & 0 \\ 0 & w^1 & 0 & 0 & 0 & -w^1 & 0 & 0 \\ 0 & 0 & w^2 & 0 & 0 & 0 & -w^2 & 0 \\ 0 & 0 & 0 & w^3 & 0 & 0 & 0 & -w^3 \end{bmatrix} \qquad (10.1.8)$$

Die Matrix W_0 ist schwach besetzt, d.h. es gibt nur wenige Koeffizienten ungleich Null. Aus der Struktur von W_0 folgt, daß zur Realisierung insgesamt N komplexe Additionen/Subtraktionen und $N/2-2$ komplexe Multiplikationen erforderlich sind. Hierbei wurde berücksichtigt, daß für die Faktoren w^i eine Transformation nach (10.1.1) möglich ist und daß $w^0 = 1$ ist. Für die anderen Matrizen W_k gelten ähnliche

Beziehungen. Für alle Matrizen werden in Summe die in Tabelle 7.3.1 gezeigten Werte als Anzahl der Operationen erzielt.

Die bisher vorgestellten Modifikationen wurden auf der Wortebene durchgeführt. Auch die speziellen Strukturen auf Bitebene innerhalb von Daten können für Alternativen mit geringerem Aufwand genutzt werden. Dies soll für ein FIR–Filter diskutiert werden.

Es sei von einem FIR–Filter mit N Koeffizienten ausgegangen, wobei jeder Koeffizient m Bit habe. Der Aufwand für den operativen Teil (ohne Speicher) kann in Anzahl von Addierern k_{ADD} formuliert werden. Eine direkte Multipliziererrealisierung benötigt $(m-1)$ Addierer. Das gesamte Filter resultiert dann in

$$k_{ADD} = N \cdot m \qquad (10.1.9)$$

als äquivalentem Addiereraufwand. Die spezifischen Eigenschaften des Filters können zu einer Aufwandsreduktion genutzt werden. In Bild 10.1.3 ist eine typische Impulsantwort eines FIR–Filters gezeigt. Vom Mittelpunkt der Koeffizienten ausgehend nimmt die Amplitude der Filterkoeffizienten ab. Aufgrund der abnehmenden Amplitude reduziert sich auch die maximale Anzahl von Null abweichender Bits zur Repräsentation der Amplituden. Charakteristische Filterfunktionen haben ergeben, daß die Amplitudenreduktion auf eine Halbierung des Aufwandes nach (10.1.9) führt. Eine CSD–Darstellung von Dualzahlen erzwingt mindestens eine Null zwischen Nonzero–Ziffern. Für den ungünstigsten Fall einer Signed–Digit–Zahl treten halb so viel Nonzeros auf wie der Amplitudenbereich an Bits benötigt, d.h. eine CSD–Darstellung kann zu einer weiteren Halbierung führen. Eine weitere Reduktion ist durch Ausnutzen der Symmetrieeigenschaften der Impulsantwort (Bild 6.2.12) erreichbar. Hierbei wird zwar die Anzahl der Multiplizierer in etwa halbiert, gleichzeitig werden aber zur Zusammenfassung von symmetrischen Abtastwerten Addierer zusätzlich benötigt.

Dies bedeutet zusammengenommen, daß die Amplitudenreduktion in Verbindung mit CSD–Codierung und Symmetrie der Koeffizienten auf einen Aufwand entsprechend

$$k_{ADD} < \frac{1}{8} Nm + \frac{N}{2} \qquad (10.1.10)$$

führt.

Tabelle 10.1.1: Beispiele minimal erforderlicher Addiereranzahlen k_{ADD} zur Realisierung von FIR–Filtern. Die Koeffizienten sind mit geringster Zahl von Ziffern ungleich Null codiert.

Anzahl der Koeffizienten N	Wortbreite m	Addiereranzahl k_{ADD}	Abschätzung Beziehung (10.1.10)	Referenz
10	9	16	17	[122]
14	9	22	23	[122]
11	9	12	18	[123]
37	9	51	61	[123]

Für Videosignale mit $m = 9$ Bit liefert dies im Vergleich zu (10.1.9) in etwa eine Reduktion um den Faktor 5. Aus Filterfunktionen für Videosignale, die in der Literatur [122], [123] veröffentlicht sind, wurden in Tabelle 10.1.1 die erforderlichen Aufwendungen in Anzahl der Addierer zusammengestellt. Die Beziehung (10.1.10) wird durch diese Ergebnisse bestätigt. Aus den Filterbetrachtungen kann geschlossen werden, daß Realisierungen durch Koeffizientenauflösungen auf Bitebene ein erhebliches Einsparpotential bieten.

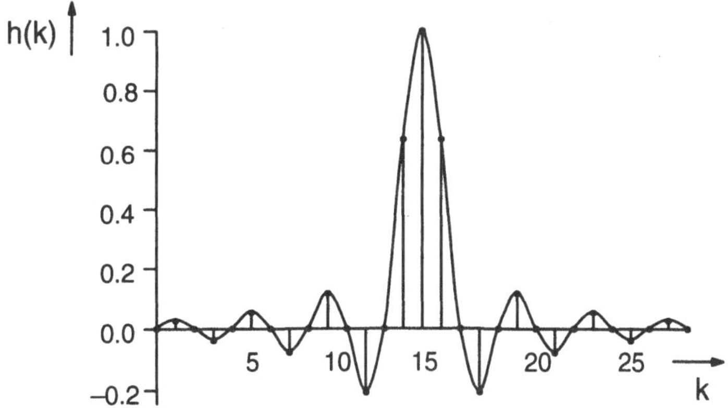

Bild 10.1.3: Typische Impulsantwort eines Tiefpaßfilters

Die diskutierten Beispiele haben gezeigt, daß die Kenntnis spezieller algorithmischer Eigenschaften zu einer Aufwandsreduktion genutzt werden kann. Beispiele solcher Eigenschaften sind algebraische Axiome, Linearität, Symmetrie, Separierbarkeit, Kaskadierbarkeit und weitere a priori Kenntnisse. Eine genaue Analyse der Algorithmen im Hinblick auf die Implementierung kann die möglichen Aufwandsreduktionen aufzeigen. Das Zusammenspiel zwischen Algorithmus und Architektu-

raufwand kann auch umgekehrt genutzt werden, indem von der Implementierungs-
seite dem Algorithmenentwickler mitgeteilt wird, welche Eigenschaften die
Algorithmen möglichst aufweisen sollten.

10.2 Realisierungsalternativen

Die Alternativen für die Realisierung von DSP–Systemen können in einem ersten
Ansatz in zwei Gruppen aufgeteilt werden, und zwar dedizierte Hardware und programmierbare Signalprozessoren. Die Entwurfsrandbedingungen sind maßgebend
für die Wahl der Alternative. Einige Entwurfsrandbedingungen seien aufgezählt:

* Prototypentwicklung
* Produktentwicklung
* Herstellungskosten
* Entwicklungszeit
* Baugröße
* Leistungsaufnahme
* Flexibilität

Mit einer Prototypentwicklung soll ein Verfahren unter Echtzeitbedingungen
in einem Zielsystem verifiziert werden. Da das Ziel die Verifikation des Verfahrens
ist, spielen die Baugröße und die Leistungsaufnahme keine wesentliche Rolle. Derartige Prototypen werden häufig mit programmierbaren DSPs oder programmierbaren Logikbausteinen wie z.B. FPGAs realisiert. Bei den FPGAs handelt es sich um
komplexe programmierbare Bausteine [124]. Die Programmierung geschieht durch
Unterbrechung oder Herstellung von Verbindungen. Werden aus einem Speicher an-
gesteuerte MOS–Transistoren als Verbindungselemente verwendet, ist eine mehrfache Programmierung möglich. Sind sogenannte Fuses oder Antifuses Verbindungselemente, kann nur einmalig programmiert werden. Die Programmierbarkeit der
Elemente ermöglicht eine Flexibilität für Änderung der Verfahren, welche für eine
derartige Entwurfsphase noch erforderlich ist.

Eine Produktentwicklung für große Stückzahlen mit geringer Baugröße und
Leistungsaufnahme wird dagegen eine Realisierung mit vollkundenspezifisch entworfenen ICs zum Ziel haben. Ein Beispiel in dieser Kategorie wäre ein Prozessor
für ein Mobiltelefon. Da auf diesem Prozessor viele unterschiedliche Teilverfahren
(Sprachcodec, Verbindungsprotokoll, Modulationsverfahren usw.) ablaufen, bietet
sich auch ein programmierbarer DSP an. Wegen der besonderen Randbedingungen
(Baugröße, Leistungsaufnahme) müßte hier ein speziell an die Anwendung angepaßter programmierbarer Prozessor realisiert werden.

Ein weiteres Beispiel einer Produktentwicklung für große Stückzahlen ist ein
digitaler Videodecoder für Fernsehverteilsysteme. Eine digitale Videosignalübertra-
gung mit neuen Dienstemerkmalen in Kabelnetzen und über Satellit ist vorgesehen.

Aufgrund der Massenanwendung und der Konkurrenzsituation sind geringe Herstellungskosten dominant. Eine dedizierte Realisierung mit vollkundenspezifischen Bausteinen ist daher naheliegend.

Es gibt auch Produktentwicklungen bei denen das "time to market" besonders wichtig ist. Dies kann die Einführung eines neuen Produktes am Markt sein. Um dabei als einer der ersten am Markt dabei zu sein, ist eine kurze Entwicklungszeit wichtig. Eine Produktentwicklung mit Bausteinen vom Markt unter Verzicht einer Eigenentwicklung von Bausteinen kann die Folge sein. Hierdurch können die Herstellungskosten zwar nicht auf niedrigsten Wert gebracht werden, aber in einer Einführungsphase sind die Produktionszahlen meist noch nicht extrem groß.

Die Diskussion der Entwurfsrandbedingungen soll zeigen, daß die Entscheidung über die Art einer Systemrealisierung ein komplexer Vorgang ist. Auch können die Systemrealisierungen heterogen aus programmierbaren und dedizierten Bausteinen zusammengesetzt sein. Ferner können Eigenentwicklungen von Bausteinen mit solchen vom Markt kombiniert werden. Maßgebend ist hier eine Abwägung der verschiedenen Kostenanteile und die Verfügbarkeit von Bausteinen am Markt.

Die Architekturbeispiele von Signalprozessoren in Kapitel 8 haben gezeigt, daß viele Verarbeitungsschritte parallel ablaufen. Ein in einer Hochsprache wie C geschriebener Algorithmus kann diese Parallelität nicht vollständig berücksichtigen. Mit einer Assembler–Programmierung ist dies erreichbar, allerdings steigen die Aufwendungen für die Programmierung. Ein optimierender Compiler kann hier zweckmäßig eingesetzt werden [125]. Ein solcher Compiler verbessert die Leistungsfähigkeit eines Programms ohne die eigentliche Verarbeitung zu ändern.

Bei den optimierenden Compilern unterscheidet man maschinenunabhängige und maschinenabhängige Methoden. Bei den maschinenunabhängigen Methoden geht es darum, aufwendige Instruktionen oder Funktionen zu reduzieren. Durch Verwendung temporärer Variablen kann dies meist erzielt werden. In dem nachfolgenden Beispiel wird die Anzahl der Funktionsaufrufe halbiert.

Vorher:

```
x = sin(a) + cos(b)
y = sin(a) - cos(b)
```

Nachher:

```
u = sin(a)
v = cos(b)
x = u + v
y = u - v
```

Ein weiteres Beispiel zeigt den Austausch einer Division gegen eine Multiplikation.

Vorher:

```
for ( i = 0; i < 20, i ++)
    a [ i ] = b [ i ] / c;
```

Nachher:

```
cinv = 1 / c;
for ( i = 0; i < 20, i ++)
    a [ i ] = b [ i ] * cinv ;
```

Bei den maschinenabhängigen Code–Optimierungen geht es darum, die speziellen Nebenläufigkeiten weitgehend auszunutzen und Pipeline–Verluste zu vermeiden. Nachfolgend ist ein Beispiel zur Reduktion von Pipeline–Verlusten gezeigt.

Vorher:

```
ADD     R1, R2 → R3
MUL     R3, R4 → R5
SUB     R6, R7 → R8
XOR     R9, R10 → R11
```

Nachher:

```
ADD     R1, R2 → R3
SUB     R6, R7 → R8
XOR     R9, R10 → R11
MUL     R3, R4 → R5
```

In der ursprünglichen Version wird das Ergebnis einer Instruktion sofort in der nachfolgenden Instruktion verwendet. Im Falle des Instruktions–Pipelining müssen NOP–Zyklen eingefügt werden, da ein Datum erst nach dem Schreiben gelesen werden kann. In der zweiten Programmvariante werden durch Einfügung unabhängiger Instruktionen NOP–Zyklen vermieden.

Eine spezifische Signalverarbeitungshardware kann aus Kombinationen von Standardbausteinen, programmierbaren Bausteinen wie FPGAs und ASICs (Application Specific ICs) realisiert werden. Als ASICs sind Gate Arrays, Standardzellen–ICs und vollkundenspezifisch entworfene ICs möglich [126]. Neben den typischen Standardzellen werden im allgemeinen in Standardzellen–ICs für reguläre Elemente wie Speicher, PLAs und Multiplizierer vollkundenspezifisch entworfene Module eingesetzt. Ein Charakteristikum von FPGAs und ASICs ist, daß meist eine Zellbibliothek bereitgestellt wird. Diese Zellbibliothek enthält einfache Grundgatter und Register, aber vielfach auch komplexe Zellen wie Addierer und Multiplizierer. Es besteht daher die Aufgabe, die Hardware durch Elemente einer gegebenen Zellbibliothek zu beschreiben. Die Abbildung eines Algorithmus auf Zellen einer gegebenen Bibliothek ist nicht direkt möglich. Dies geschieht in mehreren Teilschritten.

Algorithmen der Signalverarbeitung werden im Regelfall auf Workstations unter Verwendung realer Daten entwickelt. Hierbei werden Hochsprachen wie C und zunehmend auch spezielle Programmpakete wie MATLAB [127] eingesetzt. Algorithmenbeschreibungen in dieser Form berücksichtigen nicht ausreichend Hardwareaspekte. Um spezielle Hardwarerandbedingungen wie Wortbreite und Begrenzungseffekte untersuchen zu können, werden zunehmend Sprachen bzw. Programmpakete verwendet, die eine hardwarenahe Beschreibung ermöglichen. Beispiele hierzu sind Silage [70] und COSSAP[128]. Neben Datentypen mit vorgegebenen Wortbreiten können über die Datenabhängigkeiten Zeitinformationen zugeordnet werden. Hierarchische Systembeschreibungen werden unterstützt. Der Benutzer kann Funktionseinheiten in einer Hochsprachenform definieren. Vordefinierte Basisfunktionen wie Addition, Multiplikation usw. werden vom System bereitgestellt.

Die beiden Programmsysteme Silage und COSSAP werden insbesondere zur Systemsimulation verwendet. Es existieren jedoch auch Compiler zur Umsetzung in Hardwarebeschreibungssprachen wie VHDL [129]. Für Silage existieren auch Silicon–Compiler für bitserielle und bitparallele Prozessorstrukturen und Codegeneratoren für Standard–DSP–Prozessoren.

```
library IEEE;
    use IEEE.std_logic_1164.all;
    use IEEE.std_logic_unsigned.all;

entity ADDER is
    Port (    A :  In      STD_LOGIC_VECTOR(7 downto 0) ;
        B      : In STD_LOGIC_VECTOR(7 downto 0) ;
        Y      : Out      STD_LOGIC_VECTOR(8 downto 0)  ) ;
end ADDER;

architecture BEHAVIORAL of ADDER is
begin
    main: process( A, B )
    begin
    Y <= ( '0' & A ) + ( '0' & B ) ;
    end process main;
end BEHAVIORAL;
```

Bild 10.2.1:   Funktionale Beschreibung eines 8bit–Addierers in VHDL. Die zugehörige Schnittstellendeklaration und der Aufruf der benutzten Bibliothek für die arithmetische Funktion sind auch dargestellt.

Auf die Definition und Simulation der Algorithmen folgt als nächster Schritt die Spezifikation der Hardware. Diese Spezifikation erfolgt heute nicht mehr in Textform, sondern in formaler Form mit Hardwarebeschreibungssprachen. Die bekanntesten Sprachen sind hierzu Verilog [130] und VHDL [129]. Diese Sprachen unterstützen sowohl verhaltensorientierte Beschreibungen (behavior) als auch strukturelle Beschreibungen. Die strukturellen Beschreibungen sind hierarchisch von der Architekturebene bis zur Gatterebene möglich. Die beiden Beschreibungsformen können auch gemischt werden. Der Vorteil der formalen Spezifikation ist, daß neben der Dokumentation der Hardware auch die Simulation unterstützt wird. Bild 10.2.1 zeigt als Beispiel einen Addierer auf Verhaltensebene. Einen breiten Raum nehmen die Interface–Definitionen der Variablen ein. Der eigentliche Kern (body) entspricht praktisch einer Hochsprachenbeschreibung. Die strukturelle Beschreibung dieses Addierers in einer Architektur nach Bild 3.2.1 erfolgt meist hierarchisch. Der Addierer wird aus Volladdierern zusammengesetzt und jeder Volladdierer aus Gatterelementen. Eine strukturelle Definition des Volladdierers zeigt Bild 10.2.2.

```
architecture STRUCTURAL of ADDER is
component VA
     Port ( A      : In       STD_LOGIC) ;
            B      : In       STD_LOGIC;
            C_IN   : In       STD_LOGIC;
            S      : Out      STD_LOGIC;
            C_OUT  : Out      STD_LOGIC ) ;
end component;
signal WIRE : STD_LOGIC_Vector (8 downto 0) ;
     begin
     WIRE (0) <= '0' ;
     G_VA: for I in 7 downto 0 generate
        I_VA: VA port map ( A(I) , B(I) , WIRE(I) , Y(I) , WIRE(I+1) ) ;
     end generate
     Y(8) <= WIRE(8) ;
end STRUCTURAL;
```

Bild 10.2.2: Strukturelle Beschreibung eines 8bit Addierers in VHDL

Der hierbei verwendete Volladdierer kann durch logische Beziehungen, wie in Bild 10.2.3 aufgelistet, spezifiziert werden. Den Ergebniswerten können auch Verzögerungen zugeordnet werden. Dies ist in den gezeigten Beispielen nicht berücksichtigt.

```
entity VA is
    Port ( A    : In      STD_LOGIC) ;
           B    : In      STD_LOGIC;
           C_IN : In      STD_LOGIC;
           S    : Out     STD_LOGIC;
           C_OUT: Out     STD_LOGIC ) ;
end VA;

architecture BOOLEAN of VA is
begin
    main: process( A, B, C_IN )
    begin
      S    <= A xor B xor C_IN;
      C_OUT <= (A and B) or (A and C_IN) or (B and C_IN) ;
    end process main;
end BOOLEAN;
```

Bild 10.2.3:   Beschreibung einer Volladdiererzelle durch Boolsche Gleichungen in VHDL

Die Fortschritte der CAD–Werkzeuge unterstützen eine automatische Logiksynthese für Zellbibliotheken der verschiedenen Hersteller. Ausgangspunkt einer solchen Synthese ist eine Systembeschreibung mit VHDL oder Verilog auf Register–Transfer–Ebene (RTL). Die zu synthetisierende kombinatorische Logik zwischen den Registern kann vom Designer durch arithmetische Operatoren, logische Funktionen oder in Tabellenform formuliert werden. Die Synthesewerkzeuge erzeugen eine Netzliste aus Basisgattern der gegebenen Bibliothek. Darüber hinaus besteht die Möglichkeit, aus mehreren vorgefertigten Modulen für Operationen interaktiv das günstigste auszuwählen. Kriterien für die Auswahl sind der Aufwand in Referenzgattern oder Transistoren und die Verzögerungszeit als maßgebende Größe für die Durchsatzrate. Neben CAD–Werkzeugen, die eine Synthese ausgehend von einer RTL–Beschreibung unterstützen, existieren neue Werkzeuge, die auch auf der Basis einer Verhaltensbeschreibung eine Abbildung auf Zellbibliotheken unterstützen. Zur Optimierung der Durchsatzrate muß während der Synthese das Zeitverhalten der Gatterelemente der kombinatorischen Logik bekannt sein. Den einzelnen Logikelementen werden feste Verzögerungszeiten zugeordnet, die sich aus der Funktion der Zelle und der Anzahl der Verbindungsleitungen ergeben. In dieser Phase des Entwurfs ist eine genaue Berücksichtigung kapazitiver Lasten nicht möglich. Aufgrund von Technologie–Modellen des Herstellers werden Verzögerungszeiten anhand statistischer Modelle geschätzt.

Das Ergebnis der vorgestellten Synthese ist eine Netzliste. Der nächste Schritt ist der physikalische Entwurf. Hierzu wird die gesamte Netzliste in zusammenhängende größere Einheiten partitioniert. Mit einem Floor–Planning–Werkzeug wird die Lage dieser Einheiten auf dem Chip festgelegt. Es schließt sich die Festlegung der genauen Lage aller Zellen mit Hilfe von Plazierungs– und Routing–Werkzeugen an. Das Ziel sind hierbei kurze Verbindungsleitungen, insbesondere für die zeitkritischen Pfade. Nach vollzogener Plazierung sind die genauen Kennwerte der Verbindungsleitungen bekannt und es kann eine Timing–Simulation zur Untersuchung des Verhaltens der Gesamtschaltung durchgeführt werden. Werden die Anforderungen im Zeitverhalten nicht erfüllt, so muß durch gezielte Veränderungen auf der RTL–Ebene ein erneuter Synthesedurchlauf erfolgen.

Der beschriebene Entwurfsablauf gilt für Realisierungen mit FPGAs, Gate–Arrays und Standardzellen. Die Synthese setzt auf Architekturbeschreibungen auf der RTL–Ebene auf. Detaillierung von Strukturen herunter bis auf die Transistorebene, wie sie teilweise in Kapitel 3 gezeigt wurden, sind nicht erforderlich.

Besondere Anforderungen bezüglich der Durchsatzrate und der Herstellungskosten können in einigen Fällen nur durch vollkundenspezifische Schaltungen erfüllt werden. Hierbei werden Layout–Strukturen der integrierten Schaltungen in hierarchischen Modulanordnungen bis auf die Transistorebene aufgelöst. Einige Schaltungsanordnungen hierzu wurden im Kapitel 3 und Kapitel 5 gezeigt. Auch der vollkundenspezifische Entwurf wird durch verfügbare CAD–Werkzeuge erleichtert.

Zusammenfassend ist festzuhalten, daß der Handentwurf aufgrund der Fehleranfälligkeit und der hohen Entwurfsaufwendungen zunehmend durch den Einsatz von CAD–Werkzeugen zurückgedrängt wird. Es existieren Werkzeuge, die ausgehend von einer Algorithmusbeschreibung, lauffähigen Code für Standard–DSPs erzeugen. Mit Hilfe von Synthese–Werkzeugen und ergänzenden Werkzeugen der Halbleiterhersteller können Entwürfe für vorgefertigte integrierte Schaltungen wie FPGAs und für vorentwickelte integrierte Schaltungen wie Standardzellen–ICs durchgeführt werden. Die Entwurfsabläufe werden durchgehend vom Algorithmus bis zum Layout unterstützt. Dieser Ablauf ist nicht automatisch, sondern erfolgt interaktiv mit mehreren Werkzeugen. Auch für den vollkundenspezifischen Entwurf integrierter Schaltungen stehen Werkzeuge zur Erleichterung des manuellen Entwurfs zur Verfügung.

10.3 Aufgaben

1. Durch die Anwendung algebraischer Axiome sollen alternative Schaltungs-
    strukturen gewonnen werden. Für das Beispiel der Logikfunktion

    $$y = ab \lor ac \lor ad$$

    ist dies durchzuführen.

    a. Es ist aus der gegebenen Logikfunktion eine zweistufige NAND–NAND–
        Realisierung abzuleiten. Wieviel Transistoren benötigt eine zugehörige
        CMOS–Realisierung?
        Hinweis: Die Funktion y ist zweimal zu komplementieren und der Satz
        von DeMorgan ist anzuwenden.

    b. Durch Anwendung der Distributivität ist die allen Termen gemeinsame
        Variable a herauszuziehen. Durch Anwendung des Satzes von DeMorgan
        ist eine NOR–NOR–Struktur zu gewinnen. Wie ändert sich der Transistor-
        bedarf im Vergleich zu a.?

    c. Die gegebene Funktion soll durch Komplexgatter realisiert werden. Wel-
        chen Einfluß hat die Faktorisierung der Variablen a auf den Pull–Up– und
        Pull–Down–Pfad. Welche Transistorzahlen ergeben sich für das Kom-
        plexgatter mit und ohne Faktorisierung?

2. Es ist eine Architektur zur Ermittlung der Spannweite eines Datensatzes zu er-
    arbeiten. Hierzu ist das Maximum und das Minimum des Datensatzes zu be-
    stimmen. Ein Pseudoprogramm für diese Aufgabe lautet:

    ```
    amin   =  a(1),
    amax   =  a(1);
    for i  =  2 to n do
    begin
    amin   =  min (amin, a(i) );
    amax   =  max (amax, a(i) );
    end;
    ```

    a. Es ist ein Abhängigkeitsgraph für die sequentielle Gewinnung des Maxi-
        mums und des Minimums entsprechend dem Programm zu konstruieren
        (Skizze für $n = 8$). Mit welchen Schaltungselementen sind die Knoten zu
        realisieren?

    b. Die Minimum– bzw. Maximumbestimmung ist eine assoziative Opera-
        tion. Auf der Basis der Assoziativität soll die lineare Anordnung aus a. in
        eine Baumstruktur überführt werden (jeweils ein Baum für Maximum und
        Minimum). Aufwand und Verzögerungsverhalten von linearer Struktur
        und Baumstruktur sind gegenüberzustellen.

Hinweis: Auch die Addition ist assoziativ. Durch Analogie zur Addition entsprechen die Strukturen der Multioperandenaddition.

c.   Anstatt separater Knoten zur Maximum– und Minimumermittlung soll nun jeder Knoten gleichzeitig das Maximum und das Minimum zweier Operanden bestimmen (s. Bild 5.2.5). Die beiden Bäume aus b. können nun miteinander verknüpft werden. Welche Struktur ergibt sich für die gegebene Aufgabe? Die Knotenzahl der neuen Struktur ist zu ermitteln und der Realisierungsaufwand mit der Lösung aus b. zu vergleichen.

Literatur

[1]   A. V. Oppenheim, R. W. Schafer: *Digital Signal Processing*, Prentice Hall, 1975

[2]   L. R. Rabiner, B. Gold: *Theory and Application of Digital Signal Processing*, Prentice Hall, 1975

[3]   W. K. Pratt: *Digital Image Processing*, John Wiley, 1978

[4]   A. V. Oppenheim, R. W. Schafer: *Zeitdiskrete Signalverarbeitung*, Oldenbourg, 1992

[5]   H. W. Schüßler: *Digitale Systeme zur Signalverarbeitung*, Springer, 1973

[6]   B. Jähne: *Digitale Bildverarbeitung*, Springer, 1989

[7]   D. Achilles: *Die Fourier–Transformation in der Signalverarbeitung*, Springer, 1978

[8]   N. S. Jayant, P. Noll: *Digital Coding of Waveforms*, Prentice Hall, 1984

[9]   D. H. Ballard, C. M. Brown: *Computer Vision*, Prentice Hall, 1982

[10] A. Papoulis: *Probability, Random, Variables, and Stochastic Processes*, McGraw–Hill, 1991

[11] P. R. Adby, M. A. H. Dempster: *Introduction to Optimization Methods*, Chapman and Hall, 1974

[12] A. Ralston, H. S. Wilf: *Mathematische Methoden für Digitalrechner, Bd. I und II*, Oldenbourg, 1969

[13] H. Weiß, K. Horninger: *Integrierte MOS–Schaltungen*, Springer, 1982

[14] D. A. Hodges, H. G. Jackson: *Analysis and Design of Digital Integrated Circuits*, McGraw–Hill, 1987

[15] R. Paul: *MOS–Feldeffekttransistoren*, Springer, 1994

[16] C. Mead, L. Conway: *Introduction to VLSI Systems*, Addison–Wesley, 1980

[17] L. A. Glasser, D. W. Dobberpuhl: *The Design and Analysis of VLSI Circuits*, Addison–Wesley, 1985

[18] N. Weste, K. Eshraghain: *Principles of CMOS VLSI Design*, Addison–Wesley, 1985

[19] H. Klar: *Integrierte digitale Schaltungen MOS/BICMOS*, Springer, 1993

[20]   J. Wakerly: *Digital Design:Principles and Practices*, Prentice–Hall, 1990

[21]   S. Muroga: *Logic Design and Switching Theory*, John Wiley, 1979

[22]   E. Hoefer, H. Nielinger: *SPICE, Analyse–Programm für elektronische Schaltungen*, Springer, 1985

[23]   St. Gollnisch: *Simulation und Modellierung des Schaltverhaltens von Basiszellen und arithmetischen Modulen*, Diplomarbeit, Institut für Theoretische Nachrichtentechnik und Informationsverarbeitung, Universität Hannover, 1994

[24]   M. Shoji: *CMOS Digital Circuit Technology*, Prentice–Hall, 1988

[25]   T. Lin, C. Mead: *Signal delay in General RC Networks*, IEEE Trans. on Computer Aided Design, Vol. CAD–3. No. 4, 1984

[26]   I.N. Bronstein, K.A. Semendjajew: *Taschenbuch der Mathematik*, Harry Deutsch, 1981

[27]   H. L. Garner: *Number Systems and Arithmetic*, in *Advances in Computers*, Vol. 6, Academic Press, S. 131–194, 1965

[28]   A. Speiser: *Digitale Rechenanlagen*, Springer, 1965

[29]   A. Avizienis: *Signed Digit Number Representations for Fast Parallel Arithmetic*, IRE Trans. on Electronic Computers, Vol. EC–10, S. 389 –400, 1961

[30]   G. W. Reitwiesner: *Binary Arithmetic*, in *Advances in Computers*, Vol.1, S. 261–265, Academic Press, 1960

[31]   A. D. Booth: *A signed binary multiplication technique*, Quart. J. Mech. Appl. Math. Vol. 4, Part 2, S. 236–240, 1951

[32]   L. P. Rubinfeld: *A Proof of the Modified Booth's Algorithm for Multiplication*, IEEE Trans. on Computers, Vol. C–24, S. 1014–1015, 1975

[33]   A. Weinberger, J. L. Smith: *A Logic for High Speed Addition*, National Bureau of Standards Circular 591, S. 3–12, 1958

[34]   M. Lehmann, N. Burla: *Skip Techniques for High Speed Carry–Propagation in Binary Arithmetic Units*, IRE Trans., Electron. Comput., Vol. EC–10, No. 4, S. 691–698, 1961

[35]   O. J. Bedrij: *Carry Select Adders*, IRE Trans. Electron. Comput., Vol. EC–11, S. 340–346, 1962

[36]   J. Slansky: *Conditional Sum Addition Logic*, IRE Trans. Electron. Comput., Vol. EC–9, S. 226–231, 1960

[37]   T. Kilburn, D.B. Edwards, D. Aspinall: *Parallel Addition in Digital Computers: A new fast carry circuit*, IEE Proc. Vol. 106, Part B, S. 464–466, 1959

[38]   R. P. Brent, H. T. Kung: *A Regular Layout for Parallel Adders*, IEEE Trans. on Computers, Vol. C–31, No. 3, S. 260–264, 1982

[39]   E. E. Swartzlander: *Computer Arithmetic, Vol. I and Vol. II*, IEEE Press Book, 1990

[40]   K. Hwang: *Computer Arithmetic*, John Wiley, 1979

[41]   J. J. F. Cavanagh: *Digital Computer Arithmetic*, McGraw–Hill, 1985

[42]   S. Waser: *High–Speed Monolithic Multipliers for Real–Time Digital Signal Processing*, IEEE Computer Magazine, Vol. 11, No. 10, S. 19–29, 1978

[43]   E. L. Braun: *Digital Computer Design*, Academic Press, 1963

[44]   O. L. MacSorley: *High Speed Arithmetic* in *Binary Computers*, Proc. IRE, Vol. 49, S. 91–103, 1961

[45]   C. S. Wallace: *A Suggestion for a Fast Multiplier*, IEEE Trans. on Electr. Comput., Vol. EC–13, S. 14–17, 1964

[46]   L. Dadda: *Some Schemes for Parallel Multiplication*, Alta Frequenca, Vol. 34, S. 349–356, 1965

[47]   L. Dadda: *On Parallel Digital Multipliers*, Alta Frequenca, Vol. 45, S. 574–580, 1976

[48]   S. D. Pezaris: *A 40 ns 17–bit–by–17–bit Array Multiplier*, IEEE Trans. on Computers, Vol. C–20, No.4, S. 442–447, 1971

[49]   C. R. Baugh, B. A. Wooley: *A Two's Complement Parallel Array Multiplication Algorithm*, IEEE Trans. on Computers, Vol. C–22, No. 1–2, S. 1045–1047, 1973

[50]   K. J. Dean: *Binary Division using a Data Dependent Iterative Arrays*, Electronics Letters, Vol. 4, S. 283–284, 1968

[51]   H. H. Guild: *Some Cellular Logic Arrays for Nonrestoring Binary Division*, The Radio and Elec. Engr., Vol. 39, S. 345–348, 1970

[52]   J. E. Robertson: *A new class of digital division methods*, IEEE Trans. on Computers, Vol. C–7, S. 218–222, 1958

[53]   J. F. Hart, et. al.: *Computer Approximations*, John Wiley, 1968

[54]   R. Z. Goldschmidt: *Applications of Division by Convergence*, M.Sc. Thesis, MIT Cambridge, Mass., Juni 1964

[55]   T. C. Chen: *Automatic Computation of Exponentials, Logarithms, Ratios and Square Roots*, IBM Journal Res. and Dev. S. 380 – 388, Juli 1972

[56]   J. E. Volder: *The CORDIC Trigonometric Computing Technique*, IRE Trans. Electronic Computers, Vol. EC–8, S. 330–334, 1959

[57]   J. S. Walther: *A Unified Algorithm for Elementary Functions*, Proc. Spring Joint Computer Conf., S. 379–385, 1971

[58]   E. F. Deprettere, P. Dewilde, R. Udo: *Pipelined CORDIC Architectures for Fast VLSI Filtering and Array Processing*, Proc. ICASSP 1984, S. 41A6.1–41A6.5, 1984

[59]   D. Timmermann: *CORDIC–Algorithmen, Architekturen und monolithische Realisierungen mit Anwendungen in der Bildverarbeitung*, VDI–Verlag, Reihe 10, Nr. 152

[60]   C. E. Leiserson, F. M. Rose, J. B. Saxe: *Optimizing synchronous circuitry by retiming*, Proc. Caltech VLSI Conference, Pasadena, CA, 1983

[61]   S. Y. Kung: *VLSI Array Processors*, Prentice Hall, 1988

[62]   C. L. Seitz: *Concurrent VLSI Architectures*, IEEE Trans. on. Computers, vol. C–33, No.12, S. 1247–1265, 1984

[63]   J. R. Jump, S. R. A. Ahuja: *Effective Pipelining of Digital Systems*, IEEE Trans. on Computers, Vol. C–27, No. 9, S. 855–865, 1978

[64]   T. G. Hallin, M. J. Flynn: *Pipelining of arithmetic functions*, IEEE Trans. on Computers, Vol. C–21, S. 880–886, 1972

[65]   D. I. Moldevan: *Parallel Processing: From Applications to Systems*, Morgan Kaufmann, 1993

[66]   H. Kung, C. Leiserson: *Systolic Arrays for VLSI*, SIAM Sparse Matrix Proceedings, S. 245–282, Philadelphia, 1978

[67]   H. T. Kung: *Why Systolic Architectures?*, IEEE Computer Magazine, S. 37–45, Januar 1982

[68]   K. M. Chandy, J. Misra: *Parallel Program Design*, Addison Wesley, 1988

[69]   L. Thiele: *Mapping Algorithms onto VLSI Architectures*, in P. Pirsch (Editor), VLSI Implementations for Image Communications, S. 69–116, Elsevier, 1993

[70] P. Hilfinger, J. Rabaey, D. Genin, C. Scheers, H. DeMan: *DSP Specification using SILAGE Language*, Proc. IEEE Intl. Conference on Acoustics, Speech, and Signal Processing, S. 1057–1060, 1990

[71] J. Teich, L. Thiele: *Partioning of Processor Arrays: A Piecewise Regular Approach*, Integration, Vol. 14, S. 297–332, 1993

[72] S. K. Rao, T. Kailath: *Regular Iterative Algorithms and their Implementation on Processor Arrays*, Proc. IEEE, Vol. 76, No.3, S. 259–269, 1988

[73] R. Sedgewick: *Algorithmen*, Addison–Wesley, 1992

[74] U. Vehlies: *DECOMP – A program for mapping DSP algorithms onto systolic arrays*, in Transformational Approaches to Systolic Design, Editor: G. M. Megson, Chapman and Hall, 1993

[75] D. I. Moldevan, *ADVIS: A software package for the design of systolic arrays*, IEEE Trans. on Compter–Aided Design, Vol. CAD–6 (1), S. 33–40, 1987

[76] V. van Dongen, M. Petit, *PRESAGE: A tool for the parallelization of nested loop programs*, in Formal VLSI Specification and Synthesis, Editor L. J. M. Claesen, Vol. 1. S. 341–360, North Holland, 1990

[77] L. Thiele: *Compiler Techniques for Massive Parallel Architectures*, in Computer Systems and Software Engineering, Editors: P. Dewilde, S. Vandevalle, S. 101–150, Kluwer Academic Publisher, 1992

[78] P. Frison, P. Gachet, P. Quinton: *Designing Systolic Arrays with Diastol*, in VLSI Signal Processing II, Editors: S. Y. Kung, R. E. Owen, J. G. Nash, S. 93–105, IEEE Press, 1986

[79] D. I. Moldevan, R. A. B. Fortes: *Partitioning and mapping of algorithms into fixed size systolic arrays*, IEEE Trans. Computers, Vol. C–35, S. 1–12, 1986

[80] J. J. Navarro, J. M. Llaberia, V. Mateo: *Partitioning: An essential Step in Mapping Algorithms into Systolic Array Processors*, Computer Magazine, Vol. 20, S. 77–89, 1987

[81] H. T. Nagle, B. D. Carrol, J. D. Irwin: *An Introduction to Computer Logic*, Prentice–Hall, 1975

[82] J. V. McCanny, K. W. Wood, J. G. McWhirter: *The relationship between word and bit level systolic arrays as applied to matrix and matrix multiplication*, Proc. SPIE, Techn. Symp. Real Time Signal Processing VI, 1983

[83] N. Fliege: *Systemtheorie*, Teubner, 1991

[84] T. W. Parks, J. H. McClellan: *Chebyshev Approximation for Nonrecursive Digital Filters with Linear Phase*, IEEE Trans. CT, Vol. 19, S. 189–194, 1972

[85] *Programs for Digital Filter Design*, IEEE Press, 1979

[86] T. G. Noll: *High Throughput Digital Filters* in *VLSI Implementations for Image Communications*, Editor P. Pirsch, S. 171–215, Elsevier, 1993

[87] P. R. Cappello, K. Steiglitz: *A Note on Free Accumulation in VLSI Filter Architectures*, IEEE Trans. on Circuits and Systems, Vol. CAS–32, S. 291–296, 1985

[88] P. B. Denyer, D. J. Myers: *Carry–Save Arrays for VLSI Processing*, 1st Int. Conf. on VLSI, Edinburgh, S. 151–160, 1981

[89] C. S. Burrus: *Digital Filter Structures described by Distributed Arithmetic*, IEEE Trans. on Circuits and Systems, S. 674–680, 1977

[90] N. Fliege: *Multiraten–Signalverarbeitung, Theorie und Anwendungen*, Teubner, 1993

[91] R. E. Crochiere, L. R. Rabiner: *Interpolation and Decimation of Digital Signals – A Tutorial*, Proc. of the IEEE, Vol. 69, S. 300–331, 1981

[92] D. Esteban, C. Galand: *Applications of Quadrature Mirror Filters to Split Band Voice Coding Schemes*, ICASSP'77, S. 191–195, 1977

[93] M. J. Smith, T. P. Barnwell: *A Procedure for Designing Exact Reconstruction Filter Banks for Tree Structured Sub–band Coders*, ICASSP'84, S. 27.1.1–27.1.4, 1984

[94] T. Claasen, et.al.: *Effects of Quantization and Overflow in Recursive Digital Filters*, IEEE Trans. on Acoust., Speech, and Signal Proc., Vol. 24, S. 517–529, 1976

[95] A. Fettweis: *Wave Digital Filters: Theory and Practice*, Proc. IEEE, Vol. 74, No. 2, S. 270–327, 1986

[96] S. C. Knowles, et.al.: *Bit–Level Systolic Architectures for High Performance IIR Filtering*, Journal of VLSI Signal Processing, Vol. 1, S. 9–24, 1989

[97] K. K. Parhi, D. G. Messerschmitt: *Pipeline Interleaving and Parallelism in Recursive Digital Filters – Part I & II*, IEEE Trans. on Acoust., Speech, and Signal Proc., Vol. 37, No. 7, S. 1099–1134, 1989

[98] D. E. Pearson: *Transmission and Display of Pictorial Information*, Pentech Press, 1975

[99]   R. E. Blahut: *Fast Algorithms for Digital Signal Processing*, Addison–Wesley, 1985

[100]   A. Wenzler, E. Lüder: *New Structures for Complex Multipliers and their Noise Analysis*, ISCAS'95, S. 1432–1435, 1995

[101]   K. Grüger: *Kaskadierte Registerschaltungen für die Datenformatkonvertierung bei der digitalen Videosignalverarbeitung*, VDI Verlag, Reihe 9: Elektronik, Nr. 192, 1994

[102]   H. S. Stone, Editor: *Introduction to Computer Architecture*, Science Research Associates, 1980

[103]   J. L. Hennessy, D. A. Patterson: *Computer Architecture: A Quantitative Approach*, Morgan Kauffmann Publishers, 1990

[104]   G. D. Kraft, W. N. Toy: *Mini/Microcompter Hardware Design*, Prentice Hall, 1979

[105]   M. J. Flynn: *Very High Speed Computing Systems*, Proc. of the IEEE, Vol. 54, No. 12, S. 1901–1909, 1966

[106]   *TMS32010 User's Guide*, Texas Instruments Inc., 1983

[107]   *TMS320C25 User's Guide*, Texas Instruments Inc., 1986

[108]   *DSP56000 Digital Signal Processor User's Manual*, Motorola Inc., 1986

[109]   *Motorola's 16–, 24–, and 32–Bit Digital Signal Processing Families*, Motorola Inc., 1995

[110]   *DSP/MSP Products Reference Manual*, Analog Devices, 1995

[111]   *Single Chip Microcomputer Data*, Motorola Inc., 1984

[112]   C. Vieillefond: *Programmierung des 68000*, Sybex, 1984

[113]   D. Alpert, D. Avnon: *Architecture of the Pentium Microprocessor*, IEEE Micro, Hot Chips IV, S. 11–21, June 1993

[114]   K. Hwang, F. A. Briggs: *Computer Architecture and Parallel Processing*, McGraw Hill, 1985

[115]   V. K. Madisetti: *VLSI Digital Signal Processors*, IEEE Press, 1995

[116]   D. H. Lawrie: *Access and Alignment of Data in an Array Processor, IEEE Trans. on Compters*, Vol. C–31, S. 435–442, 1982, Omega–Netzwerk

[117]   *The Transputer Databook*, Inmos Ltd., 1989

[118]   M. E. C. Hull, D. Crookes, P. J. Sweeney: *Parallel Processing, The Transputer and its Applications*, Addison–Wesley, 1994

[119] *TMS320C4x User's Guide*, Texas Instruments Inc., 1993

[120] *TMS320C80 Multimedia Video Processor (MVP), Technical Brief*, Texas Instruments Inc., 1994

[121] P. Pirsch, N. Demassieux, W. Gehrke: *VLSI Architectures for Video Compression – A Survey*, Proc. of the IEEE, Vol. 83, No. 2, S. 220–246, 1995

[122] M. Winzker, K. Grüger, W. Gehrke, P. Pirsch: *VLSI Chip Set for HDTV Subband Filtering with On–Chip Line Memories*, IEEE Journal of Solid–State Circuits, Vol. 28, No.12, S. 1354–1361

[123] D. Chiappano, D. Raveglia: *Anti–Aliasing VLSI Digital Filters for Video Signal Coders*, ISCAS'88, S. 709–713, Espoo, Finland, May 1988

[124] St. M. Trimberger: *Field Programmable Gate Array Technology*, Kluwer, 1994

[125] A. V. Aho, R. Sethi, J. D. Ullmann: *Compilers: Principles, techniques, and Tools*, Addison–Wesley, 1986

[126] S. Goto: *Design Methodologies,* Advances in CAD for VLSI, Vol. 6, North–Holland, 1986

[127] *MATLAB User's Guide*, The Mathworks Inc., 1992

[128] *COSSAP Reference Manual*, CADIS GmbH, 1994

[129] *IEEE Standard VHDL Language Reference Manual*, IEEE Std. 1076–1987, IEEE, 1988

[130] D. Thomas, P. Moorby: *The Verilog Hardware Description Language*, Kluwer, 1991

Informationstechnik

Herausgegeben von
Prof. Dr.-Ing. **Norbert Fliege,** Hamburg-Harburg

Systemtheorie
Von Prof. Dr.-Ing. **N. Fliege,** Hamburg-Harburg.
1991. XV, 403 Seiten mit 135 Bildern. ISBN 519-06140-6

Kanalcodierung
Von Prof. Dr.-Ing. **M. Bossert,** Ulm
1992. 283 Seiten mit 64 Bildern. ISBN 3-519-06143-0

Nachrichtenübertragung
Von Prof. Dr.-Ing. **K. D. Kammeyer,** Bremen
1992. XVI, 678 Seiten mit 363 Bildern. ISBN 3-519-06142-2

Multiraten-Signalverarbeitung
Von Prof. Dr.-Ing. **N. Fliege,** Hamburg-Harburg
1993. XVII, 405 Seiten mit 314 Bildern. ISBN 3-519-06155-4

Systemtheorie der visuellen Wahrnehmung
Von Prof. Dr.-Ing. **G. Hauske,** München
1994. XI, 270 Seiten mit 138 Bildern. ISBN 3-519-06156-2

Architekturen der digitalen Signalverarbeitung
Von Prof. Dr.-Ing. **P. Pirsch,** Hannover
1996. IX, 368 Seiten. ISBN 3-519-06157-0

Signaltheorie
Von Dr.-Ing. **A. Mertins,** Hamburg-Harburg
1996. XI, 312 Seiten. ISBN 3-519-06178-3

Digitale Audiosignalverarbeitung
Von Dr.-Ing. **U. Zölzer,** Hamburg-Harburg
1996. IX, 303 Seiten. ISBN 3-519-06180-5

Digitale Mobilfunksysteme
Von Dr.-Ing. **K. David,** Münster, und Dipl.-Ing. **Th. Benkner,** Siegen
1996. ca. 380 Seiten. ISBN 3-519-06181-3

Die Reihe wird fortgesetzt.

B. G. Teubner Stuttgart · Leipzig